# 通信网络安全

白琳 王景璟 周琳 刘栋 白桐 王佳星 ◎ 编著

清华大学出版社
北京

## 内 容 简 介

随着现代通信技术的飞速发展，通信网络的安全问题愈发突出。通信网络安全涵盖多种网络协议、安全策略和加密技术，是保障网络信息安全的关键手段。本书以理解通信网络安全的基本概念，掌握通信网络安全基本理论，灵活运用相关算法解决实际工程问题为主要目标，采用"理论与工程融合，前沿与基础结合"的方式展开，深入浅出地介绍通信网络安全的需求、体系结构、相关理论和技术，并辅以实际案例作为说明，使读者能够更好地形成基本思维、理解基本原理、运用基本技术。

本书适合作为全国高等学校相关专业的教材使用，也可供相关领域从业人员阅读。

版权所有，侵权必究。举报：010-62782989，beiqinquan@tup.tsinghua.edu.cn。

**图书在版编目(CIP)数据**

通信网络安全/ 白琳等编著. -- 北京：清华大学出版社, 2025.4. -- ISBN 978-7-302-68529-6

Ⅰ. TN915.08

中国国家版本馆 CIP 数据核字第 2025QZ2561 号

责任编辑：郭　赛
封面设计：杨玉兰
责任校对：刘惠林
责任印制：丛怀宇

出版发行：清华大学出版社
网　　址：https://www.tup.com.cn, https://www.wqxuetang.com
地　　址：北京清华大学学研大厦 A 座
邮　编：100084
社 总 机：010-83470000
邮　购：010-62786544
投稿与读者服务：010-62776969, c-service@tup.tsinghua.edu.cn
质量反馈：010-62772015, zhiliang@tup.tsinghua.edu.cn
课件下载：https://www.tup.com.cn, 010-83470236
印 装 者：三河市龙大印装有限公司
经　销：全国新华书店
开　本：185mm×260mm　　印　张：22　　字　数：571 千字
版　次：2025 年 5 月第 1 版　　印　次：2025 年 5 月第 1 次印刷
定　价：69.00 元

产品编号：102657-01

# 序言
## PREFACE

新一代信息通信技术以前所未有的速度蓬勃发展,深刻改变着社会的每个角落,成为推动经济社会发展和提升国家竞争力的关键力量。本教材体系的构建,旨在落实立德树人根本任务,充分发挥教材在人才培养中的关键作用,牵引带动通信技术领域核心课程、重点实践项目、高水平教学团队的建设,着力提升该领域人才自主培养质量,为信息化数字化驱动引领中国式现代化提供强大的支撑。

本系列教材汇聚了国内通信领域知名的8所高校、科研机构及两家一流企业的最新教育改革成果以及前沿科学研究和产业技术。在中国科学院院士、国家级教学名师、国家级一流课程负责人、国家杰出青年基金获得者,以及来自光通信、5G等一线工程师和专家的带领下,团队精心打造了"知识体系全面完备、产学研用深度融合、数字技术广泛赋能"的新一代信息技术(新一代通信技术)领域教材。本系列教材编写团队已入选教育部"战略性新兴领域'十四五'高等教育教材体系建设团队"。

总体而言,本系列教材有以下三个鲜明的特点。

一、从基础理论到技术应用的完备体系

系列教材聚焦新一代通信技术中亟须升级的学科专业基础、通信理论和通信技术,以及亟须弥补空白的通信应用,构建了"基础—理论—技术—应用"的系统化知识框架,实现了从基础理论到技术应用的全面覆盖。学科专业基础部分涵盖电磁场与波、电子电路、信号系统等;通信理论部分涵盖通信原理、信息论与编码等;通信技术部分涵盖移动通信、通信网络、通信电子线路等;通信应用部分涵盖卫星通信、光纤通信、物联网、区块链、虚拟现实、网络安全等。

二、产学研用的深度融合

系列教材紧跟技术发展趋势,依托各建设单位在信息与通信工程等学科的优势,将国际前沿的科研成果与我国自主可控技术有机融入教材内容,确保了教材的前沿性。同时,联合华为技术有限公司、中信科移动等我国通信领域的一流企业,通过引入真实产业案例与典型解决方案,让学生紧贴行业实践,了解技术应用的新动态。并通过项目式教学、课程设计、实验实训等多种形式,让学生在动手操作中加深对知识的理解与应用,实现理论与实践的深度融合。

三、数字化资源的广泛赋能

系列教材依托教育部虚拟教研室平台,构建了结构严谨、逻辑清晰、内容丰富的新一代信息技术领域知识图谱架构,并配套了丰富的数字化资源,包括在线课程、教学视频、工程实践案例、虚拟仿真实验等,同时广泛采用数字化教学手段,实现了对复杂知识体系的直观展示与深入剖析。部分教材利用 AI 知识图谱驱动教学资源的优化迭代，创新性地引入生成式 AI 辅助教学新模式，充分展现了数字化资源在教育教学中的强大赋能作用。我们希望本系列教材的推出，能全面引领和促进我国新一代信息通信技术领域核心课程与高水平教学团队的建设，为信息通信技术领域人才培养工作注入全新活力，并为推动我国信息通信技术的创新发展和产业升级提供坚实支撑与重要贡献。

孔令讲

电子科技大学副校长

2024年6月

## CONTENTS

第1章 通信网络安全概述 ......................................................................... 1

 1.1 通信网络的定义 ............................................................................. 1
  1.1.1 什么是通信网络 ................................................................. 1
  1.1.2 通信网络的发展历史 ......................................................... 1
  1.1.3 通信网络的主要应用 ......................................................... 3
 1.2 通信网络安全的定义和意义 ......................................................... 4
  1.2.1 什么是通信网络安全 ......................................................... 4
  1.2.2 通信网络安全威胁的基本概念 ......................................... 5
 1.3 通信网络安全的基本策略和具体措施 ......................................... 5
  1.3.1 通信网络安全的基本策略 ................................................. 5
  1.3.2 通信网络安全的具体措施 ................................................. 6
 1.4 本书概貌 ......................................................................................... 8

第2章 通信网络安全基础 ......................................................................... 10

 2.1 通信网络基础知识 ......................................................................... 10
  2.1.1 通信系统基本架构 ............................................................. 10
  2.1.2 通信网络基本模型 ............................................................. 11
 2.2 移动通信网络安全模型 ................................................................. 13
  2.2.1 GSM 安全 ............................................................................. 13
  2.2.2 3G 安全 ................................................................................. 15
  2.2.3 LTE 安全 ............................................................................... 17
  2.2.4 5G 安全 ................................................................................. 19
 2.3 其他典型的通信网络安全分析 ..................................................... 21
  2.3.1 WLAN 安全 ......................................................................... 21
  2.3.2 蓝牙安全 ............................................................................. 23
 2.4 练习题 ............................................................................................. 24

第3章 通信网络攻击与防范 ..................................................................... 25

 3.1 常见网络攻击类型 ......................................................................... 25

3.1.1　干扰攻击 ............................................................................................................ 26
　　　3.1.2　MAC 地址攻击 .................................................................................................... 27
　　　3.1.3　ARP 欺骗攻击 ..................................................................................................... 29
　　　3.1.4　病毒与蠕虫攻击 ................................................................................................. 30
　　　3.1.5　拒绝服务攻击 ..................................................................................................... 30
　　　3.1.6　嗅探攻击 ............................................................................................................. 32
　　　3.1.7　DNS 劫持攻击 .................................................................................................... 33
　　　3.1.8　章节总结 ............................................................................................................. 34
　3.2　防范网络攻击的技术手段 .................................................................................................. 34
　　　3.2.1　防火墙 ................................................................................................................. 35
　　　3.2.2　入侵检测系统 ..................................................................................................... 37
　　　3.2.3　虚拟专用网 ......................................................................................................... 38
　　　3.2.4　通信传输加密 ..................................................................................................... 40
　3.3　网络安全事件响应与处置 .................................................................................................. 42
　　　3.3.1　准备阶段 ............................................................................................................. 42
　　　3.3.2　检测阶段 ............................................................................................................. 42
　　　3.3.3　抑制和根除阶段 ................................................................................................. 43
　　　3.3.4　恢复阶段 ............................................................................................................. 44
　　　3.3.5　跟进阶段 ............................................................................................................. 44
　3.4　练习题 .................................................................................................................................. 45

第 4 章　通信加密技术 ...................................................................................................................... 47
　4.1　对称加密技术 ...................................................................................................................... 47
　　　4.1.1　流密码 ................................................................................................................. 49
　　　4.1.2　分组密码 ............................................................................................................. 52
　　　4.1.3　分组加密的工作模式 ......................................................................................... 64
　4.2　非对称加密技术 .................................................................................................................. 69
　　　4.2.1　非对称加密技术的基本原理 ............................................................................. 70
　　　4.2.2　RSA 算法 ............................................................................................................ 73
　　　4.2.3　椭圆曲线密码体制 ............................................................................................. 78
　　　4.2.4　SM2 椭圆曲线加密算法 .................................................................................... 82
　4.3　数字签名技术 ...................................................................................................................... 85
　　　4.3.1　数字签名基本概念 ............................................................................................. 85
　　　4.3.2　RSA 签名体制 .................................................................................................... 86
　　　4.3.3　ElGamal 签名体制 ............................................................................................. 86
　　　4.3.4　Schnorr 签名体制 ............................................................................................... 87
　　　4.3.5　DSS 签名体制 .................................................................................................... 88
　　　4.3.6　中国商用数字签名算法 SM2 ............................................................................ 92
　　　4.3.7　有特殊功能的数字签名体制 ............................................................................. 94
　4.4　安全散列技术 ...................................................................................................................... 95

  4.4.1 散列函数的基本概念 ........................................................................... 95
  4.4.2 散列函数的安全性 ............................................................................... 98
  4.4.3 MD5 散列算法 ..................................................................................... 99
  4.4.4 SHA 安全散列算法 ........................................................................... 103
 4.5 练习题 ................................................................................................................ 106

## 第5章 认证与访问控制 ................................................................................................. 107

 5.1 认证和访问控制的基本概念 ............................................................................ 107
  5.1.1 认证概念及原理 ................................................................................ 108
  5.1.2 常用的身份认证方式 ........................................................................ 109
  5.1.3 身份认证系统架构 ............................................................................ 110
  5.1.4 访问控制概念及原理 ........................................................................ 114
  5.1.5 访问控制的类型及机制 .................................................................... 115
 5.2 身份认证技术 .................................................................................................... 118
  5.2.1 身份认证概述 .................................................................................... 118
  5.2.2 基于静态口令的身份认证 ................................................................ 119
  5.2.3 基于动态口令的身份认证 ................................................................ 120
  5.2.4 基于挑战—应答协议的身份认证 .................................................... 121
  5.2.5 物理层认证技术 ................................................................................ 124
 5.3 访问控制技术 .................................................................................................... 126
  5.3.1 访问控制概述 .................................................................................... 126
  5.3.2 访问控制原理 .................................................................................... 127
  5.3.3 访问控制的模式与机制 .................................................................... 127
  5.3.4 访问控制的安全策略 ........................................................................ 127
 5.4 认证和访问控制的实际应用 ............................................................................ 130
  5.4.1 AAA 认证授权系统 .......................................................................... 130
  5.4.2 无线局域网认证协议 ........................................................................ 136
  5.4.3 移动通信网络接入认证 .................................................................... 143
  5.4.4 认证的安全管理 ................................................................................ 149
  5.4.5 访问控制的安全管理 ........................................................................ 152
 5.5 练习题 ................................................................................................................ 155

## 第6章 网络安全监测与管理 ......................................................................................... 157

 6.1 网络安全监测 .................................................................................................... 157
  6.1.1 网络安全监测定义 ............................................................................ 157
  6.1.2 网络安全监测的作用 ........................................................................ 158
  6.1.3 网络安全监测技术 ............................................................................ 158
 6.2 网络安全管理系统 ............................................................................................ 162
 6.3 安全事件管理 .................................................................................................... 166
  6.3.1 安全事件定义 .................................................................................... 166

6.3.2 安全事件分类和分级 .................................................................................. 166
6.3.3 日志管理 ...................................................................................................... 168
6.3.4 安全信息和事件管理 .................................................................................. 168
6.4 安全策略管理 ............................................................................................................ 169
6.4.1 安全策略 ...................................................................................................... 169
6.4.2 安全标准、基准及指南 .............................................................................. 170
6.4.3 安全程序 ...................................................................................................... 171
6.4.4 深度防御安全策略 ...................................................................................... 171
6.5 练习题 ........................................................................................................................ 172

## 第7章 计算机通信网络安全技术 .................................................................................. 173

7.1 计算机通信网络的安全威胁 .................................................................................... 173
7.2 虚拟专用网络技术 .................................................................................................... 175
7.2.1 虚拟专用网络概述 ...................................................................................... 175
7.2.2 VPN 关键技术和分类 ................................................................................. 176
7.2.3 IPSec VPN ................................................................................................... 178
7.2.4 SSL VPN ...................................................................................................... 181
7.3 防火墙技术 ................................................................................................................ 183
7.3.1 防火墙概述 .................................................................................................. 183
7.3.2 防火墙类型及相关技术 .............................................................................. 185
7.3.3 防火墙的体系结构 ...................................................................................... 190
7.4 入侵检测技术 ............................................................................................................ 191
7.4.1 入侵检测概述 .............................................................................................. 191
7.4.2 入侵检测原理与主要方法 .......................................................................... 193
7.4.3 入侵检测系统分类 ...................................................................................... 197
7.5 练习题 ........................................................................................................................ 201

## 第8章 移动通信网络安全 .................................................................................................. 202

8.1 移动设备的安全管理 ................................................................................................ 202
8.1.1 移动设备的组成部分 .................................................................................. 203
8.1.2 移动设备面临的安全威胁 .......................................................................... 203
8.1.3 移动设备安全管理技术 .............................................................................. 207
8.2 无线蜂窝网络的安全性 ............................................................................................ 209
8.2.1 无线蜂窝网络 .............................................................................................. 210
8.2.2 2G（第二代移动通信）网络安全性 ......................................................... 211
8.2.3 3G（第三代移动通信）网络安全性 ......................................................... 215
8.2.4 4G（第四代移动通信）网络安全性 ......................................................... 219
8.2.5 5G（第五代移动通信）网络安全性 ......................................................... 221
8.2.6 6G（第六代移动通信）网络安全性 ......................................................... 226
8.3 无线数据网络的安全性 ............................................................................................ 228

|  |  | 8.3.1 无线网络中的安全标准与协议 | 231 |
| --- | --- | --- | --- |
|  |  | 8.3.2 Wi-Fi安全增强技术 | 243 |
|  |  | 8.3.3 无线数据网络的安全管理 | 247 |
| 8.4 | Ad hoc网络的安全性 |  | 248 |
|  |  | 8.4.1 Ad hoc网络中的认证和密钥管理 | 250 |
|  |  | 8.4.2 路由安全性和攻击防范 | 252 |
|  |  | 8.4.3 数据传输安全 | 255 |
|  |  | 8.4.4 安全漏洞和入侵检测 | 256 |
|  |  | 8.4.5 服务质量和安全性平衡 | 257 |
| 8.5 | 练习题 |  | 257 |

## 第9章 物联网安全 … 259

| 9.1 | 物联网概念及架构 |  | 259 |
| --- | --- | --- | --- |
|  |  | 9.1.1 物联网概念 | 259 |
|  |  | 9.1.2 物联网架构及主要特点 | 260 |
| 9.2 | 物联网安全问题 |  | 263 |
|  |  | 9.2.1 物联网安全需求 | 263 |
|  |  | 9.2.2 分层结构的安全威胁分析 | 265 |
|  |  | 9.2.3 多组件、多成分的安全威胁分析 | 271 |
|  |  | 9.2.4 物联网安全挑战 | 274 |
|  |  | 9.2.5 物联网安全特点 | 276 |
| 9.3 | 物联网安全技术 |  | 278 |
|  |  | 9.3.1 感知层的安全需求与防护技术 | 278 |
|  |  | 9.3.2 网络层的安全需求与防护技术 | 280 |
|  |  | 9.3.3 应用层的安全需求与防护技术 | 285 |
| 9.4 | 练习题 |  | 287 |

## 第10章 物理层安全 … 288

| 10.1 | 信息论基本概念 |  | 288 |
| --- | --- | --- | --- |
| 10.2 | 密钥生成 |  | 289 |
|  |  | 10.2.1 密钥生成概述 | 289 |
|  |  | 10.2.2 密钥生成模型 | 290 |
|  |  | 10.2.3 密钥容量 | 292 |
|  |  | 10.2.4 信源型密钥生成模型顺序密钥提取策略 | 294 |
| 10.3 | 防窃听通信 |  | 299 |
|  |  | 10.3.1 防窃听通信概述 | 299 |
|  |  | 10.3.2 完美保密性 | 299 |
|  |  | 10.3.3 有噪信道下的安全通信 | 301 |
|  |  | 10.3.4 Wyner窃听信道模型 | 302 |
|  |  | 10.3.5 完美、弱、强保密通信 | 307 |

10.4 隐蔽通信 ............................................................................................................. 309
    10.4.1 隐蔽通信概述 ........................................................................................... 309
    10.4.2 隐蔽通信系统模型 ................................................................................... 309
    10.4.3 平方根定律 ............................................................................................... 311
    10.4.4 隐蔽性分析 ............................................................................................... 312
10.5 安全通信编码实现 ............................................................................................. 316
    10.5.1 密钥生成编码实现 ................................................................................... 316
    10.5.2 窃听信道安全编码 ................................................................................... 318
    10.5.3 隐蔽通信编码实现 ................................................................................... 322
10.6 练习题 ................................................................................................................. 323

## 第11章 未来通信网络安全的发展 ........................................................................... 324

11.1 未来通信网络的发展趋势 ................................................................................. 324
    11.1.1 6G移动通信网络 ..................................................................................... 324
    11.1.2 卫星互联网 ............................................................................................... 325
    11.1.3 AI赋能 ....................................................................................................... 325
    11.1.4 绿色通信 ................................................................................................... 326
11.2 未来通信网络安全技术的发展 ......................................................................... 327
    11.2.1 6G移动通信网络安全 ............................................................................. 327
    11.2.2 卫星互联网安全 ....................................................................................... 328
    11.2.3 量子安全通信 ........................................................................................... 328
    11.2.4 AI强化的网络安全 ................................................................................... 329
    11.2.5 区块链技术 ............................................................................................... 329

## 参考文献 ........................................................................................................................... 330

# 第1章

# 通信网络安全概述

## 1.1 通信网络的定义

### 1.1.1 什么是通信网络

通信网络构建了一个跨越不同地理位置的设备互联框架，它允许不同的通信终端进行信息和数据的交换，使得人们得以通过手机等设备完成远程信息的传递与互动。通信网络通常由各种硬件设备与通信协议组成，通过这些设备和协议，通信网络能够保障不同形式的数据在整个网络间自由传输。在通信网络中，设备可以通过有线方式连接，如光纤或电缆连接，也可以通过无线方式连接。例如，通过激光或无线电波传递信号。具体采用哪种连接方式，通常取决于网络的类型及其规模大小。

通常，我们可以根据服务范围和连接方式，将通信网络分为局域网、城域网和广域网三个主要类型[1]。

- 局域网（Local Area Network，LAN）：连接分布在一个局部区域内的设备，服务范围大多集中在几十米到几千米，通常在同一建筑物或单个社区范围内，如家庭、办公室或学校的网络。
- 城域网（Metropolitan Area Network，MAN）：连接位于在一个城市大小范围内的设备，分布区域大多集中在几十千米到几百千米范围内，通常由多个局域网组成。
- 广域网（Wide Area Network，WAN）：连接分布在非常广阔的地理范围内的设备，通常连接多个城域网，如跨越城市、国家或洲际的巨型网络。

全球最大的广域网就是互联网，它是由全球范围内的计算机和网络设备组成的巨大网络，能够通过互联网协议（Internet Protocol，IP）进行通信，提供广泛的信息和多样化的服务。目前，通信网络的主要作用是实现设备之间的连接和数据传输，通过互联网，不同用户可以安全而便捷地共享信息和资源，不同地方的人们可以通过电话与电子邮件相互沟通，能够在网上实时聊天，也可以通过浏览网页获取最新新闻，或是在线购物，或选择通过社交媒体分享自身经历，等等。同时，通信网络也支持各种行业和领域内的关键应用，如远程办公、远程医疗、电子商务、智能交通等。可以说，通信网络为我们的生活带来了极大的便捷。

### 1.1.2 通信网络的发展历史

一直以来，无线通信网络作为人类相互沟通与信息交流的重要工具，其技术手段经历了一系列显著的发展与演变，才形成了今日的面貌。现在，我们将回望这一传奇过程，并将其分为几个关键的时期。

首先，包括口头语言和肢体语言的语言交流是从古至今最常见的近距离交流方式。而从很早开始，古老的纸质书信与烽火通信延伸了人们的交流距离，实现了信息的远距离传播。然而，这些古老的方式在时空范围、通信速度等方面相对受限。

19世纪初，电报的诞生彻底改变了这种局面，开启了远程通信的全新篇章。电报系统利用电磁信号传输消息，催生了快速跨越地理距离的通信能力。这一突破意味着人们不再受制于时间和空间的限制，能够进行迅捷高效的远程通信。

20世纪中叶，随着计算机技术的崛起，人们也同时见证了计算机网络的发展。互联网的起源可以追溯到美国的防务机构和大学之间的信息交流需求。自1960年开始，美国国防部的高级研究计划署（Advanced Research Projects Agency，ARPA）为了实现军事信息的共享，创建了分组交换网络。自20世纪60年代开始出现的局域网是连接不同计算机来实现数据交换的基础，通过这种有限范围的网络，人们初步实现了共享信息的便利。然而，真正的突破是广域网的兴起，广域网将全球的计算机连接在一起，这一创新不仅打破了地理壁垒，还为全球的信息交流提供了便利，为通信领域带来了前所未有的变革。

到了20世纪80年代，互联网的发展迈入了实用化阶段。传输控制协议/因特网互联协议（Transmission Control Protocol/Internet Protocol，TCP/IP）的发展使得不同网络之间能够互联互通，这些网络共同组成了一个大的分布式网络系统。Internet即"互联网"是人们赋予这个系统的最初名字，它也成为科研机构、政府部门和学术界之间信息共享的平台。在20世纪90年代，互联网进入了商业化发展阶段，World Wide Web即万维网也随之出现，由蒂姆·伯纳斯-李（Tim Berners-Lee）提出的HTML（超文本标记语言）和HTTP（超文本传输协议）等技术开创了网页浏览的时代[2]。此时，互联网开始扩展到大众普及的阶段，商业机构和个人逐渐利用互联网进行商务活动、信息发布和社交交流。

自2000年初开始，随着Web 2.0概念的兴起，互联网得到了飞速发展和快速普及，这极大地推动了社交媒体、在线视频、电子商务和搜索引擎等各种应用的兴起。人们开始分享和产生海量的信息，并热衷于在社交网络上与他人进行广泛的交流、分享和互动。

此外，为了满足人们对随时随地更加灵活的通信需求，无线移动通信系统应运而生。其实，无线通信技术在100多年前便已出现在世界上，但早期的发展速度缓慢，最开始只能实现单向的广播通信，通常只有一些国家的执法部门使用，例如20世纪20年代的车载警用无线电。直到20世纪40年代，移动电话服务才开始提供给私人用户。受可用频率的限制，直到1976年，美国纽约市也才只有不到600名移动电话用户[2]。而为了解决这一难题，人们提出了蜂窝式移动通信技术，从第一代到第五代蜂窝式移动通信技术，每一代技术标准都代表了技术发展的一个重要里程碑。如图1.1所示，第一代移动通信技术（First Generation Mobile Communication Technology，1G）采用模拟信号传输语音信息，这一历史性突破标志着人类进入移动通信时代。以全球移动通信系统（Global System for Mobile Communications，GSM）作为代表的第二代移动通信技术（Second Generation Mobile Communication Technology，2G）于1G广泛应用十多年开始崛起，2G网络以数字信号传输语音信息和简单数据服务为特征。随后，第三代移动通信技术（Third Generation Mobile Communication Technology，3G）于21世纪初引领了移动互联网的初步发展，伴随而来的是具备更强大的处理能力、更高的网络速度和更好的用户界面的智能手机的诞生。第四代移动通信技术（Forth Generation Mobile Communication Technology，4G）通过极大地提高数据传输速率和用户接入数量，为人们提供了更为丰富多彩的服务。各种高清视频流媒体业务以及在线游戏业务的推广，为人们带来了社交媒体、在线购物、移动支付、地图导航等先进应用，这些服务使得人们更加直观地了解到通信技术为人们的生活带来的改变，这也使得移动互联网进入了全面普及的阶段。目前，最新的第五代移动通信技术（Fifth Generation Mobile Communication Technology，5G）以其极高的速度、低延迟和大容量特点引发了广泛的关注。该技术为物联网、智能城市、自动驾驶等领域的广泛应用提供了基础。

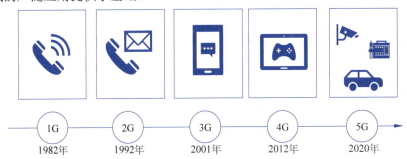

图 1.1 无线通信技术发展历程

随着无线通信网络技术的不断演进，我们的通信方式已变得更为快捷、方便且多元化，这给社会、经济和科技等方面带来了广泛而深远的影响，为人们带来了前所未有的便利和创新。未来，我们仍将继续见证无线通信网络技术的不断突破与进步，为人类社会带来更广阔的发展前景。

## 1.1.3 通信网络的主要应用

现今，主流的通信网络技术正朝着多元化的趋势不断发展，其中包括以太网（Ethernet）、蜂窝移动网络、无线局域网（Wireless Local Area Network，WLAN）以及物联网（Internet of Things，IoT）等，它们在各自领域发挥着重要作用。

以太网是一种有线通信网络，台式计算机或笔记本计算机可以通过以太网将自身接入局域网（LAN）中，而通过同轴电缆或光纤快速传输数据所需的协议、端口、电缆和计算机芯片都是以太网的一部分。以太网技术本身包括物理层和数据链路层规范，这些规范定义了如何在局域网中传输数据帧，实现了网络上多个节点相互发送信息。在以太网中，每个节点有全球唯一的48位地址，即制造商分配给网卡的MAC地址，以保证以太网上的所有节点能互相鉴别。

蜂窝移动网络是一种广泛应用于移动通信的分布式的通信系统，将地理区域分成小区或蜂窝，每个小区的通信服务都由同一个基站提供。这些基站连接到核心网络，允许用户在不同小区之间漫游，实现无缝通信。蜂窝移动网络的演进经历了多个世代，包括1G、2G、3G、4G和最新的5G，每一代都带来了更高的数据速率、更低的延迟和更好的网络性能，尤其是目前正得到积极推广的5G技术，其拥有超高速数据传输、低延迟、大容量的特点，这使得更多的数据可以以更高效的速率进行传输，支持高清视频流、虚拟现实和增强现实等领域的实际应用，同时使得远程医疗和自动驾驶汽车与物联网和大规模传感器网络能够具有真实的可用性。

无线局域网是一种通过使用无线信号在不同设备间进行数据传输的通信网络技术。无线局域网技术通常用于建立局域网络，如家庭网络或企业网络等应用场景。在家庭网络应用中，人们通常利用无线局域网技术将家庭内的各种智能电视、智能洗衣机等智能家电设备连接到互联网，也在用它为家庭成员提供便捷的网络共享模式。与此同时，在大多数企业中，无线局域网技术使得企业职工可以灵活便捷地登录公司网络，从而大大提高了工作效率。此外，无线局域网也在许多公共场所，如咖啡馆、机场和图书馆等地点作为公共热点，为人们提供高效便捷的无线网络连接，方便人们在外出时连接互联网。

IoT 是指将各种物理设备连接到互联网并实现互联互通的概念。通过内嵌传感器和通信模块，物联网将实体世界与数字世界相连接，实现了设备之间的智能互动和数据流通。物联网技术允许物理世界中的设备和对象通过传感器、通信模块和互联网连接到云平台，实现数据采集、监控和远程控制。物联网广泛应用于智能工业、智能交通、智能家居等领域，在推动了自动化和智能化进程的同时，也为目前面临的资源管理、环境监控和健康医疗等诸多挑战提供了全新的解决方案。此外，在城市交通、能源、规划等方面，物联网技术带来了更为先进的智能化管理和设计，在很大程度上提高了城市运行效率和可持续性。

通过前面的描述，我们不难看出这些移动通信技术在通信领域各自发挥着重要作用，它们不仅提高了用户连接速度和效率，还为新的应用场景和商业模式创造了广泛的发展空间，拓展了互联网的边界。然而，这也为我们带来了许多网络安全和隐私保护问题。面对这些问题，我们需要坚持不懈地耐心解决，以确保这些无线通信技术能够被人们安全使用，从而在各自领域更好地发挥自身作用。

## 1.2　通信网络安全的定义和意义

### 1.2.1　什么是通信网络安全

随着数字化时代的发展，通信网络在各领域的重要性越发突出，但与此同时，其面临的安全威胁也变得越来越复杂和多样，这些威胁可能导致隐私和数据泄露、服务中断、财务及声誉损失等严重后果。通信网络安全是一种维护计算机系统、数据传输链路和通信设备免受未经授权访问、破坏、窃取或干扰的综合性措施，它的主要目标是确保通信网络的主要组成部分，即计算机系统、数据链路和通信网络协议的安全，它的核心概念包括保密性、完整性和可用性[3]。这三个核心概念构成了网络安全的基础，通常被称为 CIA 三要素。

- 保密性（Confidentiality）指的是确保信息不会被非授权的人接收或浏览。其目标在于防止敏感数据泄露，即通过限制对信息的访问，或是通过将数据在传输和存储过程中加密，使得只有授权用户才能访问或解密。
- 完整性（Integrity）是指确保数据不会被篡改或损坏，即保持数据的一致性。这意味着数据在传输过程中不能被未经授权的用户修改，并且在接收和存储后与原始数据不存在偏差。
- 可用性（Availability）确保网络和系统能够在需要时正常运行，不受攻击或故障的影响，以便合法用户可以访问它们。攻击者可能试图通过分布式拒绝服务攻击（Distributed Denial of Service，DDoS）或其他方式使系统不可用，不可用的网络便失去了自身的意义和价值。因此，维护通信网络安全的一个重要方面是保障网络的可用性。

此外，通信网络安全还包括一个极为重要的概念，即合法使用。合法使用涉及确认数据和通信的来源是否可信，这通常通过身份验证和数字签名等方法来实现。确保通信的合法性与可信性有助于防止冒充和伪造。

随着通信技术的发展,现代通信网络安全的范围不仅包括上述三个核心概念与合法使用,还扩展到了其他关键领域,如身份验证、授权、审计、恶意软件防护、网络监视等。下面将深入探讨通信网络安全的重要性以及如何实现网络安全。

### 1.2.2 通信网络安全威胁的基本概念

通信网络安全威胁是指那些可能危及通信网络核心要素的潜在行为或事件。无论这些行为是有意还是无意的,它们都可能对网络的保密性、完整性或可用性造成恶劣影响。网络安全威胁的来源有很多种,包括外部的黑客入侵、病毒攻击、分布式拒绝服务攻击或是社交工程等,也可能是来自自身的系统漏洞或内部泄露,它们所造成的影响可能仅仅是敏感信息泄露,但也可能会是破坏数据、中断网络服务或实施其他有害行为。目前,信息技术的迅猛发展和互联网的广泛普及使得通信网络成为现代社会和经济生活的重要基础设施,从个人生活到国家安全,几乎所有方面都依赖网络进行信息传输和数据交流。而通信网络安全威胁涵盖各种不同类型的攻击和风险,这些威胁对我们的现实生活可能造成难以估量的重大影响[4]。因此,维护通信网络安全具有不可估量的意义与价值,对个人、组织和国家都产生了深远影响。

通信网络面临的威胁主要可分为两类,即被动攻击和主动攻击。被动攻击是对所传输的信息进行窃听和监测,主动攻击是指恶意篡改数据或伪造数据流等攻击行为,二者的主要区别在于被动攻击仅仅攻击系统的保密性,不会破坏或篡改系统信息,而主动攻击对于系统信息不仅进行窃听或监控,还会篡改或破坏系统信息。

被动攻击又可以分为两小类,一类是获取信息的内容,另一类是进行业务流分析。由于不对系统信息进行任何修改或破坏,因此很难检测系统中是否存在被动攻击,即便可以通过加密等手段防止敌方获取截获信息的具体内容,但通过链路监听与流量分析等手段,敌方仍可以获得收发双方的身份和地址、系统中信息的格式、通信次数以及流量大小等敏感信息。因此,对抗被动攻击的重点并非在于攻击检测,而是在于如何预防被动攻击的发生。

主动攻击主要分为三小类,第一类是截获系统信息造成传输中断,第二类是截获系统信息后对系统信息进行篡改,第三类是伪造系统信息发起通信。主动攻击的具体方式包括伪装攻击、重放攻击、信息篡改以及拒绝服务(Denial of Service,DoS)。因为主动攻击可能基于通信设备和通信线路中的任意一处进行,因此在实践中绝对防止主动攻击是几乎不可行的,因此对于主动攻击,主要的对抗方法是对攻击的实时监测与及时恢复攻击造成的破坏。

保障通信网络的安全是当今数字化社会不可或缺的关键要素,无论是对于企业与个人还是国家与社会来说,它都具有重要意义。对于常见的通信网络安全威胁,我们可以按不同领域分别进行风险分析,这能够为我们提供定量的方法来正确地认识并衡量风险,以确定是否应保证在防护措施方面的资金投入,从而更加有效地对通信网络风险加以防范。

## 1.3 通信网络安全的基本策略和具体措施

### 1.3.1 通信网络安全的基本策略

所谓安全策略,是指在某个安全域内施加给所有与安全相关活动的一套规则[5]。所谓安全域,通常是指属于某个组织机构的一系列处理进程和通信资源。这些规则由该安全域中所设立的安全权威机构制定,并由安全控制机构来描述、实施或实现。安全策略是一个很宽泛的概念,这一术语以许多不同的方式用于各种文献和标准,通常可以分为以下几个不同的等级[6]。

- 安全策略目标:是一个机构对于所保护的资源要达到的安全目标而进行的描述。
- 机构安全策略:是一套法律、规则及实际操作方法,用于规范一个机构如何管理、保护和分配资源,以便达到安全策略所规定的安全目标。
- 系统安全策略:描述如何将一个特定的信息系统付诸工程实现,以支持此机构的安全策略要求。

影响网络系统及其各组成部分的安全策略包括许多方面,在确保网络的安全性和可信性方面起到关键作用,下面对其中一些主要内容做重点介绍。

- 授权(Authorization):授权是安全策略的一个核心组成部分,指的是主体(用户或终端等)对作为客体的数据或程序等事务的支配权利,它规定了谁有权对什么进行何种操作。
- 访问控制:访问控制策略隶属于系统级安全策略,它迫使计算机系统和网络自动执行授权。它可以是基于身份的策略,即允许或拒绝对明确区分的个体或群体进行访问。它稍作变形也可以成为基于任务的策略,即通过给每一个个体分配任务,并基于这些任务来使用授权规则;也可以是基于多等级策略,即基于信息敏感性的等级及工作人员许可等级而制定的一般规则的策略。
- 安全意识和培训:安全意识和培训的意义在于最强大的安全策略也需要保证员工的安全意识。组织需要提供安全培训,教育员工识别潜在的网络威胁,遵循最佳实践,并遵守安全政策。安全意识培训有助于降低社会工程和内部威胁的风险。
- 监控和响应:监控和响应的重点在于安全策略需要包括持续监控网络活动,以检测潜在的安全事件。如果出现安全事件,必须有快速响应计划来应对和应急处理事件,以减少潜在的损害。

综上所述,影响网络系统及其各组成部分的安全策略包括多方面,而一个综合的安全策略需要综合考虑,以确保网络系统在不断演变的威胁环境中保持强大和安全。网络安全是一个持续的过程,因此安全策略也需要不断更新和改进,以适应新的威胁和挑战,而更加具体的网络安全策略会在后续内容中进行更详细的讨论。

### 1.3.2 通信网络安全的具体措施

为了保障通信网络安全,1990年,国际电信联盟(International Telecommunication Union,ITU)决定采用ISO 7498-2作为其X.800推荐标准。X.800是国际电信联盟发布的一项标准,它提供了计算机网络中的安全服务和机制的详细规范,旨在保护网络中的信息和通信。X.800对安全服务做出定义是为了保证系统或数据传输有足够的安全性,开放系统通信协议所提供的服务。换言之,安全服务是一种由系统提供的对资源进行特殊保护的进程或通信服务。这些安全服务是X.800标准的核心组成部分,旨在建立和维护计算机网络的安全性和可信性。X.800定义的安全服务主要包括以下内容。

(1)访问控制服务:访问控制服务是X.800提供的首要安全服务之一,它旨在控制用户和实体对系统资源的访问,包括身份验证(Authentication),即通过用户名、密码、数字证书或生物特征识别等手段确认用户或实体的身份,以确保只有授权用户可以访问系统;授权

（Authorization），即通过确定已经完成身份验证的用户或实体在系统中可以执行的操作和访问的资源；访问控制列表（Access Control Lists），即定义了哪些用户或实体有权访问特定资源，以及他们能够执行哪些操作。

（2）**数据完整性服务**：这是一种控制用户和实体对系统资源的访问权限的安全服务，包括身份验证、授权、访问控制列表。

（3）**数据保密性服务**：这是一种保护数据免受未经授权的访问的安全服务。X.800提供了数据保密性服务，包括加密和密钥管理。加密指的是通过使用加密算法将数据转换为密文，使得只有授权用户才能解密并还原原始数据。而密钥管理则可以确保加密密钥的保密性，包括生成、分发、存储和更新密钥的机制。

（4）**可用性服务**：X.800还着重关注系统和资源的可用性，以抵御拒绝服务（DoS）攻击。可用性服务包括冗余系统服务、负载均衡服务以及故障恢复服务等。其中，冗余系统服务指建立冗余系统以确保在一个系统失败时仍然可以提供服务；而负载均衡服务则通过分发网络流量以避免某一资源过度使用，从而提高系统的可用性；故障恢复（Failover）服务则是指在系统出现故障时能够平滑地切换到备用系统，以减少服务中断时间。

（5）**认证服务**：认证服务是确保实体身份的关键服务，包括多因素身份验证以及单一登录认证。其中，多因素身份验证通过结合多种身份验证因素，如密码、生物特征和硬件令牌提高认证的可信度。而单一登录认证则允许用户通过一次登录访问多个系统和资源，从而减少认证的复杂性。

（6）**不可否认性服务**：能够有效防止发送方或接收方否认传输或接收过某条消息。即当消息发出或接收后，另一方能证明消息是由其所声称的发送方或接收方所传递的。

（7）**非复制性服务**：X.800提供了非复制性服务，以防止数据重放攻击，包括一次性使用的标记和时间戳，以确保信息不会被多次使用。

（8）**时间戳服务**：时间戳服务用于为事件和数据提供时间戳，以验证事件的发生时间，这有助于确保数据的时序性和合法性。

这些安全服务能够有效保护数据的机密性、完整性和可用性，防止未经授权的访问和恶意攻击，并确保系统和通信的可信性。在不断演进的网络威胁环境中，这些安全服务是保护网络资源和用户隐私的不可或缺的工具。通过实施这些安全服务，组织或个人可以提高其网络的安全性，保护关键信息和确保业务连续性。而在实际使用中，安全服务通过安全机制来确保自身的实现。每一种安全服务可能需要依托一种或者多种安全机制来实现安全策略，而多样化的安全机制涵盖各种安全技术和措施，以确保网络的完整性、可用性和保密性。基于网络架构的特定的网络安全机制包括以下内容。

（1）**数据加密机制**：运用数学算法将数据转换成不可知的形式，数据的变换和复原依赖算法和一个或多个加密密钥。对于对称密钥加密算法，加密和解密数据使用同一个密钥。而非对称密钥加密算法在加密和解密时使用不同的密钥，整个加解密过程使用一对密钥。

（2）**数字签名机制**：数字签名是附加于数据单元之后的数据，通常是对数据单元的密码变换，可使接收方证明数据的来源和完整性，并防止伪造。

（3）**访问控制机制**：对资源实施访问控制的各种机制，包括定义了谁有权访问特定资源，以及能够执行哪些操作。

（4）**数据完整性机制**：用于保证数据元或数据流完整的各种机制，通常需要在特定的协议层才能实现，因此属于特定安全机制。

（5）**身份验证机制**：提供了不同的身份验证机制，通过信息交换以确认用户或实体的身份。

（6）**流量填充机制**：在数据流中插入若干空位来阻止第三方的流量分析。

（7）**路由控制机制**：通过为某些数据预先选取好确定的路由，或是在传输时动态地选取路由，确保只使用物理上安全的子网络、中继站或链路。

（8）**公正机制**：利用可信的第三方来保证数据交换的某些性质，通常由公钥基础设施这种用来提供数字证书、密钥管理和身份验证服务的网络基础设施担任，在网络安全中扮演着确保通信和数据安全性的关键角色。

总而言之，现有标准提供了一系列安全机制，用于确保计算机网络的安全和可信服务。这些机制从应用层到网络层共同构建出一个全面的网络安全基础，有助于保护网络安全核心要素，通过防止未经授权的访问和恶意攻击来确保系统和通信的可信性。在不断演进的网络威胁环境中，这些安全机制是保护网络资源和用户隐私的有力工具，对于建立强大的网络安全防线十分有益。

随着现代通信技术的不断发展，通信网络的安全问题越来越受到人们的关注。通信网络安全涉及各种网络协议、安全策略、加密技术等方面，是保障网络信息安全的重要手段之一。以上述安全机制和安全服务为基础，融合通信网络安全相关专业理论知识，构建未来通信网络安全体系，是保障网络信息安全的重要手段。

## 1.4 本书概貌

本书面向新一代信息技术发展，针对通信网络安全发展需求，以理解通信网络安全的基本概念、掌握通信网络安全基本理论、运用相关算法解决实际工程问题为主要目标，采用"理论与工程融合，前沿与基础结合"的方式展开，使读者能够更好地形成基本思维，理解基本原理，运用基本技术。本书的主要架构如下。

1. **基础知识介绍**
- 第1章通信网络安全概述，主要介绍通信网络安全的定义、面临的威胁和风险以及通信网络安全的基本原则和策略。
- 第2章通信网络安全基础，主要介绍通信模型的基本理论和通信网络安全性的分析方法，重点介绍传输层和应用层的安全协议以及无线通信协议的安全性问题。

2. **专业基础内容**
- 第3章通信网络攻击与防范，主要介绍常见的网络工具类型、防御技术手段以及网络安全事件的响应和处置。
- 第4章通信加密技术，主要介绍通信过程中的加密技术，包括对称加密技术、非对称加密技术、数字签名技术及安全散列技术。
- 第5章认证和访问控制，主要介绍通信过程中认证和访问控制的基本概念，分别对身份认证和访问控制技术进行重点介绍，最后介绍认证和访问控制的实际应用和安全管理。
- 第6章网络安全监测与管理，主要介绍在通信网络中如何实时监测通信网络是否安全以及通信网络安全管理系统。

3. **工程应用提升**
- 第7章计算机通信网络安全技术，主要介绍计算机通信网络的安全性问题，包括安全威胁、VPN安全技术、防火墙技术及入侵检测技术。
- 第8章移动通信网络安全，主要介绍无线通信中的安全问题，包括移动设备的安全管理、无线蜂窝网、无线数据网以及Ad hoc网络的安全性分析。
- 第9章物联网安全，主要介绍5G和6G背景下物联网的安全威胁及安全技术。
- 第10章物理层安全，主要介绍通信网络中物理层安全涉及的合理理论与技术。
- 第11章未来通信网络安全的发展，主要介绍未来通信网络的发展趋势和新兴技术。

# 第2章

# 通信网络安全基础

本章主要介绍一些通信网络安全的基础概念,并概述几代移动通信网络各自的安全特点。针对传输层和应用层,选取有代表性的案例进行介绍;选取两个无线通信的协议,并对其安全方案进行概述。

## 2.1 通信网络基础知识

### 2.1.1 通信系统基本架构

通信的目的在于传输信息,即将信息从信源发送到目的地。目的地也称为信宿,其既可以是一个,也可以是多个。用于传输信息的所有设备的总和称为通信系统,其一般模型可以由图2.1表示。

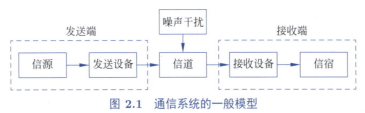

图 2.1 通信系统的一般模型

图2.1中各部分的基本功能简述如下。

**1. 信源**

信源的基本功能是将待发送的各种信息转换成原始电信号,根据输出信号的性质不同,可将信源分为模拟信源和数字信源。模拟信源(如电话机、电视摄像机等)输出连续幅度的模拟信号,数字信源(如键盘、计算机等)输出离散的数字信号。模拟信源可通过抽样或量化的手段转换为数字信源。随着数字通信以及计算机技术的发展,数字信源的数量日渐增加。

**2. 发送设备**

发送设备的基本功能是将信源与信道进行匹配,将信源产生的信号转换为适于在信道中传输的信号,并具有合适的功率以满足抗干扰和远距离传输的需求。因此,发送设备包含的组成部分有很多,如变换、放大、滤波、编码和调制等。为了达到某些特殊要求,发送设备可能需要具备加密处理和多路复用等功能。

**3. 信道**

信道是从发送设备到接收设备之间的一种物理媒介,它可以是无线的,如自由空间;也可以是有线的,如电缆和光纤。信道的存在必然引入干扰,如热噪声、脉冲干扰和衰落等。信道的固有特性将直接关系到信号变换方式的选取,进而影响通信质量。

### 4. 接收设备

接收设备的基本功能是将信号反变换,从受到干扰与衰弱的接收信号中正确恢复出原始信号,其具体步骤包括解调、译码和解密等。

### 5. 信宿

信宿的基本功能是将接收设备输出的电信号还原成对应的信息,是信息传输的最终目的地。

根据发送端输出的信号是模拟信号还是数字信号,可以相应地将通信系统分为模拟通信系统和数字通信系统。近40年来,数字通信系统发展迅猛,这是由于数字通信系统相较于模拟通信系统具有以下优点。

- 抗干扰能力强,相较于模拟通信系统,具有噪声不累计增加的优点。
- 可采用各种现代数字信号处理技术,对信号进行处理、变换和存储,具备将不同信源的信号综合处理和传输的能力。
- 可通过信道编码技术进行纠错处理,使得传输差错可控,提升传输质量。
- 便于采用各类加密技术对信息进行处理,系统保密性好。
- 便于对各种设备进行轻量化处理,提升系统集成度。

## 2.1.2 通信网络基本模型

计算机网络是一个典型的通信网络,本节以计算机网络为例,介绍通信网络的具体组成。计算机网络是一些互相连接的、自治(每台计算机独立工作)的计算机系统的集合。具体而言,凡是将具有独立功能的多个计算机通过线路连接起来并以功能完善的软件实现资源共享的系统,都称为计算机网络。最简单的计算机网络就是仅包含两台计算机的网络;最复杂的计算机网络就是Internet。

为了理解、设计并应用复杂的计算机网络,网络分层的思想被提出,用于将庞大和复杂的问题转换为若干较小并容易处理的局部问题。当前主要的网络参考模型有两种,分别是由国际标准化组织(The International Organization for Standardization,ISO)创建的开放系统互联(The Open Systems Interconnection,OSI)参考模型和传输控制协议(Transmission Control Protocol,TCP)/网际互联协议(Internet Protocol,IP)体系结构。图2.2给出了两种参考模型的关系。

图 2.2 两种体系结构参考模型的关系

下面具体介绍两种网络体系结构。

**1. OSI/ISO 体系结构**

在计算机网络发明的早期,各个公司纷纷建立自己的网络体系结构,便于本公司计算机组成网络。由于网络体系不同,不同公司间的计算机难以互相通信。因此,国际标准化组织在1977年开始制定有关计算机网络如何互联的国际标准,提出了开放系统互联参考模型,该参考模型于1983年成为ISO-7498国际标准。OSI模型共有7层,如图2.3所示,这7层的功能如下。

- 物理层:物理媒体,负责以电信号的方式传输数据。涉及数据传输模式、线路配置、编码和信号形式等。
- 数据链路层:控制用于传输数据的通信链路,使数据帧能够在链路上无差错传输。
- 网络层:在源节点与目的节点之间提供寻址机制,并对数据包的发送进行路由选择、顺序控制和拥塞控制等,确保传输的正确性。
- 传输层:在源节点和目的节点之间提供可靠且透明的传输,保证数据包顺序正确及数据完整性。
- 会话层:控制两个通信节点之间的通信链路,提供建立、管理和终止通信的方法。
- 表示层:完成数据格式的转换(包括压缩和加解密),提供标准应用接口与公共数据表示方法。
- 应用层:为用户提供各类网络服务的界面,对用户不透明。

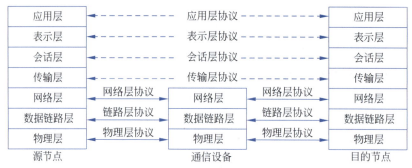

图 2.3 OSI 体系结构

### 2. TCP/IP 体系结构

美国高级研究计划署于1969年开发了一个项目,通过点到点的线路建立用于数据包交换的计算机网络,称为阿帕网(ARPANET)。随着需求以及技术的发展,计算机科学家设计了TCP/IP族,用于指明单个计算机如何通过网络进行通信。TCP/IP体系的参考模型如图2.4所示。

图 2.4 TCP/IP 体系的参考模型

TCP/IP体系结构的网络接入(Network Access)层位于TCP/IP的最底层,它对应OSI模型中的物理层与数据链路层。网络接口层物理层总是存在,由光纤、同轴电缆、双绞线以及调制解调器线路组成,包含多种通信网,例如以太网、电话网和点对点通信等。该体系结构仅关注接口层与通信网的接口,每个通信网负责制定传输数据帧的规则和方法。而数据链路层则将来自物理层的信号重新集合成一个可用的格式。

互联网层(Internet Protocol layer,IP)是整个体系结构的关键部分,主要用于网络寻址与路由，并能够支持多种网络共同组成一个逻辑网络，屏蔽底层物理网络的差异，提供具有一致性的端到端通道。传输层协议提供了由应用到应用的传输通道，应用层给用户提供各种具体服务。

## 2.2 移动通信网络安全模型

移动通信网络是现代通信中的一种常见通信网络，极大程度地丰富了人们的生活。从20世纪80年代起的第一代移动通信技术（1G）开始，如今已演进到第五代移动通信技术（5G）。本节将简单介绍第二代至第五代移动通信技术以及其安全架构，供读者建立初步概念。本书将在8.2节对蜂窝网络安全作更为详细的介绍。

### 2.2.1 GSM安全

移动通信依赖自由空间作为传输媒介，除了会受到有线通信网络面临的安全威胁，还会受到假冒用户以及非法窃听等威胁。在第一代移动通信系统中，电话号码和通信内容以明文形式传送，非法用户可以利用这些信息发动攻击，给用户和运营商都带来了不小的利益损失。第二代移动通信系统可分为两类：全球移动通信系统（Global System for Mobile Communications，GSM）系统和北美数字移动通信系统（包括DAMPS和CDMA），它们各自在对应的技术标准下采取了一系列安全措施。本节主要介绍GSM系统以及其安全特征。

**1. GSM简介**

1982年，欧洲电信标准组织（ETSI）开始推进GSM项目，目标是实现欧洲国家的移动通信标准统一化。1990年，ETSI发布了第一个GSM的标准，并于1993年将业务扩展至欧洲以外的国家。GSM提供基本语音业务、数据传输业务以及其他的增值业务。通过采用频分和时分复用接入方案，它提高了频谱效率和抗干扰性。GSM的系统结构如图2.5所示，主要由移动台（Mobile Station，MS）、基站子系统（Base Station Subsystem，BSS）、网络子系统（Network Station Subsystem，NSS）、操作和维护中心（Operations and Maintenance Center，OMC）以及各种接口组成。

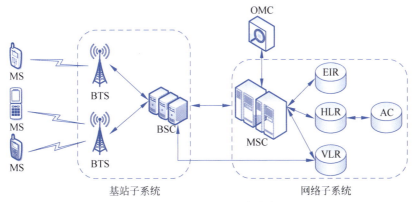

图 2.5  GSM 的系统结构

系统中各部分的功能简介如下。
- 移动台：移动台由用户持有，与基站间建立双向通信链路并进行传输。
- 基站子系统：BSS主要由基站收发信站点（Base Transceiver Station，BTS）和基站控制器（Base Station Controller，BSC）组成。其中，BTS主要负责完成数据传输，包含收发机和天线等模块，连接移动通信网络的无线部分与固定部分；BSC 负责控制和管理 BTS，包括信道资源分配与小区切换的功能。
- 网络子系统：NSS 主要由移动交换中心（Mobile Switching Center，MSC）、访问控制寄存器（Visitor Location Register，VLR）、移动设备标识寄存器（Equipment Identity Register，EIR）、归属位置寄存器（Home Location Register，HLR）和鉴权中心（Authentication Center，AC）组成。NSS 负责提供数据交换、访问控制和用户鉴权的服务，并存储管辖范围内所有移动用户的各类信息，是网络的核心组成部分。
- 操作和维护中心：OMC 负责对网络进行监控和维护操作，完成用户管理、移动设备管理以及系统自检、报警和故障诊断，并能够修复一定程度的系统故障。
- 接口：用于保证网络各组成部分能够互联互通，针对不同厂家生产的设备，GSM 规定了一套完整、详细的接口规范。

**2. GSM 信任模型**

GSM 信任模型如图 2.6 所示。其中，实线箭头表示箭头发起方对箭头指向方"信任"，而虚线则表示"不信任"。后续章节的信任模型也采用同样的表示方法。

图 2.6　GSM 信任模型

- GSM 系统假设用户可能是由攻击者伪装的，因此运营商并不信任用户，为此采用了认证机制。通过运营商的一系列校验后，用户才被允许接入网络。
- GSM 系统认为网络和运营商是可信的，这主要是由于当时移动通信技术非常先进以及运营商数量很少，是一个相对封闭的系统。运营商之间通过签订协议达成互信。
- 由于 GSM 的相对封闭性，一些增值业务的提供商也需要和运营商签约，因此也被认为是可信的。

**3. GSM 安全目标与安全实体**

GSM 主要提供了两个安全目标：①防止未授权的用户接入网络服务；②保护用户隐私。为实现这两个目标，GSM 主要通过鉴权机制来认证用户的身份，通过各类加解密技术来保护用户隐私权。这些安全机制由运营商构建，对用户不透明，即用户不知道所使用的服务由什么安全机制保障，也无法对这些安全措施产生任何影响。

GSM 中实现安全功能的主要实体如下。
- 用户标志模块（Subscriber Identity Module，SIM）：一种带有芯片的卡片，设有操作系统以便控制外部设备（手机等）和设备对卡上数据的访问。SIM 存储了用户密钥、用户全球唯一识别号和临时标志等秘密信息，是 GSM 系统内标识用户的唯一设备。
- GSM 手持设备和基站：GSM 手机从 SIM 中获取密钥，基站则从网络子系统中获得密钥，然后利用加密算法实现用户终端和基站之间的通信保护。
- 网络子系统：包含加密算法、用户标识和用于鉴别用户的信息数据库。当用户接入网络时，调用存储的用户标识信息与收到解密后的请求信息进行比对，以完成鉴权操作。

**4. GSM 安全性分析**

尽管 GSM 在第一代移动通信网络的基础上加入了大量的安全体系与措施，如 PIN 保护、用户鉴权、空中接口加密与匿名机制等。但工程师与研究人员也对这些机制进行了大量分析研究，指出了算法与机制存在的诸多不足。

在安全算法方面，GSM 所采用的 A3/A5/A8 等算法均由 GSM/MoU 组织管理，GSM 运营商需要与 MoU 签署保密协议以获得具体算法，SIM 的制造商也需要签订相应协议，以便将算法实现至 SIM 上。造成这些算法存在缺陷的主要原因之一是算法不公开，其安全性未受到广泛验证。以 A5 算法为例，它被集成在移动终端内，为了保证实时通信该算法的速度必须足够快，因此用硬件实现。但 A5 算法很容易被已知明文攻击攻破。2000 年，针对 A5/1 算法，一个安全专家小组在几分钟内就将截获的 2 秒通信流量破解了，而 A5/2 算法的安全性甚至还不如 A5/1 算法。

在安全机制设计方面，GSM 只在空中接口采取了加密以及用户的单向鉴权，在固定网络内部并没有单独定义安全功能。因此，如果攻击者能够以某种方式接入固定网，那么就可以冒充合法设备，进而发动攻击。此外，GSM 对用户单向的认证难以防止假基站攻击；用户和信令数据完整性也容易受到破坏。

### 2.2.2　3G 安全

当前国际电信联盟所认可的 3G 标准主要包括 WCDMA、TD-SCDMA、CDMA2000 和 WiMax 四种。WCDMA 是欧洲各国联合提出的宽带 CDMA 技术，本节的 3G 安全也主要基于 WCDMA 展开介绍。

**1. 3G 系统简介**

3G 系统模型如图 2.7 所示，由移动终端、无线接入网（Radio Access Network，RAN）以及核心网（Core Network，CN）组成。

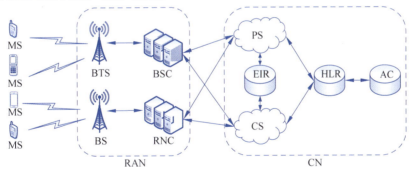

图 2.7　3G 系统模型

系统中各部分的功能简介如下。

- 移动终端：在 3GPP 提出的架构里，移动终端分为两部分，分别为移动设备（Mobile Equipment, ME）和通用用户识别模块（Universal Subscriber Identity Module, VSIM）。通常来说，ME 代指手机，能够实现无线通信功能并包含在移动网络中通信所需要的各类协议；USIM 则与 SIM 类似，装配于 ME 中，包含所有所需的用户信息。
- 无线接入网：在 3GPP 提出的方案中，存在两种接入系统。其中一种为通用电信无线接入网（Universal Telecommunication Radio Access Network，UTRAN），基于 WCDMA 开发。UTRAN 包含两个组成部分，其中 BS 处于无线网络的末端，被连接到控制单元——无线网络控制器（Radio Network Controller，RNC）上，而 RNC 通过接口直接与核心网连接。另一种是由 2G 网络发展而来的 GSM/EDGE 接入网（GERAN），由于使用了新的调制方式，它的传输速率为 GSM 的 3 倍。此外，GERAN 在安全结构的设计上也参考了 UTRAN，引入了一些新的设计。
- 核心网：CN 主要由两个域组成，即分组交换域（Packet Switching，PS）和电路交换域（Circuit Switching，CS）。PS 从 GPRS 系统演化而来，主要作用是分配各业务所占用的信道；CS 则从传统 GSM 发展而来。

**2. 3G 信任模型**

3G 系统的信任模型如图 2.8 所示。

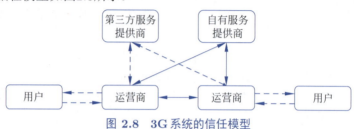

图 2.8　3G 系统的信任模型

相比于 2G 系统，3G 系统信任模型具有以下新的特征。
- 3G 网络中，网络和用户都可能被认为是伪造的。因此 3G 采用了双向的认证机制，以防止假基站攻击等冒用问题。
- 运营商和服务提供商之间也不再完全可信，部分服务提供商也需要通过安全机制来接入网络。
- 3G 网络逐渐 IP 化，用户可以通过移动网络来访问 Internet，因此不同网络域之间也需要确保各自边界的安全。

**3. 3G 安全结构**

针对 GSM 等 2G 系统在应用中暴露出来的安全缺陷，3G 系统一方面改进了现有的 2G 安全机制，另一方面也根据产生的新业务类型提供了新的安全特征和服务。3G 系统的安全架构如图 2.9 所示。

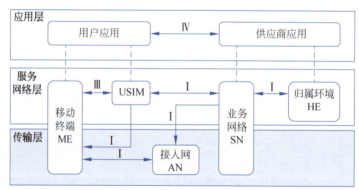

图 2.9　3G 系统的安全架构

3GPP 为 3G 系统构建了 5 个安全域，分别如下。

（1）接入域安全：防止来自无线链路接入的攻击，为用户提供安全的网络接入服务，包括对用户数据的保密、身份和操作的保密以及用户和网络间认证的保密。

（2）网络域安全：在运营商节点间提供安全的信令交换服务，包括网络实体之间的认证、加密和信息完整性。

（3）用户域安全：提供对移动终端的安全接入，主要针对 USIM 和终端以及 USIM 和用户的认证。

（4）应用域安全：保证用户和服务商在使用应用时能够安全地传输数据。

（5）安全的可视性与可配置性：网络的安全性对用户透明，包括安全服务是否运行以及具体使用的各类服务是否安全。

**4. 3G 安全性分析**

由于 GSM 系统在运行中暴露出了不少安全问题，以及 3G 新业务的开展也会带来新的安全挑战，因此 3G 系统在以下几方面进行了改进。

- 用户鉴权：GSM 在设计网络时删去了单向鉴权机制，即用户假设网络是安全的，不进行鉴权，而网络则要对每个接入的用户进行鉴权，这将导致用户可能被假基站攻击。因此，3G 系统在信任模型中进行了改变，使得用户不再信任网络，采用了用户—网络的双向鉴权机制。具体而言，终端侧需要检查所连接的网络是否经过了归属环境（Home Environment，HE）的授权，然后再与通过检查的网络进行数据交换。
- 机密性保护：密码算法存在有效期，旧算法的失效导致被新算法替换是一个很正常的迭代过程。GSM 所采用的 A5 算法从 2000 开始编逐步被破解，再往后其破解密码所需的时间逐渐缩短。3G 网络则采用了两种新算法——KASUMI 和 SNOW 3G，这两个算法在标准中分别被命名为 UEA1 和 UEA2。其中，SNOW 3G 也是在 SNOW 1.0 和 SNOW 2.0 的基础上演进而来的。
- 完整性保护：2G 系统中没有设计完整性保护的机制。但在长期的工作中，人们发现信令中的控制字段是影响整个系统工作的重要信息，在格式和内容都高度标准化的情况下，任何信令的变动或者缺失都将导致数据传输出现问题。因此，3G 网络强制要求使用 KASUMI 或者 SNOW 3G 算法对信令进行完整性保护，对应的算法名称为 UIA1 和 UIA2。值得注意的是，尽管与 UEA1 和 UEA2 采用的基础算法相同，但它们的密钥还是各自生成并保管的。考虑到 3G 业务的特性，3GPP 没有对语音和数据业务进行完整性保护。

### 2.2.3 LTE 安全

长期演进（Long Term Evolution，LTE）是由 3GPP 组织对 UMTS 技术增强与演进的标准，也称为 4G，采用了正交频分复用技术（Orthogonal Frequency Multiplexing，OFDM）和多输入多输出（Multiple Input Multiple Output，MIMO）等关键技术。本节主要介绍 LTE 面临的安全威胁与 LTE 的安全架构，并简要分析 LTE 的安全性。

**1. LTE 系统简介**

为了保证技术和标准的先进性，3GPP 组织早在 2005 年便启动了 LTE 项目，在 3G 技术上引入了 OFDM 等先进技术，使得传输速率和频谱利用效率大幅提升。经过 4 年研发后，LTE 标准在 2008 年推出。

与 3G 相比，LTE 具有通信速率高、频谱效率高、时延较低以及更好的 QoS 保证的特点。同时，LTE 系统的部署也更加灵活，并能够向下兼容 3G 以及其他标准协同工作。LTE 与 3G 网络的最大区别主要是接入部分，其接入模型如图 2.10 所示。

LTE 的接入网结构也称为演进型 UTRAN 结构（E-UTRAN），主要由演进型 Node B（eNB）和接入网关（aGW）组成。aGW 实际上是核心网的边界节点，因此也可以将接入网视为只由eNB一层构成。由于和传统3GPP接入网相比少了RNC，从而使得网络时延减小，因此实现了低时延、低复杂度和低成本。实际上，这也对这个体系结构进行了革命性的升级，逐渐趋近于典型的IP宽带网结构。eNB除了具有原来BS的功能外，还可以实现大部分原本由RNC完成的工作，包含物理层、数据链路层接入控制等。不同的eNB之间采用网格直连，这也是对原本UTRAN结构的改变。

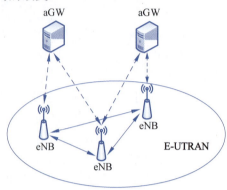

图 2.10　LTE接入模型

**2. LTE信任模型**

4G的网络信任模型如图2.11所示，它具有如下新特征。

- 与3G不同的是，4G中运营商之间的交互是不可信的，这是由于3G已经出现了跨运营商的欺骗攻击，因此这一点在4G的信任模型中得到了充分考虑。
- 由于4G网络全IP化，因此认为外部业务不可信。

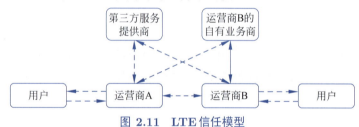

图 2.11　LTE信任模型

对于4G系统而言，原本对于3G系统的安全威胁仍然存在。由于eNB设备的出现，还增加了潜在的新威胁，如体积较小的eNB可能部署在不安全的地点，或者与核心网连接的传输链路可能不安全。因此，针对eNB进行的物理攻击完全可能存在。

**3. LTE安全架构**

如图2.12所示，4G的安全架构与3G类似，也被分为同样的5个域：

I. 接入域安全；

II. 网络域安全；

III. 用户域安全；

IV. 应用域安全；

V. 安全的可视性与可配置性。

与3G网络安全架构相比，4G安全架构增加了几部分。首先，ME和SN增加的箭头表明ME与SN之间也存在着直接的安全需求；其次，AN和SN增加了网络域安全的需求，表明它们之间的通信也需要被保护；最后，SN和HE之间增加了服务网络认证，也要保护其网络域的安全。

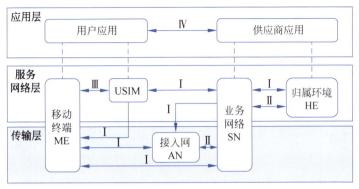

图 2.12 LTE 的安全架构

**4. LTE 安全性分析**

总体而言，3G 网络的安全设计更禁得起考验，因此 4G 在许多安全措施上并无显著的改变。

- 用户鉴权：3G 的用户鉴权设计较为合理，并无明显漏洞。因此 4G 在这方面基本沿用了 3G 的设计，包括鉴权协议流程和算法，只是在 USIM 的兼容性以及密钥产生方面进行了少量修改。
- 机密性保护：考虑到密码算法的有效期，4G 对密码算法继续进行了增强，以对抗可能出现的新攻击方法或者算力增加而带来的暴力破解问题。这些加密算法称为 EEA 系列。
- 完整性保护：与 3G 类似，4G 仅针对信令数据进行了完整性保护，以确保系统的正常运行。由于系统时延要求逐渐提高，对用户数据的完整性保护将会增加不少的系统开销，因此并无针对用户数据的完整性保护方案。

### 2.2.4 5G 安全

5G 是作为新一代通信技术的重要演进方向，也是实现万物互联的关键基础设施，是经济社会数字化的重要驱动力。2015 年，国际电信联盟发布了 5G 愿景，截至 2020 年 3 月，全球 123 个国家的 381 个运营商正在投资建设 5G，而 40 个国家的 70 个运营商已经提供了不少于一项符合 3GPP 标准的 5G 服务。本节将简要介绍 5G 的应用场景和安全架构，并对其安全性进行简要分析。

**1. 5G 典型应用场景**

ITU 定义了 5G 的 3 个典型应用场景，分别是增强移动宽带（Enhanced Mobile Broadband，eMBB）、海量机器类通信（Massive Machine Type Communication，mMTC）和超高可靠低时延（Ultra-Reliable Low-Latency Communication，uRLLC）。

eMBB 的典型应用主要是各类高清视频的传输。这类应用主要对传输速率和流量密度具有很高的要求。ITU 提出的具体要求是，下行峰值速率达到 20Gbit/s，上行峰值速率为 10Gbit/s，下行用户体验速率为 100Mbit/s，上行用户体验速率为 50Mbit/s，流量密度不低于 10Tbits/km$^2$，同时要求在 500km/h 的速度下仍然要保持稳定连接。在部分业务中，还额外增加了时延的限制。

mMTC 的典型应用是智慧城市和智能家居。这类业务对连接密度有较高的要求，ITU 对此给出的标准是连接密度不低于 $10^6$/km$^2$。针对具体业务的不同，mMTC 的需求也呈现了差异化。例如，智慧城市中的抄表应用要求终端具有低成本和低功耗；视频监控网除了对连接密度的要求,还有对传输速率的需求;智能家居要求终端需要在各种温度下具有稳定的性能,不过对时延不敏感。

uRLLC 的典型应用是工业互联网与车联网。这些业务的共有特征是对时延和可靠性极为敏感,例如工业生产线的加工控制以及自动驾驶的联网实时监测。ITU 对此提出的具体要求是用户面时延不超过 1ms,控制面时延不超过 20ms。仅仅利用网络中物理层和传输层的技术进步无法满足如此苛刻的时延需求,运营商必须引入网络和行业应用来部署满足要求的网络。

**2. 5G 信任模型**

由于 5G 网络是全 IP 化、开放和服务化的,因此对网络内部和外部的安全机制考虑得更加充分,其信任模型如图 2.13 所示。

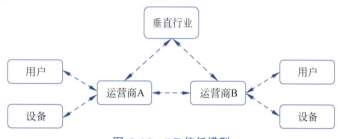

图 2.13　5G 信任模型

与 4G 网络相比,5G 信任模型中假设所有的运营商、设备和服务商都是不可信的。

**3. 5G 安全架构**

5G 的安全目标是在 4G 网络安全机制的基础上建立以用户为中心并满足各类服务安全需求的体系架构。该架构需要满足用户端、接入网、核心网以及应用层的安全需求,提供对合法用户的鉴权以及隐私保护,保证终端设备与网络的信令以及数据安全,防止来自攻击者的攻击行为。此外,还应结合 5G 网络的新特性和新技术,提供基于服务架构和网络切片安全的安全特性。图 2.14 为 3GPP 定义的 5G 网络安全架构。

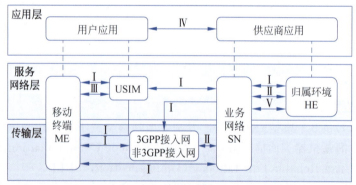

图 2.14　5G 的安全架构

与 3G 和 4G 相比,5G 网络的安全域主要出现了以下两个变化。

- 新加入了 V. SBA 域安全。能够使 SBA 架构下的网络功能在服务网络域内与其他域进行安全通信,是为了适应 SBA 架构新加入的安全域。
- 原本的安全性和可配置性的编号变为了 VI。

**4. 5G 安全性分析**

5G 标准针对 4G 网络中潜在的安全隐患,提出了一系列的安全增强措施。具体而言,5G

网络在安全认证、隐私保护和基于SBA架构的安全方面进行了技术提升，针对5G切片技术安全也做了相应的规定。

在用户隐私保护方面，5G系统的每个用户都会被分配一个全球唯一的5G永久标识，只在5G系统中使用。在4G及之前的系统中，用户永久身份在首次向网络认证时以明文方式传输，这导致攻击者可以获取用户的身份信息并以此追踪用户。5G系统中则使用非对称加密算法传送，以保护用户的身份标识，避免了用户位置和信息的泄露。

在密码算法方面，为了应对攻击者计算能力的增加，以及攻击者未来可能使用量子计算机对算法进行破解的潜在风险，5G网络设计了相关机制，以保证在面对量子计算破解的前提下仍然拥有足够的安全强度。目前已经引入了256bit密钥传输相关机制，为后续引入256bit算法做好了准备。

5G系统为用户提供了完整性保护机制。4G系统虽然提供了信令消息的完整性保护，但由于用户消息的完整性保护将显著增加系统开销、处理负担以及系统时延，故没有考虑用户面数据的完整性保护。5G系统则增加了这方面的设计，提供数据完整性保护以防止被篡改，保护用户的数据安全。

此外，5G建立了统一的认证框架，同时支持3GPP和非3GPP标准的网络接入5G网络，弥补了4G中异构网络的接入和切换的困难。

## 2.3 其他典型的通信网络安全分析

由于无线通信网的信号传递媒质是自由空间，因此在发射机信号覆盖的任何区域内的任何与发射机具有相同频率的接收机都有可能收到传递的信息。而无线设备在存储与计算能力上的局限性使得原本针对有线通信网络的安全方案难以直接应用，因此需要设计一些安全机制以提升无线通信系统的安全性。本节将简介无线局域网（Wireless Local Area Network，WLAN）和蓝牙安全，无线局域网安全协议的演进，以及蓝牙系统安全的基本工作原理。

### 2.3.1 WLAN安全

在有线局域网（IEEE 802.3标准）中，计算机通过集线器和以太网电缆连接在一起，而在无线局域网（IEEE 802.11标准）中，集线器的角色由接入点（Access Point，AP）代替，负责数据的分发。IEEE 802.11通常通过网络是否通过接入点工作而分为基础结构和自组织模式。大部分局域网工作在基础结构模式，这是因为通常情况下用户希望通过局域网连接到有线通信。本节描述的内容都是基于基础结构模式的。

**1. 无线局域网结构**

基础结构模式的网络结构如图2.15所示。STA是将要连接至网络的无线设备，如移动电话或者笔记本计算机。AP和STA通过无线信道通信，而AP与有线网络连接在一起。

STA需要先在每个频率上收听AP的信标消息以查找AP，这个过程称为扫描。当STA准备连接至AP时，需要先和AP进行认证，并在连接结束前完成一些操作。连接的过程也称为关联，只有STA与AP关联后，才能正常传输数据。STA和AP的消息主要包含以下三种。

- 控制：通知设备何时开始及停止发送信息。
- 管理：STA和AP使用管理消息来协商并管控它们之间的关系，如请求访问的消息属于管理消息。

- 数据：当STA和AP连接已建立时，消息以数据形式发送。

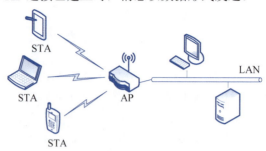

图 2.15　基础结构模式的网络结构

### 2. IEEE 802.11 安全

IEEE 802.11于1997年由IEEE提出，用于解决办公室局域网和校园网用户终端的无线接入需求，最高速率仅有2Mbit/s。为了提高无线局域网的安全性，IEEE 802.11b标准提出了一系列安全措施，如身份认证、访问控制、数据加密和完整性保护等。

IEEE 802.11定义了两种认证方式，分别是开放系统认证和共享密钥认证。其中，开放系统认证是该协议默认的认证机制，以明文形式进行。不过该认证方式的安全性不强，因为使用该认证方式的节点都可以通过认证。共享密钥认证则是可选的认证方式，响应节点可以根据请求节点是否拥有合法密钥来判定该节点是否接入，这种认证方法依赖后面提到的有线等价保密协议（Wired Equivalent Privacy，WEP）。

在加密方面，IEEE 802.11定义了WEP，以为无线网络提供接近有线网络的安全性。WEP基于RC4算法，这个加密协议的缺点之一是当加密后的数据流丢失一位后，在此之后的所有数据都会丢失。因此，WEP必须在每帧重新初始化密钥流。

然而，在IEEE 802.11协议提出后，一些学者逐渐发现了其安全机制存在较大的问题，简单总结如下：

- 认证协议是单向的，而且非常简单，不能有效地实现认证功能；
- 完整性算法不能有效阻止攻击者的数据篡改威胁；
- 密钥和初始化向量存在重复使用的问题，会导致多重攻击，而且该初始化向量容易在RC4算法下生成弱密钥；
- WEP不能够防御重放攻击。

### 3. IEEE 802.11i 安全

IEEE 802.11标准的缺陷被工程师发现后，许多国家政府出台政策禁止在办公场所中部署相应的无线局域网技术，在一定程度上影响了无线局域网的普及。随后，IEEE 802.11x改进了一些安全机制，而在IEEE 802.11i协议中进一步改进了加密算法和密钥管理机制，增强了协议的安全保障。

IEEE 802.11i沿用了IEEE 802.11x中的认证机制，即采用了可扩展的认证协议（Extensible Authentication Protocol，EAP）。请求者和认证者之间使用EAPOL（EAP over LAN）将EAP封装于局域网上，认证方和服务器也运行EAP，不过此时协议封装于其他高层协议中。认证完成前，IEEE 802.11x仅允许通过EAPOL端口传输，而在认证完成后将开放数据传输的以太网端口。

在密钥管理方面，IEEE 802.11i定义了EAPOL-KEY密钥交换协议，也称为四次握手协议，其主要目的是使接入客户端可以在不公布自己密钥的情况下，向对方证明自己知道成对主密钥,以此得到成对临时密钥或者组临时密钥。其中,成对主密钥位于密钥层次结构的顶端,由STA和AP同时持有。当AP和STA进行身份验证后,该密钥共享生成。成对临时密钥是一组密钥,其中两个密钥保护EAPOL握手信息,另外两个密钥保护数据安全。

经过身份验证和密钥分发的流程后,通信双方可开始保密数据传输,这依赖保密算法。IEEE 802.11i协议的默认加密算法工作在AES算法的CCM模式,该模式使用CTR(Counter)模式进行数据保密,并使用CBC-MAC(Cipher Block Chaining Message Authentication Code)模式进行认证,该算法也称为CCMP(the Counter Mode/CBC-MAC Protocol)算法。该算法性能良好,所占用的存储空间较小,计算速度适中,而且没有专利限制,因此被选为IEEE 802.11i协议的标准加密算法。

### 2.3.2 蓝牙安全

蓝牙(Bluetooth)是一种短距离无线通信标准,具有低功率和低成本等特点。蓝牙标准包括硬件规范和软件结构,最初目的是取代当时打印机、传真机和计算机等设备的有线接口。蓝牙工作在2.4GHz的ISM波段,采用时分双工模式来进行数据传输,其理论连接范围是0.1~10m,最大传输距离可通过提升功率的方法达到100m。

蓝牙在工业控制、智能家居和汽车应用中具有广泛的应用前景,其中部分场景不需要安全功能,如音视频设备连接播放等;但有些业务需要蓝牙提供信息安全机制,保障传输的信息不被窃听和篡改。

**1. 蓝牙安全模式**

蓝牙的技术标准中规定,只在无线链路部分提供安全机制,即提供链路的认证和加密功能。如果想要提供端到端的安全,还必须在蓝牙基础之上采取高层的安全方案。蓝牙技术标准描述了三种安全模式,使得每个蓝牙设备在某个时间段内只能处于这三种模式之一。

(1)无安全模式:不启动任何安全过程,任何安全功能均被旁路化。这种模式允许运行该模式的蓝牙设备和任何蓝牙设备连接,主要用于不需要安全保障的应用。

(2)加强的服务级安全模式:为上层提供面向连接和非连接的服务。这种安全模式由一个安全管理者对连接到设备上的服务和应用进行访问控制,使用一个集中的安全管理应用进行访问控制策略的维护。

(3)加强的链路级安全模式:蓝牙设备在信道建立前初始化安全过程,这是一种无论应用层是否存在安全机制都会存在的内置安全机制,支持认证和加密。该模式的工作基于通信设备之间共享一个秘密的链路密钥,需要在两个设备第一次通信时进行操作,以产生该密钥。

**2. 密钥生成**

当两个蓝牙设备试图建立连接时,首先要进入初始化过程,分为五个步骤:生成初始密钥;生成链路密钥;交换链路密钥;认证;生成加密密钥(该步骤是可选的)。

蓝牙的初始密钥也是一种链路密钥,当两个蓝牙设备第一次连接时,只要在设备上输入相同的PIN码,就能得到相同的初始密钥。链路密钥具有三个功能:可以交换以提高安全;用于设备认证;用于产生加密密钥。具体而言,链路密钥包括四种类型:初始密钥、组合密钥、设备密钥和主密钥。组合密钥是从两个设备信息中推导的密钥,用于交换链路密钥。如果两个节点重新组合,那么会重新产生组合密钥。设备密钥是一个节点在产生时就生成的密钥,源自节点的固有信息,一般不变。主密钥是临时连接时使用的密钥,保护主设备与从属设备之间的通信,它先由主设备生成,通过加密算法和当前的链路密钥加密后,再发送给从属设备。

### 3. 认证和加密

蓝牙设备采用质询—响应的认证方式，采取对称算法，并通过两步协议对待认证设备的密钥进行检验。待验证设备先发送随机数给被验证设备，被验证设备则使用该随机数、自己设备的地址和链路密钥计算一个 SRES 值，返回给待验证设备。最后待验证设备自己也采用同样的方法计算一个 SRES' 的值，并比较两个值的异同，如果相同，则认证成功，反之则认证失败。

在蓝牙协议中，只有进行了至少一次成功的认证过程后，才会进行加密。与认证过程类似，蓝牙系统的加密也采用对称加密算法。加密过程需要使用的算法称为 $E_0$ 算法，其参数主要有加密字、加密偏移数、随机数和链路字。其中，加密字由 $E_3$ 算法产生。$E_0$ 算法比较复杂，在此不过多介绍。

## 2.4 练习题

练习 2.1 简述数字通信系统获得较大发展的主要原因。
练习 2.2 信道编码和信源编码通常工作在 TCP/IP 中的哪一层？
练习 2.3 画出 3G 系统的安全架构。
练习 2.4 相较于 3G 系统，LTE 在安全架构中做出了哪些改进？
练习 2.5 有哪些针对 TCP 头部的攻击？
练习 2.6 SSL 协议中，连接和会话的关系是什么？
练习 2.7 简述 PGP 消息的发送和接收过程。
练习 2.8 远程访问主要面临的威胁有哪些？
练习 2.9 IEEE 802.11i 相较于 IEEE 802.11 的安全措施，有哪些改进？

# 第3章

# 通信网络攻击与防范

通信网络指通信设备（电话、手机、计算机等）借助传输媒体（有线信道、无线信道等）基于网络协议进行信息传输的有机系统，是各类通信服务的总和。通信网络攻击指针对通信网络中的通信设备、传输链路或网络协议的恶意行为，旨在干扰、中断、窃取或篡改通信数据，或对网络基础设施造成损害。根据不同的攻击类型，应采用针对性的防御技术来保护通信网络的安全性和可靠性。

本章重点讨论通信网络可能遭受的各类安全攻击和防范此类攻击的技术手段，并介绍发生网络安全事件后的响应与处置措施。

## 3.1 常见网络攻击类型

通信网络可能遭受多种安全攻击[7]：有线网络中，攻击通过干扰或拆解传输链路的方式实现，包括明线、电缆或光纤链路；无线网络中，传输媒体是自由空间，更容易受到窃听攻击或网络入侵，因为无线网络中一台配备无线接口的通信设备即可实施攻击，无须物理接触。

根据开放式通信系统互联参考模型（Open System Interconnection Reference Model，OSI）[8]，可以将通信网络分为七层：物理层、数据链路层、网络层、传输层、会话层、表示层与应用层。针对通信网络的攻击类型可根据不同层次的安全漏洞来分类，如物理层主要关注传输物理介质的有效性和可靠性，数据链路层主要关注设备之间的物理连接及通信网络协议的安全性，网络层及以上主要关注端到端连接的漏洞。

如表3.1所示，针对物理层的攻击主要为干扰攻击，针对数据链路层的攻击主要为物理地址（Media Access Control Address，MAC）攻击和地址解析协议（Address Resolution Protocol，ARP）欺骗攻击，针对网络层及以上的攻击包括病毒和蠕虫攻击、拒绝服务攻击、嗅探攻击与域名系统（Domain Name System，DNS）劫持攻击。这些攻击旨在干扰、破坏或窃取通信网络中的数据和服务，会对网络的可用性、机密性和完整性构成威胁。

表 3.1 常见的攻击类型

| OSI模型层次 | 安 全 攻 击 |
|---|---|
| 应用层 | 拒绝服务攻击<br>病毒和蠕虫攻击<br>嗅探攻击<br>DNS劫持攻击 |
| 表示层 | |
| 会话层 | |
| 传输层 | |
| 网络层 | |

续表

| OSI模型层次 | 安全攻击 |
|---|---|
| 数据链路层 | MAC地址攻击<br>ARP欺骗攻击 |
| 物理层 | 干扰攻击 |

### 3.1.1 干扰攻击

干扰攻击是一种针对通信网络的攻击方式，恶意攻击者通过发送干扰信号来干扰正常通信过程。这种攻击可以导致通信中断、数据丢失或者数据篡改，从而影响通信的可靠性和安全性。针对物理层的干扰攻击可以分为电磁干扰、射频干扰和噪声干扰。

**1. 电磁干扰**

电磁干扰（Electromagnetic Interference，EMI）是指由电气或电子系统产生的电磁场引起对其他电气或电子系统的干扰，该过程可发生在包括无线电波频率和微波频率在内的广泛的电磁频谱中。电子设备发射电磁能量时，它会对周围的其他设备或系统产生干扰，导致电磁场失真，当电磁辐射频率相互切换或者信号失真时，设备之间会相互干扰。

EMI在现代环境中很常见，根据生成方式可将其分为自然EMI和人造EMI。自然EMI由闪电、宇宙噪声等产生，人造EMI由电子设备产生，通常在两个信号接近或多个信号以相同频率通过同一设备时发生，例如车里的收音机同时收听两个电台时会产生杂音。EMI易影响电子设备的功能，导致设备故障或性能下降。一般来说，由于电子设备的电路中有电流，会产生一定量的电磁辐射。从设备一产生的能量作为辐射在空气中传播，通过非直接接触的方式传播到设备二的电缆中，发生电磁耦合，进而导致设备二出现故障，如图3.1所示。

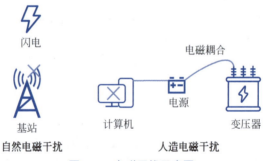

图 3.1　电磁干扰示意图

恶意第三方可利用EMI对通信网络物理层进行攻击。攻击者可使用与目标网络相同频率的电磁波进行干扰，导致目标系统无法正常传输信号。攻击者也可向目标网络发送大量无用电磁波，导致目标网络的通信信道拥塞。攻击者亦可向目标网络发送一系列短脉冲电磁波，导致其通信设备的误码率上升，影响数据传输的准确性和完整性。

**2. 射频干扰**

射频干扰是指射频能量的传导或辐射产生干扰其他设备的噪声，从而影响其他设备的正常工作。射频干扰大多数由电子和电气设备发出，如继电器、打印机、笔记本计算机、游戏机、计算设备等。电子或电气设备发射射频干扰有两种方式：辐射射频干扰和传导射频干扰。辐射射频干扰中，干扰由设备本身发射到环境中；传导射频干扰中，干扰通过组件或设备的导体（如电源线、信号线、金属结构等）传播。

常见的射频干扰类型包括同道干扰、邻道干扰、互调干扰等。同道干扰指多个发射机使用同一频率发送信号，邻道干扰指发射机在能量溢出的相邻或相近频率上运行，互调干扰指两个或多个发射机的能量混合在一起，产生杂散频率。电源线噪声也是常见的宽带干扰，通常由电源线和相关公用设施硬件上的电弧引起，听起来像调幅广播接收机里刺耳的嗡嗡声。干扰可从调幅广播频带以下非常低的频率延伸到高频频谱，延伸程度取决于与电源的接近程度，如果距离源足够近，它甚至可以向上扩展到特高频频段。

卫星通信中，射频干扰可自然发生，也可有意发生。不同形式的太空天气，包括太阳风暴，都会造成自然的无线电频率干扰。人为干扰是故意的无线电频率干扰，攻击者可以在通信信道的频率范围内向目标系统发送大量干扰信号来阻断或干扰通信信号，使合法用户无法正常接收信号，甚至使通信网络瘫痪。

**3. 噪声干扰**

干扰通常被称作"噪声"，通信网络中可分为四种类型：热噪声、感应噪声、串扰和脉冲噪声。热噪声由传出帧随机发送，感应噪声来自电机、电器等电子设备，串扰来自电线间的电磁耦合，脉冲噪声指在很短的时间内具有高能量的信号，如闪电。攻击者可在通信信道中广播白噪声，增加信道中的噪声水平，并降低通信信号的信噪比，由于噪声产生了不需要的信号，可能导致数据传输发生错误。攻击者也可在通信系统中加入物理干扰，如电磁脉冲，破坏通信设备的正常工作。

### 3.1.2　MAC地址攻击

在通信网络中，MAC地址扮演着重要的角色，用于在广播域中区分物理地址，进而唯一标识通信设备，如计算机、手机、基站等终端设备。在设备通信过程中，通过MAC地址才能实现将发送端的数据包层层转发到接收端。然而，MAC地址也成为通信网络安全的潜在威胁[9]。MAC地址攻击是指攻击者利用网络中的MAC地址来实施恶意行为，从而破坏网络的正常运行和安全性。常见的MAC地址攻击包括MAC地址欺骗攻击（MAC Address Spoofing）、MAC泛洪攻击（MAC Flooding Attack）和MAC地址嗅探攻击（MAC Address Sniffing Attack）。

**1. MAC地址欺骗攻击**

MAC地址欺骗攻击是一种通信网络攻击技术，攻击者通过伪造或篡改通信设备的MAC地址来欺骗网络中的其他设备，以获取未经授权的访问权限或执行其他恶意活动。MAC地址是通信设备（如计算机、手机、基站、交换机等）中网络接口卡的唯一标识符，用于在局域网（Local Area Network，LAN）中识别设备。

攻击者首先借助网络抓包工具在目标网络上进行监听，以捕获网络流量并提取其中的MAC地址。在监听目标网络的过程中，攻击者可以选择路由器、交换机、服务器或其他通信设备作为目标。攻击者在自己的设备上伪造或篡改MAC地址，使其与目标设备的MAC地址相匹配，并借助虚拟机或者网络隧道等方式将伪造MAC地址的设备连接到目标网络中。网络中的其他设备认为攻击者的设备是合法的设备，于是与攻击者的主机进行正常通信。如图3.2所示，攻击者通过监听目标网络得到设备A的MAC地址，并将自己的MAC地址修改为设备A的MAC地址。交换机进行数据转发时，更新MAC地址表。S1交换机处的消息本应通过转发端口1到达设备A，现在却需要先后经过S2和S3交换机，通过S3的端口3转发给了攻击者。

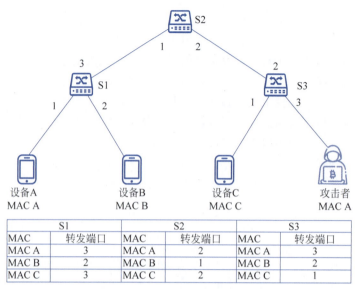

图 3.2　MAC 地址欺骗攻击示意图

一旦攻击者成功欺骗网络，便可执行各种恶意活动，如数据劫持、窃取敏感信息等。攻击者可欺骗其他设备将数据包发送给自己的设备，然后拦截、修改或窃取传输数据，使得攻击者能够获取用户的敏感信息、窃取登录凭据、篡改数据或执行其他恶意操作。MAC 地址欺骗还可用于中间人攻击，攻击者可欺骗网络中的两个设备，将自己的设备插入两者之间，拦截和篡改数据传输，从而实现对通信的控制和操纵。

**2. MAC 地址泛洪攻击**

MAC 泛洪攻击也称为 MAC 表溢出攻击，旨在通过发送大量伪造的 MAC 地址数据帧来混乱交换机的 MAC 地址表，导致交换机无法正确转发网络流量。这种攻击利用了交换机的设计缺陷，会对网络造成拒绝服务或中断服务的影响。

在以太网中，交换机是负责转发数据帧的网络设备，它通过学习源 MAC 地址和对应的端口构建一个 MAC 地址表，用于存储网络中不同设备的 MAC 地址与对应的端口之间的映射关系。交换机接收到一个数据包时，会将数据包中的源 MAC 地址与其对应的端口关联起来，然后根据 MAC 地址表将数据包转发到目标设备所连接的端口。

在 MAC 泛洪攻击中，攻击者通过自动化工具或编程脚本发送大量的伪造 MAC 地址的数据帧到交换机，每个数据帧都使用不同的源 MAC 地址。交换机接收到这些数据帧时，会首先尝试更新 MAC 地址表，即将每个源 MAC 地址与对应的端口关联起来并存储到 MAC 地址表中。由于源 MAC 地址是伪造的且每个数据帧都有不同的源 MAC 地址，交换机会认为这是不同的设备连接到了不同的端口上。因此，交换机的 MAC 地址表会不断增长，最终溢出。

一旦 MAC 地址表溢出，交换机将无法准确地识别目标设备的位置，并且无法根据 MAC 地址表进行正确的转发。为解决该问题，交换机会采用一种称为"广播风暴"或"泛洪模式"的转发行为，即交换机会将接收到的数据帧广播到除了接收端口之外的所有端口上，以确保目标设备能够接收到数据帧。然而，"广播风暴"会导致网络中的流量变得非常混乱和拥塞，甚至可能瘫痪网络。

通过 MAC 泛洪攻击，攻击者可使交换机无法正确转发网络流量，从而造成网络拥塞和拒绝服务，从而导致合法用户无法正常访问网络资源，增加网络延迟或导致网络中断。

**3. MAC地址嗅探攻击**

MAC地址嗅探攻击旨在通过截获网络中的数据帧来获取目标设备的MAC地址和其他敏感信息。攻击者使用特殊工具来监听网络流量,并截取包含目标设备MAC地址的数据帧。以太网中,数据通过数据帧进行传输。数据帧包含源MAC地址、目标MAC地址、协议类型和数据负载等信息。当数据从一个设备发送到另一个设备时,数据帧通过物理媒介(如以太网电缆)在网络中传输。攻击者首先使用特殊的嗅探工具来监听网络数据流量,或通过特殊的嗅探设备来捕获数据帧。嗅探工具将网卡设置为监听模式,以便能够捕获经过网络媒介的所有数据帧。

当网络中的数据帧通过嗅探设备或嗅探软件时,攻击者可捕获这些数据帧,并将其保存到本地,或对其进行实时分析。嗅探设备通过监听物理媒介或通过网络交换机的镜像端口来截获数据帧。通过分析截获的数据帧,攻击者可获取其MAC地址和其他敏感信息。攻击者可识别出源MAC地址和目标MAC地址,还可检查数据帧的数据负载部分,以获取更多的敏感信息,如用户名、密码等。

### 3.1.3 ARP欺骗攻击

ARP是工作于数据链路层的协议,可将互联网协议(Internet Protocol,IP)地址映射到MAC地址,用于解析目标设备的物理地址,从而实现与目标设备通信。设备在向局域网发送数据包时,会首先检查其ARP缓存表,查找目标设备的MAC地址。

若在缓存表中查到了目标设备的MAC地址,则将数据包发送给目标设备。否则,设备会发送一个ARP请求广播,询问目标设备的MAC地址。若IP地址与请求中的目标IP地址一致,则该设备会向发送方返回一个包含自己MAC地址的ARP响应。该响应被广播到局域网上的所有设备,以便发送方可将目标设备的MAC地址保存到自己的ARP缓存表中。

ARP欺骗是一种利用ARP的安全漏洞进行的攻击[10]。ARP欺骗攻击基于ARP的工作机制和局域网上设备对ARP响应的信任,攻击者通过发送伪造的ARP响应来欺骗设备,篡改通信流量的路径,从而实现窃听、篡改或中断通信的目的。具体而言,攻击者发送伪造的ARP响应,欺骗局域网上的设备将通信流量发送到攻击者的设备,而不是真正的目标设备。攻击者会将目标设备的IP地址与自己的MAC地址进行映射,伪造一个ARP响应并广播到局域网上。其他设备收到伪造的ARP响应后,会更新自己的ARP缓存表,将目标设备的IP地址与攻击者的MAC地址进行映射。当其他设备需要与目标设备进行通信时,数据包会被发送到攻击者的设备。

如图3.3所示,假设设备A和设备B要在局域网中进行通信,通信中存在窃听者。窃听者首先监听局域网上的ARP请求,从而获取设备A和设备B的MAC地址,然后进行欺骗活动。假设设备A和设备B都通过广播发送了ARP请求,窃听者可解析ARP报文得到设备A和设备B的IP地址和MAC地址,接下来就可开始攻击。具体而言,窃听者发送一个ARP应答给设备A,把该应答报文头部里的发送方IP地址设为设备B的IP地址,发送方MAC地址设为窃听者自己的MAC地址。设备A收到ARP应答后,更新自己的ARP表,把设备B的MAC地址改为窃听者的MAC地址。设备A准备发送数据包给设备B时,根据修改过的ARP表来封装数据包的报头,交换机收到设备A发送给设备B的数据包时,会将数据包转发给窃听者而不是设备B。因此,窃听者收到数据包后不仅可以窃听设备A和设备B之间的通信,还可以在修改数据后再将数据包发送给设备A。

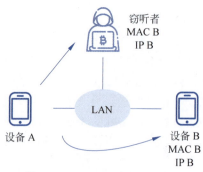

图 3.3　ARP 欺骗攻击示意图

### 3.1.4　病毒与蠕虫攻击

病毒和蠕虫攻击是指在通信过程中向通信设备中注入恶意代码，以达到破坏、窃取信息或利用设备通信资源等目的。

病毒攻击是指利用病毒程序在被感染的通信设备上运行并破坏或窃取信息的攻击方式。病毒程序可自我复制，能在感染其他程序或文件时，将其代码复制到被感染的程序或文件中，并在程序或文件被执行时运行自己的代码。如图3.4所示，病毒首先会通过各种方式，例如电子邮件附件、恶意软件捆绑、钓鱼攻击等，感染一台设备。在感染设备后，病毒通常会进入潜伏期，等待时机进行攻击。当病毒检测到网络中的其他设备时，它会尝试通过各种方式，例如共享文件、网络扫描等，将自身传播到其他设备上。

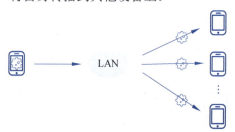

图 3.4　病毒攻击示意图

根据执行时的行为，可将病毒分成两类：一类是非常驻型病毒，另一类是常驻型病毒。非常驻型病毒附在宿主上时会迅速查找其他宿主，等待时机感染其他主机或系统。常驻型病毒附在宿主上时并不会查找其他宿主。

蠕虫攻击是指利用蠕虫程序在通信网络中传播，利用网络上存在的漏洞或弱点感染目标设备，并破坏、窃取信息或利用设备通信资源的攻击方式。蠕虫进行自我复制或执行时无须用户介入，因此不需要附在其他程序内。蠕虫能在感染设备时将其代码复制到被感染的设备中，并在设备被启动时或定时执行时运行自己的代码。蠕虫会对通信网络造成损害，其通过自我复制形成一个规模庞大的攻击网络，可执行垃圾代码，浪费系统资源，大幅降低通信系统的效率，使通信设备崩溃或死机，也可损毁或修改目标设备的文件。

### 3.1.5　拒绝服务攻击

通信网络是现代社会中至关重要的基础设施，连接着世界各地，实现了信息快速传递和全球互联互通。然而，随着通信网络的发展和普及，拒绝服务（Denial of Service，DoS）攻击成为严重威胁。拒绝服务攻击旨在通过超载通信系统资源使其无法正常运作，导致服务不可用或业务中断，从而给通信网络带来巨大的风险和损失。

拒绝服务攻击通过向通信网络发送大量通信请求或传输大量垃圾流量，导致系统无法正常工作或提供服务。攻击者通常利用多个设备发起攻击，使被攻击的通信系统或网络在短时间内无法处理所有请求，从而无法为合法用户提供服务。DoS 攻击的特点是攻击成本低、难以追踪、攻击方式多样。

DoS 攻击可以具体分成三种形式：带宽消耗型攻击、资源消耗型攻击以及利用漏洞触发型攻击。带宽消耗型攻击通过发送大规模合法或伪造的通信请求占用目标通信系统的所有带宽，造成正常业务带宽堵塞，甚至使通信系统瘫痪。资源消耗型攻击通过类似的方法消耗通信服务器的正常响应，导致正常用户与通信服务器建立连接的时间大幅上升。漏洞触发型攻击利用软件设计上的缺陷触发漏洞，导致通信系统崩溃。

**1. 带宽消耗型攻击**

带宽消耗型攻击主要分为两种类型：泛洪攻击与放大攻击。两种攻击均利用僵尸主机，即受恶意第三方控制的通信设备，或接入互联网中被恶意软件感染的通信设备。僵尸主机被广泛用于发送垃圾邮件，2005 年，50%～80% 的垃圾邮件由僵尸主机发送。此外，僵尸主机还被大量应用在分布式拒绝服务攻击中。泛洪攻击利用僵尸程序，通过伪造的源 IP 发送大量流量到目标通信系统，导致系统带宽被堵塞。放大攻击同样利用僵尸程序将大量请求发送到有漏洞的服务器。服务器处理完请求后，发送应答到伪造的源 IP 上。放大攻击使用了一类特殊服务，具有比请求包更长的应答包，从而可使用较小带宽让服务器将大量的应答包发送给目标主机，恶意放大流量，阻塞目标系统的带宽。

常见的带宽消耗型攻击有用户数据报协议（User Datagram Protocol，UDP）泛洪攻击和互联网控制消息协议（Internet Control Message Protocol，ICMP）泛洪攻击。

UDP 在有业务需求时会直接发送或接收数据包，无须进行握手验证。UDP 泛洪攻击向目标通信系统发送大量 UDP 数据包，占用目标系统大量的带宽资源，从而使其他请求无法访问被攻击的系统。UDP 泛洪攻击在某些时候会影响目标系统周围的网络连接，导致除了目标系统以外的附近其他系统遇到问题，使受害系统的数量增加。

ICMP 数据包用于在用户设备和路由器之间传递控制消息，标识目标端口是否可达、路由是否可用或网络是否通畅。ICMP 泛洪攻击向目标设备快速发送大量 ICMP 虚假报文时，会导致目标设备在短时间内接收过多报文，从而无法为用户提供正常的服务。

**2. 资源消耗型攻击**

常见的资源消耗型攻击包括同步（Synchronization，SYN）攻击、局域网拒绝服务（Local Area Network Denial，LAND）攻击与僵尸网络攻击。

传输控制协议（Transmission Control Protocol，TCP）应用于传输层，与 UDP 不同，是一种面向连接的协议。TCP 要求通信双方在传输数据之前建立通信连接，数据不能直接发送或接收，而是需要进行"三次握手"，握手后才可以开始数据的传输，相比于 UDP 有效确保了数据传输的可靠性[11]。如图 3.5 所示，TCP 建立连接的过程分为三步：第一步由发送端向接收端发送一个同步 SYN 请求，表示发送端期待与接收端建立通信连接；第二步接收端收到 SYN 请求后，向发送端返回一个带有同步 SYN 请求的确认（Acknowledgment，ACK），表示接收端收到了发送端发来的请求并同意建立连接；第三步发送端收到 SYN-ACK 后，向接收端发送自己的确认请求来授权两个设备间的通信，表示通信已经建立完成，可以进行数据的传输。

图 3.5　三次握手示意图

在数据包的传输过程中，可能出现丢失的情况，因此 TCP 设置了等待时间。若前两步成功完成，但第三步迟迟没有接收到用户发来的应答数据包，目标服务器会在等待一段时间后重新发送数据包，服务器处理器和内存资源将存储该请求直至该请求超时。

如图3.6所示，SYN 攻击利用 TCP 的等待时间反复发送大量虚假的请求报文给目标服务器，且对服务器的握手成功请求不进行回应，导致目标服务器一直存储大量请求，从而造成服务器大量内存和资源被消耗，无法有效地处理合法请求，最终导致服务器和系统崩溃。

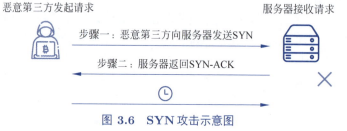

图 3.6　SYN 攻击示意图

LAND 攻击中，目标系统收到来自未知用户的大量数据包，数据包中的源地址和目标地址都是攻击目标的 IP 地址，这种攻击会导致目标系统的内存资源被大量消耗，进入死循环或者死机。僵尸网络是指攻击者用恶意软件感染用户的通信网络，攻击者可以在设备所有者不知情的情况下远程控制通信设备，再利用感染的设备向其他设备发送大量流量，以阻塞通信系统中的正常业务。僵尸网络攻击难以察觉，因为僵尸主机只有在执行某些固定的指令时才会向服务器发送请求，通常会隐藏起来，因此难以检测。

**3. 漏洞触发型攻击**

漏洞触发型攻击利用软件设计上的缺陷，尝试触发缓存溢出等漏洞，使通信设备发生核心错误，从而达到拒绝服务攻击。常见的漏洞触发型攻击包括死亡 Ping 和泪滴攻击。

死亡 Ping 在进行攻击时会产生超过 IP 能容忍的数据包数，若系统没有设置接收数据包数量的阈值，或没有检查数据包数量的机制，则会造成目标系统的崩溃。泪滴攻击通过伪造位移信息，使数据包在重组时发生问题，造成错误。

## 3.1.6　嗅探攻击

嗅探攻击是一种针对通信网络的安全威胁，利用网络嗅探技术可以截获和分析传输在通信网络中的数据包，并监视其内容，分析其中的敏感信息，且不被通信双方察觉。嗅探攻击也可以用于恢复密码短语，安全外壳（Secure Shell，SSH）[12]是用于用户加密登录的网络协议，若 SSH 私钥被泄露，窃听者可以捕获包含用户在其设备终端键入的密码加密版本的 SSH 数据包，然后可使用暴力方法离线破解密码。嗅探攻击分为主动攻击和被动攻击。

**1. 主动攻击**

主动攻击是指攻击者采取主动措施来窃听目标通信或获取敏感信息，甚至修改窃取的信息并重新发送。这种攻击通常需要攻击者积极介入并执行特定的行动。常见的主动攻击为中间人攻击，如图3.7所示，攻击者监听通信双方的信道，为进行通信的双方分别创建单独的通信进程，使通信双方认为他们正在通过一个加密通道与对方对话，但事实上他们在通过私密对话与攻击者分别进行通信，且通信双方难以察觉。攻击者可以监听通话，也可以插入、篡改通信内容。

图 3.7　嗅探攻击示意图

**2．被动攻击**

被动攻击指攻击者不直接干预通信过程，只窃听目标通信的信息。攻击者通常使用监控工具来截获和记录通信流量，然后对其进行分析以获取目标信息。常见的被动窃听攻击包括网络嗅探、无线局域网嗅探等。

网络嗅探指攻击者使用嗅探工具拦截网络传输中的数据包，以获取通信内容和敏感信息。这些工具通常工作在数据链路层或网络层，能拦截经过网络接口的数据包。一旦攻击者截获数据包，嗅探工具会解析数据包的协议和内容，攻击者将可以查看数据包中的信息，包括源地址、目标地址、传输协议、数据负载等。

无线局域网嗅探是一种利用无线网络特性截获和分析无线局域网中的数据包的攻击方法。无线局域网使用无线访问点（Wireless Access Point，AP）作为基础设施，无线设备通过与AP建立连接来访问网络，数据包在无线网络中通过无线信号进行传输。攻击者使用无线嗅探工具（如无线分析器、抓包工具等）监听无线信号，并截获经过无线网络的数据包。

### 3.1.7　DNS劫持攻击

通信网络中，设备和应用程序依赖域名系统（Domain Name System，DNS）[13]来将域名解析为相应的IP地址，以实现特定服务器和应用程序的访问。DNS服务器的功能类似互联网中的电话本，用户可通过DNS服务器查找特定的目标服务器，用于访问其内容。如果某个域内的DNS解析发生中断，用户就无法访问需要的服务器。

DNS劫持攻击旨在篡改或劫持DNS解析过程，将合法的域名解析请求重定向到指定的IP地址。攻击者通过这种方式可以欺骗用户访问恶意内容、窃取用户敏感信息或进行其他恶意活动。攻击者可以获得目标网络的控制权限或在目标网络上部署恶意设备，并通过拦截DNS查询数据包或操纵本地DNS服务器监视DNS的请求。当用户发起域名解析请求时，攻击者截获该请求并篡改DNS响应数据，将合法域名解析请求重定向到攻击者控制的恶意IP地址。用户收到篡改后的DNS响应后，将连接到攻击者指定的IP地址，进而访问到恶意内容。

攻击者实施DNS劫持攻击的方式有多种，包括DNS缓存污染、DNS服务器劫持和本地主机文件修改。DNS缓存污染指攻击者通过向DNS缓存服务器发送虚假DNS响应来污染缓存，使其包含错误的域名解析信息。当用户发起域名解析请求时，会从污染的缓存中获取错误的解析结果。DNS 服务器劫持指攻击者通过入侵或操纵 DNS 服务器修改服务器配置或篡改 DNS 记录，以便将合法域名解析请求重定向到攻击者控制的恶意 IP 地址。如图3.8所示，恶意第三方首先获取设备 A 和设备 B 的 IP 地址，再利用工具修改设备 A 和设备 B 的 DNS 服务器配置，使其指向恶意第三方控制的恶意服务器。当设备 A 向 DNS 服务器发送 DNS 查询请求时，该请求会被重定向到恶意第三方控制的服务器上，而不是正常的 DNS 服务器。恶意第三方还可向设备 A 发送伪造或篡改的 DNS 查询响应。本地主机文件修改指攻击者修改用户设备上的本地主机文件，将合法的域名解析请求重定向到恶意 IP 地址。

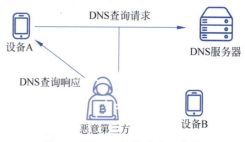

图 3.8　DNS 劫持攻击示意图

### 3.1.8　章节总结

本节根据 OSI 模型介绍通信网络不同层次上的常见攻击方式。

物理层攻击主要为干扰攻击，通过发送干扰信号或干扰数据流影响正常的通信过程，借此对物理层进行攻击。常见的干扰方式有电磁干扰、无线干扰和噪声干扰。

数据链路层攻击包括 MAC 地址和 ARP 欺骗攻击。MAC 地址攻击旨在欺骗网络，通过伪造或篡改 MAC 地址来冒充合法设备，这可能导致网络设备无法正确识别其他设备，进而产生安全漏洞。ARP 欺骗攻击是指攻击者欺骗局域网上的通信设备，通过发送虚假的 ARP 响应来欺骗目标设备将数据发送到错误的 MAC 地址。

网络层及以上的攻击包括病毒和蠕虫攻击、DoS 攻击、嗅探攻击、DNS 劫持攻击。病毒和蠕虫攻击向目标系统注入恶意代码，破坏或者窃取目标系统的信息。二者均可自我复制，造成大规模流量拥塞。DoS 攻击通过向目标通信系统发送大量无效的请求或恶意数据包来使其无法正常工作或提供服务，DoS 攻击包括带宽消耗型攻击、资源消耗型攻击以及利用漏洞触发型攻击。嗅探攻击是指攻击者通过监控网络上的数据流量来截取敏感信息。攻击者通常利用嗅探工具拦截未加密的数据包，导致用户的隐私泄露和数据被盗用。DNS 劫持攻击是指攻击者篡改 DNS 查询结果，将用户重定向到恶意内容，以窃取用户的信息或进行钓鱼攻击。

面对这些攻击时，通信系统应采取措施进行防范，确保设备的安全性和数据的完整性，具体内容将在 3.2 节介绍。

## 3.2　防范网络攻击的技术手段

常见的防范通信网络攻击的技术手段包括防火墙、入侵检测系统、虚拟专用网、通信传输加密等，如表3.2所示，针对窃听、非法访问等威胁机密性的安全攻击（如嗅探攻击），通信加密技术以及防火墙和虚拟专用网的用户认证技术可抵御此类攻击；针对篡改、冒充等威胁完整性的安全攻击（如 ARP 欺骗攻击、MAC 地址攻击、DNS 劫持攻击），防火墙、虚拟专用网、入侵检测系统的数据认证和签名技术均可抵御此类攻击；针对威胁可用性的安全攻击

（如拒绝服务攻击），防火墙和入侵检测系统的数据包过滤、带宽控制技术可抵御此类攻击。

表 3.2　安全攻击对应的防范技术

| 安 全 攻 击 | 防 范 技 术 |
| --- | --- |
| DNS 劫持攻击 | 防火墙、虚拟专用网、入侵检测系统 |
| 嗅探攻击 | 防火墙、通信传输加密、虚拟专用网 |
| 病毒和蠕虫攻击 | 防火墙、虚拟专用网、入侵检测系统 |
| DoS 攻击 | 防火墙、入侵检测系统 |
| MAC 地址攻击 | 防火墙、虚拟专用网、入侵检测系统 |
| ARP 欺骗攻击 | 防火墙、虚拟专用网、入侵检测系统 |

### 3.2.1　防火墙

防火墙是一种位于网络边界的安全设备[14]，如图3.9所示，该设备在可信任的内部网络与不可信的外部网络之间构建了一道安全屏障，对进出网络的流量进行监控和控制，并用日志记录网络活动。系统管理员可对防火墙设置相应的安全规则和策略，判定合法和异常流量，限制或拒绝某些特定类型的流量和连接，从而实现对安全风险的阻断，提高网络的安全性。

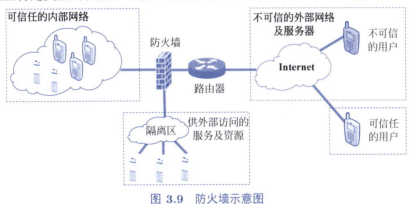

图 3.9　防火墙示意图

防火墙对DoS攻击、恶意网络入侵行为、嗅探攻击等都有着较强的防范能力。利用防火墙防范拒绝服务攻击的方法包括过滤无效数据包、限制连接频率、设置黑名单和白名单等。过滤无效数据包指过滤DoS攻击所发送的大量无效或伪造的数据包，这些数据包会占用网络带宽和服务器资源，通过过滤此类数据包的方式可减轻DoS攻击的影响。限制连接频率是指防火墙设置网络的连接频率限制，限制从同一IP地址发送连接数目或连接频率，防止恶意设备对资源过多占用。防火墙还可采用黑名单的方式屏蔽系统已知攻击来源或恶意IP地址，并为特定合法流量设置白名单，这样可以实现已验证的流量进入网络，同时减少DoS攻击的风险。

防火墙对网络数据流的实时监控、分析、过滤可在OSI模型不同层级运行，包括网络层、传输层、会话层和应用层。在数据链路层和网络层，交换机和路由器等网络设备对网络流量进行记录，包括源IP地址、目标IP地址、传输协议和端口号等。在传输层和应用层，一般借助网络流量分析工具捕获和分析网络中所传输的数据包内容，并根据分析结果判定是否存在恶意流量和攻击行为。根据运行级别的不同，防火墙可以分为以下四种类型。

**1. 静态包过滤防火墙**

静态包过滤防火墙在网络层运行，通过检查每个 IP 数据包头部特定区域对数据包进行过滤，其中特定区域包括源地址、目的地址、源端口、目的端口、协议等。由于这些内容在一次会话中不会更改，所以此类防火墙称为静态防火墙。系统管理员需要在包过滤器上设置具体的访问规则控制库，以实现防火墙通过或转发符合规定的合法数据包，而过滤或丢弃未经授权的不合法数据包。允许和拒绝包的决策完全取决于包自身所包含的信息，即取决于单个数据包中特定区域的检查和判定。

包过滤技术的数据吞吐率较高，速度快，易配置。由于包过滤技术只查看数据包报头的特定字段而不查看数据包内容，故对会话内容无法监测，安全性能较低，且对终端用户和应用程序是完全透明的，无法实现针对用户和应用程序的过滤。静态包过滤防火墙通常用于网络需要实时通信的场景中，但当网络安全策略十分复杂时，一般不采用此防火墙。

**2. 动态包过滤防火墙**

动态包过滤防火墙又称为状态检测包过滤防火墙，在传输层运行。动态包过滤防火墙相比静态包过滤防火墙增加了包状态监测技术，不仅可以检测数据包中包含的信息，还可以捕获和监控客户端与服务器之间的每一个连接，跟踪连接状态并记录历史连接，并存储和动态维护已建立的连接和状态规则表，根据此表能令相同连接的数据包通过。

动态包过滤防火墙对网络数据的检测细化级别更高，且数据吞吐率较高，但只能重组会话和记录会话状态，无法查看数据包内容或监测会话内容，与静态包过滤防火墙相似，动态包过滤防火墙同样对会话内容的处理不够，无法抵御应用层的攻击。

**3. 电路级网关防火墙**

电路级网关防火墙在会话层运行，可提供 TCP/UDP 连接安全性。相比于包过滤防火墙，电路级网关防火墙会检查和监听尝试建立连接的功能数据包，验证其中的 TCP 握手信息和序列号的正确性与合法性，实现的安全性更高。电路级网关还可提供网络地址转换的安全功能，将私有地址转换为合法 IP 地址，让私有地址的内部网络终端安全访问外部网络，还可隐藏内部网络，灵活管理内部地址。电路级网关防火墙通常内置于已经存在的防火墙中，易于设置，但只检查与 TCP 连接有关的信息而不检测数据包的具体内容，和包过滤防火墙一样无法抵御应用层的攻击。

**4. 代理防火墙**

代理防火墙在应用层运行，能处理应用层数据，可识别和读取不同的应用协议并进行过滤，能检查整个数据包而不仅是报头，并逐层地进行拆包、比对、再封装。代理防火墙在内部网络中的受信服务器与外部网络中的不受信客户端之间充当代理服务器的角色，避免了受信主机与不受信主机之间的直接连接，是内部网络和外部网络的安全屏障。代理服务器隔断了内部网络和外部网络之间的直接通信，所有通信数据都必须经过安全策略检测后由代理服务器转发，禁止直接转发。当客户端需要访问服务器上的数据时，连接请求首先到达代理服务器，代理服务器验证客户端身份合法后，会将连接请求转发至服务器，服务器发回数据后再由代理服务器转发给客户端；若客户端身份非法，则代理服务器拒绝连接请求。

代理防火墙集成用户级的访问控制、身份认证、授权等安全技术，并提供服务器和客户端之间详细的日志记录，对数据包的检测能力较强，是目前安全性最高的防火墙。代理防火墙还能简化包过滤防火墙中复杂的包过滤规则。然而，代理服务技术的缺点在于配置难度高、处理速度慢。

总而言之，防火墙的作用在于监视、审计、记录所有进出的数据信息，只允许已授权的合法通信通过，能有效挡住外来的攻击，为网络安全起把关作用。此外，防火墙能分隔网络中的不同网段，以避免局部有安全问题的网段对整个网络的影响，限制子网的泄露。然而，防火墙对于病毒、不经过防火墙的网络连接、内部的攻击、未出现过的攻击没有防备能力。

### 3.2.2 入侵检测系统

入侵检测系统（Intrusion Detection System，IDS）是一种在防火墙之后扫描和监测系统、应用程序、网络及用户活动中有害行为的安全技术，旨在识别系统中违背安全策略或危及系统安全的入侵行为或系统漏洞，统计分析异常行为，并可提供实时报警，启动应急措施。与防火墙不同，入侵监测系统不仅针对外部的入侵者，同时也能检测内部入侵行为，可进一步提高网络的安全性。

如图3.10所示，入侵检测系统由事件产生器、事件分析器、响应单元和事件数据库组成，事件产生器从系统运行的计算环境中得到事件，并将该事件发送至系统中的相应位置；事件分析器对事件产生器所发送的事件信息进行分析处理并给出结果，对潜在的危险事件给出警告信息并传递给响应单元；响应单元对分析结果做出反应，积极采取措施，如报警、切断网络连接、发送电子邮件、改变文件属性、进行日志记录等；事件数据库是存放上述环节中所产生的所有中间数据和最终数据的地方。

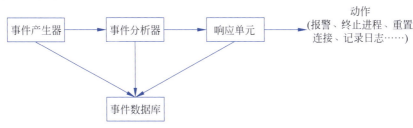

图 3.10　入侵检测系统的组成

根据比对信息源的不同，入侵检测系统可以分为基于主机的入侵检测系统（Host-based Intrusion Detection System，HIDS）和基于网络的入侵检测系统（Network-based Intrusion Detection System，NIDS）两大类。

基于主机的入侵检测系统通常以系统日志、用户使用日志、应用程序日志、系统资源等为分析源，查看可疑行为的审计记录，并判断分析文件完整性、端口、注册表、系统调用等指标信息。当系统检测到某一文件的完整性遭到破坏时，会将其与已知的攻击特征数据库进行比对，并检查校验相关系统文件来分析系统是否被入侵。若比对匹配度较高，则触发警报以向管理员报告并作出应急响应。HIDS系统的目的在于可疑行为发生后及时阻止进一步的攻击，但响应时间取决于系统的定期检测时间间隔，实时性不如NIDS系统。HIDS系统的优点在于可监视所有系统行为，可检测到网络数据流中难以发现的攻击行为，并可灵活地配置在多个主机上，不要求额外的硬件，但其缺点在于无法监测网络活动的状况，且管理较为复杂。

基于网络的入侵检测系统通常利用网卡监听本网段内所有的数据分组，捕获网络数据包，并分析对应的通信业务，以判断网络数据分组和网络包是否包含异常行为或攻击特征。部分系统还可在交换式局域网中使用端口映射功能，拥有检查重要访问端口的权限，用来监测特定端口的入侵访问行为。NIDS系统的优点在于拥有更好的实时性，不要求在主机上安装管理软件，不依赖宿主机的操作系统。此外，HIDS 系统不查看数据包报头，可能会造成关键信息的遗漏，而 NIDS 系统可检查所有数据包的报头来识别恶意行为。然而，NIDS 的缺点在于无法检测加密通信，检测速度较慢，大部分 NIDS 系统的检测速度只有几十兆每秒。

综上，入侵检测系统给安防体系增加了一道防线，能与防火墙以及其他网络安全防御方法密切配合，提高用户网络的安全性；能追踪从源头到攻击点的一切网络活动，进行溯源调查。入侵检测系统还可整理和解读系统日志，发掘出系统日志的价值以改善和加强网络安防体系。然而，入侵检测系统必须有用户参与才能实现对攻击的防御行为，且实时性不好，数据库更新不及时。

入侵检测未来的发展方向是抗入侵技术[15]，其主要改进在于能对入侵做出主动反应，不再需要用户参与，可在攻击真正危害通信系统之前将其化解，保持系统的正常运转。此外，抗入侵技术不完全依赖签名数据库，可减少数据库的更新压力，并提高其易用性，减轻管理压力。

### 3.2.3 虚拟专用网

随着企业分布范围的不断扩大，跨区、跨省甚至跨国办公的频率越来越高，公司员工对于移动办公的需求不断增强，同时企业数据对于保密性和安全性的要求很高，其不同于个人数据可以在开放的互联网上进行通信传输，这就导致企业迫切地需要构建自己的内部专用网，办公用户即使在企业以外的地方也可以方便地通过专用网连接企业总部或分支机构，提高移动办公的效率。

若采用传统广域网建立企业专网，通常需要租赁跨地区的数字专线来搭建链路，且专线的价格昂贵，建设时间长，管理难度大。为解决上述问题，基于异步传输模式（Asynchronous Transfer Mode，ATM）和帧中继（Frame Relay，FR）技术等虚拟电路方式提供二层连接的方法兴起，其缺点同样在于建设成本较高、部署复杂、传输速率慢，已不能满足如今用户对于互联网速率的要求。因此，传统方案难以实现企业专网在经济性、扩展性、灵活性上的需求，虚拟专用网（Virtual Private Network，VPN）应运而生[16]。

虚拟专用网利用因特网或其他公共互联网基础设施为用户创建隧道以连接多个局域网，并通过数据加密和身份认证保障专网的保密性和安全性。数据通过专网的"加密管道"在公共互联网上安全传输，避免遭受外部攻击。简单来说，VPN 是在现有的互联网上模拟传统专网。之所以称为"虚拟"，是因为 VPN 用户之间的通信都是借助因特网实现的，但因特网同时也为其他非 VPN 用户提供服务，VPN 用户使用的专网只是逻辑上的专网。但 VPN 与承载的因特网资源保持独立，即网络中的非 VPN 用户无法占用 VPN 的资源，因此 VPN 和传统专网无本质的差别。

如图 3.11 所示，VPN 由 VPN 服务器、隧道交换机、Internet 公共网络、移动用户组成。VPN 保证其传输安全性的重点在于构建安全数据通道，安全的数据通道必须具备以下条件：①保证通道的机密性，避免窃听者拦截或破解通道中传输的数据；②保证数据的真实性，保证能抵抗 IP 地址欺骗攻击；③保证数据的完整性，防止篡改和否认，接收方数据必须与发送方一致；④提供访问控制功能，能设置访问策略，通信用户必须经过认证授权；⑤应用安全防御方法，能抵抗外部攻击，防止攻击者通过 VPN 通道攻击网络；⑥提供密钥管理中心和动态密钥，防止攻击者使用过期数据包蒙混系统身份认证过程，保证通道能抵抗数据重放攻击。

图 3.11　VPN 示意图

**1. VPN 分类**

VPN 可分为内部 VPN、远程访问 VPN、外联网 VPN。

内部 VPN 是组织内部不同部门或机构所共用的 VPN，是公司网络的一种扩展。独立组织内部通过公共网络经由 LAN 连接不同子机构或部门而形成的网络，称为内部网。由于组织内部的子机构或部门对于组织来说具有一定的可信度，所以内部网中的 LAN 之间所构成的连接关系可以将安全风险降低到最低。当传输使用的数据通道中始末两端的端点被认证为可信端点时，可采用内部网 VPN 进行传输，内部网 VPN 通过提高 VPN 服务器两端加密和身份认证技术来提高传输的安全性。内联网（Intranet）是通过内部 VPN 方法所建立的网络的统称，然而其成本较高，配置复杂，存在内部安全威胁。

远程访问 VPN 是企业总部和远端员工之间使用的 VPN，通常是远端员工通过当地服务提供商（Internet Service Provider，ISP）拨号接入 Internet 登录，同时 ISP 会提供一条可信私有加密通道，连接当前所在的办公地点和企业内部网。远程访问 VPN 的功能包括信息加密、身份准入认证和信息过滤等，安全度高的 VPN 还可对指定主机设置截获规则，获取其通过的所有信息流。

外联网 VPN 是企业以及其合作伙伴、商业客户之间使用的 VPN，为其提供可信远程安全通信渠道、共享资源。外联网 VPN 可确保双方在传输通道中所传输的数据不被篡改，保证数据完整性，且保护相关网络资源免遭外部攻击。外联网 VPN 一般是由多种安全功能组成的集成系统，包括数据加密、身份认证和访问控制。企业一般会将安全性较高的防火墙放置到外联网 VPN 使用的代理服务器的前置位置，该防火墙可阻挡未经识别的数据，并将可识别且被允许准入的数据通过指定的接口传递给 VPN 服务器，VPN 服务器会依照管理员配置的安全规则进行详细过滤。通过此种方式建立的网络称为 Extranet。由于防火墙的配合，该网络的安全性比 Intranet 更高，但建设和维护费用较高。

利用 VPN，远程用户、驻外机构等只需租用本地的数据专线并连接本地的互联网，即可与各地的分支机构、公司总部之间实现互联互通，用户在任何时间、任何地点都可以建立安全可靠的移动连接，较大程度地满足了如今日益增长的移动办公业务需求。VPN 利用公共互联网可实现远程访问和安全连接，相比传统专网节省了大量成本，且只需通过配置软件而无须改动硬件即可实现 VPN 设置变动，扩展性和灵活性强，便于管理和控制，能提高网络资源利用率，是今后企业通信网络的发展趋势。

**2. VPN 隧道协议**

隧道技术是一种用来实现 VPN 的虚拟链路，利用公共互联网资源实现数据在不同网络之间的安全发送与接收。借助特定的网络发送协议，可将不支持此协议的数据帧或数据包封装在另一个支持此协议的数据包有效载荷中，再通过此发送协议进行传输。封装后，数据包在隧道两端通过公共互联网进行路由转发，最终实现报文透明传输。当数据包被传递到网络终点后，终点设备校验无误后会对数据包进行解封装，并将其转发给目标用户。数据封装、传递和解封装的全过程称为隧道技术。隧道的好处在于可通过数据包封装来规避防火墙，还可以实现数据包的加密，构建一条安全的数据传输通道。

VPN常用的隧道协议有点对点隧道协议（Point-to-Point Tunneling Protocol，PPTP）、二层隧道协议（Layer 2 Tunneling Protocol，L2TP）、互联网安全协议（Internet Protocol Security，IPSec）与防火墙安全会话转换协议（Protocol for Sessions Traversal Across Firewall Securely，SOCKS v5）等。这些协议对应的OSI模型层次结构如表3.3所示。

表 3.3　VPN与OSI模型层次结构的对应关系

| OSI模型层次 | 安全协议 | 安全技术 |
| --- | --- | --- |
| 应用层 | — | 应用代理 |
| 表示层 | — | 应用代理 |
| 会话层 | SOCKS v5 | 会话层代理 |
| 传输层 | — | 会话层代理 |
| 网络层 | IPSec | 包过滤 |
| 数据链路层 | PPTP、L2TP | 包过滤 |
| 物理层 | — | 包过滤 |

PPTP工作于数据链路层，其功能是通过包过滤技术和域网络控制技术实现网络路由和远程访问控制服务[17]，此协议使用IP包来封装点对点协议（Point-to-Point Protocol，PPP）。

L2TP由PPTP和第二层转发协议（Layer 2 Forwarding，L2F）组合而成[18]，可提供较强的访问控制能力，在使用PPTP的基础上，提供基于Internet的远程拨号VPN连接方式。

IPSec是网络层的安全标准[19]，可对IP报文进行封装，在TCP/IP网络端点之间实现安全传输。IPSec应用密码技术保证了数据安全性，包括以下三方面：①对服务器和用户进行身份认证，确保通信者身份真实；②对IP地址和传输数据内容进行加密；③进行数据完整性检查，防止数据被非法篡改或破坏。

客户机和服务器在TCP/UDP域中运行时，SOCKS协议能有效为其提供网络防火墙的保护服务。SOCKS v5在防火墙基础上又增加了安全认证机制[20]，可有效提高VPN的安全性。

### 3.2.4　通信传输加密

为防止嗅探攻击造成的隐私信息泄露，在通信传输过程中对消息进行加密十分必要。加密是指通过数字技术手段对明文消息进行再组织，使得未授权用户无法从再组织后的消息中获取有用信息，而再组织后的消息到达授权用户后则可以进行还原。加密体制分为两种：单钥加密体制和双钥加密体制。

**1. 单钥加密体制**

单钥加密又称为对称加密，通信双方采用相同的密钥，且事先必须交换加密密钥。根据加密方式的不同，可将单钥加密体制分为流密码和分组密码。

流密码是对数据流进行连续处理的一类密码算法,它将明文划分成字符(如单个字母)或编码的基本单元(如0、1数字)进行运算。流密码的密钥通过伪随机数发生器后生成密钥流,密钥流与明文流等长。加密时明文流中的每一位与密钥流中的每一位按顺序进行运算以得到密文,解密时将密文和密钥传递给解密算法实现。常见的流密码有欧洲数字蜂窝移动电话系统中采用的加密算法A5[21]、我国自主设计的祖冲之密码ZUC[22]、RSA公司提出的RC4(Rivest Cipher 4)[23]。

分组密码是明文消息划分成组进行加密的算法,每组比特数相等,称为分组长度。各组分别在密钥控制下变换成等长的输出序列,即加密后的密文分组长度与明文分组长度相等。分组密码与流密码的区别是,分组密码一次用一个密钥加密一组明文,而流密码对明文一位一位进行加密。常见的分组密码有第一个现代对称加密算法DES(Data Encryption Standard)[24]、高级加密标准AES(Advanced Encryption Standard)[25]、第一个商用密码算法SM4[26]。

单钥加密体制的保密性主要取决于密钥的保密性,其优点在于计算量小、加解密处理速度快。为维护密钥安全性,单钥加密体制的密钥分发过程十分复杂,且通信过程一次一密,通信网络中会生成和使用大量密钥,造成密钥管理的负担巨大。

**2. 双钥加密体制**

双钥加密又称为非对称加密,针对单钥加密体制的缺点而被提出。通信双方各自拥有两个密钥,可将加密和解密功能分开:一个对所有用户公开的密钥用于加密,称为公钥;一个用户专有的私有密钥用于解密,称为私钥。发送方利用收方公钥对消息进行加密,接收方再用自己的私钥对消息进行解密,通信双方无须事先交换私钥即可进行保密通信。

双钥加密体制的安全性取决于构造双钥算法所依赖的数学问题,要求数学问题求逆极为困难,确保不能由已知算法和公钥推算出其他用户的私钥。目前多数双钥体制基于以下数学问题构造:多项式求根、离散对数、大整数分解、Diffie-Hellman问题。常见的双钥加密体制有基于大整数分解问题的RSA算法与基于离散对数问题的椭圆曲线算法。由于算法复杂,双钥加密体制的缺点在于加解密速度慢。

双钥加密体制的优点在于解决了常规加密体制中的密钥分发问题,不再需要通过秘密通道和复杂协议在通信双方之间传输密钥,且密钥总数少,密钥管理简单。双钥加密体制不仅可用于保密通信,还可用于密钥分配、数字签名。数字签名是指消息发送者对消息进行签名,用来确认消息的真实性、发送方的不可否认性、数据的完整性。如图3.12所示,发送方Bob先利用己方私钥对消息进行签名,接收方Alice再利用Bob的公钥对签名进行验证。因此,双钥加密体制可以同时保证消息的保密性、完整性和不可否认性。

图 3.12 数字签名示意图

## 3.3 网络安全事件响应与处置

网络安全事件响应与处置是指当网络或系统面临短期突发安全风险或入侵行为时进行及时、快速响应，有效采取措施并合理实施应急方案。网络安全事件响应与处置是包含入侵检测、风险诊断、安全防御、根源排查、备份恢复、入侵取证等多项重要安全技术的结构化、综合性方法，可以最大限度地降低网络安全事件造成的损失和伤害。根据中央网络安全和信息化委员会办公室于2017年印发的《国家网络安全事件应急预案》文件[27]，网络安全事件分为恶意程序事件、网络攻击事件、信息破坏事件、信息内容安全事件、设备设施故障、灾害性事件和其他信息安全事件七类，其中病毒与蠕虫攻击属于恶意程序事件；干扰攻击、拒绝服务攻击、嗅探攻击等属于网络攻击事件；MAC地址欺骗攻击、ARP欺骗攻击、DNS劫持攻击等属于信息破坏事件。网络安全事件的影响程度分为特别重大、重大、较大和一般四级。应急响应体系如图3.13所示，分为准备、检测、抑制和根除、恢复、跟进六个阶段。

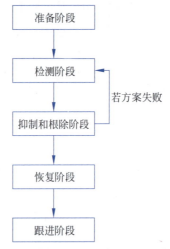

图 3.13 网络安全事件响应与处置流程示意图

### 3.3.1 准备阶段

准备阶段是网络安全事件响应与处置的第一个阶段，在网络安全事件真正发生前做好准备，事前规划如何预防安全风险，包括以下内容：①建立完整的应急响应制度和安全管理体系，为应对各种安全威胁建立合理的防御措施，部署安全设备和防护软件，并制定事件发生后的高效处理流程，如预警、报警方式；②制定网络和系统备份的方式和流程，包括记录网络和系统的初始化快照；系统快照是指系统在初始化时或其他确保未被入侵的状态下，对系统进程、文件数字签名、使用端口等关键信息的记录和保存。在检测阶段，对比初始化快照与系统当前状态可以用于检测网络安全事件；③组建事件响应活动的基础设施和团队人员，包括获得处理安全事件所需的网络资源、招募技术专家并对团队进行安全培训、方案预演等。

### 3.3.2 检测阶段

安全团队利用已有的检测手段来识别和检测网络安全事件，常用的检测手段包括：①系统性地检查设备日志，确认有无异常和可疑活动；②进行网络流量监测，关注来源、去向异常的流量；③检测未经授权的用户访问行为，包括数据库、网络设备或应用程序等。安全事件可能会体现在主机或系统的某些指标异常上，常见的安全事件包括：文件完整性或系统配置被破坏，如启动程序、防火墙配置、注册表的异常修改；网络业务和服务被破坏，如网页被篡改、数据库内数据被删、网络或系统崩溃等。

检测阶段是网络安全事件响应与处置过程中至关重要的一步，一旦发现异常情况，则需要由安全团队及时形成网络安全事件报告，并进一步调查确定安全风险的来源及种类，以防事件进一步扩大，网络安全事件报告应当包括事件发生日期与发现途径、造成的影响、受影响设备等。确认系统面临的安全风险后，需要评估其影响范围和危急程度，以及事件发展趋势，最终确定和启动相应的应急处理方案。应急处理方案应当包括紧急事件具体类型及紧急程度、处理措施的具体流程步骤、应急预案相关人员的联系方式，如《内网系统遭遇拒绝服务攻击应急预案（紧急程度I级）》。

检测阶段还包括从系统或设备上取证的过程，系统或设备信息分为两类——易失信息和非易失信息，其中易失信息多指内存数据和网络连接数据，而非易失信息指不会因为断电而失去的信息。在入侵取证中，以下内容通常可作为证据或可靠参考：日志记录，包括在系统运行过程中产生的操作系统日志，以及在网络连接中产生的网络访问日志和连接记录；文件系统，包括文件大小、文件痕迹、文件所存储的数据内容；用户状态，例如在线用户登录信息、访问控制行为、用户权限；系统状态，包括网络运行状态、系统驱动、使用的端口和服务、正在运行的进程；磁盘介质，例如系统主存、磁盘及光盘等存储器。掌握了入侵取证中证据的分类，还需要知道如何安全合理地收集证据。①当系统安全遭到破坏时，要进行取证现场的保护工作，尽可能维护其完整性。②获取证据，根据上文所定义的证据种类，判定受害系统中的哪些信息可以作为有效的证据进行提取。③传输证据，通过可信的通信手段将提取到的有效证据传输到安全的存储设备。④保存证据，获取证据后，可以通过MD5的哈希算法来确保数据的完整性，始终与原始的证据数据保持一致。⑤分析证据，对所有收集到的证据进行全盘分析和推演，尽可能了解安全事件的发生过程，从而构建完整证据链。⑥提交证据，将掌握的所有证据结合前期推演分析结果向律师或法院进行提交。

### 3.3.3 抑制和根除阶段

检测阶段完成后，需要对网络安全事件造成的影响进行抑制，控制和缩小已造成的损失和破坏范围，避免对系统造成持续性破坏。抑制旨在通过防火墙之类的技术手段对安全事件进行阻断和控制，对攻击所利用的系统漏洞、端口、服务等采取有效的安全补救方法。针对不同类型的网络安全事件，应急响应体系需要给出具体的抑制方法以及可行技术指导。若系统遭受蠕虫病毒，应采用断网的方式将此设备与其他设备在网络上隔离开来，并安装安全补丁进行补救；若系统面临拒绝服务攻击，应重新配置防火墙、入侵检测系统的安全策略来阻断大量的虚假流量；若系统面临特权升级攻击，即攻击者利用漏洞获取高级别的权限，应降低所有用户的访问权限，将特权范围限制到最小；若系统检测到未经授权的访问行为，应对敏感数据进行加密处理并开启多重身份认证机制。但抑制安全攻击的同时，也会对系统正在进行的业务造成中断，应在充分考虑后果后谨慎实施抑制措施。

抑制安全事件造成的影响后，根除旨在从技术层面上对该类安全问题的根源进行排查和彻底根除，清除安全事件已经造成的影响后果并清除隐患，避免此类问题再次发生。排查安全事件的根源可以依据以下信息进行：系统及网络基本信息，系统进程、注册表和关键目录，文件痕迹，系统和服务日志、用户日志、中间件日志，安全配置文件，内存分析和流量分析等。此外，根除阶段同样存在造成系统故障的风险，所以做好系统备份是根除方案执行前必不可少的工作。

抑制和根除阶段采取的方案措施需提前进行充分规范的测试，包括开发环境测试和现网环境测试，以是否影响系统正常运行为基准检验方案的效果，方案测试无误后才能获得管理授权。当系统面临的网络安全事件复杂多变时，对系统相关设置、安全配置修改较多，还需考虑抑制和根除方案失败的情形，应做好备份，制定回退措施计划以返回检测阶段。

### 3.3.4 恢复阶段

恢复阶段旨在把所有受安全事件影响的系统和网络、应用服务、数据库、软硬件恢复到正常运行状态，并恢复备份中的重要数据。常用的恢复措施包括重装系统、加固安全补丁、重置密码、清除木马、恢复网络等。若安全团队能够明确系统受到的所有变化，在根除阶段清除所有变化后就可以通过简单直接的方式彻底恢复系统：逐个恢复业务系统；若系统遭受的变化不明确，即不能保证根除阶段彻底清除了所有变化时，则需要在恢复阶段通过重装系统、安全加固的方式来彻底恢复系统。

重装系统的步骤如下：①备份所有未受攻击者污染的系统资料与数据；②对硬盘进行格式化处理，以清除可能存在的安全隐患，并将硬盘分区放到系统的安全分区内；③严格按照规范在不同分区内安装操作系统和服务器根目录、日志，进行系统的初始化配置、权限配置，尽量避免安装无用的应用软件和服务；④进行安全加固并打上补丁，其中着重修复和加固之前引发了安全事件的漏洞，加固完成后，按照准备阶段所介绍的方法记录系统初始化快照；⑤安装操作系统和应用软件分别对应的最新补丁文件，在安装和配置完成前不连接网络；⑥恢复备份的资料数据和业务系统，并清查恢复出的所有内容，检查是否遗留了之前的安全漏洞。

### 3.3.5 跟进阶段

跟进阶段是响应与处置的最后一个阶段，从系统安全配置、应急响应与处置方案、安全团队管理制度等角度进行全面审计和评估，分析系统是否存在再次发生安全事件的风险。审计过程中，应重点关注抑制和根除阶段是否达成预期效果，并总结响应处置过程中全部阶段的信息，吸取经验和教训。最后形成一份详细的事件报告，同时对已有安全措施及响应处置方案提出整改意见，旨在不断调整优化系统的安全策略、资源配置方案，规范安全团队的管理条例，促进团队建设和教育，并提高相关人员响应和处理安全事件的能力，避免同类安全事件的再次发生。事件报告是跟进阶段中最重要的工作，应包括以下内容。

- 事件种类：对安全事件进行定性，确定其属于七类网络安全事件中的哪一分类并精确到具体分支，明确安全事件来源和具体攻击方式，阐述安全事件造成的后果。
- 时间：记录安全事件发生时间、发现途径，以及安全团队着手处理后各阶段的时间线。
- 检测方式：记录检测阶段采用的方法和流程，以及检测结果。
- 抑制和根除方式：记录抑制和根除阶段分别采用的抑制方法和根除方法，以及达到了什么样的效果。
- 事件影响：总结回顾安全事件造成的影响范围和程度，整理事件可能造成的损失，记录在响应与处置过程中成功与失败之处以吸取经验教训。

最后，面对严峻的网络安全态势，对于已经制定的网络安全事件的响应与处置方案，需要根据形势变化进行及时调整和持续优化,可以从以下几方面入手。

- 制定常态化响应沟通与协调机制:对网络安全事件若不能及时处理,攻击危害可能会进一步扩大。因此,在制定计划或启动方案时,需要及时告知每个参与者需要承担的责任与义务,并采用及时沟通的机制促使团队中的每个人保持信息同步,这可以让安全团队清晰地了解其需要完成及协调的工作及其重要性。除此之外,还需要让参与者了解团队的主要目标,明确每个工作小组的关键联系人,以确保计划的顺利进行。
- 定期优化安全事件响应与处置方案:安全事件响应与处置方案流程上的完成并不代表工作的结束,还需定期对方案进行评估、审核和优化,因为各种网络攻击手段也在不断更新迭代,因此持续改进对于应对网络安全事件至关重要。同时,响应与处置方案在优化过程中还应当保持健壮性及灵活性,安全团队应当定期组织审查并更新事件响应与处置方案。
- 主动测试应急方案的有效性:安全事件响应与处置方案的优劣不能仅通过理论来证明,还需采用充分、规范的测试来保证其正确性、有效性。同时,足够的测试活动有助于方案的执行者熟悉其中各个细节及要点,有助于消除系统中新发生的安全风险问题。测试活动应将团队中的所有人员均纳入其中,以保证应急方案在不断迭代的过程中仍被有效执行。
- 有计划地开展系统安全状况审查:仅有安全事件响应与处置方案并不能完全确保系统安全,更重要的是在安全事件发生前培养良好的系统使用习惯,常态化开展系统安全状态检查。这有助于提高事件响应工作有效性,降低安全事故的发生概率。目前普遍采用的审查工作包括定期修改验证口令、更新和轮换密钥、检查授权级别以及审查特殊账户等。
- 加强安全事件响应与处置的培训:良好的培训可以提高执行安全事件响应与处置方案效率,降低出错率。定期对安全团队进行培训,提高安全意识及本领十分必要,培训内容包括学习各类安全攻击威胁手段,针对不同威胁场景的响应与处置方案等。安全培训可以明确每个人的职责与义务,同时扩展安全视野,加强团队之间的安全协作能力,共享安全知识。

## 3.4 练习题

**练习 3.1** 常见的针对通信网络的攻击有_____、_____、_____、_____、_____。

**练习 3.2** 嗅探攻击中典型的主动攻击为_____。

**练习 3.3** ARP 是将_____映射为_____的协议。

**练习 3.4** DNS 劫持攻击将合法的域名解析请求重定向到攻击者指定的_____。

**练习 3.5** 防火墙能否阻止来自内部网络的攻击或安全问题?

**练习 3.6** 防火墙一般建立在一个网络的_____。

  A. 每个子网的内部

  B. 内部子网之间传送信息的中枢

  C. 内部网络与外部网络的交叉点

  D. 部分内部网络与外部网络的结合处

**练习3.7** 防火墙对数据包进行状态包过滤检测，无法进行过滤的是_____。
  A. 源和目的IP地址       B. 源和目的端口
  C. IP号            D. 数据包中的内容

**练习3.8** 入侵检测系统模型有哪些主要组成部分？

**练习3.9** 入侵检测系统检测数据的来源可分为_____和_____。

**练习3.10** _____密码体制不但具有保密功能，还具有认证签名的功能。

**练习3.11** 数据保密性安全服务的基础是_____。

**练习3.12** 僵尸网络属于七类网络安全事件中的_____。

# 第4章

# 通信加密技术

信息的保密性是信息安全的一个重要属性，而加密是实现通信中信息保密性的一种重要手段。所谓加密，就是指使用数学方法对消息实施变换，使得除了合法的接收者外，任何其他人要想恢复原先的"消息"（明文）或读懂变化后的"消息"（密文）非常困难。将密文变换成明文的过程称为解密。

在早期文明，人们通过蜡板、箭上的羽毛等隐写术和代换、置换等早期加密装置来保护通信安全，同时也出现了凯撒密码、希尔密码、弗吉尼亚密码等经典古典密码。到第二次世界大战时期，德国使用了一种名为Enigma的密码机，这是加密技术走向工业的一个著名例子。如今，随着互联网的飞速发展，海量信息在不受保护的无线空间和开放的公网架构中传输，使恶意节点的窃听和攻击变得更加容易，通信加密技术也逐渐成为通信网络安全中不可忽视的一部分。

现代密码体制可分为算法和密钥两大部分。所谓加密算法和解密算法，就是指对明文（密文）进行加密（解密）时所采用的一组规则。加密和解密算法的操作通常都是在一组密钥控制下进行的，分别称为加密密钥和解密密钥。现代密码系统不依赖保密的算法，而是依赖用户的密钥。事实上，大多数密码系统的算法都可以公开查阅，在便于使用的同时还允许安全机构和从业人员对算法进行广泛分析，发现潜在的算法安全性风险。一般根据加密和解密密钥是否本质上等同，可将现有密码体制分为两类：一类是对称（或称单钥或私钥）加密体制，另一类是非对称（双钥或公钥）加密体制。对称密码体制中，加解密双方共享相同的密码，可以对大量文本进行快速加解密，但需要解决密钥的保密传输问题；而非对称加密体制的加密密钥和解密密钥不同，并且除设计者本人外，从其中一个很难推导出另一个，这样加密密钥可以公开，而解密密钥则由用户自己秘密保存。根据这种特性，消息认证和数字签名等技术应运而生，极大地推动了密码技术的社会应用。本章将介绍目前国际和国内流行的各种加密技术，主要包括对称加密技术、非对称加密技术、数字签名技术和安全散列技术。

## 4.1 对称加密技术

对称加密（Symmetric Encryption）也称为传统加密（Conventional Encryption）或单钥加密（Single-Key Encryption），是20世纪70年代公钥密码产生之前唯一的加密类型。迄今为止，它仍是两种加密类型中使用最为广泛的一种。本节首先介绍对称加密过程的一般模型，了解传统加密算法的使用环境，然后讨论对称加密技术的两种分类——分组密码和流密码的相关理论，最后介绍代表性的分组密码和流密码算法。

一个对称密码体制有如下五个要素（如图4.1所示）。

（1）**明文**：原始的消息或数据，是算法的输入。令明文消息空间为$M$。

（2）**密钥**：密钥也是加密算法的输入。密钥独立于明文和算法。算法根据所用的特定密钥而产生不同的输出。算法所用的确切代替和变换也依靠密钥。在对称密码体制中，加密和解密使用相同的密钥，令密钥空间为$K$。

（3）**密文**：作为算法的输出，依赖明文和密钥。对于给定的消息，不同的密钥产生不同的密文，密文看上去是随机的数据流，攻击者无法通过密文得到明文的相关信息。令密文消息空间为$C$。

（4）**加密算法**：对明文进行各种代替和变换的算法，可以理解为一个映射$E : M \times K \to C$。

（5）**解密算法**：本质上是加密算法的逆运算。输入密文和密钥，输出原始明文。可以理解为一个映射$D : C \times K \to M$。

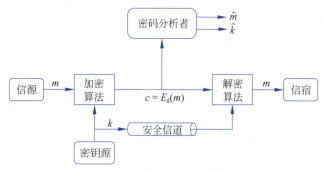

图 4.1 对称密码体制模型

对称密钥算法依赖一个"共享的秘密"加密密钥，该密钥会分发给所有参与通信的成员。在对称密码体制下，加密密钥和解密密钥相同。于是，对于明文$m \in M$和密钥$k \in K$，加密变换可表示为

$$c = E_k(m)$$

其中，$c$是此加密变换得到的输出，即密文。接收方利用通过安全信道送来的密钥$k$控制解密操作$D$，对收到的密文进行变换以得到恢复的明文消息。解密变换可表示为

$$m = D_k(c)$$

因此一定有

$$D_k(E_k(m)) = m$$

而密码分析者则用其选定的变换函数$h$对截获的密文$c$进行变换，得到的明文是明文空间中的某个元素，即

$$m' = h(c)$$

一般$m' \neq m$。如果$m' = m$，则分析成功。为了保护信息的保密性，抗击密码分析，保密系统应当满足下述要求。

（1）截获的密文或某些已知明文密文对时，要决定密钥或任意明文在计算上是不可行的。

（2）根据著名的Kerckhoff原则，系统的保密性不依赖对加密体制或算法的保密，而依赖密钥。

（3）加密和解密算法适用于密钥空间中的所有元素。

（4）系统便于实现和使用。

## 4.1.1 流密码

对称密码体制对明文消息的加密有两种方式:一种是流密码,其中明文消息按比特或字符逐位加密;另一种是分组密码,将明文消息分组并进行逐组加密。在流密码中,密钥流和明文位流一般是同样长的,如果密钥流是完全随机的,则此密码体制是完美保密的,即敌方在无法获得密钥流的情况下无法根据密文获得明文的相关信息。然而,密钥流必须提前以某种独立、安全的信道提供给双方。如果待传递的数据流量很大,就带来了一个极难解决的问题。因此,出于实用的原因,位流一般以算法程序的方式实现,从而双方都可以生产具有密码学意义的位流,此时两个用户只需要共享生成密钥,就可以各自生产密钥流。

分组密码解决了密钥长度与明文一致的问题,通过使用某些工作模式,分组密码可以获得与流密码相同的效果。本节将分别介绍流密码和分组密码的工作结构,以及国内外经典的流密码和分组密码体制。

流密码是将明文划分成字符(如单个字母)或其编码的基本单元(如0、1比特),字符分别与密钥流作用进行加密,解密时以同步产生的同样的密钥流实现。流密码强度依赖生成密钥流的伪随机发生器生成算法的复杂性和不可预测性。高质量的密钥流应该表现出良好的统计性质,难以通过统计分析来预测。密钥流质量的不足可能导致密码的可预测性,从而影响密码的强度。图4.2显示了典型流密码的结构,它包含三个内部元素。其中,一个是秘密状态 $s_i$,在加密和解密过程中随时间变化,初始状态被指定为 $s_0$。状态转换函数 $f$ 在每比特生成时间根据旧的状态值计算新的状态值。输出函数 $g$ 生成最终用于加密和解密的比特流,称为密钥流 $z_i$。密钥 $K$ 作为输入提供给流密码,并用于初始化状态。$K$ 也可以作为 $f$ 的输入参数。一些流密码还包括初始化向量IV,它和 $K$ 一起用于初始化状态。

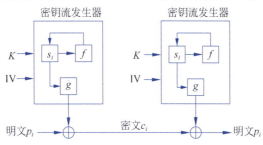

**图 4.2 典型流密码的通用结构**

文献[1]列出了设计流密码时为保证安全性需要考虑的一些因素。

(1)周期性:伪随机数发生器采用的函数生成具有确定性的位流,该位流最终会发生重复。重复的周期越长,密码分析的难度就越大。因此,为尽量接近真实的随机序列,需要设计足够长的加密周期,以对抗密码分析。

(2)均匀性:生成的随机数应当在可能的范围内均匀分布。若密钥流为比特流,则0和1的个数应尽量相同;若为字节流,则所有256字节出现的频率也应尽量相同。

(3)抗穷举性:注意图4.2中伪随机数发生器的输出受输入密钥 $K$ 的调节。为了防止穷举攻击,密钥应该足够长,即用于分组密码的考虑在此同样适用。因此,从目前的软硬件技术发展来看,至少应当保证密钥长度不小于128位。

通过设计合适的伪随机数发生器,流密码可以提供和分组密码相当的安全性。而无须使用分组构建模块的流密码与分组密码相比通常具有速度更快、代码更简洁的优势。例如,下面介绍的 RC4 仅仅用数行代码即可实现。不过最近几年，这一优势随着可通过软件高效实现的 AES 的引入已经消失了。

分组密码的一个优点是可以重复使用密钥。而对于流密码，如果用流密码对两个明文加密且使用相同的密钥，则密码分析就会相当容易。如果对两个密文流进行异或，那么得出的结果就是两个原始明文的异或。如果明文仅仅是文本串、信用卡号或者其他已知特征的字节流，则密码分析极易成功。因此，对于需要对数据流进行加密/解密的应用，例如在数据通信信道或者网页浏览链接上，流密码就是很好的解决方案。而对于处理成块的数据，例如文件传输、邮件和数据库，分组密码则更为适用。

### 1. RC4

RSA 安全公司的 Rivest 在 1987 年提出了一种流密码，称为 RC4。它以随机置换作为基础，具有密钥长度可变、面向字节操作的特性。文献[29]中分析该密码的周期很可能大于 $10^{100}$。RC4 应用很广，例如，在 IEEE 802.11 标准的 WEP（Wired Equivalent Privacy）协议和新的 Wi-Fi 受保护访问协议（Wi-Fi Protected Access，WPA）中，RC4 都被作为可选算法。此外，RC4 也被用于安全外壳协议（Secure Shell，SSH）和 Kerberos 中。在当时，其算法细节一直未公开，直到 1994 年 9 月，RC4 算法才通过 Cypherpunks 匿名邮件列表被公开。

RC4 算法流程如下：用 1～256 字节的可变长密钥对 $8 \times 8$ 的 $S$ 盒：$S[0], S[1], \cdots, S[255]$ 进行初始化，即在变长密钥控制下对 0～255 所有的 8 位数进行置换。它有两个计数器 $i$ 和 $j$，初始值都为 0。从 255 个 $S$ 盒元素中每次按照如下方式随机选择一字节 $K$ 作为流密钥，在加密时与明文异或得到密文，在解密时与密文异或得到明文。每生成一个 $K$，$S$ 盒就被重新置换一次，其加密速度比 DES 快 10 倍左右。

$$i = (i+1) \bmod 256$$

$$j = (j + S_i) \bmod 256$$

$$\text{interchange} \quad S_i \text{ and } S_j$$

$$t = (S_i + S_j) \bmod 256$$

$$K = S_t$$

$S$ 盒的初始化过程如下：首先将其进行线性填充，即 $S_0 = 0, S_1 = 1, \cdots, S_{255} = 255$，然后以密钥填入另一个 256 字节的阵列 $k_0, k_1, \cdots, k_{255}$，密钥不够长时，可重复利用给定密钥以填满整个阵。将指数 $j$ 置 0，并执行下述程序：

for i = 0 to 255 {

　　$j = (j + S_i + k_i) \bmod 256$

　　interchange $S_i$ and $S_j$

}

RSA DSI 声称，RC4 对差分攻击和线性分析具有免疫力，没有短循环，且具有高度非线性，目前尚无公开分析结果，它大约有 $256! \times 256^2 = 21700$ 个可能的状态。各 $S$ 在 $i$ 和 $j$ 的控制下卷入加密。$i$ 保证每个元素变化，$j$ 保证元素的随机改变。该算法简单明了，易于编程实现。

### 2. 祖冲之密码

我国自主设计的祖冲之密码算法（ZUC）的名字源于古代数学家祖冲之，由信息安全国家重点实验室等单位研制，2011 年 9 月被批准成为新一代宽带无线移动通信系统（LTE）的国际标准，即 4G 的国际标准。这是我国商用密码算法首次走出国门参与国际标准竞争，并取得重大突破。ZUC 成为国际标准提高了我国在移动通信领域的地位和影响力，对我国移动通信产业和商用密码产业发展均具有重要意义。

ZUC 算法以分组密码的方式产生面向字的流密码所用的密钥流，输入为 128 比特的初始密钥和 128 比特的初始化向量（IV），输出是以 32 比特长的密钥字序列为单位的密钥流。

算法逻辑上分为三层，如图 4.3 所示，上层是 16 级线性反馈移位寄存器（LFSR），中层是比特重组（Bit Reconstruction，BR），下层是非线性函数 $F$。

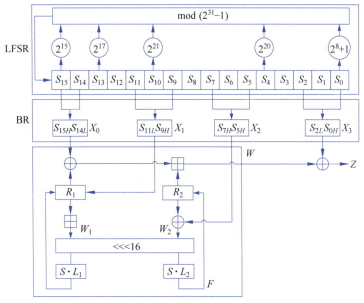

图 4.3 祖冲之密码算法结构图

**1）线性反馈移位寄存器**

LFSR 由 16 个 31 比特的寄存器单元 $s_0, s_1, \cdots, s_{15}$ 组成，每个单元在 $1 \sim 2^{31} - 1$ 中取值。线性反馈移位寄存器的特征多项式是有限域 $\mathrm{GF}(2^{31} - 1)$ 上的 16 次本原多项式：

$$p(x) = x^{16} - 2^{15}x^{15} - 2^{17}x^{13} - 2^{21}x^{10} - 2^{20}x^4 - (2^8 + 1)$$

因此，其输出为有限域 $\mathrm{GF}(2^{31} - 1)$ 上的 $m$ 序列，具有良好的随机性。线性反馈移位寄存器的运行模式有两种：初始化模式和工作模式。两种模式的差别在于初始化时需要引入由非线性函数 $F$ 输出的 $W$，通过舍弃最低位比特得到 $u$，而工作模式不需要。LFSR 的作用主要是为中层的比特重组提供随机性良好的输入驱动。

**2）比特重组**

比特重组从 LFSR 的状态中取出 128 位，组成 4 个 32 位字 $X_0, X_1, X_2, X_3$。随后，非线性函数 $F$ 用其中的前 3 个字 $X_0, X_1, X_2$ 进行非线性处理并输出 32 位字，第 4 个字则参与密钥流的计算。这 4 个 32 位字的具体计算过程如下：

BitReconstruction()

{

  (1) $X_0 = s_{15H} \| s_{14L}$；

  (2) $X_1 = s_{11L} \| s_{9H}$；

  (3)  $X_2 = s_{7L} \| s_{5H}$;

  (4)  $X_3 = s_{2L} \| s_{0H}$.

}

**3）非线性函数**

非线性函数 $F$ 的输入是来自上层比特重组的前 3 个比特字 $X_0, X_1, X_2$，通过非线性处理将其压缩为一个 32 位的比特字 $W$。具体计算过程如下：

$F(X_0, X_1, X_2)$

{

  (1)  $W = (X_0 \oplus R_1) \boxplus R_2$;

  (2)  $W_1 = R_1 \boxplus X_1$;

  (3)  $W_2 = R_2 \oplus X_2$;

  (4)  $R_1 = S(L_1(W_{1L} \| W_{2H}))$;

  (5)  $R_2 = S(L_2(W_{2L} \| W_{1H}))$.

}

其中，$S$ 是 $32 \times 32$ 的 $S$ 盒，$L_1, L_2$ 是线性变换。

$S$ 盒用来进行 $F$ 中的非线性变换，是由 4 个并置的 $8 \times 8$ 的小 $S$ 盒构成，即 $S = (S_0, S_1, S_2, S_3)$，输入 $S$ 盒的 32 比特分为 4 个 8 比特分别进入 4 个小 $S$ 盒，对于每个 8 比特输入 $x$，将其写成两个十六进制数 $x = h \| l$，那么这个小 $S$ 盒的 8 比特输出就是该 $S$ 盒对应的表格中第 $h$ 行和第 $l$ 列交叉位置的十六进制数。将 4 个小 $S$ 盒的输出合并起来即为整个 $S$ 盒的输出。

线性变换 $L_1$ 和 $L_2$ 为 32 比特的线性变换，其定义如下：

$$\begin{cases} L_1(X) = X \oplus (X <<< 2) \oplus (X <<< 10) \oplus (X <<< 18) \oplus (X <<< 24) \\ L_2(X) = X \oplus (X <<< 8) \oplus (X <<< 14) \oplus (X <<< 22) \oplus (X <<< 30) \end{cases}$$

## 4.1.2 分组密码

对称分组密码技术是通信网络安全的基石，不仅可以通过对称分组加密保证信息传递的保密性，还可以将分组密码作为基础模块，利用其扩散、混淆的特性构造伪随机数生成器，从而构建具有良好密码学性质的散列函数、消息认证码和数字签名等算法，进而为通信网络安全提供良好的数据完整性、可用性和不可否认性。

分组密码是将明文消息编码表示后的数字序列 $x_0, x_1, \cdots, x_i$ 划分成长为 $n$ 的组 $\boldsymbol{x} = (x_0, x_1, \cdots, x_{n-1})$，各明文组分别在密钥 $\boldsymbol{k} = (k_0, k_1, \cdots, k_{t-1})$ 的控制下变换成等长的输出数字序列 $\boldsymbol{y} = (y_0, y_1, \cdots, y_{m-1})$，其加密函数可表示为 $E : V_n \times K \to V_m$，其中 $K$ 为加密密钥空间，$V_n$ 和 $V_m$ 即 $n$ 维明文空间和 $m$ 维密文空间，如图 4.4 所示。在分组密码中，每个分组输出的每一位数字只与当前长为 $n$ 的明文组有关。分组大小为 $n$ 的分组密码也可看作字长为 $n$ 的序列的代换密码。一般来说，分组密码在相同密钥下对长为 $n$ 的输入明文组永远施加确定的变换，所得到的密文分组也相同，这种特性为密码分析提供了良好的性质，例如可以通过收集并发送同样的密文分组实现重放攻击，或根据大量的密文分组分析相同结构代表的明文含义。因此，常通过时间戳或加盐等方式为分组加密提供随机性，或通过不同的工作模式模糊明密文分组间的关系,还可在协议层面通过诸如挑战—响应等机制提供认证,以免通信过程受到攻击。

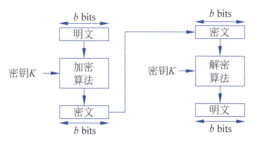

图 4.4 分组密码加解密结构

在分组密码中,通常取分组的明密文长度相同,即 $m = n$。若 $m > n$,则此分组密码具有数据扩展功能。若 $m < n$,则此分组密码具有数据压缩功能。下面主要讨论二元情况,即分组的明密文 $x$ 和 $y$ 均为二元数字序列,它们的每个分量 $x_i, y_i \in \text{GF}(2)$,则分组密码可以认为是 $\text{GF}(2^n)$ 到 $\text{GF}(2^n)$ 的一个映射。映射的选择由密钥 $K$ 决定,而映射或密钥的个数为 $2^n!$。设计算法时可参考以下要求。

(1)足够大的分组长度 $n$:分组长度应当足够大,以确保分组代换字母表中的元素个数 $2^n$ 足够大,防止明文穷举攻击法生效。经典分组密码(如 DES 和 IDEA)都采用 $n = 64$ 的分组长度,在生日攻击下需要采用 $2^{32}$ 组密文(需要 $b = 215\text{Mb}$ 的存储空间)才能实现 50% 的成功概率,因此,如果没有其他先验条件,则 64 比特的分组长度在抗穷举攻击方面可以认为是计算上安全的。

(2)足够大的密钥量:密钥量应当足够大,以尽可能消除弱密钥,并使所有密钥尽可能等同。所谓弱密钥,是指在某个加密算法中具有特殊结构或属性,使得使用这些密钥进行加密操作可能导致系统的安全性降低。例如在下面描述的 DES 算法中,全 0 和全 F 密钥就属于弱密钥,在轮密钥生成过程中会产生相同的子密钥,而由于 DES 加解密过程对称,这几种密钥会使加密与解密过程相同,使得只需要将密文再经过一次加密即可得到明文(如攻击者向消息发送方发送一个加密请求)。足够大的密钥长度可以防止密钥穷举攻击,并尽可能降低弱密钥的影响。DES 采用的 56 比特密钥,目前已不足以对抗针对该算法的多种攻击。而其替代者 AES 则支持 128/192/256 比特的可选密钥长度,大大提高了算法的安全性。

(3)复杂的密钥置换算法:由密钥确定的代换和置换算法应当足够复杂,以实现明文与密钥的扩散和混淆,抵御各种已知攻击(如差分攻击和线性攻击)。该算法应具有高的非线性阶数,以实现复杂的密码变换,使得破译该算法的成功概率不超过穷举法,这样即可通过分组长度和密钥长度的控制实现密码算法的计算安全性。

(4)良好的雪崩效应:雪崩效应是指在输入数据的任何微小变化下,输出数据应该发生较大且难以预测的变化。这种性质有助于增加密码系统的强度,使其对不同类型的攻击更具抵抗力。特别地,明文或密钥的某一位发生变化会导致密文的很多位发生变化,使得攻击者难以通过观察密文来推断关于密钥或明文的信息。这有助于确保算法对各种攻击,包括差分攻击和线性攻击等,具有足够的抵抗力。

(5)简单的加解密运算:加解密运算应当简单,易于在软件和硬件中高速实现。例如,算法可支持将明密文分组进行子段划分和同时处理,且算法应尽量由软硬件易于实现的简单运算为基础模块组成,如加、乘、移位等。

（6）较小的数据扩展和差错传播：数据扩展和差错传播应尽可能小。数据扩展指的是在加密过程中对输入数据进行一些变换，包括填充、置换、同态变换等，以增加数据的复杂性和随机性。这样的扩展可以提高密码算法的安全性，使其更难以通过分析或攻击来猜测密钥或原始数据。然而数据扩展可能会引入额外的计算和存储开销，可能无法很好地保证密码算法的可验证性和透明性，因此在设计密码算法时需要全面考虑这些因素，使算法在安全性和高效性之间达到合理的平衡。而具有良好的差错传播性质的加密算法可以防止攻击者通过修改密文来执行攻击，尤其是在容易发生传输错误的无线通信等环境中。这种性质有助于确保即使密文在传输过程中受到干扰，最终解密后的明文仍能保持准确性和安全性。

下面介绍设计分组密码的一些常用方法。

为抗统计分析密码破解，Shannon曾建议采用扩散（diffusion）和混淆（confusion）两种基本的密码系统设计方法。扩散即指尽可能快地将每位明文和密钥字母的影响传播到多个输出的密文字母中。因此，无论明文具有怎样的统计特性，密文中的每个字母，以及双字母组合甚至多字母组合的出现频率应更趋近于相等，使攻击者无法通过密文判断明文的统计特性。例如在英文中，e/t/a/o/i等字母的出现较为频繁，而z/q/x等字母在文本中出现的频率则相对较低；在双字母组合中，字母q在大部分单词中后面通常跟随字母u，诸如此类的明文统计特性如果不能很好地在密文中得到隐蔽，则很容易通过这些统计特性破解出明密文的对应关系。在理想情况下，明文的每位和密钥的每位应影响密文的每位，即实现所谓的完备性。而混淆的目的在于使作用于明文的密钥和密文之间的关系复杂化，使明文和密文之间、密文和密钥之间的统计相关性极小化，从而使统计分析攻击法不能奏效。

在设计实际密码算法时，需要巧妙地运用这两个概念。此外，在对明文和密钥进行扩散和混淆等变换时，还需要满足两个条件：一是变换必须是可逆的，二是变换和反变换过程应当简单易行。乘积密码有助于实现扩散和混淆，选择某个较简单的密码变换，在密钥控制下以迭代方式多次利用它进行加密变换，即可实现预期的扩散和混淆效果。

此外，代换和置换是分组密码中的常用方法。代换的核心是通过替换明文中的元素来生成密文。这种替换通常是通过使用密钥确定的规则或算法完成的。代换方法的重要性在于它提供了一种有效的手段，通过混淆或隐藏明文中的结构，从而增强信息的保密性。如果明文和密文分组长度为$n$比特，则明密文对的所有可逆变换应该是一个明文空间到密文空间的单射，这种变换的个数可以达到$2^n!$个。图4.5表示$n=4$的代换密码的一般结构。理想情况下，如果攻击者想要破解密码，需要从这$2^n!$种映射关系中挑出一种，当$n$足够大时，这种攻击在计算上几乎是不可能的。

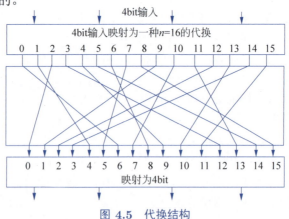

图 4.5 代换结构

但这种代换结构在实际使用中还有一些问题需要考虑。分组长度很大的可逆代换结构在实现上是比较困难的。虽然长为 $n$ 的分组能提供 $2^n!$ 种可逆变换，不过从本质上来说，这种变换本身即为密钥。也就是说，密钥长度必须同样支持 $2^n!$ 种密钥，才能支持相当数量的可行变换。以 $n=4$ 为例，密钥需要达到 64 比特才能支持理想的代换结构。当 $n$ 足够大时，密钥大小也会变得难以处理。考虑到这些困难，Feistel 指出[30]，我们需要对理想分组密码体制（使用较大的分组长度 $n$）设计近似体制，使它可以在容易实现的部件的基础上逐步建立起来。实际中，常将设计 $n$ 个变量的代换降维成设计若干较小的子代换。例如在如下 DES 中，将其中的一个 48 比特代换为 32 比特的步骤拆解为 8 个子代换，用 8 个输入为 6 比特、输出为 4 比特的 $S$ 盒表示，大大降低了处理复杂度。

基于这个思想，Feistel 提出可以通过乘积密码多次执行多个基本密码模块，从而获得同理想代换密码相似的安全强度，所形成的 Feistel 网络结构是目前许多分组密码结构的基础。下面提到的 DES 算法就是基于 Feistel 网络结构实现的。

**1. 数据加密标准**

数据加密标准（Data Encryption Standard，DES）由 IBM 公司开发，于 1975 年 3 月首次在联邦记录中公布，于 1977 年被正式批准为美国联邦信息处理标准，即 FIPS-46。在其被采用后，规定每隔 5 年由美国国家保密局评估一次。DES 的最后一次评估是 1994 年 1 月。1997 年，DESCHALL 小组在网络上收集了 $3\times10^{16}$ 个密钥，实现了 DES 的成功破解。1998 年 5 月，美国电子前沿基金会对一台大型计算机进行改装，用时 50 多小时破译了一组 56 比特密钥的 DES。后来，美国国家标准和技术协会经过征集、评估和筛选，最后选出了名为 Rijindael 的对称加密算法，即高级加密标准（Advanced Encryption Standard，AES）作为 DES 的替代，其在安全性和加密效率上都超越了 DES。不过，DES 的设计理念和结构影响了许多后续加密算法的发展，为密码学的进步奠定了基础。

DES 的明文分组长度为 64 比特，密钥长度为 56 比特。图 4.6 展示了 DES 加密算法的整体结构。DES 采用了 Feistel 结构，其明文处理主要包括个初始置换 IP、Feistel 轮结构和逆初始置换 $IP^{-1}$（IP 的逆），最后产生 64 比特的密文。每一轮 DES 的结构和用于进行非线性操作的

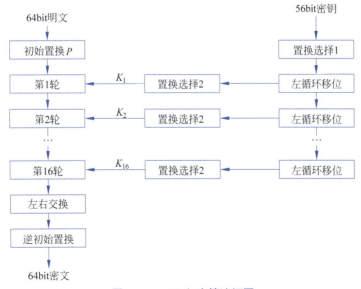

图 4.6 DES 加密算法框图

函数 $f$ 如图4.7和图4.8所示。

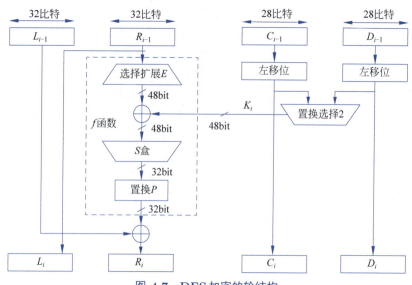

图 4.7　DES 加密的轮结构

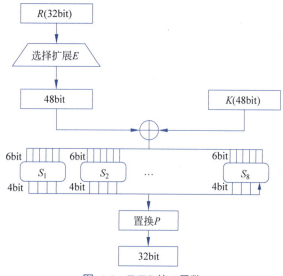

图 4.8　DES 的 $f$ 函数

图4.6的右边展示了密钥的处理方法。DES 的 16 轮子过程的处理方法相同，每轮子过程中都有一个 56 比特的轮密钥参与运算。轮密钥的生成需要 56 比特密钥首先经过一个初始密钥置换函数，对于每一轮，通过左循环移位和一个置换选择函数生成一个 48 比特的轮密钥。DES 加密的具体过程如下所示。

**1）初始置换**

对输入的 64 比特分组进行初始置换 IP，初始置换可以表示为

$$(L_0, R_0) \rightarrow \text{IP (Input Block)}$$

这里的 $L_0$ 和 $R_0$ 称为左、右半分组，都是 32 比特的分组。IP 是固定的函数，如表4.1(a)所示。

表 4.1  DES置换表

(a) 初始置换 IP

| 32 | 1 | 2 | 3 | 4 | 5 |
|----|----|----|----|----|----|
| 4 | 5 | 6 | 7 | 8 | 9 |
| 8 | 9 | 10 | 11 | 12 | 13 |
| 12 | 13 | 14 | 15 | 16 | 17 |
| 16 | 17 | 18 | 19 | 20 | 21 |
| 20 | 21 | 22 | 23 | 24 | 25 |
| 24 | 25 | 26 | 27 | 28 | 29 |
| 28 | 29 | 30 | 31 | 32 | 1 |

(b) 逆初始置换 $IP^{-1}$

| 32 | 1 | 2 | 3 | 4 | 5 |
|----|----|----|----|----|----|
| 4 | 5 | 6 | 7 | 8 | 9 |
| 8 | 9 | 10 | 11 | 12 | 13 |
| 12 | 13 | 14 | 15 | 16 | 17 |
| 16 | 17 | 18 | 19 | 20 | 21 |
| 20 | 21 | 22 | 23 | 24 | 25 |
| 24 | 25 | 26 | 27 | 28 | 29 |
| 28 | 29 | 30 | 31 | 32 | 1 |

(c) 选择扩展运算 $E$

| 40 | 8 | 48 | 16 | 56 | 24 | 64 | 32 |
|----|----|----|----|----|----|----|----|
| 39 | 7 | 47 | 15 | 55 | 23 | 63 | 31 |
| 38 | 6 | 46 | 14 | 54 | 22 | 62 | 30 |
| 37 | 5 | 45 | 13 | 53 | 21 | 61 | 29 |
| 36 | 4 | 44 | 12 | 52 | 20 | 60 | 28 |
| 35 | 3 | 43 | 11 | 51 | 19 | 59 | 27 |
| 34 | 2 | 42 | 10 | 50 | 18 | 58 | 26 |
| 33 | 1 | 41 | 9 | 49 | 17 | 57 | 25 |

(d) 置换运算 $P$

| 16 | 7 | 20 | 21 |
|----|----|----|----|
| 29 | 12 | 28 | 17 |
| 1 | 15 | 23 | 26 |
| 5 | 18 | 31 | 10 |
| 2 | 8 | 24 | 14 |
| 32 | 27 | 3 | 9 |
| 19 | 13 | 30 | 6 |
| 22 | 11 | 4 | 25 |

**2）轮结构**

图4.7展示了DES加密算法的轮结构，共迭代16轮。每轮迭代过程可表示为

$$L_i \to R_{i-1}$$

$$R_i \to L_{i-1} \oplus f(R_{i-1}, K_i)$$

这里的 $K_i$ 是上面提到的轮密钥，长度为48比特。非线性函数 $f(R, K)$ 包括如图4.8所示的结构。将轮输入的右半部分 $R$ 经过如表4.1(c)所示的选择扩展运算 $E$ 扩展成48比特，再与轮密钥 $K_i$ 异或，异或结果进入8个提供非线性的 $S$ 盒。每个 $S$ 盒实现了6比特输入、4比特输出的选择代换，由8个4行16列的表格组成。对每个 $S_i$，其6比特输入中，第一个和最后一个比特形成的二进制数用来选择行，中间4位构成的二进制数用来选择列，将对应 $S$ 盒行和列交叉位置的十进制数表示为4位二进制数即得这一 $S$ 盒的输出。将8个输出的4比特并起来就得到了 $S$ 盒的32位输出，再经过一个如表4.1(d)所示的 $P$ 置换，所得的结果即为函数 $f(R, K)$ 的输出。

**3）逆初始置换**

将16轮迭代后得到的结果 $(L_{16}, R_{16})$ 输入 IP 的逆置换（见表4.1(b)）来消除初始置换的影响，这一步的输出就是DES算法的输出。注意，在进行逆初始置换前，还需要将16轮迭代输出的左右两个分组再进行一次交换，因此可将最后一步写为

$$\text{Output Block} \to \text{IP}^{-1}(R_{16}, L_{16})$$

DES密码属于Feistel结构，因此也具有与Feistel结构相同的性质，即解密与加密采用的算法相同，只有在轮密钥加密的步骤中使用的子密钥顺序与加密过程相反，即解密的第一轮

使用最后一个生成的轮密钥 $K_{16}$，最后一轮使用 $K_1$。这一特性使得 DES 加解密可以使用相同的软硬件结构实现。

为应对 DES 的短密钥缺陷，并希望复用 DES 的基本模块，最简单的思路是将 DES 算法在多密钥下重复使用。其中，最简单的形式是使用两个加密密钥 $K_1$ 和 $K_2$ 对明文加密两次，称为二重 DES。二重 DES 加密后的密文可以写成

$$C = E_{K_2}[E_{K_1}[P]]$$

解密时则以相反顺序用两个密钥依次解密，即

$$P = D_{K_1}[D_{K_2}[C]]$$

但这个方法的安全性并非与 112 比特密钥的安全性等价，因为这种方法容易受到中途相遇攻击。中途相遇攻击基于这样一种思想：如果在加密时有 $C = E_{K_2}[E_{K_1}[P]]$，那么一定存在 $X$，使得 $X = E_{K_1}[P] = D_{K_2}[C]$。于是攻击者就可以从两个方向进行破解，先用密钥空间中的全部 $2^{56}$ 个密钥 $K_1$ 对明文 $P$ 进行加密，将加密结果 $X$ 存入表中，然后用 $2^{56}$ 个可能的 $K_2$ 对二重密文 $C$ 进行解密，在表中寻找与 $C$ 解密结果相同的一重密文，这种从两端向中间加（解）密并寻找碰撞的方法称为中途相遇攻击。一组二重 DES 可产生 $2^{64}$ 个可能的密文，而共有 $2^{112}$ 种密钥对，因此对于一个二重 DES 的已知明密文对，平均有 $2^{48}$ 个密钥对能产生相同结果。而这一误报率可通过另一个明密文对降至 $2^{-16}$。

为抵抗中途相遇攻击，密钥同样扩展为 112 比特的另一种经典多重 DES 方法是使用两个密钥进行加密—解密—加密的三重 DES 方案。加密过程可表示为

$$C = E_{K_1}[D_{K_2}[E_{K_1}[P]]]$$

若使用 $K_1 = K_2$，则这个方案也可与单个密钥的 DES 兼容。此方案已在密钥管理标准 ISO 8732 和 ANS X.917 中被采用。

**2. 高级加密标准**

1997 年 1 月，美国国家标准技术研究所（NIST）宣布对新的对称分组密码算法进行竞标，称为高级加密标准。各个候选算法必须符合特定的安全性和效率要求。

1998 年 8 月，NIST 在第一次 AES 候选大会上公布了 15 个 AES 候选算法，次年 3 月举行的第二次 AES 候选大会上，最终 5 个算法入围了决赛，分别是 MARS、RC6、Rijndael、Serpent 和 Twofish，它们被广泛测试和评估，包括安全性、性能和实现的复杂性等方面。2001 年 11 月 26 日，NIST 选择 Rijndael 算法作为 AES 的标准。Rijndael 是由比利时密码学家 Joan Daemen 和 Vincent Rijmen 设计的，它表现出色并在各方面都符合 NIST 的要求。由于 AES 的高度安全性、良好性能和公开透明的标准制定过程，它迅速成为全球广泛应用的对称分组密码标准，用于保护敏感数据和通信的机密性，其设计和性能使其成为当今流行和安全的对称加密算法之一。

AES 是一个迭代型密码，分组长度和密钥长度可分别指定为 128 比特、192 比特或 256 比特。明密文、密钥分组以及算法的中间结果状态都以字节方阵描述。种子字节矩阵由 4 行、$N_k$ 列组成。类似地，状态矩阵的维度为 $4 \times N_b$。注意，在矩阵中，字节是按照列进行排序的，因此加密算法的明文分组输入的前 4 字节被按顺序放在了输入矩阵的第一列，接着的 4 字节放在了第二列，以此类推。相似地，密钥也按照同样的方法排列。这种 4 字节元素构成的列向量也称为字。

以 128 比特的明文和 128 比特的密钥为例，可以分别记为

$$\text{InputBlock} = \begin{pmatrix} m_0 & m_4 & m_8 & m_{12} \\ m_1 & m_5 & m_9 & m_{13} \\ m_2 & m_6 & m_{10} & m_{14} \\ m_3 & m_7 & m_{11} & m_{15} \end{pmatrix} \qquad \text{InputKey} = \begin{pmatrix} k_0 & k_4 & k_8 & k_{12} \\ k_1 & k_5 & k_9 & k_{13} \\ k_2 & k_6 & k_{10} & k_{14} \\ k_3 & k_7 & k_{11} & k_{15} \end{pmatrix}$$

与DES相似,AES的加解密结构也由多轮迭代组成。迭代轮数 $N_r$ 与明文的字数 $N_b$ 和密钥的字数 $N_k$ 有关。表4.2给出了这三者的关系。

表 4.2 迭代轮数 $N_r$ 与 $N_b$ 和 $N_k$ 的关系

| $N_r$ | $N_b = 4$ | $N_b = 6$ | $N_b = 8$ |
| --- | --- | --- | --- |
| $N_k = 4$ | 10 | 12 | 14 |
| $N_k = 6$ | 12 | 12 | 14 |
| $N_k = 8$ | 14 | 14 | 14 |

AES加密算法的整体结构如图4.9所示。AES算法的轮函数由字节代换(ByteSub)、行

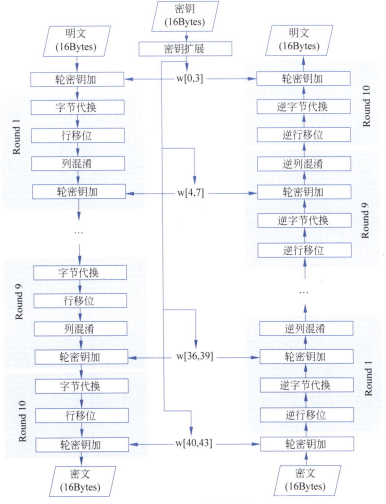

图 4.9 AES整体结构

移位（ShiftRow）、列混淆（MixColumn）和轮密钥加（AddRoundKey）这四个相对独立的计算模块组成。

**1）字节代换**

与 DES 类似，字节代换部分由 $S$ 盒来表示，$S$ 盒是可逆的，分别独立地对状态的每字节进行。字节代换的构造基于有限域运算提供的非线性性质，可由以下两部分构成。

（1）求逆：将每字节看作 $GF(2^8)$ 中的元素，分别映射到自己的乘法逆元（域的零元没有逆，因此 00 映射到自己）。$GF(2^8)$ 是 $2^8$ 的有限域，其中的每个元素可以用一个 7 次多项式表示，多项式的每个系数都取自 $GF(2)$，域上的加法和乘法提供了一种容易实现的均匀映射，实现了良好的扩散和混淆特性。

（2）仿射：在 $GF(2^8)$ 上对字节做如下仿射变换。

$$\begin{pmatrix} y_0 \\ y_1 \\ y_2 \\ y_3 \\ y_4 \\ y_5 \\ y_6 \\ y_7 \end{pmatrix} = \begin{pmatrix} 1 & 0 & 0 & 0 & 1 & 1 & 1 & 1 \\ 1 & 1 & 0 & 0 & 0 & 1 & 1 & 1 \\ 1 & 1 & 1 & 0 & 0 & 0 & 1 & 1 \\ 1 & 1 & 1 & 1 & 0 & 0 & 0 & 1 \\ 1 & 1 & 1 & 1 & 1 & 0 & 0 & 0 \\ 0 & 1 & 1 & 1 & 1 & 1 & 0 & 0 \\ 0 & 0 & 1 & 1 & 1 & 1 & 1 & 0 \\ 0 & 0 & 0 & 1 & 1 & 1 & 1 & 1 \end{pmatrix} \begin{pmatrix} x_0 \\ x_1 \\ x_2 \\ x_3 \\ x_4 \\ x_5 \\ x_6 \\ x_7 \end{pmatrix} + \begin{pmatrix} 1 \\ 1 \\ 0 \\ 0 \\ 0 \\ 1 \\ 1 \\ 0 \end{pmatrix}$$

**2）行移位**

行移位是对 $4\times 4$ 的状态方阵中的各行分别进行不同位移量的循环移位。第 0~3 行分别循环向左位移 $0, C_1, C_2, C_3$ 字节，位移量的取值与明文分组字长 $N_b$ 有关，由表 4.3 给出。

表 4.3　行移位量与 $N_b$ 的关系

| $N_b$ | $C_1$ | $C_2$ | $C_3$ |
| --- | --- | --- | --- |
| 4 | 1 | 2 | 3 |
| 6 | 1 | 2 | 3 |
| 8 | 1 | 3 | 4 |

**3）列混淆**

列混淆的本质是通过将状态阵列的每一列视为域上多项式的系数，基于有限域多项式乘法对列进行混合。在域上多项式的乘法运算中，为保证乘积仍在域上，因此列多项式与一个固定的多项式 $c(x)$ 做乘法后还需对一个不可约多项式取模，取模多项式为 $x^4+1$。$c(x)$ 需要是模 $x^4+1$ 可逆的多项式，以保证列混淆变换是可逆的。Rijndael 的设计者给出了一种非常简单的多项式 $c(x)$：

$$c(x) = 03x^3 + 01x^2 + 01x + 02$$

类似地，列混淆的逆运算也需要让密文分组状态的每一列与特定的多项式 $d(x)$ 相乘，$d(x)$ 需要满足

$$(03x^3 + 01x^2 + 01x + 02) \otimes d(x) = 01$$

可得
$$d(x) = 0\mathrm{B}x^3 + 0\mathrm{D}x^2 + 09x + 0\mathrm{E}$$
$c(x)$ 的选取使得加解密过程都尽量简洁,不过解密的列混淆逆运算与加密相比要复杂很多。

**4)轮密钥加**

轮密钥加就是在每轮中将由种子密钥通过密钥编排算法得到的轮密钥与状态进行逐比特异或。轮密钥长度与分组长度 $N_b$ 相同。这个模块在解密时的逆运算与此相同。

而密钥编排过程主要包括密钥扩展和轮密钥选取两部分,其基本步骤如下,具体过程在此不赘述。

(1)初始轮密钥生成:初始密钥被划分为若干字,并通过字节代换、行移位、列混淆和循环密钥异或等操作生成初始轮密钥。

(2)轮密钥扩展:后续轮密钥的生成是通过对前一轮密钥进行进一步的变换和异或运算。这确保了每一轮都使用了一个唯一的子密钥。

(3)轮密钥生成:在每一轮加密中,从扩展密钥中选择适当数量的字,构成该轮使用的轮密钥。具体的选择规则与初始轮密钥的生成有关,确保了每一轮使用的子密钥都是唯一的。

综上所述,组成AES轮函数的计算模块简洁易懂,功能明确,可以表示如下:

Round(State,RoundKey)()

 {

  ByteSub(State);

  ShiftRow(State);

  MixColumn(State);

  AddRoundKey(State,RoundKey).

 }

结尾的轮函数与前面各轮不同,没有列混淆部分。

如图4.9所示,与DES不同,AES解密算法与加密算法不完全相同,虽然使用了相同的计算部件,但加密中每一轮的顺序是:字节代换→行移位→列混淆→轮密钥加,解密中每一轮的顺序是逆行移位→逆字节代换→轮密钥加→逆列混淆。不过,可以通过对解密的操作进行适当调换,这样解密操作可以复用加密的电路,实现与加密算法有同样结构的一个等价解密版本。这个版本中,解密轮中的前两个和后两个阶段需要交换,对应的轮密钥扩展结构也需要发生改变。

与DES相比,AES支持128位、192位和256位密钥,密钥长度更长,因此更难破解。此外,AES使用了更强大的替代和混淆操作,具有更好的抗差分和抗线性攻击能力。相比之下,DES的设计已经受到了一些攻击方法的破解。AES的密码学强度较高,被广泛认为是目前最安全的对称加密算法之一。而虽然AES使用更大的密钥空间,但可以通过硬件优化和并行计算达到更快的速度,因此AES算法在硬件和软件实现上都比DES算法速度更快。

AES相比DES具有更高的安全性和更快的加密速度,因此目前被广泛应用于现代的加密通信和数据安全领域。

**3. SM4**

2006年,我国国家密码管理局公布了无线局域网鉴别与保密基础结构(Wireless LAN Authentication and Privacy Infrastructure,WAPI)使用的SM4密码算法,这是我国第一次公布自己的商用密码算法。这一举措标志着我国商用密码的管理更加科学化、规范化和国际化，SM4 的公布在我国商用密码产业发展中具有里程碑意义。

SM4 是数据和密钥分组长度都支持 128 比特的分组对称密码算法，加密算法与密钥扩展算法都由 32 轮迭代结构组成。SM4 的数据处理流程大体以字节和字（4 字节）为单位进行。

### 1）基本运算和密码部件

（1）模 2 加法：32 比特异或运算，用 "$\oplus$" 表示。

（2）循环移位：把 32 比特的字为单位循环左移 $i$ 位，用 "$<<<$" 表示。

（3）代换运算：$S$ 盒。

$S$ 盒是以字节为单位的非线性替换，其密码学作用是混淆，它的输入和输出都是 8 位的字节。设输入字节为 $a$，输出字节为 $b$，则 $S$ 盒的运算可表示为

$$b = S(a)$$

（4）非线性变换：$\tau$。

非线性变换 $\tau$ 是以字为单位的非线性替换，它由 4 个 $S$ 盒并置构成。设输入为 $A = (a_0, a_1, a_2, a_3)$（4 个 32 位的字），输出为 $B = (b_0, b_1, b_2, b_3)$（也是 32 位的字），则

$$B = (b_0, b_1, b_2, b_3) = \tau(A) = (S(a_0), S(a_1), S(a_2), S(a_3))$$

（5）线性变换：$L$。

线性变换部件 $L$ 以字（4 字节）为处理单位进行线性变换，通过简单的循环移位和模 2 加法对数据进行扩散，可表示为

$$C = L(B) = B \oplus (B <<< 2) \oplus (B <<< 10) \oplus (B <<< 18) \oplus (B <<< 24)$$

（6）合成变换：$T$。

合成变换 $T$ 由非线性变换 $\tau$ 和线性变换 $L$ 复合而成，数据处理的单位是字，可表示为

$$T(X) = L(\tau(X))$$

### 2）轮函数

轮函数由上述基本运算密码部件构成。设轮函数 $F$ 的输入为 4 个 32 位字 $(X_0, X_1, X_2, X_3)$，轮密钥 $rk$ 以及轮函数的输出也同样都是 32 位的字，根据上述密码部件可以表示为

$$\begin{aligned}F(X_0, X_1, X_2, X_3, rk) &= X_0 \oplus T(X_1 \oplus X_2 \oplus X_3 \oplus rk) \\ &= X_0 \oplus L(\tau(X_1 \oplus X_2 \oplus X_3 \oplus rk)) \\ &= X_0 \oplus [S(B)] \oplus [S(B) <<< 2] \oplus [S(B) <<< 10] \\ &\quad \oplus [S(B) <<< 18] \oplus [S(B) <<< 24]\end{aligned}$$

### 3）加密算法

加密算法采用 32 轮迭代结构，每轮使用一个轮密钥。将输入的 128 比特明文写为 4 个字 $(X_0, X_1, X_2, X_3)$，轮密钥为 $rk_i (i = 0, 1, \cdots, 31)$，共 32 个字。输出的密文为 $(Y_0, Y_1, Y_2, Y_3)$。加密算法可描述为

$$\begin{aligned}X_{i+4} &= F(X_i, X_{i+1}, X_{i+2}, X_{i+3}, rk_i) \\ &= X_i \oplus T(X_{i+1} \oplus X_{i+2} \oplus X_{i+3} \oplus rk_i) \quad (i = 0, 1, \cdots, 31)\end{aligned}$$

为了与解密算法需要的顺序一致，同时也与人们的习惯顺序一致，在加密算法之后还需要一个反序处理 $R$：

$$(Y_0, Y_1, Y_2, Y_3) = (X_{35}, X_{34}, X_{33}, X_{32}) = R(X_{32}, X_{33}, X_{34}, X_{35})$$

SM4加密算法的结构如图4.10所示。

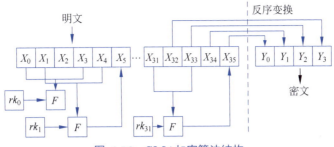

图 4.10  SM4加密算法结构

**4）解密算法**

SM4具有性质良好的Feistel结构，解密算法的结构与加密结构相同，只是解密轮密钥和加密轮密钥使用时顺序相反。因此，算法的输入为密文$(Y_0, Y_1, Y_2, Y_3)$和轮密钥$rk_i(i=31, 30, \cdots, 1, 0)$，输出为明文$(X_0, X_1, X_2, X_3)$。根据加密过程，$(Y_0, Y_1, Y_2, Y_3) = (X_{35}, X_{34}, X_{33}, X_{32})$（图4.11）。为了便于与加密算法对照，解密算法中仍然用$X_i$表示密文，于是可得到如下的解密算法：

$$X_i = F(X_{i+4}, X_{i+3}, X_{i+2}, X_{i+1}, rk_i)$$
$$= X_{i+4} \oplus T(X_{i+3} \oplus X_{i+2} \oplus X_{i+1} \oplus rk_i) \ (i = 31, \cdots, 1, 0)$$

同样地，在解密算法之后也需要一个反序处理$R$：

$$(X_0, X_1, X_2, X_3) = R(X_3, X_2, X_1, X_0)$$

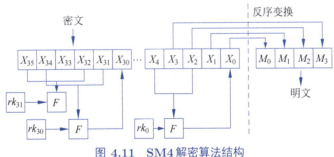

图 4.11  SM4解密算法结构

**5）密钥扩展算法**

SM4算法使用如下密钥扩展算法，从128比特的加密密钥产生出32个轮密钥，分别在每一轮中使用。

将输入的加密密钥写为4个字$MK = (MK_0, MK_1, MK_2, MK_3)$，设输出轮密钥为$rk_i(i=0, 1, \cdots, 31)$，密钥扩展算法可描述如下，其中$K_i(i=0, 1, \cdots, 35)$为中间状态。

（1）$(K_0, K_1, K_2, K_3) = (MK_0 \oplus FK_0, MK_1 \oplus FK_1, MK_2 \oplus FK_2, MK_3 \oplus FK_3)$，其中$FK_i$是32比特的常数。

（2）For $i = 0, 1, \cdots, 31$

$$rk_i = K_{i+4} = K_i \oplus T'(K_{i+1} \oplus K_{i+2} \oplus K_{i+3} \oplus CK_i)$$

其中，$FK_i$是固定参数。变换$T'$与加密算法轮函数中的$T$类似，将$T$变换中的$L$修改为

$$L'(B) = B \oplus (B <<< 13) \oplus (B <<< 23)$$

密钥扩展算法的结构与加密算法的结构类似，也是采用了32轮的迭代处理。

从算法设计上看，SM4在计算过程中增加了非线性变换，理论上能大大加强算法的安全性，而$S$盒的引入使得该算法在非线性度、运算速度、差分均匀性、自相关性等主要密码学指标方面都具有相当的优势。近年来，国内外密码学者对SM4进行了充分的分析与实验，例如利用复合域实现$S$盒以降低硬件开销；对$S$盒进行差分故障攻击，以显示SM4抵抗故障攻击的能力；对国密SM4与SM2混合密码算法进行研究与实现，以提高加密速度与降低密钥管理成本。这些研究致力于SM4的低复杂度实现、混合加密技术的商用化、SM4抗攻击能力的增强等方面，这些研究成果对改进SM4密码和设计新密码都是有帮助的。至今，我国国家密码管理局仍然支持SM4密码，它的广泛应用为确保我国信息安全做出了积极贡献。

### 4.1.3 分组加密的工作模式

对称密码体制一般采用流密码或分组密码的方式进行消息处理。对于分组密码，如果仅仅将数据进行分组后分别进行加解密，不仅难以适配任意长度的消息，而且容易出现一些典型的安全问题，例如平凡处理的分组密码在明文相同时可以获得相同密文，容易受到重放攻击。

因此，为解决这些问题，在以上这些经典的分组密码算法出现之后，人们还设计了几种不同的工作模式。为分组加密提供了几个良好的性质，例如增加分组密码算法的不确定性，使密文长度不与相应的明文长度相关等；还可基于相关模式构造伪随机数发生器、生成流密码密钥流或构造安全散列函数，大大扩展了分组密码的可用性。

这里描述5个经典的分组密码工作模式，包括电码本模式（Electronic CodeBook, ECB）、密码分组链接模式（Cipher Block Chaining, CBC）、输出反馈模式（Output Feedback, OFB）、密码反馈模式（Cipher FeedBack, CFB）和计数器模式（Counter, CTR）。将使用如下记号进行表示。

（1）$n$：分组的二进制长度。
（2）$E()$：对一个长度为$n$的分组明文块采用某种加密算法。
（3）$D()$：对一个长度为$n$的密文分组采用某种解密算法。
（4）$P_1, P_2, \cdots, P_m$：需要被加密的$m$个连续明文分组。当第$m$段长度不足时，可按某种规则进行填充。
（5）$C_1, C_2, \cdots, C_m$：$m$个连续的密文分组，这不一定是整个工作模式的最终输出。
（6）$\text{LSB}_u(B), \text{MSB}_v(B)$：表示$B$中按二进制最低的$u$位比特和最高的$v$位比特。
（7）$A \| B$：数据分组$A$和$B$的链接，例如：

$$\text{LSB}_2(1010011) \| \text{MSB}_5(1010011) = 11 \| 10100 = 1110100$$

**1. 电码本模式**

电码本模式是最基础的一种工作模式，它的思路就是直接将明文分割成固定大小的块，每个块独立加密，如图4.12所示，加解密过程可以表示为

ECB加密： $C_i \leftarrow E(P_i), i = 1, 2, \cdots, m$
ECB解密： $P_i \leftarrow D(C_i), i = 1, 2, \cdots, m$

ECB模式简单而又便于并行处理，但它是一种确定性的工作模式，在相同的密钥下将同样的明文分组加密两次，那么输出的密文分组也是相同的。在应用中，数据通常有部分可猜

测的信息，例如数据的长度和取值范围。这种可猜测性使攻击者无须破解密码即可获得明文的相关信息，大大降低了对明文消息的保密性。

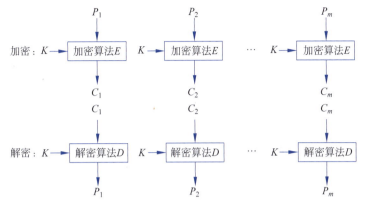

图 4.12 电码本模式结构

**2. 密码分组链接模式**

为了解决电码本模式确定性的问题，密码分组链接模式的思路是通过将不同分组串接起来，让它们不再被独立加解密，而是与上下文有关，就可以模糊这一确定性。如图4.13所示，与ECB不同的是，它在加密算法输入时不是只输入当前的明文分组，而是输入当前明文分组和前一次密文分组的异或。对于第一个分组，在加密之前先与一个初始化向量IV做异或。CBC模式的加解密过程可表示为

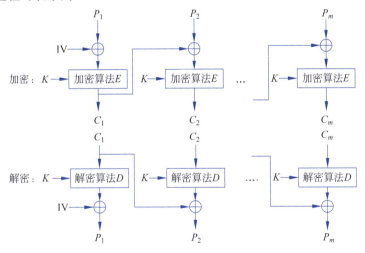

图 4.13 密码分组链接模式结构

CBC加密　输入：$IV, P_1, P_2, \cdots, P_m$；输出：$IV, C_1, C_2, \cdots, C_m$

$C_0 \leftarrow IV$

$C_i \leftarrow E(P_i \oplus C_1), i = 1, 2, \cdots, m$

CBC解密　输入：$IV, IV, C_1, C_2, \cdots, C_m$；输出：$IV, P_1, P_2, \cdots, P_m$

$C_0 \leftarrow IV$

$P_i \leftarrow D(C_i) \oplus C_{i-1}, i = c_1, 2, \cdots, m$

初始化向量 IV 是一个随机的 $n$ 比特分组,这个 IV 需要和密钥一样被加解密双方共享。由于 IV 可看成密文分组,因此无须保密,但一定是不可预知的,因为整个 CBC 中所有分组加密的随机性本质上都来源于第一个密文分组的随机性,因此也来源于 IV 的随机性。不过同时,由于 CBC 的链接机制,如果在传输中某个密文发生了随机错误,则会导致当前分组和下一分组的解密都出现错误,这种现象称为错误传播。

**3. 密码反馈模式**

如上所述,如果使用 ECB 和 CBC 模式,那么待加密的明文仍需根据使用的分组密码的分组长度,如 DES 是 64 比特,AES 是 128/192/256 比特进行分组,需要对明文进行填充以满足分组要求。但利用如下两种反馈工作模式可近似地将分组密码转换为流密码,不需要对消息进行填充,可以产生实时加解密的效果(图 4.14)。

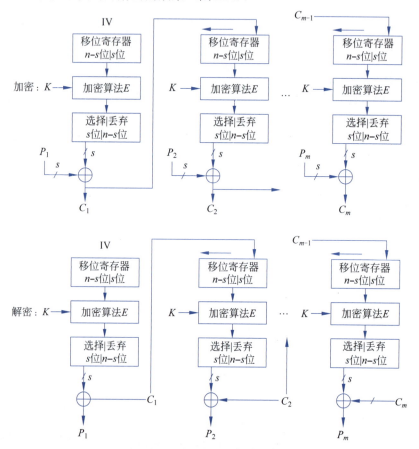

图 4.14  密码反馈模式结构

密码反馈模式顾名思义,需要将每个分组最终生成的密码不断进行反馈,再重新参与下面分组的输入。在密码反馈模式和输出反馈模式中,都设置了一个长度为 $n$ 的移位寄存器。消息分组长为 $s$,其中 $1 \leqslant s \leqslant n$。$s=1$ 时可以 1 比特为单位进行加解密传输,$s=8$ 时则可以进行字节流传输。每个分组中实际进入加密模块的是不断迭代的寄存器中的数据,在加密模块 $E$ 的输出中选取前 $s$ 位与真正的当前消息分组进行异或,作为当前分组的密文,而这段密文也会反馈到下一个分组的移位寄存器中。CFB 的运算可以表示如下。

CFB 加密    输入:IV, $P_1, P_2, \cdots, P_m$;         输出:IV, $C_1, C_2, \cdots, C_m$

$$I_1 \leftarrow \text{IV}$$
$$I_i \leftarrow \text{LSB}_{n-s}(I_{i-1}) \| C_{i-1} \qquad i=2,3,\cdots,m$$
$$O_i \leftarrow E(I_i) \qquad i=1,2,\cdots,m$$
$$C_i \leftarrow P_i \oplus \text{MSB}_s(O_i) \qquad i=1,2,\cdots,m$$

CFB 解密　输入：$\text{IV}, C_1, C_2, \cdots, C_m$；　输出：$\text{IV}, P_1, P_2, \cdots, P_m$
$$I_1 \leftarrow \text{IV}$$
$$I_i \leftarrow \text{LSB}_{n-s}(I_{i-1}) \| C_{i-1} \qquad i=2,3,\cdots,m$$
$$O_i \leftarrow E(I_i) \qquad i=1,2,\cdots,m$$
$$P_i \leftarrow C_i \oplus \text{MSB}_s(O_i) \qquad i=1,2,\cdots,m$$

类似地，由于 CFB 模式将密文不断输入移位寄存器，如果密文在传输中发生了 1 比特的随机错误，那么需要经过 $\lceil \frac{n}{s} \rceil$ 个分组才能消除这个错误的影响。

**4. 输出反馈模式**

输出反馈模式与密码反馈模式类似，唯一不同的地方在于 CFB 反馈的是每个分组最终的密文，而 OFB 反馈的则是每个分组中使用的加密函数 $E$ 的输出，如图 4.15 所示。这种方式的优势在于不会产生误码传播，密文在信道中的错误传输只会影响当前分组的解密，而不会影响后续分组的正确性，其加解密过程可表示如下。

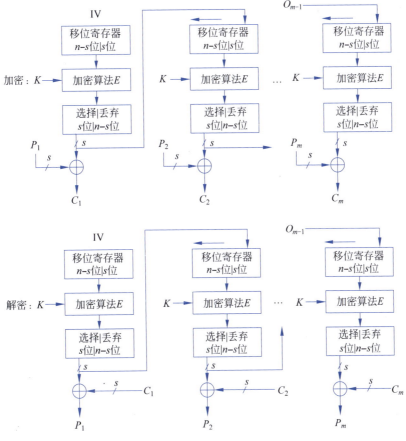

图 4.15　输出反馈模式结构

OFB 加密　输入：$\text{IV}, P_1, P_2, \cdots, P_m$；　　输出：$\text{IV}, C_1, C_2, \cdots, C_m$

$I_1 \leftarrow \text{IV}$

$I_i \leftarrow \text{LSB}_{n-s}(I_{i-1}) \| \text{MSB}_s(O_{i-1})$　　$i = 2, 3, \cdots, m$

$O_i \leftarrow E(I_i)$　　$i = 2, 3, \cdots, m$

$C_i \leftarrow P_i \oplus \text{MSB}_s O_i$

OFB 解密　输入：$\text{IV}, C_1, C_2, \cdots, C_m$；　　输出：$\text{IV}, P_1, P_2, \cdots, P_m$

$I_1 \leftarrow \text{IV}$

$I_i \leftarrow \text{LSB}_{n-s}(I_{i-1}) \| \text{MSB}_s(O_{i-1})$　　$i = 2, 3, \cdots, m$

$O_i \leftarrow E(I_i)$　　$i = 1, 2, \cdots, m$

$P_i \leftarrow C_i \oplus \text{MSB}_s(O_i)$　　$i = 1, 2, \cdots, m$

**5. 计数器模式**

这种模式中需要加解密双方同时设置一个计数器，将计数器从初始值开始计数，将每个分组对应的计数器数值送入加密函数，得到的输出与明文分组异或，作为最终的密文分组。密码算法的输出也可视为一个连续的比特流，也就是说，可以认为通过计数器和基础密码算法构成了一个密钥流生成器，将密钥流与明文相异或，可近似地将其视作一种流密码。CTR 模式的运算如下（图4.16）。

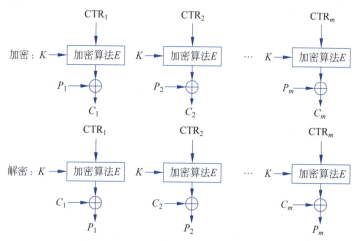

图 4.16　计数器模式结构

CTR 加密　输入：$\text{CTR}_1, P_1, P_2, \cdots, P_m$；　　输出：$\text{CTR}_1, C_1, C_2, \cdots, C_m$

$C_i \leftarrow P_i \oplus E(\text{CTR}_i)$　　$i = 1, 2, \cdots, m$

CTR 解密　输入：$\text{CTR}_1, C_1, C_2, \cdots, C_m$；　　输出：$\text{CTR}_1, P_1, P_2, \cdots, P_m$

$P_i \leftarrow C_i \oplus E(\text{CTR}_i)$　　$i = 1, 2, \cdots, m$

因为没有反馈，所以 CTR 模式的加密和解密能够同步进行操作，但这对加解密双方时间同步的要求比较严格。

## 4.2 非对称加密技术

非对称加密技术又称为公钥加密技术，该技术的出现和发展可以视为密码学历史上最重大的突破之一。在此之前，几乎所有的加密技术都是基于替换和置换这两种初等方法，而非对称加密的出现为密码学的发展提供了新的理论和技术基础。一方面，非对称加密算法不再依赖传统的替换和置换手段，而是靠基于数学问题所构造的单向函数来确保加密的安全性；另一方面，非对称加密使用两个不相同的密钥进行加密和解密，这对保密性、密钥分配、认证等领域的发展都有着深远的影响。从这个角度而言，非对称加密技术的产生是密码学史上最重大的一次革命，甚至是唯一的一次革命。

在较为传统的对称加密中，始终难以解决密钥分配与数字签名的问题。也正是在解决这两个难题的过程中，非对称加密的概念应运而生。

在对称密码体制中，密钥分配需要满足以下条件：

（1）通信双方已通过某种手段，经分配共同持有一个相同密钥；

（2）利用密钥分配中心。

对于第一个条件，过去通常采用人工传送的方式，使得通信双方获得共享密钥。这种方式不仅需要花费较高的人工成本，且无法确保传送者的可靠性，通信安全无法得到有效保障。对于第二个条件，则过分依赖密钥分配中心，对其可靠性有着极高的要求。然而非对称加密技术的发明人之一Whitfield Diffie认为，第二个条件与密码学的核心思想相矛盾，即应在通信过程中，保密性应得到完全的保障。正如他在1988年发表的文章[31]中提到的："如果用户被迫与密钥分配中心共享密钥，而密钥分发中心可能会被入室盗窃或传唤索取所破坏，那么开发不可破解的密码系统还有什么意义呢？"

除开密钥分配，与数字签名相关亟待解决的问题则是：考虑到密码学的发展，能否在今后应用于除军事以外更广阔的领域时，通过相应的密码体制，使得电子文件或信息具有某种数字签名。如此一来，数字签名可以确保携带签名的电子文件或信息是出自特定目标之手，并且得到参与通信各方的认可。

1976年，Whitfield Diffie和Martin Hellman在上述两个问题的研究工作上取得了突破性进展，非对称加密技术由此产生。

关于非对称加密技术，有以下几种常见的误解。

（1）**非对称加密更安全**。从直觉上来看，基于数学难题的非对称加密，比仅仅依靠简单的置换和替换进行的对称加密更难破解。然而，密钥的长度和破解密文所需花费的算力才是加密算法安全性的本质保障。即使用于构造非对称加密的数学问题本身无法求解，但倘若其密钥过短，攻击者仍能够通过穷举的方法轻易破解。从抗密码分析的角度看，原则上既不能认为对称加密技术优于非对称加密技术，也不能认为非对称加密技术优于对称加密技术。

（2）**非对称加密技术是一种通用方法**。既然非对称加密技术是密码学史上的里程碑式成果，是否意味着对称加密技术已经过时？事实正相反，由于目前主流的非对称加密算法所需要的计算量大，并不能应用于所有需要加密的领域。而对称加密技术由于其计算量小、速度快等优势，仍然具有广泛的应用场景。

（3）**非对称密码体制更易于密钥分配**。在传统的对称密码体制中，与密钥分配中心的会话非常麻烦。而非对称加密由于采用分开的公钥和私钥，似乎更便于进行密钥分发。然而在实际使用过程中，非对称加密也需要某种形式的协议，该类协议通常包含一个中心代理，而且其中的流程并不比对称加密技术更简单，在有效性上也并不优于对称加密技术的一系列流程[32]。

本章简要介绍非对称加密技术。首先介绍其中的基本概念，再介绍以RSA算法为代表的经典非对称加密算法，其中涉及数论的相关知识，本书中仅列出结论，不再给出具体的知识补充和推导过程。

### 4.2.1 非对称加密技术的基本原理

**1. 非对称密码体制**

非对称加密算法的主要特点在于使用两个相关密钥分别进行加密和解密，其中一个密钥是公开的，称为公钥，用于加密；另一个密钥是私钥，为用户专用且需要保密，用于解密。因此，非对称加密体制也被称为公钥密码体制或双钥密码体制。另外，非对称加密算法具有一项重要特性，即在已知密码算法和加密密钥（公钥）的情况下，计算出解密密钥（私钥）在计算上是不可行的。

非对称密码体制有以下6个组成部分。

（1）**明文**：算法的输入，通常是可读信息或数据。

（2）**加密算法**：加密算法对明文进行各种转换，从而保护明文内容。

（3）**公钥**：算法的输入，用于对明文的加密。加密算法执行的变换依赖公钥。

（4）**私钥**：算法的输入，用于对密文的解密。解密算法执行的变换依赖私钥。

（5）**密文**：算法的输出。依赖明文和公钥，对于给定的明文消息，使用不同的密钥产生的密文不同。

（6）**解密算法**：解密算法接收密文和相应的私钥，并产生原始的明文。

图4.17是非对称加密的框图，加密过程有以下几步。

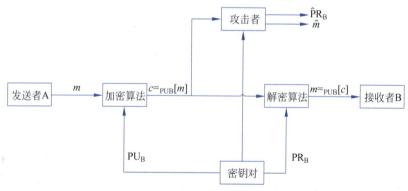

图 4.17 非对称加密的框图

（1）接收消息的端系统需要生成一对密钥，分别用于加密和解密。举例来说，接收者B生成了一对密钥$PU_B$和$PR_B$，其中$PU_B$是公钥，$PR_B$是私钥。

（2）接收者B会公开加密密钥（公钥，如图中的$PU_B$），而另一个密钥（私钥，如图中的$PR_B$）则需要保密。

（3）当A需要向B发送消息$m$时，A会利用B的公钥$PU_B$对消息$m$进行加密，这个过程可以表示为$c = _{PUB}[m]$。在这里，$c$代表经过加密后得到的密文，$_{PUB}[\ ]$则是采用的非对称加密算法。

（4）一旦 B 接收到密文 $c$，B 就会利用自己手中对应的私钥 $PR_B$ 进行解密，这个过程可以表示为 $m = _{PR_B}[c]$，在这里，$_{PR_B}[\ ]$ 代表对应的非对称解密算法。

因为只有 B 知道 $PR_B$，所以其他人无法使用它来解密 $c$ 以获取 $m$。

非对称加密算法不仅可以用于加密和解密，还可以用于对发送者 A 发送的消息 $m$ 进行认证，这一过程如图 4.18 所示。

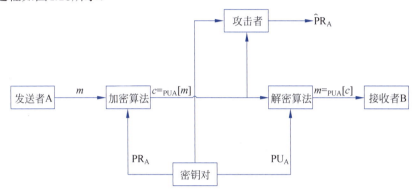

图 4.18　非对称密码体制的认证框图

（1）发送者 A 用自己手中的私钥 $PR_A$ 对发送的消息 $m$ 进行加密，表示为 $c = _{PR_A}[m]$。

（2）将 $c$ 发给接收者 B。B 在收到 $c$ 后使用 A 的公开密钥 $PU_A$ 对密文 $c$ 进行解密，解密后的明文表示为 $m = _{PU_A}[c]$。

因为 $c$ 是通过发送者 A 的私钥 $PR_A$ 加密得到的，所以只有 A 才能完成从 $m$ 到 $c$ 的转换。因此，$c$ 可以被视为 A 对消息 $m$ 的数字签名。另外，只要没有 A 的私钥 $PR_A$，任何人都无法篡改 $m$，因此该过程实现了消息来源和消息完整性的认证。

然而在实际应用中，尤其是在面对大量用户时，上述认证方法会占用大量存储空间。这是因为每个文件都需要以明文形式存储以便实际使用；同时还需要存储每个文件的数字签名，即文件被加密后的密文形式，以便在发生争议时用于对文件的来源和内容进行追溯认证。为了避免消耗过多的存储资源，需要从缩减数字签名大小的角度对以上的数字签名方法进行改进。想要满足在缩减长度的同时保留文本的独特性，很容易联想到哈希函数，因此，可以将哈希函数加入上述签名方案中。具体操作如下：利用哈希函数对文件进行压缩，得到长度较短的被称为认证符的比特串。从计算可行性的角度考虑，攻击者无法在对文件进行修改后维持认证符不变。此时再用发送者 A 的私钥 $PR_A$ 加密认证符，便可得到原文件优化后的数字签名。

在前述的认证过程中，尽管消息由发送者使用其私钥加密，避免了他人篡改消息的情况，但由于任何人都可以利用发送者 A 的公钥对消息进行解密，因此还存在被他人窃听的风险。为了同时确保认证功能和保密性，可以考虑在认证中加入二次加密和解密的流程，以避免明文传输，具体步骤如图 4.19 所示。

（1）发送者 A 首先用自己的私钥 $PR_A$ 对消息 $m$ 进行加密，用于生成数字签名，表示为 $_{PR_A}[m]$。

（2）用接收者 B 公开的公钥 $PU_B$ 进行二次加密，表示为 $c = _{PU_B}[_{PR_A}[m]]$。

（3）B 进行解密过程，即先用自己的私钥 $PR_B$，再用 A 的公钥 $PU_A$ 对收到的密文 $c$ 进行两次解密，表示为 $m = _{PU_A}[_{PR_B}[c]]$。

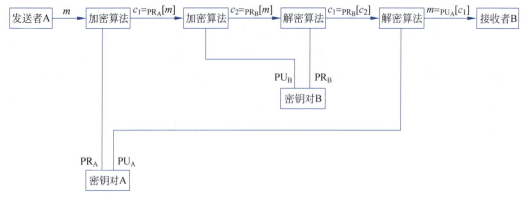

图 4.19 非对称密码体制的认证、保密框图

**2. 非对称加密算法应满足的要求**

加密算法作为非对称密码体制中的重要组成部分，应该满足以下要求。

（1）接收者B可以轻松地生成密钥对（公钥$PU_B$和私钥$PR_B$），这一过程在计算上并不复杂。

（2）由发送者A使用接收者B公开的公钥$PU_B$对消息$m$进行加密，产生密文$c$，即$c =_{PU_B}[m]$。这一加密过程在计算上并不复杂。

（3）接收者B可以使用自己的私钥$PR_B$对密文$c$进行解密，即$m =_{PR_B}[c]$，这一解密过程在计算上是容易的。

（4）攻击者无法通过B的公钥$PU_B$来计算出对应的私钥$PR_B$，这在计算上是不可行的。

（5）攻击者使用密文$c$和B的公钥$PU_B$来恢复明文$m$，这在计算上是不可行的。

（6）加密和解密的次序可以交换，即$_{PU_B}[PR_B(m)] =_{PR_B}[PU_B(m)]$是等效的。

在非对称加密被提出后的几十年中，只有几个满足这些条件的算法（如RSA、椭圆曲线密码体制、Diffie-Hellman、DSS）得到了广泛的认可，这也说明了构造一种满足如上要求的算法并不简单。

这个要求的核心在于需要一个陷门单向函数。单向函数是指满足以下性质的函数：它很容易计算出给定输入的函数值，且每个函数值都有唯一的逆函数，但却很难从函数值逆向推导出输入值，即

$$Y = f(X) \quad 容易$$
$$X = f^{-1}(Y) \quad 不可行$$

一般来说，"容易"指的是在多项式时间内能够解决问题，也就是说，如果问题的输入长度为$n$，那么计算函数值所需的时间与$n^a$呈正比，其中$a$是一个固定的常数，这样的算法被称为P类算法。相对而言，"不可行"的定义比较模糊。通常来说，如果解决问题所需的时间增长快于输入规模的多项式时间，那么就认为这个问题是不可行的。例如输入长度为$n$位，计算函数的时间与$2^n$呈正比，就被认为是不可行的。不幸的是，实际中往往很难确定算法是否具有这种复杂性。此外，传统的计算复杂性侧重于算法的最坏情况或平均情况复杂性，但是这种方法不适用于密码学，因为密码学要求对任何输入都不能求出函数的逆，而不是在最坏情况或平均情况下不能求出函数的逆。

接下来给出陷门单向函数的定义。对于一个函数，若计算函数值很容易，并且在缺少一些附加信息时计算函数的逆是不可行的，但是已知这些附加信息，可在多项式时间内计算出

函数的逆，那么称这样的函数为陷门单向函数，即陷门单向函数是满足下列条件的一类不可逆函数 $f_k$：

(1) 若 $k$ 和 $X$ 已知，则容易计算 $Y = f_k(X)$；
(2) 若 $k$ 和 $Y$ 已知，则容易计算 $X = f_k^{-1}(Y)$；
(3) 若 $Y$ 已知但 $k$ 未知，则计算 $X = f_k^{-1}(Y)$ 是不可行的。

由此可见，寻找合适的陷门单向函数是非对称密码体制应用的关键。

**3．非对称密码分析**

与对称密码类似，非对称密码也容易受到穷举攻击的影响，因此解决方法之一是采用长密钥。然而，需要同时考虑使用长密钥的利与弊。非对称密码体制使用可逆的数学函数，其计算函数值的复杂性可能不是密钥长度的线性函数，而是增长更快的函数。因此，为了抵御穷举攻击，密钥必须足够长；但为了便于实现加密和解密，密钥又必须足够短。在实际应用中，目前提出的密钥长度可以抵御穷举攻击，但同时也导致加解密速度变慢，因此非对称密码目前仅限于密钥管理和签名领域的应用。

另一种针对非对称密码的攻击方法是尝试找出一种从给定的公钥中计算出私钥的途径。迄今为止，尚未在数学上证明对特定非对称密码算法这种攻击是不可行的，因此，其至包括广泛使用的 RSA 在内的所有算法都存在这种疑虑。密码分析的历史表明，同一个问题在某一个视角下看是不可解的，但在另一个视角下则可能是可解的。

最后，还存在另一种攻击形式，这种攻击特有于非对称加密体制中，其本质是一种穷举消息攻击。以 56 位的 DES 密钥作为发送信息为例，攻击者可以穷举所有可能的密钥，并用公钥进行加密，然后与截获的密文进行匹配，理论上能够破解所有消息。如此一来，即便采用绝对安全的加密算法和足够长的加密密钥，也无法抵挡这类对 56 位密钥的穷举攻击。为了抵御这种穷举攻击，发送方会在要发送的消息后添加一个随机数，通过不定长的消息降低被破解的风险。

## 4.2.2 RSA 算法

Diffie 和 Hellman 在其早期的著名论文[33]中提出了一种新的密码学方法，事实上，这对密码学家提出了一项挑战，即需要寻找满足非对称加密体制要求的密码算法。在之后的一段时间，很多算法被提出，其中不少在刚被提出时似乎前景广阔，但是最终都被攻破。MIT 的 Ron Rivest、Adi Shamir 和 Len Adleman 于 1977 年提出了一种用数论构造的算法，并于 1978 年首次发表[208]，是最早被提出的满足所有要求的非对称算法之一。该算法以三位创造者的姓氏命名为 Rivest-Shamir-Adleman（RSA）算法，自其诞生之日起就成为被广泛接受且被实现的通用的非对称加密算法。

**1．算法描述**
**1）密钥生成**
(1) 随机生成两个保密的大素数，记为 $p$ 和 $q$。
(2) 由计算得出 $n = p \times q$，$\varphi(n) = (p-1)(q-1)$，其中 $\varphi(n)$ 是小于 $n$ 的正整数中与 $n$ 互质的数的数目，即 $n$ 的欧拉函数值。
(3) 选一整数 $e$，满足 $\gcd(\varphi(n), e) = 1$，且 $1 < e < \varphi(n)$。
(4) 计算 $d$，满足

$$d \cdot e \equiv 1 \bmod \varphi(n)$$

也就是说，$d$ 是 $e$ 在模 $\varphi(n)$ 下的乘法逆元。由于 $e$ 与 $\varphi(n)$ 互质，根据模运算的性质，它的乘法逆元一定存在。

使用 $\{e,n\}$ 作为公钥 PU 和 $\{d,n\}$ 作为私钥 PR。

**2）加密**

加密时首先对明文比特串进行分组，分组长度小于 $\log_2 n$，$n$ 为分组长度上限，即每个分组对应的十进制数小于 $n$。记每个明文分组为 $m$，进行如下加密运算：

$$c \equiv m^e \bmod n$$

**3）解密**

与加密过程类似，对密文分组 $c$ 的解密运算为

$$m \equiv c^d \bmod n$$

下面证明 RSA 算法中解密过程的正确性。

**证明** 由加密运算，可知 $c \equiv m^e \bmod n$，所以

$$c^d \bmod n \equiv m^{ed} \bmod n \equiv m^{k\varphi(n)+1} \bmod n$$

下面分两种情况讨论。

（1）$m$ 与 $n$ 互素，则由 Euler 定理：

$$m^{\varphi(n)} \equiv 1 \bmod n,\ m^{k\varphi(n)} \equiv 1 \bmod n,\ m^{k\varphi(n)+1} \equiv 1 \bmod n$$

即 $c^d \bmod n \equiv m$。

（2）$\gcd(m,n) \neq 1$。$\gcd(m,n) = 1$ 的情况意味着 $m$ 不是 $p$ 的倍数也不是 $q$ 的倍数。因此，此处可以假设 $m$ 为 $p$ 的倍数。若此时仍有 $\gcd(m,q) \neq 1$，则说明 $m$ 还是 $q$ 的倍数，即 $m$ 同时为 $p$ 和 $q$ 的倍数，记为 $m = tpq$，$t \in \mathbb{N}^*$，这与 $m < n = pq$ 的要求不符。所以在此假设下，必然有 $\gcd(m,q) = 1$。

由 $\gcd(m,q) = 1$ 及 Euler 定理得

$$m^{\varphi(q)} \equiv 1 \bmod q$$

所以

$$m^{k\varphi(q)} \equiv 1 \bmod q,\ [m^{k\varphi(q)}]^{\varphi(p)} \equiv 1 \bmod q,\ m^{k\varphi(n)} \equiv 1 \bmod q$$

说明存在一个整数 $r$ 满足 $m^{k\varphi(n)} = 1 + rq$，再令等式两侧同时乘以 $m = tp$ 得

$$m^{k\varphi(n)+1} = m + rtpq = m + rtn$$

即 $m^{k\varphi(n)+1} \equiv m \bmod n$，所以 $c^d \bmod n \equiv m$。

**2. RSA 算法中的计算问题**

**1）加密和解密**

RSA 的加密和解密过程都涉及对整数进行整数次幂运算，然后再取模。直接计算这些运算可能会产生非常大的中间结果，超出计算机所能表示的整数范围，导致数据溢出，无法计算出正确结果。但是利用模运算的性质

$$(a \times b) \bmod n = [(a \bmod n) \times (b \bmod n)] \bmod n$$

可以显著减小中间结果的大小。

此外，为提高加密和解密运算中指数运算的效率，可以考虑采用快速指数算法。例如，要计算 $x^{16}$，直接计算需要进行 15 次乘法。然而，如果使用快速指数算法，即计算 $x$、$x^2$、$x^4$、

$x^8$、$x^{16}$，则只需要进行 4 次乘法，大大提高了计算效率。

一般地，求 $a^m$ 可如下进行，其中 $a$、$m$ 是正整数：将 $m$ 表示为二进制形式 $b_k b_{k-1} \cdots b_0$，因此

$$a^m = (\cdots(((a^{b_k})^2 a^{b_{k-1}})^2 a^{b_{k-2}})^2 \cdots a^{b_1})^2 a^{b_0}$$

例如，$19 = 1 \times 2^4 + 0 \times 2^3 + 0 \times 2^2 + 1 \times 2^1 + 1 \times 2^0$，所以

$$a^{19} = ((((a^1)^2 a^0)^2 a^0)^2 a^1)^2 a^1$$

快速指数算法具体如下。

**算法 4.1** 快速指数算法。
**input:** $b_k b_{k-1} \cdots b_0$
$idx = 0; tmp = 1;$
for $(i = k$ downto $0)$
{
  $idx = 2 \times idx;$
  $tmp = (tmp \times tmp) \bmod n;$
  if $(b_i = 1)$
  {
    $idx = idx + 1;$
    $tmp = (tmp \times a) \bmod n;$
  }
}
return $tmp$;

在计算过程中，$tmp$ 表示中间结果，而 $tmp$ 的最终值即为所求结果。$idx$ 用于表示指数的部分结果，其最终值为指数 $m$。值得注意的是，$idx$ 与计算结果没有直接关联，因此在算法中可以完全忽略它。

**2）密钥生成**

在生成密钥的过程中，必须慎重选择两个较大的质数 $p$ 和 $q$，同时还要妥善挑选 $e$ 并计算出 $d$。鉴于 $n = pq$ 按密码体制要求进行公开，为了避免攻击者通过穷举法破解出 $p$ 和 $q$，这两个质数必须从一个足够大的整数集中挑选较大的数值。例如，如果 $p$ 和 $q$ 选为接近 $10^{100}$ 的大质数，那么 $n$ 的大小将接近 $10^{200}$，这意味着每个明文分组可以长达 664 位（$10^{200} \approx 2^{664}$），这相当于 83 字节，远远超过了 DES 加密体制中的数据分组大小（8 字节），这一点清楚地体现了 RSA 算法的优势之一。因此，有效地寻找大质数是密钥生成过程中首先要解决的问题。

为了找到大质数，通常的做法是首先随机选择一个大的奇数（如通过伪随机数生成器产生），接着应用素数检测算法来判断这个奇数是否是质数。如果它不是质数，就选择另一个大的奇数并重复此过程，直至找到一个质数。这个过程可能相对烦琐。但在 RSA 加密体制中，这种寻找大质数的操作仅在生成新密钥对时才需要进行。

确定了 $p$ 和 $q$ 之后，接下来要解决的问题是选择一个合适的 $e$，它需要满足 $1 < e < \varphi(n)$ 且与 $\varphi(n)$ 互质（$\gcd(\varphi(n), e) = 1$），然后计算出一个 $d$ 使得 $d \cdot e \equiv 1 \pmod{\varphi(n)}$。这个问题可以通过应用扩展的欧几里得算法来解决。

### 3. 一种改进的 RSA 实现方法

利用中国剩余定理，可极大地提高解密运算的速度。具体方法如下。解密的一方计算

$$d_p \equiv d \bmod (p-1), \quad d_q \equiv d \bmod (p-1)$$

$$m_p \equiv c^{d_p} \bmod p, \quad m_q \equiv c^{d_q} \bmod q$$

由中国剩余定理，解

$$\begin{cases} m_p \equiv c^{d_p} \bmod p \equiv c^d \bmod p \equiv m \bmod p \\ m_q \equiv c^{d_q} \bmod q \equiv c^d \bmod q \equiv m \bmod q \end{cases}$$

即得 $m$。

已证明，如果不考虑中国剩余定理的计算代价，则改进后的解密运算速度是原解密运算速度的 4 倍。若考虑中国剩余定理的计算代价，则改进后的解密运算速度分别是原解密运算速度的 3.24 倍（模为 768 比特时）、3.32 倍（模为 1024 比特时）、3.47 倍（模为 2048 比特时）。

### 4. RSA 的安全性

RSA 加密的安全性依赖大数分解的困难性，这是一个假设，因为至今还无法证明大数分解是否是一个 NP 问题，可能存在人们还未发现的能在多项式时间内完成分解的算法。如果攻击者能成功地将 RSA 的模数 $n$ 分解为 $p \times q$，就能立即得到 $\varphi(n) = (p-1)(q-1)$，并确定 $e$ 模 $\varphi(n)$ 的乘法逆元 $d$，即 $d \equiv e^{-1} \bmod \varphi(n)$，这样攻击就能成功。

随着计算能力的提升，一些曾被认为无法分解的大数已经被成功分解。例如，RSA-129（$n$ 为 129 位十进制数，大约 428 比特）在 1994 年 4 月经过 8 个月的分布式计算后被成功分解。此后，RSA-130、RSA-140 和 RSA-155 等也相继被分解。

大数分解的威胁不仅来自计算能力的提升，还来自分解算法的改进。过去的分解算法主要采用二次筛法，如对 RSA-129 的分解。而对 RSA-130 的分解采用了一个新算法，称为推广的数域筛法。这种算法在分解 RSA-130 时所做的计算仅比分解 RSA-129 多 10%。RSA-140 和 RSA-155 的分解也采用了推广的数域筛法。未来可能还会出现更好的分解算法，因此在使用 RSA 算法时，要特别注意密钥大小的选择。预计在未来较长的时间内，密钥长度介于 1024～2048 比特的 RSA 加密仍然是安全的。

那么，是否存在不通过分解大整数的其他攻击途径呢？实际上，从 $n$ 直接确定 $\varphi(n)$ 等价于对 $n$ 的分解，以下给出证明。

设 $n = p \times q$ 中，$p > q$，由 $\varphi(n) = (p-1)(q-1)$，有

$$p + q = n - \varphi(n) + 1$$

以及

$$p - q = \sqrt{(p+q)^2 - 4n} = \sqrt{[n - \varphi(n) + 1]^2 - 4n}$$

由此可得

$$p = \frac{1}{2}[(p+q) + (p-q)]$$
$$q = \frac{1}{2}[(p+q) - (p-q)]$$

所以，确定 $p$ 和 $q$ 的值可以推导出 $\varphi(n)$，反之，如果知道 $\varphi(n)$，也能推导出 $p$ 和 $q$，这两者是等价的。

为了确保 RSA 算法的安全性，我们对 $p$ 和 $q$ 有以下几个要求。

(1)$|p-q|$要大。

由$\frac{(p+q)^2}{4} - n = \frac{(p+q)^2}{4} - pq = \frac{(p-q)^2}{4}$,如果$|p-q|$小,则$\frac{(p-q)^2}{4}$也小,因此$\frac{(p+q)^2}{4}$稍大于$n$,$\frac{p+q}{2}$稍大于$\sqrt{n}$。可得到$n$的如下分解法。

(a)按照顺序检查所有大于$\sqrt{n}$的整数$x$,直到找到一个$x$,使得$x^2 - n$等于某个整数(记作$y$)的平方。

(b)由$x^2 - n = y$,得$n = (x+y)(x-y)$。

(2)$p-1$和$q-1$都应该包含大的素数因子。

这是由于RSA算法可能受到重复加密攻击。假设攻击者拦截了密文$c$,他们可以按照以下步骤进行重复加密:

$$c^e \equiv (m^e)^e \equiv m^{e^2} \bmod n$$

$$c^{e^2} \equiv (m^e)^{e^2} \equiv m^{e^3} \bmod n$$

$$\vdots$$

$$c^{e^{t-1}} \equiv (m^e)^{e^{t-1}} \equiv m^{e^t} \bmod n$$

$$c^{e^t} \equiv (m^e)^{e^t} \equiv m^{e^{t+1}} \bmod n$$

若$m^{e^{t+1}} \equiv c \bmod n$,即$(m^{e^t})^e \equiv c \bmod n$,则有$m^{e^t} \equiv m \bmod n$,即$c^{e^{t-1}} \equiv m \bmod n$,所以在上述的重复加密攻击中,通过倒数第二步就能够恢复出明文$m$,但是这种攻击只有在$t$较小时才是可行的。为了抵抗这种攻击,选取$p$和$q$的值应当保证$t$非常大。

当$m$在模$n$下的阶为$k$时,由$m^{e^t} \equiv m \bmod n$可推导出$m^{e^t-1} \equiv 1 \bmod n$,因此$k|(e^t-1)$,即$e^t \equiv 1 \bmod k$。在这种情况下,我们选择$t$为满足上述等式的最小值($e$在模$k$下的阶)。此外,当$e$与$k$互素时,有$t|\varphi(k)$,因此为了使$t$取得更大的值,$k$应当较大,并且$\varphi(k)$应具有大的素数因子。同时,由$k|\varphi(n)$,为了使$k$更大,$p-1$和$q-1$都应具有大的素数因子。

此外,研究结果表明,如果满足条件$e < n$且$d < n^{\frac{1}{4}}$,那么$d$可以相对容易地确定。

**5. 对RSA的攻击**

RSA加密算法可能受到如下两种攻击,这是由参数选择不当所导致的,而并非由于算法本身存在缺陷。

**1)共模攻击**

在实现RSA时,可能会选择为每个用户使用相同的模数$n$,尽管不同用户采用的加密和解密密钥是不同的,但这种做法仍然是不安全的。

假设有两个用户,他们的公钥分别为$e_1$和$e_2$,并且这两个公钥是互素的(这通常是成立的)。设明文消息为$m$,对应的密文分别为$c_1 \equiv m^{e_1} \bmod n$和$c_2 \equiv m^{e_2} \bmod n$。

当攻击者截获$c_1$和$c_2$后,可以通过以下步骤恢复出原始的明文消息$m$。

首先,使用扩展的欧几里得算法求解满足方程

$$re_1 + se_2 = 1$$

的两个整数$r$和$s$,其中一个可能为负,我们将其设为$r$。

然后,再次使用扩展的欧几里得算法求解$c_1^{-1}$的乘法逆元。通过计算$(c_1^{-1})^{-r} c_2^s \equiv m \bmod n$,我们可以得到原始的明文消息$m$。

所幸这种共模攻击只在用户使用相同的模数$n$时才可能成功。为了避免这种攻击,每个

用户应该使用不同的模数来实现RSA加密算法。

**2）低指数攻击**

假定将RSA算法同时用于多个用户（此处假设用户数为3），并且每个用户的加密指数（公钥）都很小。设这3个用户的模数分别为$n_1$、$n_2$、$n_3$，并且当$i \neq j$时$\gcd(n_i, n_j) = 1$。如果$\gcd(n_i, n_j)$不等于$1$，那么通过计算$\gcd(n_i, n_j)$可能会得出$n_i$和$n_j$的分解。设明文消息为$m$，对应的密文分别为

$$c_1 \equiv m^3 \bmod n_1$$
$$c_2 \equiv m^3 \bmod n_2$$
$$c_3 \equiv m^3 \bmod n_3$$

根据中国剩余定理，可以求解$m^3 \bmod n_1 n_2 n_3$。由于$m^3 < n_1 n_2 n_3$，因此可以直接通过开立方根的方式得到原始的明文消息$m$。

然而，需要指出的是，这个假设中的情况并不符合常规的RSA加密方案。在实际应用中，RSA算法要求使用足够大的模数和适当的加密指数，以确保安全性。

### 4.2.3　椭圆曲线密码体制

椭圆曲线密码体制（Elliptic Curve Cryptography，ECC）利用椭圆曲线上的点运算来实现加密和数字签名，相对于传统的RSA算法来说，具有在保证安全性的同时使用更短密钥的优势。相比之下，为了应对不断增长的计算能力和加密攻击技术，RSA算法的密钥长度一再增大，对运算造成的负担也在不断加重。这使得ECC在资源受限的环境下（如移动设备和物联网设备）以及对计算能力和存储空间要求较高的场景中具有优势，因此ECC在许多情况下成为更具吸引力的选择。IEEE的公钥密码标准P1363采用了ECC，这进一步证实了ECC在密码学领域的重要性和广泛应用前景。

**1. 椭圆曲线**

椭圆曲线密码体制得名于其曲线方程与计算椭圆周长的方程类似。实际上，椭圆曲线并不是传统意义上的椭圆形状，而是一类特定曲线方程下的曲线。这些曲线方程通常采用三次方程的形式：

$$y^2 + axy + by = x^3 + cx^2 + dx + e \tag{4.1}$$

其中，$a$、$b$、$c$、$d$、$e$是满足特定条件的实数参数。椭圆曲线还包括一个特殊的元素，称为无穷远点$O$。图4.20是椭圆曲线的两个例子。

根据图示，可以观察到椭圆曲线具有关于$x$轴对称的特性。

椭圆曲线上的加法运算法则的定义如下。

（1）单位元：椭圆曲线上的单位元素是无穷远点$O$。对于任意点$P$，$P+O = O+P = P$。

（2）逆元：对于椭圆曲线上的任意点$P$，存在一个点$(-P)$，使得$P+(-P) = (-P)+P = O$。也就是说，点$(-P)$是点$P$关于$x$轴的对称点。

（3）点的加法：给定椭圆曲线上的三个点$P$、$Q$和$R$，如果它们位于同一条直线上（包括水平线和垂直线），那么它们的和为$P+Q+R = O$。如果$P$、$Q$和$R$不在同一条直线上，则可以使用特定的几何构造方法来计算它们的和。

需要注意的是，椭圆曲线上的加法运算与我们通常理解的数值加法有所不同，它是基于几何构造和曲线方程的特性来定义的。这种加法法则在椭圆曲线密码体制中起着关键作用。

（4）在（3）的基础上，可以推导出点 $P$ 的倍乘运算为：通过在点 $P$ 处作椭圆曲线的切线，找到切线与椭圆曲线的另一个交点 $S$，然后定义 $2P$ 为 $P$ 与自身的和，即 $2P = P + P = -S$。同样地，可以依次定义 $3P$ 为 $P$ 与自身相加再加上 $P$，$nP$ 的计算以此类推。

上述所定义的椭圆曲线上的加法满足加法运算的一般性质，如交换律、结合律等。

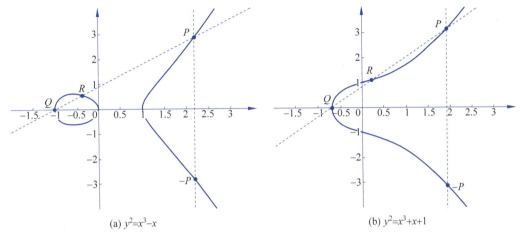

(a) $y^2=x^3-x$      (b) $y^2=x^3+x+1$

图 4.20 椭圆曲线的两个例子

### 2. 有限域上的椭圆曲线

通常，密码学中普遍采用的是在有限域上定义的椭圆曲线。有限域上的椭圆曲线指的是满足式 (4.1) 中所有系数都是某一有限域 $\mathrm{GF}(p)$ 中的元素的曲线（$p$ 取值为一个大素数）。其中，最为常规的是由方程

$$y^2 = x^3 + ax + b \ (a, \ b \in \mathrm{GF}(p), \ 4a^3 + 27b^2 \neq 0)$$

定义的曲线。

因为 $\Delta = \left(\dfrac{a}{3}\right)^3 + \left(\dfrac{b}{2}\right)^2 = \dfrac{1}{108}(4a^3 + 27b^2)$ 是方程 $x^3 + ax + b = 0$ 的判别式，当 $4a^3 + 27b^2 = 0$ 时，方程 $x^3 + ax + b = 0$ 有重根，设为 $x_0$，则点 $Q_0 = (x_0, 0)$ 是方程 $y^2 = x^3 + ax + b$ 的重根。令 $F(x, y) = y^2 - x^3 - ax - b$，则 $\left.\dfrac{\partial F}{\partial x}\right|_{Q_0} = \left.\dfrac{\partial F}{\partial y}\right|_{Q_0} = 0$，所以 $\dfrac{\mathrm{d}y}{\mathrm{d}x} = -\dfrac{\partial F}{\partial y} \bigg/ \dfrac{\partial F}{\partial y}$ 在 $Q_0$ 点无定义，即曲线 $y^2 \equiv x^3 + ax + b$ 在 $Q_0$ 点的切线无定义，因此 $Q_0$ 的倍点运算无定义。

根据已知参数 $a$ 和 $b$ 生成椭圆曲线 $E_p(a, b)$ 的步骤如下。

（1）对每一 $x$（$x$ 为 $[0, p)$ 上的整数），计算 $(x^3 + ax + b) \bmod p$。

（2）确定在上一步中求得的值在模 $p$ 下是否有平方根，如果没有，则曲线上没有与这一 $x$ 相对应的点。如果有，则求出两个平方根（若 $y = 0$，则只有一个平方根）。

$E_p(a, b)$ 上的加法定义如下。

设 $P, Q \in E_p(a, b)$，则

（1）$P + O = O + P = P$。

（2）设 $P = (x, y)$，那么 $(x, y) + (x, -y) = O$，即 $(x, -y)$ 是 $P$ 的加法逆元，表示为 $-P$。由 $E_p(a, b)$ 的产生方式知，$-P$ 也是 $E_p(a, b)$ 中的点。

（3）设 $P = (x_1, y_1)$，$Q = (x_2, y_2)$，$P \neq -Q$，则 $P + Q = (x_3, y_3)$ 由以下规则确定：

$$x_3 \equiv (\lambda^2 - x_1 - x_2) \bmod p$$

$$y_3 \equiv [\lambda(x_1 - x_3) - y_1] \bmod p$$

其中，
$$\lambda = \begin{cases} \dfrac{y_2 - y_1}{x_2 - x_1}, & P \neq Q \\ \dfrac{3x_1^2 + a}{2y_1}, & P = Q \end{cases}$$

**3. 椭圆曲线上的点数**

**定理4.1** GF($p$)上的椭圆曲线 $y^2 = x^3 + ax + b$ ($a, b \in \text{GF}(p)$, $4a^3 + 27b^2 \neq 0$) 在第一象限中的整数点称为无穷远点 $O$，共有

$$1 + p + \sum_{x \in \text{GF}(p)} \left( \frac{x^3 + ax + b}{p} \right) = 1 + p + \varepsilon$$

个，其中 $\left( \dfrac{x^3 + ax + b}{p} \right)$ 是 Legendre 符号。

定理4.1中的 $\varepsilon$ 由以下定理给出。

**定理4.2** $|\varepsilon| \leq 2\sqrt{p}$。

定理4.2被称为 Hasse 定理。

**4. 明文消息在椭圆曲线上的嵌入**

想要使用椭圆曲线密码对信息进行加密，需要先将明文消息嵌入椭圆曲线上，形成椭圆曲线上的点。设明文消息是 $m (0 \leq m \leq M)$，椭圆曲线由式(4.1)给出，$k$ 是一个足够大的整数，使得将明文消息嵌入椭圆曲线上时的错误概率是 $2^{-k}$。实际中，$k$ 可在 30～50 取值。下面取 $k = 30$，对明文消息 $m$，如下计算一系列 $x$：

$$x = \{mk + j, j = 0, 1, 2, \cdots\} = \{30m, 30m + 1, 30m + 2, \cdots\}$$

直到 $(x^3 + ax + b) \bmod p$ 是平方剩余，即得到椭圆曲线上的点 $(x, \sqrt{x^3 + ax + b})$。因为在 $0 \sim p$ 的整数中，有一半是模 $p$ 的平方剩余，另一半是模 $p$ 的非平方剩余。所以 $k$ 次找到 $x$，使得 $(x^3 + ax + b) \bmod p$ 是平方剩余的概率不小于 $1 - 2^{-k}$。

反过来，为了从椭圆曲线上的点 $(x, y)$ 得到明文消息 $m$，只需求 $m = \left\lfloor \dfrac{x}{30} \right\rfloor$。

**5. 椭圆曲线上的密码**

为了构建使用椭圆曲线的密码体制，我们需要找到在椭圆曲线上的数学难题。

在考虑椭圆曲线构成的 Abel 群 $E_p(a, b)$ 上的方程 $Q = kP$ 时，其中 $P$ 和 $Q$ 是 $E_p(a, b)$ 上的点，$k < p$。我们可以轻松地通过已知 $k$ 和 $P$ 来求解 $Q$，但是由已知的 $P$ 和 $Q$ 来求解 $k$ 是困难的，这就是椭圆曲线上的离散对数问题，它可以应用于非对称密码体制。Diffie-Hellman 密钥交换和 ElGamal 密码体制是基于有限域上离散对数问题的公钥体制。现在我们来考虑如何利用椭圆曲线来实现这两种密码体制。

**1）Diffie-Hellman 密钥交换**

首先选择一个近似 $2^{180}$ 的素数 $p$ 和两个参数 $a$、$b$，得到式(4.1)表达的椭圆曲线及其上面的点构成的 Abel 群 $E_p(a, b)$。其次，从 $E_p(a, b)$ 选择一个生成元 $G(x_1, y_1)$，要求 $G$ 的阶是一个非常大的素数（满足 $nG = O$ 的最小正整数 $n$ 是 $G$ 的阶）。将 $E_p(a, b)$ 和 $G$ 进行公开。

用户 A 和用户 B 之间的密钥交换可以按照以下步骤进行。

（1）用户 A 选择一个小于 $n$ 的整数 $n_A$ 作为私钥，并使用公开参数中的生成元 $G$ 计算公钥 $P_A = n_A \cdot G$。

（2）类似地，用户 B 选择一个小于 $n$ 的整数 $n_B$ 作为私钥，并使用公开参数中的生成元 $G$

计算公钥 $P_B = n_B \cdot G$。

（3）用户 A 和用户 B 分别使用对方的公钥和自己的私钥计算共享的私钥。用户 A 计算 $K = n_A \cdot P_B$，而用户 B 计算 $K = n_B \cdot P_A$。

由于椭圆曲线的运算满足交换律，我们可以得到 $K = n_A \cdot P_B = n_A \cdot (n_B \cdot G) = n_B \cdot (n_A \cdot G) = n_B \cdot P_A$。因此，用户 A 和用户 B 可以生成相同的共享私钥 $K$。

通过这个密钥交换过程，用户 A 和用户 B 可以使用椭圆曲线上的离散对数问题来确保安全地生成共享的私钥。攻击者若想获取 $K$，则必须由 $P_A$ 和 $G$ 求出 $n_A$，或由 $P_B$ 和 $G$ 求出 $n_B$，即需要求椭圆曲线上的离散对数，因此是不可行的。

**2）ElGamal 密码体制**

其密钥产生过程如下：首先选择一个素数 $p$ 以及两个小于 $p$ 的随机数 $g$ 和 $x$；接下来，计算 $y \equiv g^x \pmod{p}$；最终，$(y, g, p)$ 被作为公钥公开，而 $x$ 作为私钥保密。

加密过程如下：将待加密的明文消息记为 $m$，随机选取一整数 $k$，要求满足 $\gcd(k, p-1) = 1$；接着计算

$$C_1 \equiv g^k \bmod p$$
$$C_2 \equiv y^k m \bmod p$$

密文为 $C = (C_1, C_2)$。

解密过程如下：

$$m = \frac{C_2}{C_1^x} \bmod p$$

这是因为

$$\frac{C_2}{C_1^x} \bmod p = \frac{y^k m}{g^{kx}} \bmod p = \frac{y^k m}{y^k} \bmod p = m \bmod p$$

下面讨论如何利用椭圆曲线实现 ElGamal 密码体制。

首先选取一条椭圆曲线，记为 $E_p(a, b)$，然后将明文消息 $m$ 嵌入椭圆曲线上的点 $P_m$。接下来，选择椭圆曲线 $E_p(a, b)$ 的一个生成元 $G$，并将 $E_p(a, b)$ 和 $G$ 作为公开参数。

用户 A 选取 $n_A$ 作为私钥，并计算 $P_A = n_A G$ 得到公钥。当用户 B 需要向 A 发送消息 $P_m$ 时，选取一个随机正整数 $k$，计算产生密文点对 $C_m = \{kG, P_m + kP_A\}$。

用户 A 解密时，用密文点对中的第二个点减去用自己的私钥与第一个点的倍乘，即

$$P_m + kP_A - n_A kG = P_m + k(n_A G) - n_A kG = P_m$$

这个加密过程利用了椭圆曲线上的离散对数问题的困难性，因为攻击者若要由 $C_m$ 得到 $P_m$，就必须知道 $k$。攻击者若要利用椭圆曲线上的两个已知点 $G$ 和 $kG$ 求解 $k$，就必须求解椭圆曲线上的离散对数，因此对攻击者来说是不可行的。

相对于基于有限域上离散对数问题的公钥体制（如 Diffie-Hellman 密钥交换和 ElGamal 密码体制），椭圆曲线密码体制具有以下优势。

（1）更高的安全性：在攻击有限域上的离散对数问题时，使用指数积分法的运算复杂度为 $O(\exp \sqrt[3]{(\log p)(\log \log p)^2})$，其中 $p$ 是素数模数。然而，这种方法对椭圆曲线上的离散对数问题并不有效。目前攻击椭圆曲线上的离散对数问题只有大步小步法适用于攻击任何循环群上的离散对数问题，其运算复杂度为 $O(\exp(\log \sqrt{p_{\max}}))$，其中 $p_{\max}$ 是椭圆曲线所形成的 Abel 群的阶的最大素数因子。因此，椭圆曲线密码体制相对于基于有限域上的离散对数问题的公钥体制更加安全。

（2）较小的密钥量：在实现相同的安全性能的条件下，椭圆曲线密码体制所需的密钥长度远小于基于有限域上的离散对数问题的公钥体制。这意味着在保证安全性的前提下，可以使用更短的密钥，从而减少了密钥的存储和传输成本。

（3）更好的灵活性：在有限域 $GF(q)$ 上，循环群（$GF(q) - \{0\}$）是确定的。然而，在 $GF(q)$ 上的椭圆曲线可以仅通过改变曲线参数获得不同曲线，进而构造出大量不同的循环群。椭圆曲线体制下群结构的丰富性和选择多样性由此而来，椭圆曲线密码体制也得以在保持与 RSA/DSA 体制相同的安全性能的前提下大大缩短密钥长度（目前 160 比特足以保证安全性），因此在密码领域具有广阔的应用前景（表 4.4）。

表 4.4 ECC 和 RSA/DSA 在保持同等安全的条件下所需的密钥长度（单位为比特）

| RSA/DSA | 512 | 768 | 1024 | 2048 | 21000 |
|---|---|---|---|---|---|
| ECC | 106 | 132 | 160 | 211 | 600 |

### 4.2.4 SM2 椭圆曲线加密算法

SM2 是中国国家密码管理局颁布的中国商用非对称密码标准算法，它是一组椭圆曲线密码算法，其中包含加解密算法、数字签名算法。

SM2 算法与国际标准的 ECC 算法的比较如下。

（1）ECC 算法通常采用 NIST 等国际机构建议的曲线及参数，而 SM2 算法的参数需要利用一定的算法产生。而由于算法中加入了用户特异性的曲线参数、基点、用户的公钥点信息，故使得 SM2 算法的安全性明显提高。

（2）在 ECC 算法中，用户可以选择 MD5 或 SHA-1 等国际通用的哈希算法。而 SM2 算法中则使用 SM3 哈希算法，SM3 算法的输出为 256 比特，其安全性与 SHA-256 算法基本相当。

SM2 算法分为基于素数域和基于二元扩域两种。此处仅介绍基于素数域的 SM2 算法。

**1）基本参数**

基于素数域 $F_p$ 的 SM2 算法参数如下。

（1）$F_p$ 的特征 $p$ 为 $m$ 比特长的素数，$p$ 要尽可能大，但太大会影响计算速度。

（2）长度不小于 192 比特的比特串 SEED。

（3）$F_p$ 上的两个元素 $a$、$b$ 满足 $4a^3 + 27b^2 \neq 0$，定义曲线 $E(F+p): y^2 = x^2 + ax + b$。

（4）基点 $G = (x_G, y_G) \in E(F_p)$，$G \neq O$。

（5）$G$ 的阶为 $m$ 比特长的素数，满足 $n > 2^{191}$，$n > 4\sqrt{p}$。

（6）$h = \dfrac{|E(F_p)|}{n}$ 称为余因子，其中 $|E(F_p)|$ 是曲线 $E(F_p)$ 的点数。

SEED 和 $a$、$b$ 的产生算法如下。

（1）任意选取长度不小于 192 比特的比特串 SEED。

（2）计算 $H = H_{256}(\text{SEED})$，记 $H = (h_{255}, h_{254}, \cdots, h_0)$，其中 $H_{256}$ 表示 256 比特输出的 SM3 哈希算法。

（3）取 $R = \sum\limits_{i=0}^{255} h_i 2^i$。

（4）取 $r = R \bmod p$。

（5）在 $F_p$ 上任意选择两个元素 $a$、$b$，满足 $rb^2 = a^3 \bmod p$。

（6）若 $4a^3 + 27b^2 = 0 \bmod p$，则转向（1）。

（7）所选择的 $F_p$ 上的曲线是 $E(F_p): y^2 = x^2 + ax + b$。
（8）输出 $(\text{SEED}, a, b)$。

**2）密钥产生**

设接收方为 B，B 的私钥取为 $1, 2, \cdots, n-1$ 中的一个随机数 $d_B$，记为 $d_B \leftarrow_R \{1, 2, \cdots, n-1\}$，其中 $n$ 是基点 $G$ 的阶。

B 的公钥取为椭圆曲线上的点
$$P_B = d_B G$$
其中，$G = G(x, y)$ 是基点。

**3）加密算法**

设发送方（加密者）是 A，需要发送的消息为比特串 $M$，$klen$ 为 $M$ 的比特长度。加密运算如下（图4.21）：

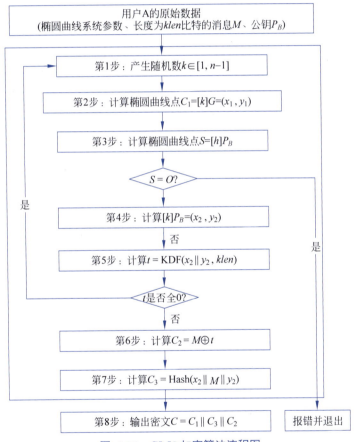

图 4.21 SM2 加密算法流程图

（1）用随机数发生器产生随机数 $k \in [1, n-1]$；

（2）计算椭圆曲线点 $C_1 = [k]G = (x_1, y_1)$，将 $C_1 = (x_1, y_1)$ 转换为比特串；

（3）计算椭圆曲线点 $S = [h]P_B$，若 $S$ 是无穷远点，则报错并退出；

（4）计算椭圆曲线点 $[k]P_B = (x_2, y_2)$，将 $(x_2, y_2)$ 转换为比特串；

（5）计算 $t = \text{KDF}(x_2 \| y_2, klen)$，若 $t$ 为全 0 的比特串，则返回（1）；

（6）计算 $C_2 = M \oplus t$；

（7）计算 $C_3 = \text{Hash}(x_2||M||y_2)$；

（8）输出密文 $C = C_1||C_3||C_2$。

其中，第（5）步 KDF(·) 是密钥派生函数，其本质上就是一个伪随机数产生函数，用来产生密钥，取为密码哈希函数 SM3。第（3）步的 Hash 函数也取为 SM3。

**4）解密算法**

接收者 B 收到密文 $C$ 后，执行以下解密运算：

（1）从 $C$ 中取出比特串 $C_1$，将 $C_1$ 转换为椭圆曲线上的点，验证 $C_1$ 是否满足椭圆曲线方程，若不满足则报错并退出；

（2）计算椭圆曲线点 $S = [h]C_1$，若 $S$ 是无穷远点，则报错并退出；

（3）计算 $[d_B]C_1 = (x_2, y_2)$，将坐标 $x_2$，$y_2$ 转换为比特串；

（4）计算 $t = \text{KDF}(x_2||y_2, klen)$，若 $t$ 为全 0 比特串，则报错并退出；

（5）从 $C$ 中取出比特串 $C_2$，计算 $M' = C_2 \oplus t$；

（6）计算 $u = \text{Hash}(x_2||M'||y_2)$，从 $C$ 中取出 $C_3$，若 $u \neq C_3$，则报错并退出；

（7）输出明文 $M'$。

图 4.22 是 SM2 解密算法的流程图。

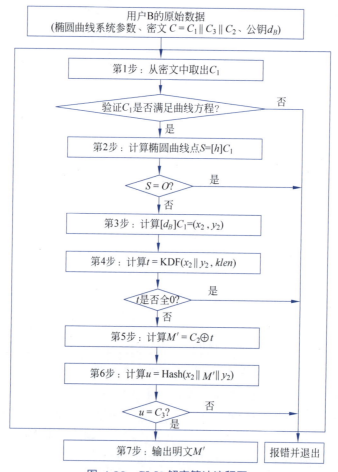

图 4.22　SM2 解密算法流程图

## 4.3 数字签名技术

### 4.3.1 数字签名基本概念

一个传统的手写签名附加在书信文件上，用于确认需要对该文件负责的个人，数字签名是一种用于对电子形式存储的消息进行签名的技术，签名后的消息可以通过计算机网络进行传输。与传统签名相比，数字签名在签署文件、签名验证以及副本识别等方面存在一些差异。

首先，在签署文件方面，传统签名模式中签名是直接附加到所签署文件的物理部分上，而数字签名则不是这样。数字签名通过某种方式与待签文件捆绑在一起，而不是物理地附加在文件上。

其次，在签名验证方面，传统签名需要通过比较其他已经认证过的签名来验证当前签名的真伪。例如，在使用信用卡进行支付时，需要将销售单上的签名与信用卡背面的签名进行比较，以验证签名的真实性。然而，这种方法并不是很安全，因为伪造一个人的签名相对容易。而数字签名则可以通过一个公开的验证算法来进行确认，使得任何人都可以验证一个数字签名的真实性，可以有效地阻止伪造签名的可能性。

最后，手写签名和数字签名在副本识别方面也存在差异。通常来说，一个手写签名的纸质文件副本可以与原始签名文件区分开来。然而，对于数字签名来说，一个签名的副本与原始签名在本质上是一样的，这意味着必须采取措施来防止数字签名消息被重复使用。例如，如果 Alice 使用数字签名签署了一则消息来授权 Bob 从她的银行账户中提取 100 元，那么这个数字签名只能用于这一次授权，不能被重复使用。如果 Bob 试图再次使用这个数字签名来提取资金，那么这个行为就会被认为是非法的。因此数字签名应该包含签名日期等附加信息，以防止签名被重复使用。

一个数字签名方案由签名算法和验证算法两部分组成。Alice 能够使用一个私有的、依赖私钥 $K$ 的签名算法 $\text{sig}_x$ 来对消息 $x$ 进行签名，签名结果 $\text{sig}_x(x)$ 随后能使用一个公开的验证算法 $\text{ver}_x$ 来验证。给定一个对 $(x,y)$，验证算法根据签名是否有效而返回该签名为真或假的结果。

下面对签名方案做一个正式的定义。

**定义 4.1** 一个签名方案是一个满足下列条件的 5 元组 $(\mathcal{P}, \mathcal{A}, \mathcal{K}, \mathcal{S}, \mathcal{V})$。

（1）$\mathcal{P}$ 是由所有可能的消息组成的一个有限集合。
（2）$\mathcal{A}$ 是由所有可能的签名组成的一个有限集合。
（3）$\mathcal{K}$ 为密钥空间，它是由所有可能的密钥组成的一个有限集合。
（4）对每一个 $K \in \mathcal{K}$，有一个签名算法 $\text{sig}_K \in \mathcal{S}$ 和一个相应的验证算法 $\text{ver}_K \in \mathcal{V}$。对每一个消息 $x \in \mathcal{P}$ 和每一个签名 $y \in \mathcal{A}$，每个 $\text{sig}_K : \mathcal{P} \to \mathcal{A}$ 和 $\text{ver}_K : \mathcal{P} \times \mathcal{A} \to \{\text{true}, \text{false}\}$ 都是满足下列条件的函数：

$$\text{ver}_K(x, y) = \begin{cases} \text{true}, & y = \text{sig}_K(x) \\ \text{false}, & y \neq \text{sig}_K(x) \end{cases}$$

由 $x \in \mathcal{P}$ 和 $y \in \mathcal{A}$ 组成的对 $(x, y)$ 称为签名消息。

对每一个 $K \in \mathcal{K}$，$\text{sig}_K$ 和 $\text{ver}_K$ 应该都属于多项式时间函数。$\text{ver}_K$ 是一个公开函数，而

$\text{sig}_K$ 是保密的。给定一个消息 $x$,除了 Alice 之外,任何人计算使得 $\text{ver}_K(x,y) = \text{true}$ 的签名 $y$ 应该是计算上不可行的(注意,对于给定的 $x$,可能存在多个这样的 $y$,这取决于函数 $\text{ver}_K$ 如何定义)。如果 Oscar 能够计算出使得 $\text{ver}_K(x,y) = \text{true}$ 的数据对 $(x,y)$,而 $x$ 没有事先被 Alice 签名,则签名 $y$ 称为伪造签名。非正式地说,伪造签名是由 Alice 之外的其他人产生的有效数字签名。

### 4.3.2　RSA 签名体制

我们观察到 RSA 密码体制可用来提供数字签名。在这个意义下,我们将它称为 RSA 签名方案。RSA 签名体制如下。

**定义 4.2**　RSA 签名体制。

设 $n = pq$,其中 $p$ 和 $q$ 是素数。设 $\mathcal{P} = \mathcal{A} = \mathbb{Z}_n$,并定义

$$K = (n, p, q, a, b) : n = pq, p, q \quad ab = 1(\bmod \phi(n))$$

值 $n$ 和 $b$ 为公钥,值 $p$、$q$ 和 $a$ 为私钥。对 $K = (n, p, q, a, b)$,定义 $\text{sig}_K(x) = x^a \bmod n$,以及 $\text{ver}_K(x,y) = \text{true} \Leftrightarrow x \equiv y^b (\bmod n)$,其中 $x, y \in n$。

因此,Alice 使用 RSA 解密规则 $d_K$ 为消息 $x$ 签名。因为 $d_K = \text{sig}_K$ 是保密的,所以 Alice 是能够产生这一签名的唯一人。验证算法使用 RSA 加密规则 $e_K$。$e_K$ 是公开的,任何人都能验证签名。

注意,通过选择任意的 $y$ 和计算 $x = e_K(y)$,任何人都能伪造 Alice 的 RSA 签名,因为 $y = \text{sig}_K(x)$ 是关于消息 $x$ 的一个有效签名(然而,首先选择 $x$,然后计算相应的签名 $y$ 似乎没有一种显而易见的方法;如果能这样做,那么 RSA 密码体制将是不安全的)。可以通过让消息包含足够的冗余,使得使用这种方法获得的伪造签名与一个有"意义"的消息 $x$ 相对应的概率非常小。同时,结合使用 Hash 函数和数字签名可以有效地防止这种伪造行为。我们将在下一节对这种方法做进一步的讨论。

最后,签名与公钥加密的结合方法大致如下。假定 Alice 希望给 Bob 发送一个签名的加密消息。给定明文 $x$,Alice 能够计算她的签名 $y = \text{sig}_{\text{Alice}}(x)$,再使用 Bob 的公开加密函数 $e_{\text{Bob}}$ 加密 $x$ 和 $y$,获得 $z = e_{\text{Bob}}(x, y)$。密文 $z$ 将被发送给 Bob。当 Bob 收到 $z$ 后,利用解密函数 $d_{\text{Bob}}$ 解密得到 $(x, y)$,然后使用 Alice 的公开验证函数来验证 $\text{ver}_{\text{Alice}}(x, y) = \text{true}$。

如果 Alice 首先加密 $x$,然后对加密结果签,她会计算

$$z = e_{\text{Bob}}(x), \quad y = \text{sig}_{\text{Alice}}(z)$$

Alice 将把 $(z, y)$ 发送给 Bob,Bob 解密 $z$ 获得 $x$,然后用 $\text{ver}_{\text{Alice}}$ 来对 $z$ 的签名 $y$ 验签。这种方法有一个潜在的问题:如果 Oscar 获得 $(z, y)$ 对,他能够用他自己的签名

$$y' = \text{sig}_{\text{Oscar}}(z)$$

替换 Alice 的签名(注:Oscar 即使在不知道明文 $x$ 的情况下也能对密文 $z = e_{\text{Bob}}(x)$ 签名)。然后 Oscar 将 $(z, y)$ 发送给 Bob,Bob 会用 $\text{ver}_{\text{Oscar}}$ 来验证 Oscar 的签名,Bob 可能由此推断明文 $x$ 来自 Oscar。因为存在这种危险,所以大多数情况下建议先签名后加密。

### 4.3.3　ElGamal 签名体制

ElGamal 签名方案是非确定性的(ElGamal 公钥密码体制也是非确定性的)。这意味着对任何给定的消息有不止一个有效的签名,并且验证算法能把它们中的任何一个作为真实的签

名接受。ElGamal 签名体制如下。

**定义 4.3** 设 $p$ 是一个使得在 $\mathbb{Z}_p$ 上的离散对数问题难解的素数，设 $\alpha \in \mathbb{Z}_p$ 是域上的一个本原元。设 $P = Z_p^*, A = Z_p^* \times Z_{p-1}$，定义

$$K = (p, \alpha, a, B) : \beta \equiv \alpha^a (\mod p)$$

其中，$p$、$\alpha$、$\beta$ 是公钥，$a$ 是私钥。

对 $K = (p, \alpha, a, B)$ 和一个私密的随机数 $k \in \mathbb{Z}_{p-1}^*$，定义

$$\text{sig}_K(x, k) = (\gamma, \delta)$$

其中，$\gamma = \alpha^k \mod p$，$\delta = (x - a\gamma)k^{-1} \mod (p-1)$。

对 $x, \gamma \in \mathbb{Z}_p^*$ 和 $\delta \in \mathbb{Z}_{p-1}$ 定义

$$\text{ver}_K(x, (\gamma, \delta)) = \text{true} \Leftrightarrow \beta^\gamma \gamma^\delta \equiv \alpha^x (\mod p)$$

如果签名被正确地构造出来，那么验证将会成功，因为

$$\beta^\gamma \gamma^\delta \equiv \alpha^{a\gamma} \alpha^{k\delta} (\mod p) \equiv \alpha^x (\mod p)$$

这里我们使用了事实

$$a\gamma + k\delta \equiv x (\mod p-1)$$

实际上从验证公式出发导出签名公式可能更清楚。假设我们从下面的等式开始

$$\alpha^x \equiv \beta^\gamma \gamma^\delta (\mod p)$$

已知 $\gamma \equiv \alpha^k (\mod p)$，$\beta \equiv \alpha^a (\mod p)$，进而进行代替，保留指数 $\gamma$，可得到

$$\alpha^x \equiv \alpha^{a\gamma + k\delta} (\mod p)$$

现在，$\alpha$ 是模 $p$ 的本原元，因此，当且仅当指数是一个模 $p-1$ 的等式，即 $x \equiv a\gamma + k\delta (\mod p-1)$ 时，上式成立。给定 $x$、$a$、$y$ 和 $k$，利用这个等式能够求解 $\delta$，得出签名函数的公式。

Alice 使用她的私钥 $a$ 和秘密随机数 $k$（$k$ 用于签名一则消息 $x$）计算签名。接收方利用公开的信息就能验证该签名。

让我们用一个例子来解释该算法。

**例 4.1** 假定 Alice 选取 $p = 29, \alpha = 2, a = 5$，那么

$$\beta = \alpha^a (\mod p) = 2^5 \mod 29 = 3$$

若 Alice 要对消息 $x = 13$ 签名，她选取随机数 $k = 3$（$\gcd(3, 28) = 1, 3^{-1} \mod 28 = 19$）。那么

$$\gamma = 2^3 \mod 29 = 8$$

并且

$$\delta = (13 - 5 \times 8) \times 19 (\mod 28) = 19$$

Alice 的签名结果为 $(8, 9)$。再通过计算可得 $8^{19} \times 3^8 = 14 (\mod 29)$，$2^{13} = 14 (\mod 29)$。

最终可验证该签名有效。

### 4.3.4　Schnorr 签名体制

设 $p$ 和 $q$ 是满足 $p - 1 = 0 (\mod q)$ 的两个素数，一般取 $p \approx 2^{1024}, q \approx 2^{160}$。Schnorr 签名方案对 ElGamal 签名方案做了独特的修改，使得长度为 $\text{lb}q$ 比特的消息摘要有长度为 $2\text{lb}q$ 比特的签名，但是签名的计算是在 $\mathbb{Z}_p$ 上进行的，这是利用工作在 $\mathbb{Z}_p^*$ 中的 $q$ 元子群来实现的。该

方案依据的安全性思想是：在特定的 $\mathbb{Z}_p^*$ 子群上求解离散对数是困难的。

我们取 $\alpha$ 是 1 模 $p$ 的 $q$ 次根（这样的 $\alpha$ 是易于构造的：设 $\alpha_0$ 是 $\mathbb{Z}_p$ 上的本原元，定义 $\alpha = \alpha^{(p-1)/q} \pmod{p}$）。在 Schnorr 签名方案中，密钥的其他方面与 ElGamal 签名方案是类似的。然而，Schnorr 签名方案直接在签名算法中集成了 Hash 函数。我们假定 $h : \{0,1\}^* \to \mathbb{Z}_q$，这是一个安全 Hash 函数。下面是 Schnorr 签名方案的完整描述。

**定义 4.4** Schnorr 签名方案。

设 $p$ 是使得 $\mathbb{Z}_p^*$ 上的离散对数问题难解的一个素数，$q$ 是能被 $p-1$ 整除的另一个素数。设 $\alpha \in \mathbb{Z}_p^*$ 是 1 模 $p$ 的 $q$ 次根，$P = 0,1^*$，$A = \mathbb{Z}_q \times \mathbb{Z}_q$，并定义

$$K = (p, q, \alpha, a, \beta) : \beta \equiv \alpha^a \pmod{p}$$

其中，$0 \leqslant a \leqslant q-1$，值 $p$、$q$、$a$ 和 $\beta$ 是公钥，$\alpha$ 为私钥。最后，设 $h : \{0,1\}^* \to \mathbb{Z}_q$ 是一个安全 Hash 函数。

对于 $K = (p, q, \alpha, a, \beta)$ 和一个私密的随机数 $k$、$1 \leqslant k \leqslant q-1$，定义

$$\mathrm{sig}_K(x, k) = (\gamma, \delta)$$

其中，$\gamma = h(x \| a^k \bmod p)$ $\delta = k + a\gamma \bmod q$。

对于 $x \in \{0,1\}^*$ 和 $\gamma, \delta \in \mathbb{Z}_q$，验证是通过下面的计算完成的：

$$\mathrm{ver}_K(x, (\gamma, \delta)) = \mathrm{true} \Leftrightarrow h(x \| \alpha^\delta \beta^{-\gamma} \bmod p) = \gamma$$

容易检验 $\alpha^\delta \beta^{-\gamma} \equiv \alpha^k \pmod{p}$，因此也就验证了 Schnorr 签名。下面用一个小例子加以说明。

**例 4.2** 假设取 $q = 101, p = 78q + 1 = 7879$。3 是 $\mathbb{Z}_{7879}$ 中的一个本原元，因此取 $\alpha = 3^{78} \bmod 7879 = 170$，$\alpha$ 是 1 模 $p$ 的 $q$ 次根。假设 $a = 75$；那么

$$\beta = \alpha^a \bmod 7879 = 4567$$

现在，假定 Alice 要对消息 $x$ 签名，她选择随机值 $k = 3$，并首先计算

$$\alpha^k \bmod p = 170^{50} \bmod 7879 = 4383$$

下一步计算 $h(x \| 4383)$，其中 $h$ 是给定的 Hash 函数，假设 $h(x \| 4383) = 5$，那么 $\delta$ 的计算结果为

$$\delta = 3 + 75 \times 5 \bmod 101 = 75$$

因此，签名为 $(5, 75)$。通过计算

$$170^{75} \times 4567^{-5} \bmod 101 = 75$$

并检查 $h(x \| 2518) = 96$，该签名即可得到验证。

### 4.3.5 DSS 签名体制

数字签名标准（Digital Signature Standard，DSS）是由美国 NIST 公布的联邦信息处理标准 FIPS PUB 186，其中采用了第 6 章介绍的 SHA 和一种新的签名技术，称为 DSA（Digital Signature Algorithm）。DSS 最初于 1991 年公布，在考虑了公众对其安全性的反馈意见后，于 1993 年公布了其修改版。

首先将 DSS 与 RSA 的签名方式做一个比较。RSA 算法既能用于加密和签名，又能用于密钥交换。与此不同，DSS 使用的算法只能提供数字签名功能。图 4.23 用于比较 RSA 签名和 DSS 签名的不同方式。

采用RSA签名时，将消息输入一个Hash函数以产生一个固定长度的安全Hash值，再用发送方的密钥加密Hash值就形成了对消息的签名。消息及其签名被一起发给接收方，接收方得到消息后再产生出消息的Hash值，且使用发送方的公开钥对收到的签名解密。这样接收方就得了两个Hash值，如果两个Hash值是一样的，则认为收到的签名是有效的。

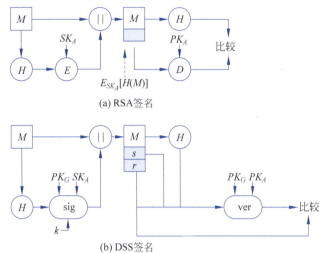

图 4.23 RSA签名与DSS签名的不同方式

DSS签名也利用一个Hash函数产生消息的一个Hash值，Hash值连同一随机数$k$一起输入签名函数，签名函数还需要使用发送方的密钥$SK_A$和供所有用户使用的一组参数，即全局公开钥$PK_G$。签名函数的两个输出$s$和$r$构成了消息的签名$(s,r)$。接收方收到消息后再产生出消息Hash值，将Hash值与收到的签名一起输入验证函数，同样还需验证函数输入全局公开钥$PK_G$和发送方的公开钥$PK_A$。验证函数的输出如果与收到的签名中的$r$相等，则返回签名有效的结果。

**1）数字签名算法DSA**

我们将描述DSA规范中对ElGamal签名方案验证函数所做的修改。与Schnorr签名方案相同，DSA也是利用$\mathbb{Z}_p^*$的一个$q$阶子群，其中要求$q$是长为160比特的素数，$p$是长$L$比特的素数，其中$L \equiv 0 \pmod{64}$且$512 \leqslant L \leqslant 1024$。DSA中的密钥与Schnorr签名方案中的密钥具有相同的形式。DSA同时还规定了消息在被签名之前要使用SHA-1算法进行压缩，要求160比特的消息摘要有320比特的签名，并且计算是在$\mathbb{Z}_p$和$\mathbb{Z}_q$上进行的。

在ElGamal签名方案中，假设我们在$\delta$的定义中将"−"改成"+"，即

$$\delta = (x + a\gamma)k(-1) \bmod (p-1)$$

容易看出验证条件变成了

$$\alpha^x \beta^\gamma \equiv \gamma^\delta \pmod{p}$$

现在$\alpha$的阶为$q$，$\beta$和$\gamma$是$\alpha$的幂次方，因此，它们的阶也为$q$。这意味着上式中所有的指数模$q$减小而不影响同余式的有效性。因为在DSA中，$x$将被160比特的消息摘要所替代，我们假定$x \in \mathbb{Z}_q$。进一步地，为了使$\delta \in \mathbb{Z}_q$，对$\delta$的定义改变为

$$\delta = (x + a\gamma)k^{-1} \pmod{q}$$

仍然考虑$\gamma = \alpha^k \bmod p$，若临时定义$\gamma' = \gamma \bmod q = (\alpha^k \bmod p) \bmod q$，既然$\delta = (x+a\gamma')k^{-1}$

mod $q$，因此，$\gamma$ 不变。我们将验证公式表示为
$$\alpha^x \beta^\gamma \equiv \gamma'^\delta \pmod{p}$$
注意，对等式中其余的 $\gamma$ 不能用 $\gamma'$ 来代替。现在继续重写，将两边同时提升 $\gamma^{-1}$ 次方并 mod $q$（这里要求 $\delta \neq 0$），我们得到
$$\alpha^{x-\delta} \beta^{\gamma-\delta} \equiv \gamma \pmod{p}$$
现在对式两边同时模 $q$，得到
$$(\alpha^{x-\delta} \beta^{\gamma-\delta} \bmod p) \bmod q = \gamma'$$
DSA 的完整描述可参见如下密码体制，这里我们将 $\gamma'$ 用 $\gamma$ 命名，并用 SHA-1$(x)$ 来替换 $x$。

**定义 4.5** 数字签名算法（DSA）。

设 $p$ 是长为 $L$ 比特的素数，使得在 $\mathbb{Z}_p$ 上其离散对数问题是难解的，其中 $L = 0 \pmod{64}$ 且 $512 \leqslant L \leqslant 1024$，其中 $q$ 是 160 比特能被 $p-1$ 整除的素数。设 $\alpha \in \mathbb{Z}_p^*$ 是 1 模 $p$ 的 $q$ 次根。设 $P = \{0,1\}^*, A = \mathbb{Z}_q^* \times \mathbb{Z}_q^*$，并定义
$$K = \{(p, q, \alpha, a, \beta) : \beta \equiv \alpha^a \pmod{p}\}$$
其中，$0 \leqslant a \leqslant q-1$。值 $p$、$q$、$\alpha$ 和 $\beta$ 是公钥，$a$ 为私钥。对于 $K = (p, q, \alpha, a, \beta)$ 和一个私密的随机数 $k$ 有 $1 \leqslant k \leqslant q-1$，定义
$$\mathrm{sig}_K(x, k) = (\gamma, \delta)$$
其中，$\gamma = (\alpha^k \bmod p) \bmod q$，$\delta = (\mathrm{SHA\text{-}1}(x) + \alpha\gamma)k(-1) \bmod q$（如果 $\gamma = 0$ 或 $\delta = 0$，应重新选择随机数 $k$）。

对于 $x \in \{0,1\}^*$ 和 $\gamma, \delta \in \mathbb{Z}_q^*$，验签的计算过程如下：
$$e_1 = \mathrm{SHA\text{-}1}(x)\delta^{-1} \bmod q$$
$$e_2 = \gamma\delta - 1 \bmod q$$
$$\mathrm{ver}_K(x, (\gamma, \delta)) = \mathrm{true} \Leftrightarrow (\alpha^{e_1} \beta^{e_2} \bmod p) \bmod q = \gamma$$

2001 年 10 月，NIST 建议选择 1024 比特的素数作为 $p$（$L$ 的唯一允许值为 1024）。这并非强制性的标准或指导原则，但表达了对离散对数问题安全性的某种担心。在 DSA 签名算法中，如果 Alice 计算得到的 $\delta = 0 \pmod{p}$，那么她应该放弃该 $\delta$，选择一个新的随机数 $k$ 来生成一个新的签名。值得注意的是，$\delta = 0 \pmod{q}$ 的概率大约是 $2^{-160}$，因此在任何情况下，这种情况几乎是不可能发生的。下面用一个例子（其中，$p$ 和 $q$ 比 DSA 所要求的小得多）来加以说明。

**例 4.3** 假设 $p$、$q$、$\alpha$、$a$、$\beta$ 和 $k$ 的取值和例 4.2 相同，假设 Alice 要对消息摘要 SHA-1$(x) = 22$ 签名。然后她计算
$$k^{-1} \bmod 101 = 3^{-1} \bmod 101 = 34$$
$$\gamma = (170^3 \bmod 7879) \bmod 101 = 4383 \bmod 101 = 40$$
且 $\delta = (22 + 75 \times 40) \times 34 \bmod 101 = 31$ 对消息摘要 22 的签名 (40,31) 可通过下面的计算过程验证：
$$\delta^{-1} = 31^{-1} \bmod 101 = 88$$
$$e_1 = 22 \times 88 \bmod 101 = 17$$
$$e_2 = 40 \times 88 \bmod 101 = 86$$
$$(170^{17} \times 4567^{86} \bmod 7879) \bmod 101 = 4383 \bmod 101 = 40$$

1991年，DSA提出后即招致一些批评，一种抱怨是NIST没有公开数字签名方案的选择过程。这个标准是由美国国家安全局（NSA）制定的，并没有美国工业部门的参与。尽管选定的签名方案可能具备许多优点，但许多人仍然对这种"闭门"的做法表示不满。

对于DSA技术方面的批评，最突出的问题是初始模$p$的大小被固定为512比特。许多专家建议模的大小应该是可变的，在必要时可以使用更大的模。作为回应，NIST对标准进行了修改，允许使用不同大小的模值。

**2）椭圆曲线DSA**

2000年，作为FIPS186-2的椭圆曲线数字签名算法（ECDSA）得到了批准。这个签名方案可视为DSA在椭圆曲线情形下的修改。假设我们有两个定义在$\mathbb{Z}_p$（$p$是一素数）上的椭圆曲线上的点$A$和$B$。离散对数$m = \log_A B$是私钥（这个类似在DSA中的关系$\beta = \alpha^a \bmod p$，$a$是私钥）。$A$的阶是大素数$q$。计算一个签名涉及首先选择一个随机值$k$，并计算$kA$（这个类似在DSA中计算$\alpha^k$）。

现在，我们说明DSA和ECDSA之间的主要差别。在DSA中，值$\alpha^k \bmod p$通过模$q$约化产生签名$(\gamma, \delta)$的第一个分量$\gamma$。在ECDSA中，类似的值是$r$，$r$是通过椭圆曲线上的点$kA$的$x$坐标模$q$约化而产生的。该$r$是签名$(r, s)$的第一个分量。

最后，在ECDSA中，值$s$是从$r$、$m$、$k$和消息$x$计算出来的，其计算方式与DSA中从$\gamma$、$a$、$k$和消息$x$计算$\delta$的方式一样。

下面给出ECDSA的完整描述。

**定义4.6** ECDSA算法设$p$是一个大素数，$E$是定义在$\mathbb{F}_p$上的椭圆曲线。设$A$是$E$上的一个点，阶为$q$($q$是素数)，满足在$\langle A \rangle$上的离散对数问题是难处理的。设$P = \{0,1\}^*$，$\mathcal{A} = \mathbb{Z}_q \times \mathbb{Z}_q$，定义

$$\mathcal{K} = \{(p, q, E, A, m, B) : B = mA\}$$

其中，$0 \leqslant m \leqslant q-1$。值$p$、$q$、$E$、$A$和$B$是公钥，$m$是私钥。对于$K = (p, q, E, A, m, B)$和一个私密的随机数$k$，$1 \leqslant k \leqslant q-1$，定义

$$\text{sig}_K(x, k) = (r, s)$$

其中

$$kA = (u, v)$$
$$r = u \bmod q$$

且

$$s = k^{-1}(\text{SHA-1}(x) + mr) \bmod q$$

如果$r = 0$或$s = 0$，应该重新选择随机数$k$。对于$x \in \{0,1\}^*$和$r, s \in \mathbb{Z}_q^*$，验证的计算过程如下：

$$w = s^{-1} \bmod q$$
$$i = w\text{SHA-1}(x) \bmod q$$
$$j = wr \bmod q$$
$$(u, v) = iA + jB$$
$$\text{ver}_K(x, (r, s)) = \text{true} \Leftrightarrow u \bmod q = r$$

这里用下面的例子来说明ECDSA中的计算。

**例4.4** 已知定义在 $\mathbb{Z}_{11}$ 上的椭圆曲线 $y^2 = x^3 + x + 6$。签名参数选择为 $p = 11$, $q = 13$, $A = (2, 7)$, $m = 7$ 和 $B = (7, 2)$。假设消息 $x$ 的哈希值 SHA-1$(x) = 4$，且 Alice 选择了随机数 $k = 3$ 为 $x$。她计算签名的过程如下：

$$(u, v) = 3(2, 7) = (8, 3)$$
$$r = u \bmod 13 = 8$$
$$s = 3^{-1}(4 + 7 \times 8) \bmod 13 = 7$$

则 $(8,7)$ 就是 Alice 对 $x$ 的签名，Bob 收到消息后会通过下面的计算验证签名：

$$w = 7^{-1} \bmod 13 = 2$$
$$i = 2 \times 4 \bmod 1 = 8$$
$$j = 2 \times 8 \bmod 13 = 3$$
$$(u, v) = 8A + 3B = (8, 3)$$
$$u \bmod 13 = 8 = r$$

签名验证完毕。

## 4.3.6　中国商用数字签名算法 SM2

SM2 椭圆曲线数字签名算法是 2010 年 12 月由我国国家密码管理局正式公布的商用数字签名标准。同时公布的还有加解密算法和密钥交换协议。该组椭圆曲线密码算法已经广泛应用在多类商用密码产品中。本节仅介绍数字签名算法，其他算法将在相关章节中介绍，全面详细的介绍请参见 SM2 标准，下面给出签名算法和验签算法的描述。

**定义 4.7** SM2 签名算法选择一个椭圆曲线（国家密码管理局在 SM2 椭圆曲线公钥密码算法中推荐使用的曲线为 256 位素数域 $GF(p)$ 上的椭圆曲线），方程形式为 $y^2 = x^3 + ax + b$。设置 Alice 的私钥 $d_A \in [1, n-1]$ 和公钥 $P_A = [d_A]G = (x_A, y_A)$。选择一个摘要长度为 $v$ 的哈希算法，设为 $H_v$。假设签名者 Alice 具有长度为 entlen$_A$ 比特的可辨别标识 ID$_A$，转换而成的两字节记为 ENTL$_A$。在椭圆曲线数字签名算法中求得 Alice 的哈希值为

$$Z_A = H_{256}(\text{ENTL}_A || \text{ID}_A || a || b || x_G || y_G || x_A || y_A)$$

假设待签名的消息为 $M$，为了获取消息 $M$ 的数字签名 $(r, s)$，Alice 置 $\overline{M} = Z_A || M$，计算 $e = H_v(\overline{M})$，并将 $e$ 的数据类型转换为整数。选择随机数 $k \in [1, n-1]$，计算椭圆曲线点

$$(x_1, y_1) = [k]G$$

并将 $x_1$ 的数据类型转换为整数，计算

$$r = (e + x_1) \bmod n$$

若 $r = 0$ 或 $r + k = n$，则重新选取随机数 $k$。计算

$$s = ((1 + d_A)^{-1}(k - r \cdot d_A)) \bmod n$$

若 $s = 0$，则也需重新选择随机数 $k$。

将 $r$、$s$ 的数据类型转换为字节串，消息 $M$ 的签名为 $(r, s)$。

SM2 标准也给出的签名算法流程，如图 4.24 所示。

验证者 Bob 收到消息 $M'$ 和签名 $(r', s')$，将采用如下方式对签名进行验证。

**定义 4.8** SM2 验签算法检验 $r' \in [1, n-1]$，$s' \in [1, n-1]$，若符合，则继续进行。Bob

置 $\overline{M'} = Z_A \| M'$，计算
$$e' = H_v(m')$$
$e'$、$r'$、$s'$ 表示为整数，计算
$$t = (r', s') \bmod n$$
若 $t = 0$，则验证不通过，否则计算椭圆曲线点
$$(x_1', y_1') = [s']G + [t]P_A$$
将 $x_1'$ 换算为整数，计算
$$R = (e' + x_1') \bmod n$$
检验 $R = r'$，成立则检验通过。

SM2 给出的验签算法流程具体如图 4.25 所示。

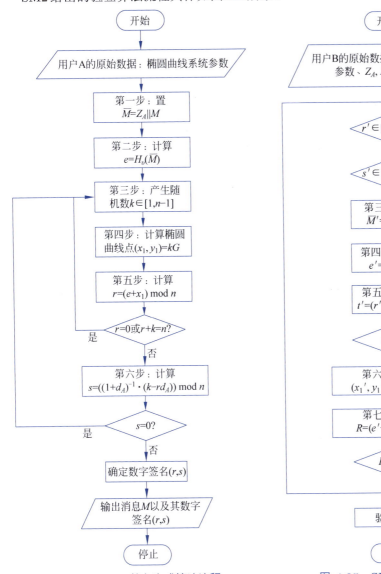

图 4.24 SM2 签名生成算法流程

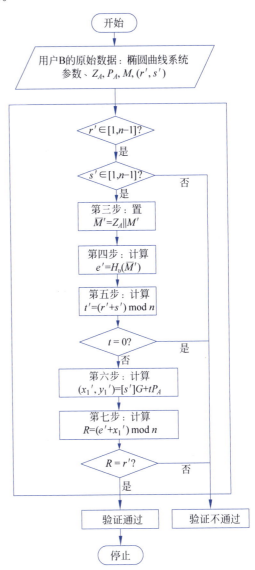

图 4.25 SM2 签名验证算法流程

### 4.3.7 有特殊功能的数字签名体制

**1. 不可否认签名**

普通数字签名可以精确地被复制，这对于公开声明之类文件的散发是必需的，但对另一些文件（如个人或公司信件），特别是有价值文件的签名，如果也可随意复制和散发，就会造成麻烦。这时就需要不可否认签名。

在签名者的合作下才能验证签名，这会给签名者一种机会，即在不利于他时，他可以拒绝合作，以达到否认他曾签署过此文件的目的。为了防止此类事件发生，不可否认签名除了采用一般签名体制中的签名算法和验证算法（或协议）外，还需要第3个组成部分，即否认协议（Disavowal Protocol），签名者可利用否认协议向法庭或公众证明一个伪造的签名确实是假的；如果签名者拒绝参与执行否认协议，就表明签名确实是由他签署的。

不可否认签名可以和秘密共享体制组合使用，成为一种分布式可变换不可否认签名（Distributed Convertible Undeniable Signature），它由一组人中的几个人参与协议执行来验证某人的签名。

**2. 防失败签名**

这是一种强化安全性的数字签名，可防范有充足计算资源的攻击者。当A的签名受到攻击，甚至分析出A的密钥条件下，也难以伪造A的签名，A也难以对自己的签名进行抵赖。

防失败签名体制可参考van Heyst和Pederson van Heyst等人所提的方案，它是一种一次性签名方案，即给定密钥只能签署一个消息，它由签名、验证和"对伪造的证明"（Proof of Forgery）算法3部分组成。

**3. 盲签名**

对于一般的数字签名来说，签名者总是要先知道文件内容之后才签署，这正是通常所需要的。但有时需要某人对一个文件签名，但又不让他知道文件内容，把这种签名称为盲签名（Blind Signature）。盲签名的概念是由Chaum最先提出的，在选举投票和数字货币协议中将会碰到这类要求。利用盲变换可以实现盲签名，如图4.26所示。

消息$M$ → 盲变换 → $M'$ → 签名 → $S(M')$ → 解盲变换 → $S(M)$

图 4.26 盲签名框图

任何盲签名，都必须利用分割—选择原则。Chaum提出了一种更复杂的算法来实现盲签名，后来他还提出了一些更复杂但更灵活的盲签名法。有关盲签名的各种方案可参阅相关文献。

**4. 群签名**

群体密码学（Group Oriented Cryptography）由Desmedt于1987年提出，它是研究面向社团或群体中所有成员需要的密码体制。在群体密码中，有一个公用的公钥，群体外面的人可以用它向群体发送加密消息，收到密文后，由群体内部成员的子集共同进行解密。本节介绍群体密码学中有关签名的一些内容。

群签名有下述几个特点：只有群中成员能代表群体签名；接收到签名的人可以用公钥验证群签名，但不可能知道由群体中哪个成员所签；发生争议时，由群体中的成员或可信赖机构识别群签名的签名者。

群签名也可以由可信赖的中心协助执行，中心掌握各签名人与所签名之间的相关信息，并为签名人匿名签名保密；有争执时，可以由签名识别出签名人。

Chaum 所提方案不仅可由群体中一个成员的子集一起识别签名者，还可允许群体在不改变原有系统各密钥的情况下添加新的成员。

群签名的目标是对签名者实现无条件匿名保护，且又能防止签名者抵赖，因此称其为群体内成员的匿名签名（Anonymity Signature）更合适。

前面已介绍过不可抵赖签名，这里介绍在一个群体中由多人签署文件时能实现不可抵赖特性的签名问题。一个面向群体的 $(t,n)$ 不可抵赖签名，其中 $t$ 是阈值，$n$ 是群体中成员总数，群体有一个公用公钥，签名时也必须有 $t$ 人参与才能产生一个合法的签名，而在验证签名时也必须至少有群体内成员合作参与才能证实签名的合法性。这是一种集体签名共同负责制。

**5. 代理签名**

代理（proxy）签名是某人授权其代理进行的签名，在不将其签名密钥交给代理人的条件下实现委托签名，其特点如下。

（1）不可区分性（distinguishability）：代理签名与某人通常签名不可区分。

（2）不可伪造性（unforgeability）：只有原来的签名人和所托付的代理签名人可以建立合法的委托签名。

（3）代理签名的差异（deviation）：代理签名者不可能制造一个不被检测出来的合法代理签名。

（4）可证实性（verifiability）：签名验证人可以相信委托签名就是原签名人认可的签名消息。

（5）可识别性（identifiability）：原签名人可以从委托签名确定代理其签名人的身份。

（6）不可抵赖性（undeniability）：代理签名人不能抵赖他所建立的已被接受的委托签名。

有时可能需要更强的可识别性，即任何人可以从委托签名确定代理签名人的身份。

**6. 一次性数字签名**

若数字签名机构至多只能对一个消息进行签名，否则签名就可被伪造，这种签名被称为一次性（One Time）签名体制。在公钥签名体制中，它要求对每个消息都要用一个新的公钥作为验证参数。一次性数字签名的优点是产生和证实都较快，特别适用于要求计算复杂性低的芯片。有关一次性数字签名，人们已提出几种实现方案，如 Rabin 一次性签名方案、Merkle 一次性签名方案、GMR 一次性签名方案等。这些方案多与可信赖第三方相结合，并通过认证树结构实现。

## 4.4 安全散列技术

安全散列函数的重要性在当今数字化时代变得越来越明显。随着互联网的普及和数据的大规模传输、存储，确保数据的完整性和安全性变得至关重要。安全散列函数作为一种关键的密码学工具，被广泛应用于密码存储、数字签名、数据完整性验证等领域，它不仅可以保护用户的密码和敏感数据，还可以防止数据篡改和伪造。本节将介绍散列函数的基本概念以及安全散列函数的要求，并详细分析两种经典的安全散列函数，即 MD5 和 SHA。

### 4.4.1 散列函数的基本概念

**1. 散列函数的定义**

散列函数在密码学领域扮演着十分重要的角色，其主要目的是保障数据的完整性。通过将任意长度的数据转换为固定长度的散列值，散列函数能够生成独特的"指纹"以表示数据。

无论是微小的变动还是重大的修改,一旦数据发生变化,散列值就会发生显著改变。这种特性赋予了散列函数有效检测数据完整性的能力。不管数据存储在什么地方,都可以通过重新计算数据的散列值并与原始散列值进行比较,从而快速并准确地验证数据是否遭到篡改。即使数据存储在不安全的环境中,散列函数仍能提供一种可靠的方式来检测数据完整性。通过应用散列函数,能够确保数据在传输和存储过程中的安全性,有效地防止未经授权的修改和伪造行为。散列函数也被称为密码学中的压缩函数,其输出结果被视为散列值、消息摘要或认证标记等。

**定义4.9(散列函数)** 在密码学中,散列函数(或称哈希函数)是一个映射,满足

$$h: \{0,1\}^* \to \{0,1\}^n$$

其中,$\{0,1\}^*$表示任意长度的比特串的集合。$\{0,1\}^n$表示长度为$n$比特的二进制串集合。消息$x \in \{0,1\}^*$的像$h(x)$称为$x$的散列值、哈希值或消息摘要。

上面的定义表明散列函数的压缩能力,计算过程并不复杂,且具备单向性。

通常来说,消息认证是散列函数的常见用途之一,图4.27表示了如何利用散列函数技术进行消息认证,其方法大致可以分为以下几种。

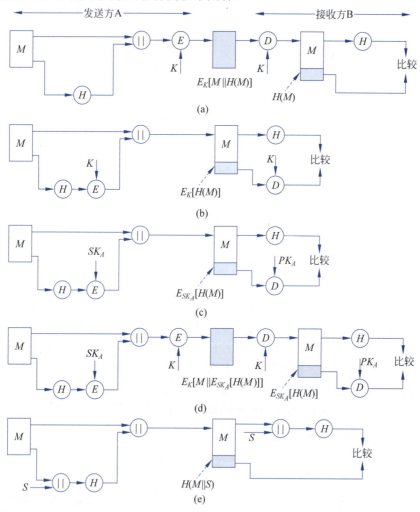

图 4.27 散列函数基本使用方式

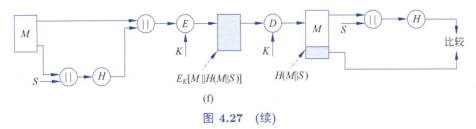

图 4.27 （续）

（1）第一种方法是首先连接消息和散列值，然后通过单钥加密算法进行加密，以确保消息的来源是真实且未在传输途中被篡改的，消息和散列值在此过程中都确保了保密性，如图4.27(a)所示。

（2）第二种方法适用于对保密性要求不高的情景，即只加密散列值。输出为固定的长度，将 $E_K[H(M)]$ 视为一个函数，如图4.27(b)所示，采用这种方法可以有效降低计算复杂度。

（3）第三种方法类似第二种方法，只对散列值进行加密处理。需要注意的是，这里采用的是对发送方的密钥进行加密，这意味着只有发送方可以生成加密的散列值，因此这种方法又被称为数字签名，如图4.27(c)所示。

（4）第四种方法首先对散列值进行加密处理，这一步应采用非对称加密方法，然后加上消息，进行连接后再加密一次，相比于前面的方法，这种方法确保了消息的保密性，同时也可以看作数字签名，如图4.27(d)所示。

（5）第五种方法相比于第四种方法，只确保对消息的认证。这种方法需要发送方和接收方共享秘密值 $S$，将消息和秘密值进行组合，再利用散列函数对组合后的结果进行运算，产生散列值，将该结果和消息 $M$ 一起发送，如图4.27(e)所示。其安全性体现在通信过程中不传输秘密值，攻击者即使窃听到传输的信息，也无法进行篡改或伪造。

（6）第六种方法和第五种相似，但是在组合消息后会再增加一次加密，相比第五种方法确保了消息的保密性，如图4.27(f)所示。

**2. 迭代型散列函数的一般结构**

目前使用的大多数散列函数的结构都是迭代型的，如图4.28所示。迭代的含义是指将一个消息通过多次应用同一散列函数进行处理，以增加其安全性和抗攻击性。具体来说，迭代散列函数会将初始消息输入散列函数中，然后将输出结果再次输入同一散列函数中，多次重复这个过程，这意味着攻击者需要花费更多的时间和计算成本来找到原始消息，从而增加攻击者的破解难度。迭代散列函数在密码学中被广泛应用，用于数字签名、消息认证码和密钥派生等领域。

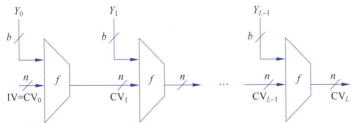

图 4.28　迭代型散列函数的一般结构

算法中重复使用一个压缩函数 $f$，将上一轮输出的 $n$ 比特值 $CV_{i-1}$（称为链接变量）和算法在本轮的 $b$ 比特输入分组 $Y_i$ 输入函数中，函数的输出结果又作为下一轮的输入。初始时，还应指定一初值IV，最终产生的散列值为最后一轮输出的变量CV。算法可表达如下：

$$CV_0 = IV = n\text{比特长的初值}$$
$$CV_i = f(CV_{i-1}, Y_{i-1}), \ 1 \leqslant i \leqslant L$$
$$H(M) = CV_L$$

在设计压缩函数 $f$ 时，确保找出其碰撞在计算上是不可行的是非常重要的，攻击者即使可以找到两个不同的输入消息以产生同样的输出，也应该无法通过分析压缩函数 $f$ 的内部结构找到碰撞。

### 4.4.2 散列函数的安全性

**定义 4.10（碰撞）** 设 $x$、$x' \in \{0,1\}^*$ 是两个不同的消息，如果
$$h(x) = h(x')$$
则称 $x$ 和 $x'$ 是散列函数的一个（对）碰撞（collision）。

由于 $\{0,1\}^*$ 是无限集，而 $\{0,1\}^n$ 是有限集，所以任何散列函数都有无限多个碰撞。为了确保散列函数的应用安全性，必须要求在计算上难以找到散列函数的碰撞。基于找到散列函数碰撞的情况，可以将散列函数分为单向散列函数、弱抗碰撞散列函数和强抗碰撞散列函数。

**1. 单向散列函数**

设 $h$ 是一个散列函数，给定一个散列值 $y$，寻找消息 $x$，使 $y h(x)$ 在计算上是不可行的，则称 $h$ 是单向散列函数。

**2. 弱抗碰撞散列函数**

设 $h$ 是一个散列函数，任意给一个消息 $x$，如果寻找另一个不同的消息 $x'$，使得 $h(x) = h(x')$ 是计算上不可行的，则称 $h$ 是弱抗碰撞散列函数。

**3. 强抗碰撞散列函数**

设 $h$ 是一个散列函数，如果寻找两个不同的消息 $x$ 和 $x'$，使得 $h(x) = h(x')$ 是计算上不可行的，则称 $h$ 是强抗碰撞散列函数。

不难看出，强抗碰撞散列函数一定是弱抗碰撞的。但是，强抗碰撞散列函数不一定是单向的。例如，设 $g$ 是一个强抗碰撞的散列函数，令

$$h(x) = \begin{cases} 0 \| x, & x \text{的长度等于} n \\ 1 \| g(x), & \text{其他} \end{cases}$$

那么，容易验证 $h$ 是一个强抗碰撞的散列函数，但不是单向的。

同时，一个密码学上的安全散列函数 $h$ 应满足条件：

（1）对任意的消息 $x$，计算 $h(x)$ 是容易的；

（2）$h$ 是单向的；

（3）$h$ 是弱抗碰撞或强抗碰撞的。

目前，标准的散列函数分为两大类：MDx 系列（MD4[35]，MD5[36]，HAVAL[37]，RIPEMD[38]，RIPEMD-128 和 RIPEMD-160[39] 等）和 SHA 系列（SHA-0，SHA-1，SHA-256，384，512[40] 等）。这些散列算法体现了散列函数的设计技术[41]。MD4 是一种较早的散列函数算法，需要指出的是，MD4 算法在现代密码学中已经被认为是不安全的，因为它存在许多安全漏洞。因此，不建议在新的系统或应用中使用 MD4 算法。RIPEMD-128 算法是在 MD4 算法公布后提出的一种散列函数算法，它是由 Hans Dobbertin、Antoon Bosselaers 和 Bart Preneel 于 1996

年提出的，主要是为了替代那些使用MD4算法的实际应用而设计的。

1996年，H.Dobbertin发表的工作对于散列函数安全性分析具有重要意义，这项工作揭示了MD4算法存在的安全漏洞，他提出了对该算法的攻击，该攻击以$2^{-22}$的概率找到碰撞；1998年，H.Dobbertint[42]证明了MD4算法的前两轮是非单向函数，意味着攻击者可以以相对较低的复杂性找到MD4算法的原根和第二原根，从而导致MD4算法的安全性受到威胁。对于MD5算法，B.den Boer和A.Bosselaers[43]提出了一种伪碰撞攻击，展示了MD5算法的原本安全性的缺陷。2003年，B.V.Rompay等人给出了以$2^{-29}$的概率针对HAVAL-128算法的碰撞攻击，证明了HAVAL-128算法存在安全性问题。

2004年前后，王小云[44]等人宣布了对于一系列散列函数的碰撞结果，包括MD4、MD5、HAVAL-128和RIPEMD算法。2005年，王小云等人对MD5等算法尝试攻击，并取得了不错的效果，在其工作中所提出的技术还可以用于对MD4算法进行攻击[45]。

这些研究成果对密码学领域的散列函数研究具有重要意义，促使密码学家进一步关注和改进散列函数算法的安全性。同时，这也强调了使用更安全的散列函数算法的重要性，以确保数据的完整性和安全性。

### 4.4.3 MD5散列算法

**1. MD5算法描述**

MD5算法采用图4.28描述的迭代型散列函数的一般结构，如图4.29所示。该算法最终将产生128位（16字节）的哈希值，接收一个任意长度的输入，并输出一个128位的哈希值。

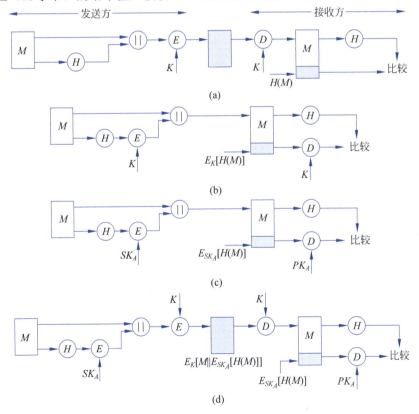

图 4.29 MD5 的算法框图

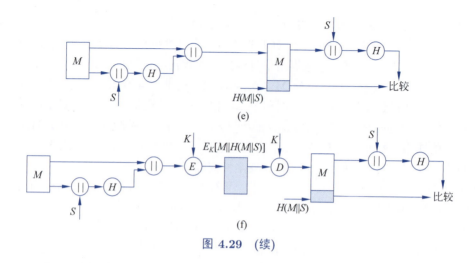

图 4.29 （续）

处理过程的步骤描述如下。

（1）首先需要对输入的消息进行填充处理。算法收到输入消息后，将消息的位长度表示为一个 64 位的二进制数，该数字表明消息的长度。然后在消息的末尾添加一个 1，后面跟随足够数量的 0。

（2）在对消息的填充后，在填充的消息后附加消息的长度。该步骤以小端方式进行，将消息的长度（64 位二进制表示）添加到填充后的消息末尾。

（3）前两步执行完毕后，对缓冲区进行初始化。初始化缓冲区的四个 32 位寄存器 A、B、C、D，这些寄存器用来存储 MD5 算法计算过程的中间结果，其初始值为固定的 32 位二进制数，具体的初始值是 A=0x67452301，B=0xefcdab89，C=0x98badcfe，D=0x10325476。

（4）对消息分组进行进一步处理。每一分组 $Y_q(q=0,1,\cdots,L-1)$ 都经一个压缩函数 $H_{\mathrm{MD5}}$ 处理。其中，压缩函数的具体处理细节如图 4.30 所示。

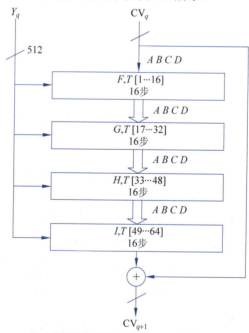

图 4.30　MD5 的分组处理框图

在 MD5 算法的压缩函数 $H_{MD5}$ 中，四轮处理采用的函数各不相同，这四个处理函数会在每一轮计算中被轮流使用，以对消息块进行运算和更新，主要涉及大量的位运算（AND、OR、XOR）、取反操作以及移位操作，在每轮处理过程中还会加上常数表 $T$ 中的一部分值（表4.5）。

表 4.5 常数表 $T$

| | | | |
|---|---|---|---|
| $T[1]$=D76AA478 | $T[17]$=F61E2562 | $T[33]$=FFFA3942 | $T[49]$=F4292244 |
| $T[2]$=E8C7B756 | $T[18]$=C040B340 | $T[34]$=8771F681 | $T[50]$=432AFF97 |
| $T[3]$=242070DB | $T[19]$=265E5A51 | $T[35]$=699D6122 | $T[51]$=AB9423A7 |
| $T[4]$=C1BDCEEE | $T[20]$=E9B6C7AA | $T[36]$=FDE5380C | $T[52]$=FC93A039 |
| $T[5]$=F57COFAF | $T[21]$=D62F105D | $T[37]$=A4BEEA44 | $T[53]$=655B59C3 |
| $T[6]$=4787C62A | $T[22]$=02441453 | $T[38]$=4BDECFA9 | $T[54]$=8F0CCC92 |
| $T[7]$=A8304613 | $T[23]$=D8A1E681 | $T[39]$=F6BB4B60 | $T[55]$=FFEFF47D |
| $T[8]$=FD469501 | $T[24]$=E7D3FBC8 | $T[40]$=BEBFBC70 | $T[56]$=85845DD1 |
| $T[9]$=698098D8 | $T[25]$=21E1CDE6 | $T[41]$=289B7EC6 | $T[57]$=6FA87E4F |
| $T[10]$=8B44F7AF | $T[26]$=C33707D6 | $T[42]$=EAA127FA | $T[58]$=FE2CE6E0 |
| $T[11]$=FFFF5BB1 | $T[27]$=F4D50D87 | $T[43]$=D4EF3085 | $T[59]$=A3014314 |
| $T[12]$=895CD7BE | $T[28]$=455A14ED | $T[44]$=04881D05 | $T[60]$=4E0811A1 |
| $T[13]$=6B901122 | $T[29]$=A9E3E905 | $T[45]$=D9D4D039 | $T[61]$=F7537E82 |
| $T[14]$=FD987193 | $T[30]$=FCEFA3F8 | $T[46]$=E6DB99E5 | $T[62]$=BD3AF235 |
| $T[15]$=A679438E | $T[31]$=676F02D9 | $T[47]$=1FA27CF8 | $T[63]$=2AD7D2BB |
| $T[16]$=49B40821 | $T[32]$=8D2A4C8A | $T[48]$=C4AC5665 | $T[64]$=EB86D391 |

（5）经过前面的一系列处理步骤，最终可以得到原始消息的 MD5 输出值，即最后一个压缩函数的输出。

步骤（3）～步骤（5）的处理过程可以表示为

$$CV_0 = IV;$$
$$CV_{q+1} = CV_q + RF_I[Y_q, RF_H[Y_q, RF_G[Y_q, RF_F[Y_q, CV_q]]]];$$
$$MD = CV_L;$$

其中，$IV$ 是步骤（3）所取的缓冲区 $ABCD$ 的初值，$Y_q$ 是消息的第 $q$ 个 512 比特长的分组，$L$ 是消息经过步骤（1）和步骤（2）处理后的分组数，$CV_q$ 为处理消息的第 $q$ 个分组时输入的链接变量（前一个压缩函数的输出），$RF_x$ 为使用基本逻辑函数 $x$ 的轮函数，"+"指的是模 $2^{32}$ 加法，$MD$ 为最终的散列值。

**2. MD5 的压缩函数**

下面将对 MD5 的压缩函数进行详细说明，在压缩函数的处理过程中，每轮都对缓冲区 $ABCD$ 进行迭代运算，共 16 步，每一步的运算形式为（见图4.31）

$$a \leftarrow b + CLS_s(a + g(b,c,d) + X[k] + T[i])$$

其中，$a$、$b$、$c$、$d$ 为缓冲区的 4 个字，运算完成后再右循环一个字，即得这一步迭代的输出。$g$ 是基本逻辑函数 $F$、$G$、$H$、$I$ 之一。$CLS_s$ 是 32 位存数左循环移 $s$ 位，$s$ 的取值由表4.6给出。$T[i]$ 为表 $T$ 中的第 $i$ 字，"+"为模 $2^{32}$ 加法。$X[k] = M[q \times 16 + k]$ 即消息第 $q$ 个分组中的第 $k$ 个字 ($k=1,2,\cdots,16$)。在 4 轮处理过程中，每轮以不同的次序使用 16 个字，其中在第一轮以字的初始次序使用。第二轮到第四轮，分别对字的次序 $i$ 做置换后得到一个新次序，然后以新次序使用 16 个字。3 个置换分别为

$$\rho_2(i) = (1 + 5i) \bmod 16$$
$$\rho_3(i) = (5 + 3i) \bmod 16$$
$$\rho_4(i) = 7i \bmod 16$$

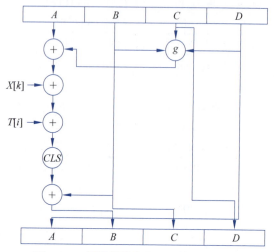

图 4.31　压缩函数中的一步迭代示意图

表 4.6　压缩函数每步左循环移位的位数

| 轮数 | 步数 | | | | | | | | | | | | | | | |
|---|---|---|---|---|---|---|---|---|---|---|---|---|---|---|---|---|
| | 1 | 2 | 3 | 4 | 5 | 6 | 7 | 8 | 9 | 10 | 11 | 12 | 13 | 14 | 15 | 16 |
| 1 | 7 | 12 | 17 | 22 | 7 | 12 | 17 | 22 | 7 | 12 | 17 | 22 | 7 | 12 | 17 | 22 |
| 2 | 5 | 9 | 14 | 20 | 5 | 9 | 14 | 20 | 5 | 9 | 14 | 20 | 5 | 9 | 14 | 20 |
| 3 | 4 | 11 | 16 | 23 | 4 | 11 | 16 | 23 | 4 | 11 | 16 | 23 | 4 | 11 | 16 | 23 |
| 4 | 6 | 10 | 15 | 21 | 6 | 10 | 15 | 21 | 6 | 10 | 15 | 21 | 6 | 10 | 15 | 21 |

4 轮处理过程分别使用不同的基本逻辑函数 $F$、$G$、$H$、$I$，每个逻辑函数的输入为 3 个 32 比特的字，输出是一个 32 比特的字。函数的定义由表 4.7 给出，表 4.8 是 4 个函数的真值表。

表 4.7　基本逻辑函数的定义

| 轮数 | 基本逻辑函数 | $g(b,c,d)$ |
|---|---|---|
| 1 | $F(b,c,d)$ | $(b \wedge c) \vee (\bar{b} \wedge d)$ |
| 2 | $G(b,c,d)$ | $(b \wedge d) \vee (c \wedge \bar{d})$ |
| 3 | $H(b,c,d)$ | $b \oplus c \oplus d$ |
| 4 | $I(b,c,d)$ | $c \oplus (b \vee \bar{d})$ |

表 4.8　基本逻辑函数的真值表

| $b$ | $c$ | $d$ | $F$ | $G$ | $H$ | $I$ | $b$ | $c$ | $d$ | $F$ | $G$ | $H$ | $I$ |
|---|---|---|---|---|---|---|---|---|---|---|---|---|---|
| 0 | 0 | 0 | 0 | 0 | 0 | 1 | 1 | 0 | 0 | 0 | 0 | 1 | 1 |
| 0 | 0 | 1 | 1 | 0 | 1 | 0 | 1 | 0 | 1 | 0 | 1 | 0 | 1 |

续表

| $b$ | $c$ | $d$ | $F$ | $G$ | $H$ | $I$ | $b$ | $c$ | $d$ | $F$ | $G$ | $H$ | $I$ |
| --- | --- | --- | --- | --- | --- | --- | --- | --- | --- | --- | --- | --- | --- |
| 0 | 1 | 0 | 0 | 1 | 1 | 0 | 1 | 1 | 0 | 1 | 1 | 0 | 0 |
| 0 | 1 | 1 | 1 | 0 | 0 | 1 | 1 | 1 | 1 | 1 | 1 | 1 | 0 |

**3. MD5的安全性**

2004年,山东大学王小云等人成功找出了MD5的碰撞,发生碰撞的消息是由两个1024比特长的串 $M$、$N_i$ 构成的,设消息 $M \| N_i$ 的碰撞是 $M' \| N_i'$,在IBM P690上找 $M$ 和 $M'$ 花费的时间大约为一小时,找出 $M$ 和 $M'$ 后,则只需15秒至5分钟即可找出 $N_i$ 和 $N_i'$。

### 4.4.4 SHA安全散列算法

近年来,安全散列算法(SHA)是使用最广泛的散列函数。事实上,由于其余广泛应用的散列函数被发现存在安全性缺陷(如MD5等),从2005年以来,SHA或许是这几年中仅存的散列算法标准。SHA由美国标准与技术研究所(NIST)设计,并于1993年作为联邦信息处理标准(FIPS 180)发布。随后,该版本的SHA(SHA-0)被发现存在缺陷,修订版于1995年发布(FIPS 180-1),通常称之为SHA-1。实际的标准文件称其为"安全Hash标准"。SHA算法建立在MD4算法之上,其基本框架与MD4类似。

SHA-1产生160位的哈希值。2002年,NIST发布了修订版FIPS 180-2,其中给出了三种新的SHA版本,哈希值长度依次为256位、384位和512位,分别称为SHA-256、SHA-384和SHA-512。这些算法被统称为SHA-2。SHA-2同SHA-1类似,都使用了同样的迭代结构和同样的模算术运算与二元逻辑操作。在2008年发布的修订版FIP PUB180-3中,增加了224位版本。2015年,NIST颁布了FIPS 180-4,增加了两个算法SHA-512/224和SHA-512/256。SHA-1和SHA-2在RFC6234中也有描述,基本上也是复制FIPS 180-3中的内容,但增加了C代码实现。

2005年,NIST宣布逐步废除SHA-1,计划到2010年逐步转而依赖SHA-2的其他版本。此后不久,一个研究小组给出了一种攻击,用 $2^{69}$ 次操作可以找到两个独立的消息,使它们有相同的SHA-1值,而以前认为要找到一个SHA-1碰撞需要 $2^{80}$ 次操作,所需操作大幅减少。这一结果应该加速了向SHA-2版本的过渡。

**1. SHA算法描述**

算法的输入为任意长度的消息,输出为160比特长的哈希值。算法流程与图4.29一样,但哈希值等长度有所变化。

算法可以划分为如下步骤。

(1)对输入的消息进行填充处理。这里的操作和上面MD5中的操作类似。

(2)消息填充后,需要在填充的消息后面附加消息长度。此处操作与MD5的不同点在于表示长度需要以大端方式,而在MD5中是以小端方式表示的。

(3)进行完上面对于消息的处理后,对缓冲区进行初始化。算法使用160比特长的缓冲区进行数据的存储,缓冲区可表示为5个32比特长的寄存器($A$,$B$,$C$,$D$,$E$),初始值为 $A$=67452301,$B$=EFCDAB89,$C$=98BADCFB,$D$=10325476,$E$=C3D2E1F0。

(4)初始化结束后,对消息分组进行进一步运算。分组 $Y_q$ 作为压缩函数的输入,和MD5类似,压缩函数同样由4轮(如图4.32所示)构成,每一轮包含20步迭代组成。4轮处理过程结构一样,过程中涉及的函数表示为 $f_1$、$f_2$、$f_3$、$f_4$。每轮的输入为当前处理的消息分组 $Y_q$

和缓冲区的当前值 $A$、$B$、$C$、$D$、$E$，每轮处理过程还需加上一个加法常量 $K_t$。其中，80 个常量中实际上只有 4 个不同取值，如表 4.9 所示，其中 $\lfloor x \rfloor$ 为 $x$ 的整数部分。

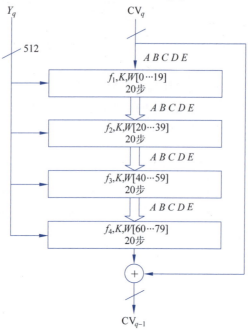

图 4.32 SHA 的分组处理框图

表 4.9 SHA 的加法常量

| 迭代步数 $t$ | 常量 $K_t$（十六进制） | $K_t$（十进制） |
| --- | --- | --- |
| $0 \leqslant t \leqslant 19$ | 5A827999 | $\lfloor 2^{30} \times \sqrt{2} \rfloor$ |
| $20 \leqslant t \leqslant 39$ | 6ED9EBA1 | $\lfloor 2^{30} \times \sqrt{3} \rfloor$ |
| $40 \leqslant t \leqslant 59$ | 8F1BBCDC | $\lfloor 2^{30} \times \sqrt{5} \rfloor$ |
| $60 \leqslant t \leqslant 79$ | CA62C1D6 | $\lfloor 2^{30} \times \sqrt{10} \rfloor$ |

（5）对处理得到的哈希值进行输出。哈希值即为最后一个分组的输出结果。

步骤（3）～步骤（5）的处理过程可总结如下：

$$CV_0 = IV;$$
$$CV_{q+1} = SUM_{32}(CV_q, ABCDE_q);$$
$$MD = CV_L;$$

其中，IV 是第（3）步定义的缓冲区 ABCDE 的初值，$L$ 是消息（包括填充位和长度字段）的分组数，MD 为最终的摘要值。

**2. SHA 压缩函数**

SHA 的压缩函数包含 4 轮处理，每轮处理过程含有 20 步迭代运算，每一步迭代运算的形式为（见图 4.33）

$$A, B, C, D, E \leftarrow (E + f_t(B, C, D) + CLS_5(A) + W_t + K_t), A, CLS_{30}(B), C, D$$

其中，$A$、$B$、$C$、$D$、$E$ 为缓冲区的 5 个字，$t$ 是迭代的步数（$0 \leqslant t \leqslant 79$），$f_t(B, C, D)$ 是第 $t$ 步迭代使用的基本逻辑函数，$CLS_s$ 为左循环移 $s$ 位，$W_t$ 是由当前 512 比特长的分组导出的

一个32比[...]
基本[...]的真值表如表4.11所示。

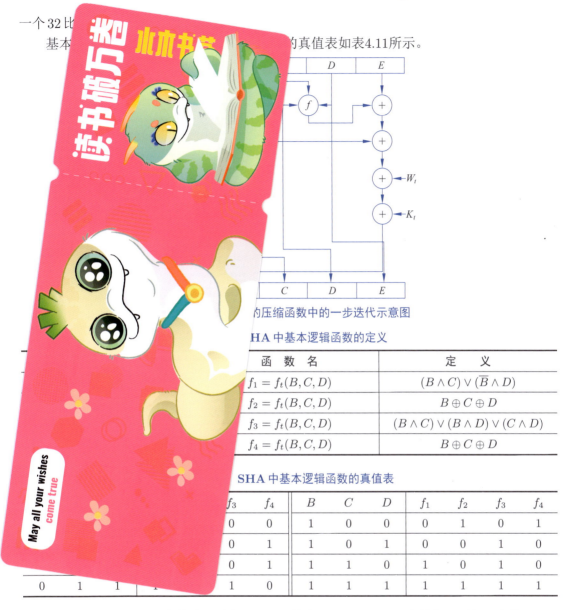

[...]的压缩函数中的一步迭代示意图

[...]HA 中基本逻辑函数的定义

| 函 数 名 | 定 义 |
|---|---|
| $f_1 = f_t(B,C,D)$ | $(B \wedge C) \vee (\overline{B} \wedge D)$ |
| $f_2 = f_t(B,C,D)$ | $B \oplus C \oplus D$ |
| $f_3 = f_t(B,C,D)$ | $(B \wedge C) \vee (B \wedge D) \vee (C \wedge D)$ |
| $f_4 = f_t(B,C,D)$ | $B \oplus C \oplus D$ |

SHA 中基本逻辑函数的真值表

| | | $f_3$ | $f_4$ | $B$ | $C$ | $D$ | $f_1$ | $f_2$ | $f_3$ | $f_4$ |
|---|---|---|---|---|---|---|---|---|---|---|
| | | 0 | 0 | 1 | 0 | 0 | 0 | 1 | 0 | 1 |
| | | 0 | 1 | 1 | 0 | 1 | 0 | 0 | 1 | 0 |
| | | 0 | 1 | 1 | 1 | 0 | 1 | 0 | 1 | 0 |
| 0 | 1 | 1 | | 1 | 1 | 1 | 1 | 1 | 1 | 1 |

下面说明如何由当前的输入分组（512比特长）导出 $W_t$（32比特长）。前16个值（$W_0$, $W_1, \cdots, W_{15}$）直接取为输入分组的16个相应的字，其余值（$W_{16}, W_{17}, \cdots, W_{79}$）取为

$$W_t = \text{CLS}_1(W_{t-16} \oplus W_{t-14} \oplus W_{t-8} \oplus W_{t-3})$$

与MD5比较，SHA则将输入分组的16个字扩展成80个字以供压缩函数使用，进一步提升了安全性。

### 3. SHA 的安全性

从上面对算法的解释来看，MD5和SHA十分相似，不过从安全性的角度来看，SHA算法更加安全可靠。SHA和MD5的消息摘要长度分别为160和128，所以用穷搜索攻击寻找具有给定消息摘要的消息分别需做 $O(2^{160})$ 和 $O(2^{128})$ 次运算，而用穷搜索攻击找出具有相同消息摘要的两个不同消息分别需做 $O(2^{80})$ 和 $O(2^{64})$ 次运算。显然SHA抗击穷搜索攻击的强度高于 MD5 抗击穷搜索攻击的强度。从加解密的速度上来看，SHA 的迭代步数（80 步）多于 MD5 的迭代步数（64 步），因此在相同硬件条件上，SHA 的速度略慢于 MD5。

在针对 SHA 的攻击方面，2005 年，山东大学王小云等人在其研究中提出了对 SHA-1 的碰撞搜索攻击。这项工作引起了广泛的关注，也加速了 SHA-1 算法被淘汰的进程。随后的研究表明，SHA-1 算法的碰撞攻击已经变得更加实用和可行，因此各个领域的安全专家都在呼吁停止使用 SHA-1 算法，并转向更安全的散列算法，如 SHA-256 或 SHA-3。这些攻击研究对密码学的发展和散列算法的选择产生了深远的影响。

## 4.5 练习题

**练习 4.1** 分组密码和流密码的区别是什么？

**练习 4.2** DES 和 AES 支持的密钥长度和分组长度分别是多少？

**练习 4.3** 请证明 DES 的解密过程相当于对密文使用加密算法，但密钥编排方案要逆序使用。

**练习 4.4** 设 $DES(x, K)$ 表示使用 DES 在密钥 $K$ 下对明文 $x$ 进行加密，设 $y = DES(x, K)$，$y' = DES(c(x), c(K))$，这里 $c()$ 表示按比特位取反。试证明 $y' = c(y)$（证明如果把明文和密钥都按比特位取反，则密文同样是按比特位取反）。

**练习 4.5** 分组加密体制迭代的轮数越多越安全吗？

**练习 4.6** 什么是单向函数？什么是陷门单向函数？两者有什么区别？

**练习 4.7** 求 17 的所有本原根。

**练习 4.8** 用扩展的欧几里得法求 237 mod 101 的逆元。

**练习 4.9** 设通信双方 Alice 和 Bob 使用 RSA 加密体制，接收方 Alice 的私钥是 $(e, n) = (3, 157)$，Bob 接收到的密文是 $C = 130$，求明文 $M$。

**练习 4.10** 试说明 ElGamal 签名体制安全性的主要依赖因素并阐释原因。

**练习 4.11** 试比较 RSA、ElGamal 和 Schnorr 的异同，分析它们各自的优劣。

**练习 4.12** 比较签名标准算法 DSA 与 ElGamal 签名体制的异同。

**练习 4.13** 假设 Alice 使用 ElGamal 签名方案，$p = 31847, \alpha = 5$ 以及 $\beta = 25703$。给定消息 $x = 8990$ 的签名 $(23972, 31396)$ 以及 $x = 31415$ 的签名 $(23972, 20481)$，计算 $k$ 和 $a$ 的值。

**练习 4.14** 在 DSS 数字签名标准中，取 $p = 83 = 2 \times 41 + 1$，$q = 41$，$h = 2$，于是 $g = 2^2 = 4 \mod 83$，若取 $x = 57$，则 $y \equiv g^x \equiv 457 = 77 \mod 83$。在对消息 $M = 56$ 签名时，选择 $k = 23$，计算签名并进行验证。

**练习 4.15** 假设 $x_0 \in \{0, 1\}^*$ 是一个使 SHA-1$(x_0) = 00...0$ 的比特串，因此，当我们使用 DSA 或 ECDSA 时，就有 SHA-1$(x_0) = 0 \pmod q$。

（a）说明如何对消息 $x_0$ 伪造一个 DSA 签名。

（b）说明如何对消息 $x_0$ 伪造一个 ECDSA 签名。

**练习 4.16** 安全散列函数应满足哪些性质？

**练习 4.17** 弱抗碰撞性和强抗碰撞性的区别是什么？

**练习 4.18** 比较 MD5 和 SHA-1 的抗攻击能力和计算速度。

# 第5章

# 认证与访问控制

随着因特网的普及和电子商务的兴起,全球经济信息化正逐渐向我们走来。显然,信息技术成了人们生活中不可或缺的组成部分,所以信息的安全性就成了不得不关注的问题。作为保障信息安全的重要手段,身份认证与访问控制就成了必须了解的知识。

身份认证技术是指在计算机网络系统中确认使用者的身份时采用的各种方法,通常是将某个身份与某个主体进行确认并绑定。

访问控制通常用于管理者控制用户对系统的各类网络资源的访问。访问控制通过访问控制列表等手段,将数据与客体进行一一对应;访问能力表则将这种数据与主体进行绑定,如同锁与钥匙的关系在主体与客体之间进行分配。

## 5.1 认证和访问控制的基本概念

认证和访问控制是计算机网络安全中的基本概念,用于确保只有授权用户才能够访问系统和网络资源。下面是它们的基本解释。

(1) **认证(Authentication)**:认证是验证用户身份的过程,以确保用户是其声称的实体。在认证过程中,用户提供凭据(如用户名和密码、指纹、智能卡等),系统将这些凭据与存储的用户信息进行比对,如果匹配成功,则用户被认证为合法用户。

(2) **访问控制(Access Control)**:访问控制是指控制用户对系统资源的访问权限。它确保只有经过认证并授权的用户才能够访问特定的资源。访问控制机制可以基于用户身份、角色、权限级别等进行设置,以限制用户在系统中的操作范围。

访问控制通常包括以下几个基本概念。

(1) **主体(Subject)**:主体是指可以访问系统资源的实体,通常是用户、进程或设备。

(2) **资源(Resource)**:资源是主体要访问或操作的对象,例如文件、数据库、网络服务等。

(3) **权限(Permission)**:权限定义了主体对资源执行特定操作的能力,如读取、写入、执行等。

(4) **角色(Role)**:角色是一组权限的集合,可以将角色分配给用户,使其继承相应的权限。

(5) **访问策略(Access Policy)**:访问策略规定了哪些主体有权访问哪些资源以及以何种方式访问。

通过认证和访问控制的组合,系统可以确保只有经过身份验证和授权的用户才能访问系统资源,从而提高系统的安全性和保护敏感数据。

### 5.1.1 认证概念及原理

随着网络建设的迅猛发展，信息安全技术的重要性越来越突出，信息安全应用的发展会直接影响网络信息技术的进步。随着计算机硬件水平的高速发展和密码学的不断进步，信息安全理论与技术也在逐步丰富。认证技术是信息安全的一个主要方向，它包括用户认证和信息认证。前者用于用户身份的鉴别，后者保证了通信的不可抵赖性和通信数据的完整性。

身份认证是系统鉴别使用者身份的技术，用来判断使用者对某种资源的访问及使用的权限。身份认证通过标识和鉴别试用者身份提供了判断使用者身份的手段。

身份认证就是通过将特定的标识与实体身份绑定来实现的。实体可以是用户、主机、应用程序甚至进程。

身份认证技术在信息安全中处于非常重要的地位，是安全机制的基础。有了有效的身份认证，才能保证访问控制、安全审计、入侵防范等安全机制的实施。

在真实世界中，主要通过以下三种方式验证一个用户的身份。

（1）所知道的。根据用户所知道的信息来证明身份，例如暗号。

（2）所拥有的。根据用户所拥有的信息来证明身份，例如个人的印章。

（3）本身的特征。根据用户独一无二的体态特征来证明身份，例如指纹、笔迹、DNA、视网膜及身体的特殊标志等。

在信息系统中，对用户的身份认证手段大体也可以分为这三种。仅使用一个条件验证身份的方式称为单因子认证，由于仅使用单一的条件判断，极易被假冒。因此可通过使用两种不同的条件来证明一个人的身份，称为双因子认证。

在某些情况下，信息认证显得比信息保密更为重要。例如，在网络中的广播一条消息，接收方主要关心的是信息的真实性和信息来源的可靠性。在这类情况下，信息的认证是至关重要的。

**1. 认证的概念**

从用户的角度来看，非法用户常采用以下手段对网络系统进行攻击。

（1）窃取口令：非法用户获得合法用户身份的口令，这个用户可以假冒合法用户获得对应资源的权限。

（2）流量分析：非法用户对通信双方的信息进行分析，试图判断或还原原信息。

（3）重传：非法用户截获信息，将数据发送给接收者，冒充合法用户发送信息。

（4）修改或者伪造：非法用户截获信息后替换或者修改信息，再传送给接收者。

（5）阻断服务：阻止系统资源的合法管理和使用。

为了保证信息应用的安全性，认证服务应当提供实体的身份认证、信息的完整性检测、防止重传攻击、秘密认证信息的生成和管理等功能，在某些应用中还要求实现抗抵赖和零知识证明等功能。概括起来。网络安全服务应当提供如下认证功能。

（1）可信性：信息的来源是可信的，即信息接收者能够确认获得的信息不是由冒充者发出的。

（2）完整性：要求信息在传输过程中保证其完整性，即信息接收者能够确认获得的信息在传输过程中没有被修改、延迟和替换。

（3）不可抵赖性：要求信息的发送方不能否认发出的信息，同样接收方也不能否认其已收到了信息。

（4）访问控制：非法用户不能够访问系统资源，合法用户只能访问系统授权和指定的资源。

由此可见，一个安全的信息系统应该提供机密性、鉴别性、完整性、不可抵赖性和可用性等服务，以对抗各种被动攻击（截获）和主动攻击（伪造、篡改、重放及中断等）。随着技术的不断发展，如何防止对手对信息系统进行主动攻击变得越来越重要。认证（authentication）是现代密码学中防御主动攻击的重要技术，它对于开放环境中各种信息系统的安全有着重要作用。认证的主要目的是提供信息的真实性、完整性和不可抵赖性，以对抗伪造、篡改和重放等主动攻击。为便于理解，下面给出与认证相关术语的定义。

（1）保密：保证信息为授权者使用且不会泄露给未授权者。
（2）数据完整性：信息数据未被非授权者篡改或者损坏。
（3）实体鉴别：验证一个实体的身份。
（4）签名：一种绑定实体和信息的办法，能够实现用户对电子形式存放消息的认证。
（5）授权：把官方做某件事情或承认某件事情的批准传递给另一实体。
（6）访问控制：限制资源只能被授权的实体访问。
（7）抗抵赖：防止对以前行为抵赖的措施。
（8）可用性：信息可被授权者访问并使用。

**2．认证技术的类型**

认证技术是用户身份认证与鉴别的重要手段，也是计算机系统安全中的一项重要内容。

从鉴别对象上看，分为消息认证和用户身份认证两种。

（1）消息认证：用于保证信息的完整性和不可否认性。通常用来检测主机收到的信息是否完整，以及检测信息在传递过程中是否被修改或伪造。

（2）身份认证：鉴别用户身份。包括识别和验证两部分。识别是指鉴别访问者的身份。验证是指对访问者身份的合法性进行确认。从认证关系上看，身份认证也可分为用户与主机之间的认证和主机之间的认证，本章只讨论用户与主机之间的身份认证。主要基于一些确认因素：用户知道的事务（信息），如口令密码等；用户拥有的物品，如印章、智能卡（如信用卡）等；用户具有的生物特征，如指纹、声音、视网膜、签字、笔迹等。随着生物识别等新兴技术的发展，身份认证技术也逐渐丰富起来。从早期的用户名密码方式到最近发展起来的指纹识别、虹膜识别、掌纹识别、声纹识别等，都成为身份认证与访问控制的重要手段。

## 5.1.2 常用的身份认证方式

网络系统中常用的身份认证方式主要有以下几种。

**1．静态密码认证**

静态密码认证是指以用户名及密码进行认证的方式，是最简单、最常用的身份认证方式。每个用户的密码由用户自己设定，只有用户本人知道。只要能够正确输入密码，计算机就认为操作者是合法用户。实际上，很多用户为了方便起见，经常用生日、电话号码等具有用户自身特征的字符串作为密码，为系统安全留下隐患。同时，由于密码是静态数据，系统在验证过程中需要在网络介质中传输，很容易被木马程序或监听设备截获。因此，用户名及密码方式是安全性比较低的身份认证方式。

**2．动态口令认证**

动态口令是应用较广的一种身份识别方式，基于动态口令认证的方式主要有动态短信密码和动态口令牌（卡）两种方式，口令一次一密。前者是以系统发给用户注册手机的动态短信密码进行身份认证；后者则以发给用户的动态口令牌进行认证。很多世界 500 强企业运用其保护登录安全，广泛应用在 VPN、网上银行、电子商务等领域。

### 3. USB Key 认证

近几年来，USB Key 认证方式得到了广泛应用，主要采用软硬件相结合、一次一密的强双因素（两种认证方法）认证模式，很好地平衡了安全性与易用性，以一种 USB 接口的硬件设备内置单片机或智能卡芯片，可存储用户的密钥或数字证书，利用其内置的密码算法实现对用户身份的认证。

### 4. 生物识别技术

生物识别技术是指通过可测量的生物信息和行为等特征进行身份认证的一种技术。认证系统测量的生物特征一般是用户唯一的生理特征或行为方式。

### 5. CA 认证

国际认证机构（Certification Authority，CA）是对数字证书发放、管理、取消的机构，用于检查证书持有者身份的合法性，并签发证书，防止证书被伪造或篡改。随着网络数据交换越来越频繁，使用场景越来越普及，身份认证成为安全发展的关键。认证机构成为权威可信的中间方，向每个机构或个人上网用户提供网络身份证作为唯一识别。

CA 作为网络安全可信认证及证书管理机构，其主要职能是管理和维护所签发的证书，并提供各种证书服务，包括证书的签发、更新、回收和归档等。CA 系统的主要功能是管理其辖域内的用户证书，所以 CA 系统功能及 CA 证书的应用将围绕证书进行管理。

CA 的主要职能体现在以下三方面。

（1）管理和维护客户的证书和证书作废表。

（2）维护整个认证过程的安全。

（3）提供安全审计的依据。

数字证书在安全通信过程中是证明用户合法身份和提供用户合法公钥的凭证，是建立保密通信的基础。在各类证书服务中，除了证书的签发过程需要人为参与控制外，其他服务都可利用通信信道交换用户与 CA 证书服务消息。

## 5.1.3　身份认证系统架构

### 1. 身份认证系统的构成

身份认证系统的组成一般包括三部分：认证服务器、认证系统客户端和认证设备。系统主要通过身份认证协议和认证系统软硬件进行实现。其中，身份认证协议又分为单向认证协议和双向认证协议。如果通信双方只需一方鉴别另一方的身份，则称为单项认证协议；如果双方都需要验证身份，则称为双向认证协议，如图5.1所示。

用户在访问网络系统时，先要经过身份认证系统识别身份以检测访问权限，系统根据用户的身份和授权数据库中相应的权限，决定用户所能访问的资源。授权数据库由系统安全管理员按规定及需求进行配置，审计系统根据审计设置并记录用户的请求和行为，访问控制和审计系统都要依赖身份认证系统提供的"认证信息"以鉴别用户的身份。因此，身份认证是安全系统中的第一道关卡。

图 5.1 身份认证系统

【案例5-1】

AAA（Authentication，Authorization，Accounting）认证系统现阶段应用最为广泛。其中，认证（Authentication）是验证用户身份与可使用网络服务的过程；授权（Authorization）是依据认证结果开放网络服务给用户的过程；审计（Accounting）是记录用户对各种网络服务的使用并计费的过程。

AAA软硬件接口是身份认证系统的关键部分。系统中专门设计的AAA平台可以实现相对灵活的认证、授权和账务控制功能，并且系统预留了扩展接口，可以根据具体业务系统的需要，灵活进行相应的扩展和调整。

**2. 常用认证系统及认证方法**

在网络系统中，各网络节点之间以数字认证方式确定用户身份。网络中的数据库和各种计算资源也需要认证机制的安全保护。通常，认证机制与授权机制紧密地结合在一起，通过认证的用户均可获得其使用权限。下面主要介绍因特网最为常用的口令方式和双安全因素安全令牌这两种认证方法。

**1）固定口令认证**

在网络上最为通用的认证系统还是常见的固定口令认证，这是一种依靠检验由用户设定的固定字符串进行系统认证方式。当通过网络访问网站资源时，系统会要求输入用户的账户名和密码。在账户和密码被确认后，用户便可访问各种资源。固定口令认证的方式简单明了，但由于其相对固定，很容易受到多种方式的攻击。

（1）网络数据流窃听（Sniffer）。由于认证信息要通过网络传递，并且很多认证系统的口令是未经加密的明文，攻击者通过窃听网络数据可以很容易地分辨出某种特定系统的认证数据，并提取出用户名和口令。

（2）认证信息截取/重放（Record/Replay）。有的系统会将认证信息进行简单加密后再传输，如果攻击者无法用第一种方式推算出密码，则可以使用截取/重放方式。

（3）字典攻击。攻击者使用字典中收集的单词尝试用户的密码，所以大多数系统都建议用户在口令中加入特殊字符，以增加口令的安全性。

（4）穷举尝试（Brute Force）。这是一种特殊的字典攻击，它使用字符串的全集作为字典。如果用户的密码较短，则很容易被穷举出来，因此建议用户使用长口令。

（5）窥探密码。攻击者利用与被攻击系统接近的机会，安装监视器或亲自窥探合法用户输入密码的过程。

（6）社会工程攻击。通过冒充合法用户发送邮件或打电话给管理人员骗取用户口令。

（7）垃圾搜索。攻击者通过搜索被攻击者的丢弃物，得到与攻击系统有关的信息。

**2）一次性口令认证体制**

为了改进固定口令的安全问题，人们提出了一次性口令（One Time Password，OTP）认证体制：主要在登录过程中加入不确定因素，使每次登录过程中传送的信息都不相同，从而提高系统安全性。一次性口令认证体制由以下几部分组成。

（1）生成不确定因子。生成不确定因子的方式很多，常用的有以下三种。

- 口令序列方式。口令为一前后相关的单向序列，系统只记录第 $N$ 个口令。用户以第 $N-1$ 个口令登录时，系统用单向算法得出第 $N$ 个口令与所存的第 $N$ 个口令匹配，即可判断用户的合法性。由于 $N$ 有限，故用户登录 $N$ 次后必须重新初始化口令序列。
- 挑战/回答方式。用户登录时得到系统发送的一个随机数，通过某种单向算法将口令和随机数混合后发送给系统，系统以同样的方法验算，即可验证用户身份。
- 时间同步方式。以用户登录时间作为随机因素，此方式对双方的时间准确性要求较高，一般以分钟为时间单位，对时间误差的要求达 ±1 分钟。

（2）生成一次性口令。利用不确定因子生成一次性口令的方式主要有以下两种。

- 硬件卡（Token Card）。在一具有计算功能的硬件卡上输入不确定因子，卡中集成的计算逻辑对输入数据进行处理，并将结果反馈给用户作为一次性口令。基于硬件卡的一次性口令大多属于挑战/回答方式，一般配备有数字按键，便于不定因子的输入。
- 软件（Soft Token）。与硬件卡基本原理类似，以软件代替其计算逻辑。软件口令生成方式功能及灵活性较高，某些软件还可限定用户登录的地点。

**3）双因素安全令牌及认证系统**

在现代信息社会，以口令方式提供系统的安全认证已无法满足用户的需求。目前虽然该方法仍在大量使用，但其中一直存在较多的安全隐患。首先，账号口令的配置非常烦琐，网络中的每个节点都需要进行配置；其次，为了保证口令的安全性，必须经常更改口令，耗费大量的人力和时间。同时，系统各自为政，缺乏授权和审计的功能，难以根据用户级别进行分级授权，也不能提供用户访问设备的详细审计信息。

安全令牌是重要的双因素认证方式。目前，双因素安全令牌认证系统已经成为认证系统的主要手段。下面仅以 E-Securer 安全身份认证系统为例，简单介绍双因素安全令牌及认证系统。

（1）E-Securer 的组成。E-Securer 由安全身份认证服务器、安全令牌、认证代理、认证应用开发包等组成。

- 安全身份认证服务器主要提供数据存储、AAA 服务、认证管理等功能，是整个认证系统的核心部分。
- 双因素安全令牌（Securer Key）用于生成用户当前登录的动态口令，是安全身份认证的最直接体现。动态口令卡采用了可靠设计，可抵御恶意用户读取其中的重要信息。
- 安装有认证代理（Authentication Agent）的被保护系统，通过认证代理向认证服务器发送认证请求，从而可保证系统身份认证的安全。系统提供简单、易用的认证 API 开发句供开发人员使用，有助于应用系统的快速集成与定制。安全认证系统如图5.2所示。

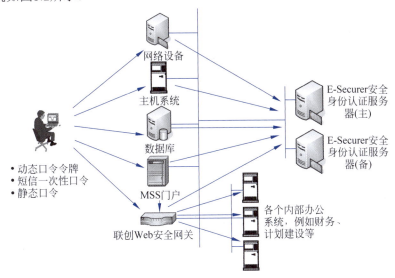

图 5.2 安全认证系统

（2）E-Securer 的安全性。E-Securer 系统依据动态口令机制实现动态身份认证，很好地解决了远程/网络环境中的用户身份认证问题。同时，系统具有集中用户管理和日志审计功能，便于管理员对整个企业员工进行集中的管理授权和事后日志审计。

（3）双因素身份认证系统的技术特点与优势主要体现在以下7方面。
- 系统与安全令牌相配合，通过双因素认证保障网络系统的安全。
- 通过配置用户访问权限，可有效控制访问权限并针对性地实现用户职责分担。
- 为系统提供详尽的相关安全审计和跟踪信息。
- 采用先进的 RADIUS、Tacacs、LDAP 等国际标准协议，具有高度的通用性。
- 可在多个协议模块之间实现负载均衡，且两台统一认证服务器之间可实现热备份，同时认证客户端可以在两台服务器之间自动切换。
- 提供 Web 图形化管理界面，可极大地方便网络管理员对系统进行集中管理、维护和审计等工作。
- 技术产品可支持主流的软硬件设备。

### 4）单点登录系统

在大型网络系统中，面对各种服务器系统认证方法与手段，职工在访问薪资查询系统或者登录公司分支机构时，总要记住不同的用户名和口令，不仅不易管理，也为网络安全留下隐患，为此产生了单点登录系统。

单点登录（Single Sign On，SSO）也称为单次登录，是指在多个应用系统中，用户只需要登录一次就可以访问所有相互信任的应用系统。可将一次主要的登录映射到其他应用中，用于同一个用户的登录机制，这是目前比较流行的企业业务整合的解决方案之一。其中，对网络服务器的认证由专门的认证服务器负责，并且统一对登录用户进行授权。

单点登录相对于传统的登录优势，主要体现在以下5方面。

（1）管理简单。现有的操作系统实现中，SSO的相关任务可以作为日常维护工作的一部分，使用与其他任务管理相同的工具来执行。

（2）管理控制便捷。对于Windows系统中的所有网络管理信息，包括SSO的特定信息，都存放在一个用Active Directory组织的存储库中。对每个用户的权限与特权仅有一个授权列表，使管理员在更改或维护用户特权后，可将结果传送到整个网络系统。

（3）用户使用简捷。用户不用多次登录，也不需要在访问网络资源时记住很多密码。同时，"帮助中心"的工作也更为简单，不用因忘记密码而造成帮助请求服务。

（4）网络更安全。SSO可用的方法都可提供用户身份验证，并为用户与网络资源的会话加密奠定了基础，不仅取消了访问多密码，还减少了用户喜欢写密码或多次输入密码被盗的危险。另外，由于将网络管理信息并入存储库，管理员还可确信所禁用的用户账号，从而使网络系统的安全性更高。

（5）合并异构网络。通过连接各种网络，相关的网络管理工作也可以进行合并，从而确保了管理的优化，实现整个系统安全策略的统一实施。

**5）Infogo身份认证**

盈高科技（Infogo Technology Co., LTD）是国内领先的网络安全准入设备制造公司，其推出的安全身份认证准入控制系统终端安全管理平台由MSAC安全准入套件、ITAM资产管理套件、MSEP桌面套件（包括应用管理、补丁管理、终端运维管理、安全评估及加固、违规外联、网络流量安全管理、行为管理）和MSM移动存储介质管理套件组成。系统通过Web方式对整个系统进行应用策略配置、下发、网络管理和查询报警数据；客户端接收到策略后自动执行并上报相关信息，方便管理员操作，不影响用户日常办公；支持基于局域网、广域网的地区多级级联管理模式；加强了对内部网络的完全管理和对计算机终端的控制。

## 5.1.4 访问控制概念及原理

**1. 访问控制的概念及要素**

访问控制（Access Control）是指系统对用户身份及其所属的预先定义的策略组限制其使用数据资源能力的手段，通常用于系统管理员控制用户对服务器、目录和文件等网络资源的访问。访问控制是系统保密性、完整性、可用性和合法使用性的重要基础，是网络安全防范和资源保护的关键策略之一，也是主体依据某些控制策略或权限对客体本身或其资源进行的不同授权访问。

访问控制的主要目的是限制访问主体对客体的访问，从而保障数据资源在合法范围内得以有效使用和管理。为了达到上述目的，访问控制需要完成两个任务：识别和确认访问系统的用户，决定该用户可以对某一系统资源进行何种类型的访问。

访问控制包括三个要素：主体、客体和控制策略。

**2. 访问控制的功能及原理**

访问控制的主要功能包括保证合法用户访问受权保护的网络资源，防止非法的主体进入受保护的网络资源，以及防止合法用户对受保护的网络资源进行非授权的访问。访问控制首先需要对用户身份的合法性进行验证，同时利用控制策略进行选用和管理工作。当验证用户身份和访问权限之后，还需要对越权操作进行监控。因此，访问控制的内容包括认证、控制策略实现和安全审计。

（1）认证。包括主体对客体的识别及客体对主体的检验确认。

（2）控制策略。通过合理地设定控制规则集合，确保用户对信息资源在授权范围内的合法使用。既要确保授权用户的合理使用，又要防止非法用户侵权进入系统而导致重要信息资源泄露。同时，对合法用户也不能越权行使权限以外的功能及访问范围。

（3）安全审计。系统可以自动根据用户的访问权限对计算机网络环境下的有关活动或行为进行系统、独立的检查验证，并做出相应评价与审计。

### 5.1.5 访问控制的类型及机制

访问控制可以分为两个层次：物理访问控制和逻辑访问控制。物理访问控制包括诸如符合标准规定的用户、设备、门、锁和安全环境等方面的要求，而逻辑访问控制则是在数据、应用、系统、网络和权限等层面实现的。对银行、证券等重要金融机构的网站，信息安全重点关注的是二者兼顾，物理访问控制则主要由其他类型的安全部门负责。

**1．访问控制的类型**

主要的访问控制类型有三种模式：自主访问控制、强制访问控制和基于角色访问控制。

**1）自主访问控制**

自主访问控制（Discretionary Access Control，DAC）是一种接入控制服务，通过执行基于系统实体身份及其到系统资源的接入授权。包括在文件、文件夹和共享资源中设置许可用户有权对自身所创建的文件、数据表等访问对象进行访问，并可将其访问权授予其他用户或收回其访问权限。允许访问对象制定针对该对象访问的控制策略，通常可通过访问控制列表来限定针对客体可执行的操作。

- 每个客体有一个所有者，可按照各自意愿将客体访问控制权限授予其他主体。
- 各客体都拥有一个限定主体对其访问权限的访问控制列表（ACL）。
- 每次访问时都以基于访问控制列表检查用户标志，实现对其访问权限控制。
- DAC的有效性依赖资源的所有者对安全政策的正确理解和有效落实。

DAC提供了适合多种系统环境的灵活方便的数据访问方式，是应用最广泛的访问控制策略。然而，它所提供的安全性可被非法用户绕过，授权用户在获得访问某资源的权限后，可能传送给其他用户。主要是在自由访问策略中，用户获得文件访问后，若不限制对该文件信息的操作，则没有限制数据信息的分发。所以DAC提供的安全性相对较低，无法对系统资源提供严格保护。

**2）强制访问控制**

强制访问控制（Mandatory Access Control，MAC）是系统强制主体服从访问控制策略，是由系统对用户所创建的对象，按照规定的规则控制用户权限及操作对象的访问。主要特征是对所有主体及其所控制的进程、文件、段、设备等客体实施强制访问控制。在MAC中，每个用户及文件都被赋予一定的安全级别，只有系统管理员才可以确定用户和组的访问权限，用户不能改变自身或任何客体的安全级别。系统通过比较用户和访问文件的安全级别，决定用户是否可以访问该文件。此外，MAC不允许通过进程生成共享文件，以通过共享文件将信息在进程中传递。MAC可通过使用敏感标签对所有用户和资源强制执行安全策略，一般采用三种方法：限制访问控制、过程控制和系统限制。MAC常用于多级安全军事系统，对专用或简单系统较有效，但对通用或大型系统并不太有效。

MAC的安全级别有多种定义方式，常用的分为4级：绝密级（Top Secret）、秘密级（Secret）、机密级（Confidential）和无级别级（UnclasSified），其中Top Secret > Secret > Confidential > UnclasSified。所有系统中的主体（用户，进程）和客体（文件，数据）都分配安全标签，以标识安全等级。

通常MAC与DAC结合使用，并实施一些附加的、更强的访问限制。一个主体只有通过自主与强制性访问限制检查后才能访问其客体。用户可利用DAC来防范其他用户对自己客体的攻击，由于用户不能直接改变强制访问控制属性，因此强制访问控制提供了一个不可逾越的、更强的安全保护层，以防范偶然或故意地滥用DAC。

**3）基于角色的访问控制**

角色（Role）是一定数量的权限的集合，指完成一项任务必须访问的资源及相应操作权限的集合。角色作为一个用户与权限的代理层，表示为权限和用户的关系，所有的授权应该给予角色，而不是直接给用户或用户组。

基于角色的访问控制（Role-Based Access Control，RBAC）是通过对角色的访问所进行的控制。使权限与角色相关联，用户通过成为适当角色的成员而得到其角色的权限，可极大地简化权限管理。为了完成某项工作，用户可依其责任和资格分派相应的角色，角色可依新需求和系统合并赋予新权限。而权限也可根据需要从某角色中收回。减小了授权管理的复杂性，降低了管理开销，提高了企业安全策略的灵活性。

RBAC模型的授权管理方法主要有三种：

（1）根据任务需要确定具体不同的角色；

（2）为不同角色分配资源和操作权限；

（3）给一个用户组（Group，权限分配的单位与载体）指定一个角色。

RBAC支持三个著名的安全原则：最小权限原则、责任分离原则和数据抽象原则。前者可将其角色配置成完成任务所需要的最小权限集；第二个原则可通过调用相互独立互斥的角色共同完成特殊任务，如核对账目等；后者可通过权限的抽象控制一些操作，如财务操作可用借款、存款等抽象权限，而不用操作系统提供的典型的读、写和执行权限。这些原则需要通过RBAC各部件的具体配置才可实现。

**2. 访问控制机制**

访问控制机制是检测和防止系统未授权访问，并对保护资源所采取的各种措施，是在文件系统中广泛应用的安全防护方法，一般是在操作系统的控制下，按照事先确定的规则决定是否允许主体访问客体，贯穿于系统全过程。

访问控制矩阵（Access Control Matrix）是最初实现访问控制机制的概念模型，以二维矩阵规定主体和客体之间的访问权限。其行表示主体的访问权限属性，列表示客体的访问权限属性，矩阵格表示所在行的主体对所在列的客体的访问授权，空格为未授权，Y为有操作授权，以确保系统操作按此矩阵授权进行访问。通过引用监控器协调客体对主体的访问，实现认证与访问控制的分离。在实际应用中，对于较大的系统，由于访问控制矩阵将变得非常大，其中许多空格会造成较大的存储空间浪费，因此较少利用矩阵方式，主要采用以下两种方法。

1）访问控制列表

访问控制列表（Access Control List，ACL）应用在路由器接口的指令列表，用于路由器利用源地址、目的地址、端口号等的特定指示条件对数据包进行抉择，是以文件为中心建立访问权限表，表中记载了该文件的访问用户名和权隶属关系。利用ACL容易判断出对特定客体的授权访问、可访问的主体和访问权限等。当将该客体的ACL置为空时，可撤销特定客体的授权访问。

基于ACL的访问控制策略简单实用。在查询特定主体访问客体时，虽然需要遍历查询所有客体的ACL，耗费较多资源，但仍是一种成熟且有效的访问控制方法。许多通用的操作系统都使用ACL来提供该项服务。如UNIX和VMS系统利用ACL的简略方式，以少量工作组的形式，而不许单个个体出现，可极大地缩减列表大小，增加系统效率。

2）能力关系表

能力关系表（Capabilities List）是以用户为中心建立的访问权限表。与ACL相反，表中规定了该用户可访问的文件名及权限，利用此表可方便地查询一个主体的所有授权。相反，检索具有授权访问特定客体的所有主体则需要查遍所有主体的能力关系表。

**3. 单点登录的访问管理**

5.1.3节简单介绍了单点登录SSO的基本概念和优势，主要优点是可集中存储用户身份信息，用户只需向服务器验证一次身份，即可使用多个系统的资源，无须再向各客户端验证身份，可提高网络用户的效率，减少网络操作的成本，增强网络安全性。根据登录的应用类型不同，可将SSO分为三种类型。

1）对桌面资源的统一访问管理

对桌面资源的访问管理包括两方面。

（1）登录Windows后统一访问Microsoft应用资源。Windows本身就是一个SSO系统。随着.NET技术的发展，Microsoft SSO将成为现实。通过Active Directory的用户组策略并结合SMS工具，可实现桌面策略的统一制定和统一管理。

（2）登录Windows后访问其他应用资源。根据Microsoft的软件策略，Windows并不主动提供与其他系统的直接连接。现在，已经有第三方产品提供上述功能，利用ActiveDirectory存储其他应用的用户信息，间接实现对这些应用的SSO服务。

2）Web单点登录

由于Web技术体系架构便捷，因此对Web资源的统一访问管理易于实现。如图5.3所示，在目前的访问管理产品中，Web访问管理产品最为成熟。Web访问管理系统一般与企业信息门户结合使用，提供完整的Web SSO解决方案。

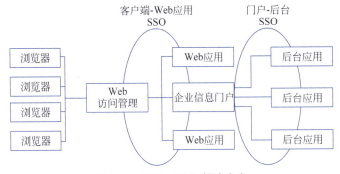

图 5.3 Web SSO 解决方案

### 3）传统 C/S 结构应用的统一访问管理

在传统 C/S 结构应用上，实现管理前台的统一或统一入口是关键。采用 Web 客户端作为前台是企业最为常见的一种解决方案。

在后台集成方面，可以利用基于集成平台的安全服务组件或不基于集成平台的安全服务 API，通过调用信息安全基础设施提供的访问管理服务实现统一访问管理。

在不同的应用系统之间同时传递身份认证和授权信息是传统 C/S 结构的统一访问管理系统面临的另一项任务。采用集成平台进行认证和授权信息的传递是当前发展的一种趋势。可对 C/S 结构应用的统一访问管理结合信息总线（EAI）平台建设一同进行。

## 5.2　身份认证技术

身份认证技术是指在多方通信过程中，参与者一方对其余各方身份进行判断和确认的安全技术。身份认证技术的主要作用在于防止未认证的用户参与信息交互。利用身份认证技术可以将通信权限与特定的身份对应，以便于管理资源，防止信息资源的泄露。在通信过程中，首先需要通过身份认证系统识别身份，因此身份认证是安全系统中的第一道防线。

### 5.2.1　身份认证概述

对用户实行身份认证有三种主要方式：用户所知，通过检验用户所知信息来证明身份；用户所有，通过用户所拥有的可信任的物件来证明身份；用户生物特征，利用用户独特的生物特征来证明身份。在通信安全中，也需要相关技术手段和方式来对用户身份进行鉴别认证。

身份认证的一般模型如图 5.4 所示。

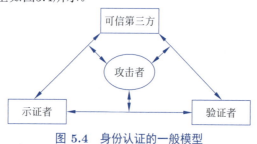

图 5.4　身份认证的一般模型

图 5.4 中，要验证示证者（Prover）的身份，示证者要出示证件或证明数据，从而获得进入系统的资格并提出某种服务要求；验证者（Verifier）会对示证者出示的证件检验或证明数据的正确性、合法性及有效性，判断示证者是否达到准入要求。在此过程中，可能需要引入双方都信任的机构——可信第三方（Trusted Party）参与身份证明的准备、证明过程，或在双方出现纠纷时充当仲裁者。

攻击者（Attacker）的目的在于伪装成示证者，并利用各种技术方法通过身份认证。攻击者伪装和实施攻击之前，常常在信道中窃听正常用户双方通信的内容，以此获取相关认证信息，因此示证者的秘密信息不可以明文方式在信道内传输；此外，攻击者还可能发动重放攻击，重复使用验证者出示的证明数据，来达到冒充示证者的目的；攻击者还可能采用更为主动的方式，如插入示证者与验证者之间篡改其通信内容，实施所谓的"中间人欺诈"；最后，多个攻击者合伙欺诈也是身份认证协议需要防范的危险。

在无线网络通信中，电子欺骗以及 Sybil 攻击是常见的身份相关安全威胁。电子欺骗可以导致网络性能下降、数据泄露和服务中断等后果。电子欺骗的原理是攻击者通过监听或者破解等手段获取网络中某个合法节点的身份标识,例如MAC地址或者IP地址,然后伪装成该节点与其他节点进行通信,从而实现欺骗、篡改或者拒绝服务等攻击目的。如图5.5所示,电子欺骗者通过伪造合法节点A的身份向B发送恶意信息,导致电子欺骗攻击。

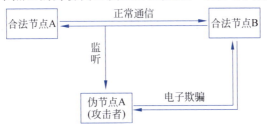

图 5.5 电子欺骗攻击模型

Sybil攻击是一种针对无线通信网络的攻击方式,它利用了无线通信网络中节点身份的不可靠性和广播信息的特性。与电子欺骗攻击不同的是,Sybil攻击者通过模仿其他用户节点或者制造虚假身份的方式非法控制大量身份,并利用这些身份对无线通信网络进行攻击。Sybil攻击的主要目标是消耗无线通信网络中的资源,导致合法用户无法正常接入网络,从而造成拒绝服务攻击。攻击者可以通过模仿大量用户节点向路由器发送连接请求信息,使得路由器被大量的虚假请求消耗掉,无法处理真正的请求。这样,合法用户就会被拒绝接入网络,导致无线通信网络的服务质量严重下降。

身份认证技术方法众多,其中静态口令是最常用的身份认证方法,由于攻击者可能从信道旁路截获或者重放口令,因此静态口令方案具有较差的安全性,常被称为弱身份证明。除了静态口令的方案,也可以通过挑战—应答(Challenge-Response)的密码学协议机制来实现安全系统的身份认证,在基于挑战—响应机制的身份认证中,验证者通常根据双方约定的密码学原理生成一个挑战随机数发送给示证者,示证者根据自己所拥有的秘密值(如私钥)对挑战随机数进行计算,产生应答返回给验证者,通过正确的应答来向验证者证明自己的身份,在这个过程中,攻击者由于无法掌握示证者的秘密值,因此无法计算产生可以进行身份认证的应答。挑战—应答协议方案安全性较高,能有效对抗攻击者对信道的窃听和对认证数据的重放,因此也被称为强身份证明。

### 5.2.2 基于静态口令的身份认证

基于静态口令的身份认证协议是一种常见的安全技术,它可以保证用户的身份不被冒充或篡改。该协议的基本原理是,节点在接入时设置一个唯一的ID(用户标识)和一个难以猜测的PW(用户口令)。当用户需要访问通信网络的资源时,他必须向认证节点发送他的ID和PW。认证节点会验证这些信息是否与存储的信息一致,如果匹配成功,就允许用户登录并访问资源。这种协议的优点是简单易用,适用于各种通信网络管理系统,例如物联网接入、车联网认证等。但是,这种协议也存在一些缺点,例如容易受到字典攻击、中间人攻击、重放攻击等。

常见的基于静态口令的身份认证技术有如下三种。

(1)**直接明文口令**。这种方式是最简单也最不安全的一种,就是将用户的口令以明文的形式保存。这样做的风险很大,因为任何人只要能够访问到口令管理节点,就可以轻易地获取所有用户的口令。例如,攻击者可以通过社工或暴力破解等手段获得一个低级别的账号和口令,然后接入网络中,读取明文口令,从而得到所有用户的口令。这样,攻击者就可以对网络中的通信任意进行截取、伪造和攻击，造成严重的损失。

（2）**Hash口令**。这种方式是对明文口令的一种改进，就是将用户的口令通过一个单向不可逆的函数（称为哈希函数）转换成一个长度固定的字符串（称为哈希值），然后将哈希值保存在数据库中。这样做的好处是，即使攻击者能够访问到口令管理节点，也无法直接得到用户的原始口令，因为哈希函数是不可逆的，也就是说，不能从哈希值反推出口令。当用户请求接入访问时，系统会将用户输入的口令经过同样的哈希函数计算出哈希值，然后与存储的哈希值进行比较，如果相同，则验证通过；如果不同，则验证失败。

（3）**加盐的Hash口令**。这种方式是对Hash存储口令的一种优化，就是在用户的口令前面或后面添加一段随机生成的字符串（称为盐），然后再进行哈希函数计算，并将盐和哈希值一起保存在数据库中。这样做的目的是增加攻击者破解口令的难度，防止使用彩虹表等预先计算好的方法来批量破解口令。由于每个用户的盐都是随机生成且不同的，因此即使两个用户使用了相同的口令，他们得到的哈希值也会不同。当用户请求接入通信网络时，系统会先从节点中读取该用户对应的盐和哈希值，然后将盐和用户输入的口令拼接起来，再进行哈希函数计算，并与数据库中存储的哈希值进行比较。如图5.6为一种加盐的Hash存储口令方案。

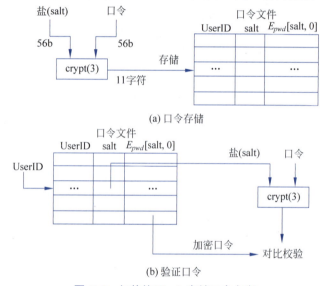

图 5.6　加盐的Hash存储口令方案

基于静态口令的认证方式的优点是，它可以防止明文口令在网络上传输，从而降低了被窃听的风险。而且，即使攻击者获得了口令文件，也很难从哈希值中恢复出原始的口令，提高了安全性。但是，这种认证方式也有明显的缺点，它只是一种单因素的认证，安全性完全取决于口令的强度和保密性。然而，用户往往倾向于选择简单、好记、易被猜测的口令，同时口令一旦被窃取，也可以被进行离线的暴力破解或字典攻击。随着计算能力的提升和自动化口令破解工具的普及，这种方法已经变得越来越不可信。基于静态口令的认证在通信网络中更加不安全。

### 5.2.3　基于动态口令的身份认证

一次性口令是一种身份认证的方法，它可以防止攻击者通过窃听或重放的方式获取用户的口令。一次性口令的原理是，每次认证时，用户和认证节点都使用一个不同的口令，这个口令是根据某种算法生成的,而且只能使用一次。一次性口令有以下多种实现方式。

(1)**共享的一次性口令表**。用户和认证节点事先共享一张包含多个口令的表格,每次认证时,按照表格上的顺序使用一个口令,然后从表格中删除。

(2)**按序修改的一次性口令**。用户和认证节点只共享一个初始口令,每次认证时,用户用当前的口令加密一个新生成的口令,并将其发送给认证节点。认证节点用当前的口令解密并验证新的口令,并将其作为下一次认证的口令。

(3)**基于单向函数的一次性口令**。用户和认证节点只共享一个初始口令,每次认证时,用户用一个单向函数(如哈希函数)对当前的口令进行多次运算,并将运算结果作为新的口令发送给认证节点。认证节点用同样的单向函数对当前的口令进行相同次数的运算,并与用户发送的结果进行比较。

S/Key一次性口令协议是目前最常用的动态一次性口令协议,其基本原理如下。

(1)协议初始化:认证双方约定一个单向函数$h$,根据示证者初始口令PW,计算得到$X$列表。

$$X_1 = h(\text{PW}), X_2 = h(h(\text{PW})), \cdots, X_n = f^n(\text{PW}), X_{n+1} = f^{n+1}(\text{PW})$$

由示证者保存列表$(X_1, X_2, \cdots, X_n)$,验证者保存$(P, X_{n+1})$。

(2)验证过程:在第一次登录时,示证者P发送给验证者自己的用户名$P$和口令$X_n$。验证者计算$h(X_n)$,并和$X_{n+1}$比较,如果两者相同,则验证通过。这之后,去除$X_{n+1}$,将$X_n$发送给验证者,作为新的验证值,然后在示证者列表中去掉$X_n$。在下次登录时,仍用同样方法可以进行验证,即比较$h(X_{n-1})$和$X_n$。以此类推,当列表为空时,需要重新进行初始化。

在上述过程中,由于列表中的每个值都只使用一次,而且函数$h$是单向函数,每个$X_i$的使用都只对本次认证有效,因此攻击者无法通过重放攻击伪造认证。可以看到,单向函数$h$的安全性决定了整个S/Key协议的安全性。

## 5.2.4 基于挑战—应答协议的身份认证

利用密码学中的挑战—应答协议来实现身份验证的方案有几种不同的分类方式。其中,基于单钥密码体制(或哈希函数)的协议是其中一种,它依赖单个密钥来加密和解密信息。另一种是基于公钥密码体制的协议,它使用两个密钥(一个公钥和一个私钥)来加密和解密信息,从而提供更高的安全性。此外,还有专用的基于挑战和应答的身份认证协议,这些协议是专门设计用于身份验证的挑战和应答协议。最后,基于零知识证明的挑战和应答协议是一种在不透露任何信息的情况下证明自己身份的方式,这种方式在密码学中也被广泛应用。以下是这几种协议在身份认证中的原理和具体应用。

**1)基于单钥密码体制或哈希函数的身份认证**

根据任意单钥密码体制(如SM4)可以设计如下身份认证方案。首先示证者P和验证者V共享一个秘密私钥$k$,以及约定好加密函数$E$,则身份认证协议的过程如下:

(1)P向V发起身份认证;

(2)V生成挑战值$r$并发送给P,$r$为随机比特串;

(3)P对$r$进行加密,得到

$$y = E_k(r)$$

并将$y$发送回V;

（4）V 计算
$$y' = E_k(r)$$
并检验是否有 $y = y'$。

如果成立，则身份认证成功，否则失败。

基于哈希函数的协议与单钥密码体制类似，过程如下：

（1）P 向 V 发起身份认证；

（2）V 生成挑战值 $r$ 并发送给 P，$r$ 为随机比特串；

（3）P 根据自身口令 PW 与 $r$ 得到哈希值
$$y = H(\text{PW}||r)$$
并将 $y$ 发送回 V；

（4）V 计算
$$y' = H(\text{PW}||r)$$
并检验是否有 $y = y'$。

如果成立，则身份认证成功，否则认证失败。

（5）在认证成功之后，V 仍需周期性地对 P 执行新的挑战—应答协议，重复步骤（2）~步骤（4），随时检查 P 身份的合法性。

在上述方案中，需要通信双方或者多方共享秘密值（如密钥），但由于引入了随机数挑战值，上一次的应答无法回应新的挑战，因此可以抵御重放攻击。

**2）基于公钥密码体制的身份认证**

公钥密码体制解决了传统单钥密码体制双方需要共享密钥的问题。在公钥密码体制中，示证者 P 公开公钥，保存私钥，双方约定好密码算法，则可以设计身份认证方案如下：

（1）P 向 V 发起身份认证；

（2）V 生成挑战值 $r$ 并发送给 P，$r$ 为随机比特串；

（3）P 用私钥对 $r$ 进行加密，并将结果发送回 V；

（4）V 用 P 的公钥解密，对比 $r$ 是否正确。

如果正确，则身份认证成功，否则失败。

在这个过程中，示证者 P 的私钥是保密的，没有人知道，因此可证明只有 P 可以正确加密 $r$，利用公钥密码的性质，可证明 P 的身份，且无须秘密分享相关秘密值。但上述方案的缺陷在于示证者需要对验证者随机数进行挑战证明，可能遭受选择明文攻击。

根据公钥密码算法，也可以推导设计基于数字证书的身份认证协议。

**3）基于数字签名的身份认证**

数字签名是利用公钥密码技术生成的一种数字凭证，用于验证消息的完整性和身份认证。在基于数字签名的身份认证中，发送方使用私钥对要发送的消息进行签名，接收方使用发送方的公钥对数字签名进行解密和验证，得到消息摘要 A，并与用消息哈希处理后得到的消息摘要比较。如果数字签名有效（相等），那么接收方就可以确定该消息确实来自发送方，因为只有发送方拥有与该数字签名相对应的私钥。如果数字签名无效，接收方则可以拒绝该消息或者尝试使用其他安全机制来保护其通信安全。

以下介绍 Schnorr 认证协议。

Schnorr 身份认证协议是一种基于公钥密码学的方法，旨在克服传统基于口令的身份认证方案的局限性。该协议涉及三个角色：可信第三方（TA）、示证者（P）和验证者（V）。在 Schnorr 协议中，TA 负责选择环境参数，这是只需在 TA 建立时进行一次的操作。然后，示证者 P 创建私钥/公钥对，并请求数字证书，这个过程只需在 P 注册或更新密钥时进行。最后，示证者 P 需要向验证者 V 证明自己的身份，这个过程在每一次 P 登录时都会进行。

具体步骤如下。

(1) TA 选择参数。

TA 选择协议的参数 $p, q, \alpha, t, \text{Sig(ver)}, H$ 如下：

① $p$ 是一个大素数（要求 $p \geq 2^{512}$），使得 $Z_p^*$ 中的离散对数问题是难解的；

② $q$ 为 $p-1$ 的一个大素因子（要求 $q \geq 2^{140}$）；

③ $a \in Z_p^*$ 由阶 $q$(注意：这样一个 $a$ 能从模 $p$ 的本原元的 $p1)/q$ 次幂中计算出，即如果 $h$ 是一个模 $p$ 的本原元，则 $a \equiv h^{(p-1)/q} (\text{mod } p)$；

④ $t$ 是一个安全参数，满足 $q \geq 2^t$，一般可以选择 $t = 64\text{b}$；

⑤ TA 选择一个安全的签名方案，该方案具有一个秘密的签名算法 $\text{Sig}_{\text{TA}}$ 和一个公开的验证算法 $\text{Ver}_{\text{TA}}$；

⑥ TA 选择一个安全的哈希函数 $H$，协议涉及的所有信息在签名前都要进行哈希（在后面的协议描述中将省略对于数据进行哈希的步骤）。

协议中的参数 $p$、$q$、$a$、$t$、VerA 和 $H$ 全部公开。

(2) 创建密钥构建证书。

示证者秘密选择随机数 $a$（私钥，相当于 P 的口令），满足 $0 \leq a \leq q-1$ 并且计算

$$v \equiv \alpha^{-a} (\text{mod } p)$$

其中，$v$ 为 P 公钥，P 根据身份信息 $\text{ID}_p$ 和 $v$ 注册签名为

$$s = \text{Sig}_{\text{TA}}(\text{ID}_p, v)$$

并且生成证书 $C = (\text{ID}_p, v, s)$。

(3) 示证者 P 向验证者 V 证明身份。双方执行如下过程来证明 P 身份：

① P 选择一个随机数 $k$，满足 $0 \leq k \leq q-1$，并计算 $\gamma \equiv a (\text{mod } p)$；

② P 把他的证书 $C = (\text{ID}_p, v, s)$ 和 $\gamma$ 发送给 V；

③ V 通过检查

$$\text{Ver}_{\text{TA}}(\text{ID}_p, v, s) = \text{True}$$

来验证 TA 的签名，从而证明 P 的证书 C 的有效性；

④ V 选择一个随机数 $r$，满足 $1 \leq r \leq 2^t$，并把它送给 P；

⑤ P 计算

$$y \equiv (k + a * r)(\text{mod } q)$$

并把 $y$ 送给 V；

⑥ V 验证是否有

$$\gamma = a^y v^r (\text{mod } p)$$

如果成立，则 V 相信 P 身份真实。

简要流程如图 5.7 所示。

虽然 Schnorr 协议具有可靠性和完备性，但这并不足以保证其安全性。例如，如果证明者 P 为了向验证者 V 证明其身份而简单地泄露了自己的私钥的值，该协议仍然保持可靠和完备，

但将变得不安全。因为一旦验证者获得了关于 P 的信息,他便能够冒充 P 进行身份验证。因此,在 P 证明其身份时,验证者不应获得关于 P 的任何信息,以确保该协议的安全性。Schnorr 方案的优点不仅体现在计算的速度和效率上,还体现在协议的安全性和可靠性上。在协议的执行过程中,P 只需要进行简单的模运算,而不需要进行复杂的数论运算,这使得 P 可以在低计算能力的设备上实现协议。同时,Schnorr 方案也具有抗伪造、抗篡改、抗否认等安全特性,可以满足多种实际应用的需求。因此,Schnorr 方案是一种高效、安全、实用的数字签名协议。

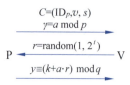

图 5.7　Schnorr 身份认证简要流程

### 5.2.5　物理层认证技术

在无线通信网络中,物理层认证技术利用无线信道的随机性,通过对物理层参数进行采集来进行信号认证。现有的无线通信网络中,我们通常使用基于对称或非对称的密钥系统来对网络中发送的消息进行认证。

在无线通信网络中,使用物理层认证技术相比基于密钥系统的认证方式具有以下优势:第一,通过利用无线信道的物理特性,我们可以采用编码和信号处理的方法确保特定信息仅能由特定目标设备进行解码,从而有效保障了消息的安全性。第二,密码学系统面临日益增长的计算能力的攻击,网络中的攻击者可能拥有几乎无限的计算能力,因此可能通过暴力破解来破坏系统的安全性。然而,由于通信中的物理层特征难以被伪造,因此利用物理层特征进行认证可以提供更高的安全性能。第三,在现有的密码学系统中,密钥的生成、分发和管理需要耗费大量时间,尤其在复杂的通信网络中,可能会产生对时延敏感的通信业务所不能接受的时延。相比之下,物理层认证无须消耗通信资源进行密钥交换,无须考虑其他安全协议的执行情况,也不需要在其他层次添加额外的安全机制。第四,物理层认证可以在解调和解码之前完成对信号的认证,从而避免了无意义的信号处理造成的通信资源浪费。

物理层认证可以分为多种类型,例如基于信道的物理层认证和基于模拟前级的物理层认证。表 5.1 列出了各种不同类型的物理层认证算法中通常使用的信道状态参数。

表 5.1　不同类型物理层认证算法以及参数

| 物理层认证算法类型 | 认证所使用的参数 |
| --- | --- |
| 基于信道的物理层认证 | 信号强度,无线环境信息,信道频率响应 |
| 基于模拟前级的物理层认证 | IQ 相位不平衡程度,ADC 和功率放大器的模拟特征,载波频率偏移,时钟偏移 |
| 基于其他物理层参数的认证 | 信号时间序列功率谱密度 |

物理层认证技术主要用于应对无线网络中消息篡改和伪造攻击。其中,消息篡改攻击模型是指攻击者通过修改网络中传输的消息的一部分,使接收方无法接收到可信的正确消息;而伪造攻击模型是指攻击者伪造虚假身份或冒充其他合法节点的身份,以欺骗其他节点。这两种攻击模型都会对无线网络的安全性和可靠性造成威胁,因此物理层认证技术在这方面发挥

着重要的作用。

图5.8所示是一个典型的物理层认证通信模型。在此模型中，我们假设接收者B已经获取了与合法发送者A之间的信道状态信息。这样，B就可以利用信道估计和假设检验的方法，对所接收到的消息进行认证。在此过程中，接收者B和网络中的其他实体C都可以正确地接收到消息，然而只有拥有信道状态信息的B可以对消息的来源进行认证。

图 5.8  物理层认证通信模型

在无线网络中，MAC层的欺骗攻击往往难以被检测。然而，物理层认证技术可以有效地弥补这一不足，它不依赖上层的安全机制。例如，有学者利用IEEE 802.11协议中信标帧携带的时间戳，通过线性规划和最小二乘法拟合计算接入点的时钟偏移量，以此在无线局域网中鉴别攻击者伪造的接入点。为了应对无线网络中的欺骗攻击，我们可以建立接收者和攻击者之间的零和博弈模型。基于贝叶斯风险，我们可以导出接收者假设检验中所需的阈值，并进一步分析接收者和攻击者之间的博弈均衡点。在动态的无线通信环境中，我们还可以利用强化学习的方法来优化假设检验的阈值。对于频率选择性的瑞利信道，利用信道估计得到的信道频率响应，使用广义似然比检验方法能检测到90%以上的欺骗攻击。另外，除了直接采用信道状态信息作为认证的参数，我们还可以将物理层认证问题转换为比较两个随机变量的功率谱密度是否相同的问题。这种方法仅关注两个时间序列的不同之处，可以避免考虑通信过程中的符号同步等细节问题。

许多学者提出了不同的方案来解决物理层认证中的问题，这些方案基于不同的信道状态信息、检验方法、认证场景。针对认证通信开销大的问题，基于预编码双二进制信号的认证机制可以利用消息编码中的冗余信息进行认证，从而降低认证通信的开销。这种机制在保证吞吐量的前提下，能够有效降低消息和认证信号的错误率。

在上述物理层认证方法中，需要假设已知接收者和信道状态，在实际通信过程中难以实现。这个问题可以让需要进行认证的节点整合多个地标节点，并同时估计发送者信号强度等信道状态信息。为了解决物理层认证方法在实际通信过程中难以实现的问题，可以在需要认证的节点中整合多个地标节点，同时估计发送者信号强度等信道状态信息，使用逻辑回归算法判断接收到的消息是否合法。可以使用Frank-Wolfe等算法估计逻辑回归的参数，并可以使用增量聚合梯度方法降低计算开销、提高检验的准确率。在信道状态变化较快的车联网等无线通信网络中，为了避免对复杂信道模型、攻击模型的不精确假设，可以让消息的发送者采集通信环境中的基站或路边单元发送的无线信号的信号强度、发包间隔等信道状态信息，作为认证的参数，接收者B可以利用强化学习的方法选择的认证模式和认证参数来判定消息的合法性。使用这种方法可以达到0.02以下的漏检率和虚警率。

物理层认证技术目前仍处于研究前沿，面临着许多挑战。首先，信道状态信息的完整性和准确性是影响物理层认证可靠性的关键因素。然而，在实际通信环境中，信道状态信息可能不完整或存在误差，导致可靠性降低。基于信道状态信息的认证方法通常假设信道是平稳的，但信道衰落等问题使得在动态通信环境中很难满足这一假设。例如，在车联网和具有睡眠模式的网络等情况下，认证机制的精度可能会受到影响。其次，将物理层认证技术集成到现有网络和协议中存在一定困难。由于物理层认证方法和上层网络密码学认证的实现方法不一致，引入了额外的开销。此外，现有的认证机制主要基于机器之间通信的认证，而在大规模网络中，需要互相认证的设备往往不是直接相连的。因此，需要研发一种适用于不直接相连设备进行物理层认证的方法。最后，物理层认证在复杂异构网络中的使用存在一定挑战。在复杂的异构无线网络中，认证功能必须兼容各种设备。用户在移动时，不同类型的设备之间需要无缝移交认证上下文，这可能导致时延增加，无法满足5G等时延敏感的通信需求。因此，需要研究一种适用于复杂异构网络的物理层认证机制，以降低时延并满足实际应用需求。

## 5.3 访问控制技术

### 5.3.1 访问控制概述

**1. 什么是访问控制**

访问控制（Access Control）是指系统按照用户身份及其所属的预先定义好的策略组来限制用户使用其数据资源能力的措施，该措施常用于系统管理员控制用户对服务器、目录、文件等网络资源的访问。

访问控制的主要目标是限制访问主体对客体的访问，从而保障客体各项资源被合法使用。为实现这种目标，访问控制需要完成的主要任务有两个：对访问系统的用户进行识别、验证和确认，明确用户对不同系统资源的访问能力。

访问控制是保障系统保密性、完整性、可用性和合法使用性的重要基础，也是网络安全防范和资源保护的关键策略。通过访问控制，我们可以通过一定的控制策略和权限来授权主体对客体本身及其数据资源的不同访问。

访问控制的功能主要包括：保证合法主体访问授权保护的资源，防止非法主体进入访问受保护的资源，同时也要防止合法主体对受保护的资源进行未被授权的访问。

**2. 访问控制的要素**

访问控制包括三个要素：主体、客体和控制策略。

**1）主体**

主体S（Subject）是访问资源请求的提出者，是发起请求的对象，但不一定是请求的执行者，主体可以是某个用户，也可以是用户启动的进程、服务和设备。

**2）客体**

客体O（Object）是被访问资源的实体。凡是可以被操作的信息、资源、对象都可以认为是客体。在信息社会中，客体可以是信息、文件、记录等的集合体，也可以是网络上的硬件设施、无线通信中的终端，甚至可以包含另一个客体。

**3）控制策略**

控制策略A（Attribution）是主体对客体的访问规则集，即属性集合。访问策略体现了一种授权行为，也是客体对主体某些行为的默认。

## 5.3.2 访问控制原理

考虑访问控制,首先需要验证用户身份的合法性,同时还需要考虑控制策略的选用和相应的管理工作。待用户身份验证和访问权限验证成功后,访问控制系统还应该监控越权行为。因此,访问控制的内容应包括认证、控制策略实现和安全审计,如图5.9所示。

图 5.9 访问控制原理示意图

(1)认证:主体对客体的识别和客体对主体的确认检验。

(2)控制策略实现:考虑如何合理地设定控制规则集合,确保用户对信息资源的使用是在授权范围内的合法行为。控制策略既要防止非法用户进入系统,也要保障授权用户的合法使用,还要考虑敏感资源泄露问题。对于合法用户而言,更不能越权行使没有被授权的功能或进入未被授权的访问范围。

(3)安全审计:系统能自动根据用户权限对计算机网络环境下的有关活动或行为进行系统、独立的检查验证,并做出相应评价。

## 5.3.3 访问控制的模式与机制

访问控制一般分为两个层次:物理访问控制和逻辑访问控制。物理访问控制主要指的是使用满足相关标准的钥匙、门、锁和设备标签以及保障安全环境等物理层面的要求,而逻辑访问控制则是在数据、应用、系统和网络等逻辑层面实现的。对于银行、证券等重要金融机构的网站,信息安全重点关注的是逻辑访问控制,物理访问控制则主要由其他类型的安全部门负责。接下来我们所关注的访问控制的知识也是逻辑访问控制的相关内容。

## 5.3.4 访问控制的安全策略

访问控制的安全策略是指在某个自治区域内(一般指属于某个组织的一系列处理和通信资源)用于所有与安全相关活动的一套访问控制规则,其由此安全区域中的安全权力机构建立,并由此安全控制机构进行描述实现。

访问控制的安全策略一般分为三种类型:基于身份的安全策略、基于规则的安全策略和综合访问控制方式。在访问控制实现方面,实现的安全策略包括八方面:入网访问控制、网络权限控制、目录级安全控制、属性安全控制、网络服务器安全控制、网络监测和锁定控制、网络端口和节点的安全控制以及防火墙控制。

**1. 安全策略的实施原则**

访问控制安全策略原则主要围绕主体、客体和安全控制规则三者之间的关系进行讨论。

(1)最小特权原则:指主体执行操作时,按照主体所需权利的最小化原则对主体进行权力分配。该原则的优点是最大限度地限制了主体实施授权的行为，可避免来自突发事件、操作错误和未授权主体等意外情况的危险。为了达到一定目的，主体必须执行一定操作，但只能做被允许的操作，其他操作除外。这一原则是抑制特洛伊木马和实现可靠程序的基本措施。

（2）最小泄露原则：指主体执行任务时，按照主体所需要知道的最小信息对主体进行权限分配，不进行多余的信息分配，以防止信息泄密。

（3）多级安全策略：指对于主体和客体之间的数据流向和权限控制，按照安全级别的绝密（TS）、秘密（S）、机密（C）、限制（RS）和无级别（U）五个等级进行划分。该原则的优点是避免敏感信息扩散。对于具有安全级别的信息资源，只有安全级别高于该资源的主体才能够访问。

**2. 基于身份的安全策略**

身份安全策略和规则安全策略均以授权行为作为建立的基础，下面分别介绍这两种安全策略。

基于身份的安全策略主要是过滤主体对数据或资源的访问。只有通过认证的主体，才被允许正常使用客体的资源。这种安全策略又分为两类：基于个人的安全策略和基于组的安全策略。

基于个人的安全策略是指以用户个人为中心建立的策略，主要由一些控制列表组成。这些列表针对特定的客体，限定了哪些用户可以实现哪些安全策略的操作行为。

基于组的安全策略是基于个人策略的发展与扩充，主要是指系统对一些用户使用同样的访问控制规则访问同样的客体。

**3. 基于规则的安全策略**

在一个基于规则的安全策略系统中，所有数据和资源都标注了安全标记，用户的活动进程与其原发者具有相同的安全标记。系统通过比较用户和客体资源二者的安全级别来判断是否允许用户进行访问。这种安全策略通常具有依赖性与敏感性。

**4. 综合访问控制方式**

综合访问控制策略（HAC）继承和汲取了几种主流访问控制技术的优点，有效地解决了信息安全领域的访问控制问题，保护了数据的保密性和完整性，保证了授权主体能访问客体并拒绝非授权访问。HAC具有良好的灵活性、可维护性、可管理性、更细粒度的访问控制性和更高的安全性，向信息系统设计人员和开发人员提供了访问控制安全功能的解决方案。综合访问控制策略主要包含以下七类。

**1）入网访问控制**

入网访问控制承担了网络访问的第一层访问控制的工作。入网访问控制规定了可登录到服务器并获取网络资源的用户及其所能登录的服务器和获取的网络资源的种类，控制准许用户入网的时间和登录入网的工作站点。用户的入网访问控制分为用户名和口令的识别与验证、用户账号的默认限制检查。该用户只要在其中任何一个环节检查未通过，便无法进入该网络访问。

**2）网络的权限控制**

网络的权限控制是针对网络非法操作而采取的一种安全保护措施。用户对网络资源的访问权限通常用一个访问控制列表来描述。从用户的角度来讲，网络的权限控制可应用于以下三类用户：
(1) 特殊用户，指具有系统管理权限的用户；
(2) 一般用户，被系统管理员根据用户实际需要分配到一定操作权限的用户；
(3) 审计用户，专门负责对网络的安全控制与资源使用情况进行审计的人员。

**3）目录级安全控制**

目录级安全控制可用于控制用户对目录、文件和设备的访问，或指定对目录下的子目录和文件的使用权限。用户在目录一级指定的权限对所有目录下的文件有效，并且还可进一步指定子目录的权限。在网络和操作系统中，常见的目录和文件访问权限包括系统管理员权限（Supervisor）、读权限（Read）、写权限（Write）、创建权限（Create）、删除权限（Erase）、修改权限（Modify）、文件查找权限（File Scan）、控制权限（Access Control）等。一个网络系统管理员应当为用户指定适当的访问权限，以此控制用户对服务器资源的访问，达到加强网络和服务器的安全性的目的。

**4）属性安全控制**

属性安全控制能将特定的属性与网络服务器的文件和目录网络设备进行关联。属性安全控制能在权限安全的基础上对属性安全提供进一步的安全性。网络资源都应先标识其安全属性，用户对应网络资源的访问权限被保存于访问控制列表中，用于记录用户对网络资源的访问能力，以便控制访问。

属性配置的权限包括向某个文件写数据、复制一个文件、删除目录或文件、查看目录和文件、执行文件、隐含文件、共享系统属性等。安全属性可以保护重要的目录和文件，防止用户越权对这些目录和文件进行查看、删除、修改等操作。

**5）网络服务器安全控制**

网络服务器安全控制允许通过服务器控制台执行安全控制操作，这些操作包括用户使用控制台装载和卸载操作模块、安装和删除软件等。操作网络服务器的安全控制还包括设置口令锁定服务器控制台，用于防止非法用户修改、删除重要信息。另外，系统管理员还可以实施设定服务器登录时间限制、非法访问者检测和关闭的时间间隔等措施，对网络服务器进行进一步的安全控制。

**6）网络监控和锁定控制**

在网络系统中，服务器通常自动记录用户对网络资源的访问，如有非法的网络访问，服务器会以图形、文字或声音等形式向网络管理员报警，使网络管理员对此加以注意并进行审查。对试图进入网络的用户，网络服务器会自动记录其企图进入网络的次数。当非法访问的次数达到设定的数值时，网络服务器对该用户的账户实施自动锁定。

**7）网络端口和节点的安全控制**

网络中服务器的端口往往使用自动回复器、静默调制解调器等安全设施实施保护，并以加密的形式来识别节点的身份。自动回复器一般用于防止假冒合法用户，静默调制解调器一般用于防范黑客使用自动拨号程序对计算机进行攻击。网络管理者还应经常对服务器端和用户端采取安全控制措施，例如要求用户必须携带验证器通过对用户真实身份的检测，在对用户的身份进行验证之后，才允许用户进入用户端，然后用户端和服务器再进行相互验证。

## 5.4 认证和访问控制的实际应用

### 5.4.1 AAA认证授权系统

**1. AAA系统概述**

在信息化社会新的网络应用环境中,虚拟专用网(VPN)、远程拨号和移动办公等网络移动接入应用被广泛使用。传统的用户身份认证和访问控制机制已无法满足用户的需求,因此产生了AAA认证授权机制。AAA是Authentication(认证)、Authorization(授权)和Accounting(审计)的简称。这里的认证就是对用户的身份进行验证,判断其是否为合法用户。授权是指当用户身份被确认合法后,赋予该用户能够使用的业务和拥有的权限,例如分配一个IP地址。审计是指网络系统收集、记录用户对网络资源的使用情况,以便向用户收取费用和进行审计。AAA是网络运营的基础,既保证了合法用户的权益,又有效地保证了网络系统的运行安全。

AAA一般运行于网络接入服务器,提供一个有力的认证、鉴权、计费信息采集和配置系统。网络管理者可根据需要选用适合的具体网络协议及认证系统。

**2. 远程认证拨入用户服务**

RADIUS(Remote Authentication Dial-In User Service,远程认证拨入用户服务)是使用广泛的用户接入管理协议。最初,Livingston公司提出RADIUS协议的目的是简化认证流程,便于进行大量用户的接入验证。后来,经过不断扩充和完善,其应用范围扩展到无线验证和VPN验证等领域,提供成熟的AAA管理。

RADIUS是基于UDP的应用层协议,认证使用1812端口,计费使用1813接口。RADIUS采用客户端/服务器模式,其中客户端是指网络接入服务器(Network Access Server,NAS)或RADIUS客户端软件,服务器是指RADIUS服务器。客户端的功能是把用户身份信息(用户名、密码)传输给RADIUS服务器,并处理返回的响应;RADIUS服务器的功能是接收客户端发来的用户接入请求,对用户身份进行验证以提示用户认证通过与否,是否需要Challenge身份认证,并返回给客户端为其提供服务所需的配置信息。

RADIUS服务器以数据库的形式集中存储用户的安全信息,避免了信息分散带来的安全隐患,同时也更加可靠且易于管理。在计费时,客户端会将用户的上网时长、流量数据和数据包数量等原始数据发送到RADIUS服务器,以便RADIUS服务器计费时使用。此外,一个RADIUS服务器可以作为其他RADIUS服务器或其他认证服务器的代理,从而支持漫游功能。

**1)RADIUS的工作过程**

RADIUS认证授权工作的主要步骤如图5.10所示。

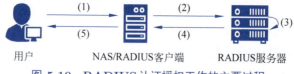

图5.10 RADIUS认证授权工作的主要过程

(1)用户首先启动与客户端的连接(如采用VPN拨号、Telnet等),输入用户名和密码。

(2)客户端采用消息摘要算法MD5(Message Digest Algorithm 5,消息摘要算法第5版)对密码计算哈希值,再将用户名、密码、客户端ID和用户访问端口的ID等相关信息封装成RADIUS"接入请求(Access Request)"数据包并发送给RADIUS服务器。

（3）RADIUS服务器对用户进行认证，必要时可以提出一个Challenge，收集用户的附加信息以进一步对用户进行认证。

（4）如果用户通过认证，则RADIUS服务器向客户端发送"允许接入（Access Accept）"数据包。如果用户信息没有通过认证（用户名或口令不正确），则向客户端发送"拒绝接入（Access Reject）"数据包，或者是发送"重新输入口令（Change Password）"数据包要求用户重新输入口令。

（5）若客户端收到的是允许接入包，则向RADIUS服务器提出计费请求（AccountRequire），RADIUS服务器进行响应（Account Accept），对用户的计费开始。同时，授予用户相应的权限以允许用户进行自己的相关操作。如果客户端收到的是拒绝接入包，则拒绝用户的接入请求。

**2）RADIUS协议的优势**

RADIUS协议简单明确，扩展性好，因此得到了广泛应用。在普通电话拨号上网、ADSL拨号上网、社区宽带上网、VPDN业务、移动电话预付费等业务中都能见到RADIUS的身影。该协议具有以下优点。

（1）使用通用的客户端/服务器结构组网：其中，NAS作为RADIUS的客户端负责将用户信息传递给指定的RADIUS服务器，并处理RADIUS服务器返回的结果。RADIUS服务器负责接收用户的连接请求，对用户进行认证，并返回用户配置信息给客户端。

（2）采用共享密钥保证网络传输安全性：客户端与RADIUS服务器之间的交互通常采用共享密钥进行相互认证，这样可以减少在不安全的网络中用户密码被窃听的可能性，使客户端和RADIUS服务器可以安全地交换信息，防止第三方未经授权的访问和窥视。

（3）具有良好的可扩展性：RADIUS是一种可扩展的协议，所有的交互报文由多个不同长度的属性—长度—值（Attribute-Length-Value，ALV）三元组组成，新增加属性和属性值不会破坏协议的原有实现。因此，RADIUS协议也支持设备厂商扩充厂家专有属性。

（4）协议认证机制灵活：RADIUS协议认证机制灵活，支持多种认证用户的方式。如果用户提供了用户名和用户密码的明文，RADIUS协议能够支持PAP、CHAP、UNIXlogin等多种认证方式。

**3）RADIUS协议存在的问题**

RADIUS协议具有开放性、可扩展性、灵活性等优点，并且可以和其他AAA安全协议共用。但是，随着网络技术的不断发展（如移动IP、NGN、3G等），RADIUS协议存在以下问题。

（1）多协议支持不足：RADIUS只支持IP，不支持AppleTalk远程访问（AppleTalk Remote Access，ARA）、网络基本输入/输出系统控制协（NetBIOS Frame Control Protocol，NBFCP）、X.25 PAD连接（IPXX.25 PAD connections）和异步服务接口（NASI）等协议。

（2）存在安全性隐患：RADIUS协议中，对用户密码属性采取的算法为User-Password=Password（不足16位填0）XOR MD5（公用密钥＋请求认证），即用户密码是由原始的用户密码和公用密钥与请求认证的MD5值的异或来表示的。针对这种算法，破坏者可以通过对大量截获的数据进行分析从而猜测用户密码，存在安全隐患。RADIUS协议采用的是共享密钥，而且用户密码以明文的方式存放于数据库中，所以系统内部的安全破坏（共享密钥的泄露、管理员的泄密）将会造成整个AAA功能的失效。另外，RADIUS在认证或计费需要通过代理链的情况下无法提供端到端的安全性。RADIUS协议并不要求支持IPSec和TLS，没有提供统一的传输层面上的安全。

（3）可扩展性较差：当用户越来越多时，由于RADIUS协议中没有中继器和重定向器，所以只能不断增加新的AAA服务器。

### 3. Kerberos认证协议

单点登录的实质是在多个应用系统之间传递或共享安全上下文（security context）或凭证（credential）。举例来说，假设有三个应用系统A、B和C，使用单点登录后，用户只需要进行一次身份验证，就可以访问这三个授权的应用系统，登录流程如图5.11所示。

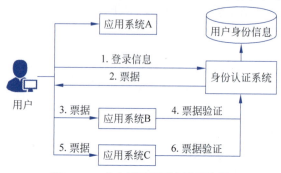

图 5.11　单点登录下用户登录流程

（1）当用户首次访问应用系统（如应用系统A）时，由于尚未登录，因此会被引导到认证系统进行登录认证。

（2）认证系统会根据用户提供的登录信息进行身份校验，如果通过校验，则生成并返回给用户一个统一的认证凭据——票据；然后用户会被跳转回A系统，成功访问A系统。

（3）用户再次访问其他应用系统（如应用系统B或C）时，会携带这个票据作为自己的身份凭据。

（4）应用系统接收到请求后，将票据送到认证系统进行验证。如果通过验证，用户就无须再次登录即可访问应用系统B或C了。

票据在整个系统中是唯一的，它绑定了时间戳和一些用户属性，这样用户无法通过伪造或交换票据来非法侵入系统。系统可以通过这些属性实现对用户访问的个性化控制。从图5.11的流程可以看出，要实现单点登录，需要以下主要功能：统一认证系统，所有应用系统共享一个身份认证系统是单点登录的前提之一；识别票据，所有应用系统能够识别和提取票据信息，认证系统应该对票据进行校验，判断其有效性；识别登录用户，应用系统能够自动判断当前用户是否登录过，从而实现单点登录的功能。上述功能只是一个非常简单的单点登录架构，在实际应用中有着更加复杂的结构。

#### 1）Kerberos认证协议概述

在一个开放的分布式网络环境中，用户通过工作站访问服务器上提供的服务。当结合使用网络访问控制和网络层安全协议时，可以保证只有经过授权的工作站才能连接到服务器，并可以防止传输的数据流被非法窃听。同时，我们还希望服务器只能对授权用户提供服务，并能够鉴别服务请求的种类，但这些安全控制机制都不能完全有效地鉴别来自合法工作站上的用户哪些是合法的。

Kerberos很好地解决了攻击者可能来自某个服务器所信任的工作站的问题。如果该用户没有通过相应的Kerberos认证，则他将被拒绝访问该服务器。Kerberos基于可信赖的第三方（密钥分配中心 KDC），能够提供不安全分布式环境下的双向用户实时认证，并且保证数据的安全传输。与其他安全协议不同，Kerberos 的认证和数据安全传输功能的实现都只使用对称加密算法。最早采用的是 DES，但后来也可用其他算法的独立加密模块。Kerberos 是在 Needham-Schroeder 密钥分配和双向鉴别协议的基础上发展起来的。Windows 2000 及其后续操作系统都默认 Kerberos 为其认证协议，目前各主要操作系统都支持 Kerberos 认证系统，Kerberos 实际上已经成为工业界的事实标准。

Kerberos 的名字源于古希腊神话故事，Greek Kerberos 是希腊神话故事中一种三头狗，是地狱之门的守卫者。Modern Kerberos 意指有 3 个组成部分的网络之门的保卫者。"三头"包括认证（authentication）、授权（authorization）、审计（audit）。Kerberos 协议的基本思想是：用户只需输入一次身份验证信息就可以凭此信息获得票据（ticket）来访问多个服务，即单点登录。用户在对应用服务器进行访问之前，必须先从作为 KDC 的 Kerberos 认证服务器上获取该应用服务器的票据。KDC 负责用户对服务器的认证和服务器对用户的认证，通常安装在不为应用程序或用户提供登录的服务器上。

Kerberos 系统需要满足以下四项需求：安全性，即网络窃听者不能获得必要信息以假冒其他用户，Kerberos 必须足够强壮，使潜在的攻击者无法找到其弱点；可靠性，即 Kerberos 必须高度可靠，并且应该借助一个分布式服务器体系结构，以确保一个系统能够备份另一个系统；透明性，即在理想情况下，用户除了要求输入口令以外应感觉不到认证的发生；可扩展性，即系统应能够支持大量的客户端和服务器，这意味着需要一个模块化的分布式结构。

在 Kerberos 模型中，存在一些实体——客户端和建立在网上的服务器。客户端可以是用户，也可以是独立的软件程序。Kerberos 系统保存一个客户端数据库和各客户端的密钥。若客户端是一个用户，密钥则是一个被加密的口令。网络服务需要验证用户想要使用这些服务的身份，同时也验证他们的 Kerberos 密钥寄存器。由于 Kerberos 知道每个用户的密钥，因此它能够建立一个实体承认另一个实体的信息。此外，Kerberos 还建立会话密钥，这些会话密钥被发送到客户端或服务器，用于加密会话双方的信息，并在使用后被销毁。

**2）Kerberos v4 认证会话**

Kerberos v4 认证协议如图 5.12 所示。协议中采用简写 $E(K, ABC)$ 表示用密钥 $K$ 将明文 $ABC$ 加密后的密文，$K_i$ 是客户 $i$ 与认证服务器之间的共享密钥；$K_{i,j}$ 是 $i$ 与 $j$ 之间的共享会话密钥；$Lifetime_i$ 是第 $i$ 个有效期（生存期）；$Ticket_i$ 是发给 $i$ 的票据，该票据已用 $i$ 与认证服务器之间的共享密钥加密，用于向 $i$ 证实与 $i$ 通信的客户身份；$Authenticator_c$ 是 $C$ 发给发放证书的服务器 TGS 的认证信息，表明拥有票据的确实是客户端 C 本人。同时，Kerberos v4 只关注认证成功的情况，认证失败时，服务器只需向客户端发送认证失败消息即可。

Kerberos v4 协议的认证过程分为 3 个阶段、6 个过程。

阶段 a 为服务认证交换，客户端 C 从认证服务器 AS 获取授权服务器访问许可票据。首先客户端向 AS 提出申请票据许可票据，登录时用户被要求输入用户名，系统会向 AS 以明文方式发送一条包含用户和 TGS 两者身份标志的请求，其中的时间戳是用来防止重放攻击的。然后 AS 发放票据许可票据和会话密钥：AS 首先验证用户是不是合法用户，如果是，则生成票据许可票据 $Ticket_{tgs}$ 和用于 C 和 TGS 之间使用的会话密钥 $K_{c,tgs}$，然后利用 C 的口令导出 AS 与 C 共享的密 $K_c$，并用 $K_c$ 加密 $Ticket_{tgs}$ 和 $K_{c,tgs}$，最后发送加密结果给 C。过程中，口令并没有在信道上传输，避免了被攻击者截获的可能；票据的时间戳和有效期指明了票据发出的日期和时间，以及它的生存期，告诉用户该票据的有效期，同时防止攻击者截获该票据进行重放攻击；该票据在有效期内可以重复使用，每当用户需要访问新的服务时，使用该票据向

TGS发出申请即可，减少了用户输入口令的次数。

| ① C→AS | $ID_c \| ID_{tgs} \| TS_1$ |
|---|---|
| ② AS→C | $E(K_c, [K_{c,tgs} \| ID_{tgs} \| TS_2 \| Lifetime_2 \| Ticket_{tgs}])$ |
| | $Ticket_{tgs} = E(K_{tgs}, [K_{c,tgs} \| ID_c \| AD_c \| ID_{tgs} \| TS_2 \| Lifetime_2])$ |

(a) 服务认证交换：获得票据许可票据

| ③ C→TGS | $ID_v \| Ticket_{tgs} \| Authenticator_c$ |
|---|---|
| ④ TGS→C | $E(K_{c,tgs}, [K_{c,v} \| ID_v \| TS_4 \| Ticket_v])$ |
| | $Ticket_{tgs} = E(K_{tgs}, [K_{c,tgs} \| ID_c \| AD_c \| ID_{tgs} \| TS_2 \| Lifetime_2])$ |
| | $Ticket_v = E(K_v, [K_{c,v} \| ID_c \| AD_c \| ID_v \| TS_4 \| Lifetime_4])$ |
| | $Authenticator_c = E(K_{c,tgs}[ID_c \| AD_c \| TS_3])$ |

(b) 服务许可票据交换：获得服务许可票据

| ⑤ C→V | $Ticket_v \| Authenticator_c$ |
|---|---|
| ⑥ V→C | $E(K_{c,v}, [TS_5 + 1])$ （用于相互认证） |
| | $Ticket_v = E(K_v, [K_{c,v} \| ID_c \| AD_c \| ID_v \| TS_4 \| Lifetime_4])$ |
| | $Authenticator_c = E(K_{c,tgs}[ID_c \| AD_c \| TS_5])$ |

(c) 客户端/服务器认证交换：获取服务

图 5.12　Kerberos v4 认证协议

阶段 b 为服务许可票据交换，客户端从 TGS 获得应用服务器访问许可票据。首先，C 向 TGS 请求服务应用服务器访问许可票据。为了使用一项服务，C 必须从 TGS 获得一个票据，一个票据只能申请一个特定的服务，所以 C 必须为他想使用的每一个服务向 TGS 申请不同的票据。当 C 需要一个他从未拥有过的票据时，他将许可票据以及包含用户名称、网络地址和时间的认证发往 TGS。然后，TGS 发放服务应用服务器访问许可票据：TGS 收到请求后，用私钥 $K_{tgs}$ 和会话密钥 $K_{c,tgs}$ 进行解密、验证请求。如有效，则 TGS 生成请求服务许可票据 $Ticket_v$ 和客户端与应用服务器之间的会话密钥 $K_{c,v}$，并用它与 C 共享的密钥 $K_{c,tgs}$ 对 $Ticket_v$ 和 $K_{c,v}$ 加密，然后送密文给 C。

阶段 c 为客户端/服务器认证交换，客户最终获得应用服务。首先，C 向 V 请求服务，C 用它与 TGS 共享的密钥 $K_{c,tgs}$ 解密得到 $Ticket_v$，向服务器 V 发送包含 $Ticket_v$ 和 $Authenticator_c$ 的请求。然后 V 提供服务器认证信息：V 用密钥 $K_v$ 解密得到 $K_{c,v} \| ID_c \| AD_c \| ID_v \| TS_4 \|$ LIFETIME$_4$，比较认证。如果客户端的身份没问题，则服务器便允许客户端访问该服务器。V 将收到的时间戳 $TS_5$ 加 1，并用会话密钥 $K_{c,v}$ 加密后发送给 C。C 用 $K_{c,v}$ 解密得到 $TS_5 + 1$，实现对 V 的验证，并开始使用服务。

经过上述 3 个阶段和 6 个步骤后，用户 C 和服务器 V 可以互相验证彼此的身份，并拥有只有 C 和 V 知道的会话密钥 $K_{c,v}$，以后的通信都可以通过会话密钥得到保护。

**3）Kerberos 的优缺点**

Kerberos 认证协议比其他传统的认证协议更安全、更灵活、更有效。

（1）具有较高的认证性能：一旦用户获得了访问某个服务器的票证，该服务器就可以根据这个票证对用户进行认证，而无须再次涉及 KDC。

（2）实现了双向认证：传统的认证基于这样一个前提——用户访问的远程的服务器是可信的，无须对它进行认证，所以不曾提供双向认证的功能。Kerberos弥补了这个不足，用户在访问服务器的资源之前，可以要求对服务器的身份进行认证。

（3）互操作性强：Kerberos已经成为一个成熟的、基于IETF标准的协议，被广泛接受，对于不同的平台可以进行互操作。

（4）实现成本低廉：目前Linux和Windows都内置了对它的支持，因为它需要的只是一个集中的KDC和层次化的信任管理。

（5）Kerberos本身不支持访问控制，但是Kerberos v5可以传递其他服务产生的访问控制信息，即支持与其他访问控制服务的集成。这是一般的安全协议所没有实现的。

Kerberos认证协议的主要安全问题如下。

（1）原来的认证很可能被存储或被替换。虽然时间戳是专门用于防止重放攻击的，但在票据的有效时间内仍然可能奏效。假设在一个Kerberos服务域内，所有时钟都保持同步，且收到的消息的时间在规定时间内（通常规定为$t=5$分钟），则认为该消息是新的。然而，事实上，攻击者可以事先准备好伪造的消息，并在获取票据后立即发送，这在5分钟内很难被发现。

（2）认证票据的正确性依赖网络中所有时钟的同步。如果主机的时间出现错误，则原有的票据可以被替换。如果服务器的时间超前或者落后于客户端和认证服务器的时间，服务器可能会将有效的票据误认为是重放攻击而拒绝它。大多数网络时间协议都存在安全性问题，在分布式系统中，这将成为极为严重的问题。

（3）Kerberos防止口令猜测攻击的能力很弱，攻击者可以通过收集大量的票据进行计算和密钥分析，从而进行口令猜测。如果口令不够强，就更无法有效地防止口令猜测攻击。

（4）最严重的攻击是恶意软件攻击。Kerberos认证协议依赖Kerberos软件的绝对可信，而攻击者可以通过执行Kerberos协议和记录用户口令软件来替代所有用户的Kerberos软件，以达到攻击目的。一般而言，安装在不安全计算机内的安全系统都会面临这一问题。

此外，Kerberos很难实现用户行为的不可否认性；实现起来比较复杂，要求通信的次数多，计算量较大；KDC通信流量和负担很重，容易形成瓶颈；Kerberos很难在不同的单位之间相互认证；在分布式系统中，认证服务器星罗棋布，域间会话密钥的数量惊人，密钥的管理、分配、存储都是很严峻的问题。

可以在如下两方面对Kerberos加以改进。

（1）为了解决Kerberos系统的缺陷，可以考虑采用公开加密算法代替对称加密算法进行认证。Kerberos系统最初设计时未采用公钥体系，因为当时公钥技术条件不完全成熟。然而，现在这些条件已经成熟，将公钥技术融合到Kerberos系统中可以克服现有的缺点。在这种改进的Kerberos系统中，每个用户都有一对公钥/私钥对，用户的公钥可以公开，而私钥以文件形式存放。用户口令可以生成用户的加密密钥，用来加密私钥文件。这种改进不会影响协议中的其他处理步骤，可以有效防止攻击者通过计算和密钥分析进行口令猜测，同时避免了对Kerberos系统本身可能导致的问题。因此，将公钥体系结合进现有的Kerberos系统中是一种发展趋势。

（2）采用随机数技术代替时间戳。Kerberos为了防止重放攻击，在票据和认证符中都加入了时间戳，这就要求客户端、AS服务器、TGS服务器和应用服务器的机器时间要大致保持一致，这在分布式网络环境下其实是很难达到的。如果在系统中采用随机数技术代替时间戳，则可以避免网络中时钟难以同步的问题，同时也可以较为有效地防止重放攻击。

### 5.4.2 无线局域网认证协议

目前，无线局域网（Wireless Local Area Network，WLAN）已被广泛应用于无线数据通信领域，因其具有带宽大、效率高、费用低等优点而广受欢迎。经过不断地发展，WLAN已经日趋成熟，在机场、酒店等公共场所都实现了基于WLAN的宽带互联网接入服务。

WLAN的一个重要问题是如何保证用户的数据安全。网络的安全性通常体现在访问控制和数据加密两方面。访问控制保证敏感数据只能由授权用户进行访问，而数据加密则保证发送的数据只能被所期望的用户接收和理解。WLAN的安全协议是保证WLAN安全最根本的防保护手段。WLAN最初使用的安全协议是有线对等保密协议（Wired Equivalent Privacy，WEP）。WEP采用RC4加密算法，其设计目标是保护传输数据的机密性和完整性，实现对用户的访问控制，但由于协议本身的缺陷，使得以上目标没能完成。为了弥补WEP的缺陷，IEEE 802.11i推出了新的安全标准，提出了强健安全网络的概念，即采用AES算法代替RC4算法，使用IEEE 802.1x对用户进行认证。在IEEE 802.11i推出之前，为了保证WLAN的安全，Wi-Fi联盟（Wi-Fi Alliance，WFA）推出了WPA（Wi-Fi Protected Access）标准，为WLAN用户提供了一个过渡性方案。WPA采用与WEP相同的RC4加密算法，为用户提供更高级别的安全服务。随后，WFA又推出了WPA2标准。WPA2是经过WFA鉴别的IEEE 802.11i标准的认证形式。

从认证技术方面来看，目前有三种主要协议可用于网络认证、计费和安全管理，分别是以太网上的点对点协议、IEEE 802.1x和Web Portal认证。这些协议各有优点和不足，但都能有效地满足相关需求。

**1. 以太网上的点对点协议**

以太网上的点对点协议（Point-to-Point Protocol over Ethernet，PPPoE）是将点对点协议封装在以太网框架中的一种网络隧道协议。由于协议中集成了点对点协议，所以实现了传统以太网不能提供的身份认证、用户管理以及数据加密等功能。PPPoE于1999年在RFC 2516规范中发布。

通过PPPoE，服务提供商可以在以太网中实现点对点协议的主要功能，可以采用各种灵活的方式管理用户。该协议允许通过一个连接客户端的简单以太网桥启动一个点对点会话，它的建立分为两个阶段：发现阶段（Discovery Stage）和点对点会话阶段（PPP Session Stage）。发现阶段是无状态的，目的是获得PPPoE终结端的以太网MAC地址，并建立一个唯一的PPPoE会话ID。在发现阶段结束后，就进入标准的PPPoE会话阶段。会话阶段主要是链路控制协议（Link Control Protocol，LCP）、用户认证、网络控制协议（Network Control Protocol，NCP）这3个协议的协商过程。在LCP阶段主要完成建立、配置和检测数据链路连接，并完成认证协议类型的协商，以确定使用口令验证协议（Password Authentication Protocol，PAP）还是挑战握手身份认证协议（Challenge Handshake Authentication Protocol，CHAP）。在用户认证阶段，用户的主机会将账号和密码等认证信息发送给接入服务器。该阶段使用了安全认证方式来避免第三方窃取数据或冒充远程客户接管与客户端的连接。在NCP阶段，点对点协议将调用在链路创建阶段选定的各种网络控制协议，解决点对点协议链路上的高层协议问题。

PAP为二次握手协议，它通过用户名及口令对用户进行认证。PAP认证的过程如下：当两端链路可相互传输数据时，被认证方发送本端的用户名及口令到认证方，认证方根据本端的用户表或远程用户拨号认证系统（RADIUS）服务器查看是否有此用户以及口令是否正确。如果正确，则会给对端发送 Authenticate-ACK 报文，通告对端已被允许进入下一阶段协商；否则发送 NAK 报文，通告被认证方认证失败。此时，并不会直接将链路关闭，只有当认证不通过次数达到一定值（默认为10）时才会关闭链路。PAP 认证流程如图5.13所示。PAP 的特点是在网络上以明文的方式传递用户名及口令，如果在传输过程中被截获，便有可能对网络安全造成极大的威胁。因此，它适用于对网络安全要求相对较低的环境。

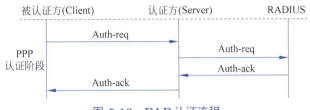

图 5.13　PAP 认证流程

CHAP 为三次握手协议，只在网络上传输用户名并不传输用户口令，因此它的安全性比 PAP 高。CHAP 的认证过程为，首先由认证方（Server）向被认证方（Client）发送一些随机产生的报文，并同时将本端的主机名附带上一起发送给被认证方。被认证方接到认证方对自己的认证请求（Challenge）时，便根据此报文中认证方的主机名和本端的用户表查找用户口令字，如果找到用户表中与认证方主机名相同的用户，便利用报文 ID 和此用户的密钥通过 MD5 算法生成应答（Response），然后将其和自己的主机名一起送回。认证方在接到此应答后，用报文 ID、本方保留的口令字（密钥）和随机报文通过 MD5 算法得出结果，在与被认证方的应答比较后，返回相应的结果（ACK 或 NAK），如图5.14所示。

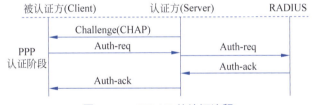

图 5.14　CHAP 的认证流程

PPPoE 认证一般需要外置宽带接入服务器（Broadband Access Server，BAS），BAS 主要由交换机和路由器等设备承担。认证完成后，业务数据流也必须经过 BAS 设备。这不但容易造成单点瓶颈和故障，而且此类设备通常非常昂贵。PPPoE 广泛应用在包括小区组网建设等一系列应用中，以前流行的 ADSL 接入方式就使用了 PPPoE 认证。后来出现的小区宽带到现在的光缆入户业务，在用户拨号时依然使用着 PPPoE 认证。使用 PPPoE 认证的网络如图5.15所示。

### 2. IEEE 802.1x 接入认证标准

IEEE 802.1x 是 IEEE 制定的关于用户接入网络的认证标准，全称是"基于端口的网络接入控制"。其中，端口可以是物理端口，也可以是逻辑端口。例如，LAN 交换机的一个物理端口仅连接一个终端，这是基于物理端口的，而 IEEE 802.11 定义的 WLAN 接入方式是基于逻辑端口的。使用 IEEE 802.1x 的主要目的是解决 LAN/WLAN 用户的接入认证问题，在接入网络之前对设备进行认证和授权，以确定通过或者屏蔽用户对端口进行的访问。

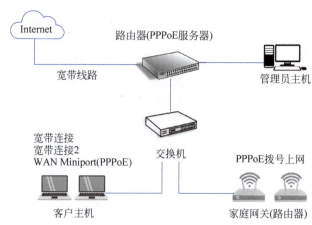

图 5.15 使用 PPPoE 认证的网络

IEEE 802.1x 的体系结构包括客户端（Supplicant）、认证器（Authenticator）和认证服务器（Authentication Server）3 个重要部分，图 5.16 描述了这 3 个重要系统之间的关系及信息交换过程。

图 5.16 IEEE 802.1x 的认证原理

客户端作为 IEEE 802.1x 的认证对象，可以是直接接入认证服务网络的单个用户计算机，也可以是连接到认证服务网络设备的局域网中的用户计算机。通常需要安装客户端软件，以发起或应答认证请求。为了支持基于端口的接入控制，客户端必须支持 EAPoL（局域网上的可扩展认证协议）。

认证器是用于验证另一方设备合法性的设备，通常是边缘交换机或无线接入点等网络接入设备，它根据客户端的认证状态来控制物理接入，并在客户端和认证服务器之间充当代理角色。认证器通过 EAPOL 与客户端通信，通过 EAPOL RADIUS 或 EAP 承载在其他高层协议上传输到认证服务器。

认证服务器是提供认证服务的实体，对客户身份进行实际认证，并通知认证系统是否允许客户端访问 LAN、WLAN 或交换机提供的服务，通常为 RADIUS 服务器，可以存储用户信息，并在认证后将相关信息传递给认证系统，以构建动态的访问控制列表。

IEEE 802.1x 的认证流程大致如下。客户端发出一个连接请求，该请求被认证器转发到认证服务器上，认证服务器得到认证请求后会对照用户数据库，认证通过后返回相应的网络参数，如客户端的 IP 地址、最大传输单元（Maximum Transmission Unit，MTU）的大小等。认证器得到这些信息后，会打开原本被堵塞的端口。客户端计算机在得到这些参数后才能正常使用网络，否则端口就始终处于阻塞状态，只允许 IEEE 802.1x 的认证报文 EAPOL 通过。

IEEE 802.1x 是一个框架，其核心协议是可扩展认证协议（Extensible Authentication Protocol，EAP），可扩展意味着任何认证机制都可以被封装在 EAP 请求/响应信息包内，以满足各种链路层的身份认证需求，支持多种链路层认证方式。因此，该协议可以实现广泛的认证机制。

EAP最初设计用于点对点协议接口，它允许用户创建任意身份认证模式以鉴别来自网络的访问。EAP对等层可分为EAP底层、EAP层、EAP对等和认证层以及EAP方法层4层，如图5.17所示。其中，EMSK表示扩展主会话密钥，EMK表示主会话密钥。

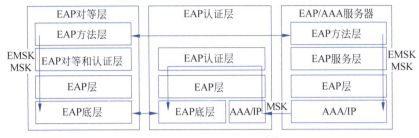

图 5.17　EAP 的分层结构

EAP底层负责转发和接收被认证方和认证方之间的EAP，EAP层负责接收和转发通过底层的EAP包，EAP对等和认证层在EAP对等层和EAP认证层之间对到来的EAP包进行多路分离，EAP方法层负责实现认证算法接收和转发EAP信息。基于EAP衍生了许多认证协议，如EAP-TLS和EAP-SIM。

EAP是一种基于端口的网络接入控制技术，在网络设备的物理端口对接入的设备进行认证和控制。IEEE 802.1x提供了可靠的用户认证和密钥分发的框架，只有认证通过的用户才能连接网络。由于其本身并不提供实际的认证机制，所以需要和上层认证协议EAP配合来实现用户认证和密钥分发。EAP允许移动终端支持不同的认证类型，能与后台不同的认证服务器进行通信。在认证通过之前，IEEE 802.1x只允许EAPOL（EAP over LAN，基于局域网的扩展认证协议）数据通过设备连接的交换机端口，认证通过以后，正常的数据可以顺利地通过以太网端口。

实际上，对用户的认证是由认证服务器完成的。认证装置将从申请者那里接收到的认证信息传送到认证服务器，再由它来判断是否允许使用 LAN/WLAN。认证服务器的主体是RADIUS服务器。RADIUS与包括 IEEE 802.1x在内的许多技术配合使用，应用于对认证用户的集中管理。

基于IEEE 802.1x的网络设备控制着连接到该设备各个物理端口上的信息通道，每个物理端口都具有受控端口和非受控端口。对无线局域网来说，一个端口就是一个信道。非受控端口只能传输认证报文。受控端口具有开、关两种状态，设备根据用户认证的情况决定受控端口的开与关。

PAE（Port Access Entity，端口访问实体）是认证机制中执行认证算法和交互处理的实体。客户端的PAE需要根据协议向设备端的PAE提交认证申请、下线申请、客户端信息和响应设备端的处理；而设备端的PAE需要处理客户端的PAE申请、转发协议报文、处理端口控制状态和响应客户端报文。

客户端通过接入设备端的端口连入网络，该端口在概念上可分为受控端口和不受控端口。端口状态可以分为连通和断开两种状态。非受控状态一直处于连通状态，使认证EAPoL报文在任何状态下都可以收发。受控状态只有在认证通过的情况下才处于连通状态，可以传送业务报文，否则处于断开状态。

端口受控方式包括基于端口认证和基于MAC地址认证两种方式。基于端口认证是指该物理端口只需认证一次。一旦第一个用户认证成功后，其他用户无须再次认证即可接入网络。类似地，当第一个认证成功的用户选择下线后，其他用户就会断线，不能再继续使用网络和服务。

基于MAC地址的认证是指所有用户通过该物理端口都需要单独认证，当某个用户下线时，只有该用户无法使用网络，不会影响其他用户接入网络。

在认证通过之前，IEEE 802.1x只允许EAPOL数据通过设备连接的交换机端口；认证通过以后，正常的数据可以顺利地通过以太网端口。

用户的认证报文到达IEEE 802.1x设备后，设备将用户名、密码等相关信息重新封装后交给RADIUS服务器进行认证处理。

如图5.18所示，请求方与认证方之间通过EAPOL传递EAP报文，EAPOL报文在认证方那里封装成EAP报文送往认证服务器，所以认证方与认证服务器之间传送的是真正的EAP报文，EAP报文这时可以被进一步通过其他报文封装，如TCP/UDP，以穿越复杂的网络环境。IEEE 802.1x身份认证有助于增强IEEE 802.11无线网络和有线以太网网络的安全性。

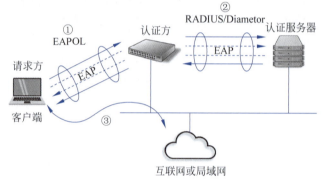

图 5.18　IEEE 802.1x 的认证

EAP是一个认证框架，不是一个特殊的认证机制。EAP可提供一些公共的功能，并允许协商所希望的认证机制。这些机制称为EAP方法，它是一组认证使用者身份的规则，现在约有40种不同的方法。EAP方法的优点是可以不用认证使用者的细节，当新的需求出现时就可以设计出新的认证方式。IETF的RFC中定义的方法包括EAP-MD5、EAPOTP、EAP-GTC、EAP-TLS EAP-SIM、EAP-AKA以及其一些厂商提供的方法和新的建议。无线网络中常用的方法包括EAP-TLS、EAP-SIM、EAP-AKA、PEAP、LEAP和EAP-TTLS。常用的EAP认证方法如图5.19所示。

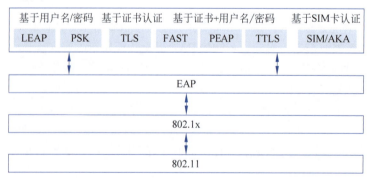

图 5.19　常用的EAP认证方法

### 3. Web Portal认证

Web Portal认证又称为Web认证，一般将Portal认证网站称为门户网站。用户上网时，必须在门户网站进行认证，只有认证通过后才可以使用网络资源。在日常生活中，餐厅酒店、机场和地铁等很多公众场所提供的Wi-Fi有很多都利用Web Portal让用户通过认证（包括获取手机认证码、关注某些公众号、下载某些App）后才能连接网络使用。Portal技术被认为是契合大众信息化建设需求的新型认证技术。

Web Portal认证采用对HTTP报文重定向的方式，接入设备对用户连接进行TCP仿冒和认证客户端建立TCP连接，然后将页面重定向到Portal服务器，从而实现向用户推出认证页面。用户通过在该页面登录并将用户信息传递给Portal服务器，随后Portal服务器通过CHAP方式向接入设备传递用户信息。接入设备在获取用户信息后，将该信息通过AAA模块完成认证。

Web Portal具体认证流程可分为以下几个环节：首先接入设备在认证之前将未认证用户发出的所有HTTP请求都进行拦截并重定向到Portal服务器，这样在用户的浏览器上将弹出一个认证页面。在之后的认证过程中，会把用户在认证页面上输入的用户名、口令、校验码等认证信息与Portal服务器中的信息进行比对，然后Portal服务器和认证服务器完成身份认证。在认证通过后，Portal服务器会通知接入设备该用户已通过认证，接入设备允许用户访问互联网资源。

Portal认证具有以下特点：不需要部署客户端，可直接使用Web页面进行认证，使用方便，减少客户端的维护工作量；便于运营，兼顾了Portal页面上的广告推送、责任公告、企业宣传等服务选择及信息发布的功能实现；技术成熟，更关注对用户的科学化、规范化管理，被广泛应用于影院、酒店、宾馆、机场等场所。

Portal认证系统的典型组网方式由WLAN终端设备、接入设备、Portal服务器与RADIUS服务器4部分组成，如图5.20所示。WLAN终端设备可以是任何支持IEEE 802.11的设备，并且需要与网络接入设备兼容。安装有支持HTTP浏览器的主机称为客户端。接入设备包括交换机、路由器等设备，主要有以下三方面的作用：一是在认证之前，将认证网段内用户的所有HTTP请求重定向到Portal服务器；二是在认证过程中，与Portal服务器和RADIUS服务器交互，完成对用户身份认证、授权和计费的功能；三是在认证通过后，允许用户访问被管理员授权的互联网资源。Portal服务器是接收客户端认证请求的服务器系统，用于提供免费门户服务和认证界面，并与无线接入设备交互以获取客户端的认证信息。在Web认证方式中，RADIUS服务器接收来自访问控制器的用户认证服务请求，对WLAN进行认证，并将认证结果通知给接入控制器。RADIUS服务器与接入设备进行交互，完成对用户的认证、授权和计费。RADIUS服务器需要建立WLAN用户认证信息数据库，用于存储认证信息、业务属性信息和计费信息等WLAN用户信息。在对WLAN用户进行认证时，RADIUS服务器会根据数据库存取协议存取数据库中的用户授权信息，以检查该用户是否合法。

组网方式不同，所用的Portal认证方式也不尽相同。按照网络中实施Portal认证的网络层次不同，Portal认证方式分为两种：二层认证方式和三层认证方式。

（1）二层认证方式。客户端与接入设备直连（或之间只有二层设备存在），设备能够学习到用户的MAC地址，并利用IP地址和MAC地址识别用户，此时可配置Portal认证为二层认证方式。二层认证方式支持MAC地址优先的Portal认证，设备学习到用户的MAC地址后，将MAC地址封装到RADIUS属性中发送给RADIUS服务器，认证成功后，RADIUS服务器会将用户的MAC地址写入缓存和数据库。二层认证流程简单，安全性高，但限制了用户只能与接入设备处于同一网段，降低了组网的灵活性。

（2）三层认证方式。当设备部署在汇聚层或核心层时，在认证客户端和设备之间存在三层转发设备，此时设备不一定能获取到认证客户端的MAC地址，所以将以IP地址唯一标识用户，此时需要将Portal认证配置为三层认证方式。三层认证和二层认证的认证流程完全一致。三层认证组网灵活，容易实现远程控制，但由于只有IP可以用来标识一个用户，所以安全性不高。

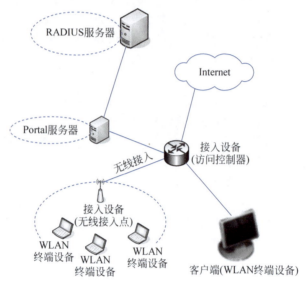

图 5.20　Portal认证系统的组成

Web客户端的Portal认证流程如图5.21所示。

（1）客户端通过HTTP发起连接请求进行认证。

（2）经过接入设备的HTTP报文，对于访问Portal服务器或设定的免认证网络资源的请求，接入设备允许通过；对于访问其他地址的请求，接入设备将其URL地址重定向到Portal认证页面。

（3）用户在Portal认证页面输入用户名和密码，向Portal服务器发起认证请求。

（4）Portal服务器与接入设备进行CHAP认证交互，Portal服务器发起Portal挑战字请求报文（REQ CHALLENGE）。

（5）接入设备回应Portal挑战字应答报文（ACK_CHALLENGE）。

（6）Portal服务器将用户输入的用户名和密码封装成认证请求报文（REQ_AUTH）发往接入设备。

（7）接入设备根据获取到的账号和密码，向RADIUS服务器发送认证请求（ACCESS-REQUEST），其中密码在共享密钥的参与下进行加密处理。

（8）RADIUS服务器对账号和密码进行认证。如果认证成功，则RADIUS服务器向RADIUS客户端发送认证接受报文（ACCESS-ACCEPT）；如果认证失败，则返回认证拒绝报文（ACCESS-REJECT）。由于RADIUS协议合并了认证和授权的过程，认证接受报文中也包含了用户的授权信息。

（9）接入设备根据接收到的认证结果接入或拒绝用户。如果允许用户接入，则接入设备向 RADIUS 服务器发送计费开始请求报文（ACCOUNTING-REQUEST）。

（10）RADIUS 服务器返回计费开始响应报文（ACCOUNTING-RESPONSE）并开始计费，将用户加入自身在线用户列表。如果开启了 MAC 优先的 Portal 认证，则 RADIUS 服务器同时将终端的 MAC 地址和 Portal 认证连接的 SSID 加入服务器缓存和数据库中。

（11）接入设备向 Portal 服务器返回 Portal 认证结果（ACK_AUTH），并将用户加入自身在线用户列表。

（12）Portal 服务器向客户端发送认证结果报文，通知客户端认证成功，并将用户加入自身在线用户列表。

（13）Portal 服务器向接入设备发送认证应答确认（AFF_ACK_AUTH）。

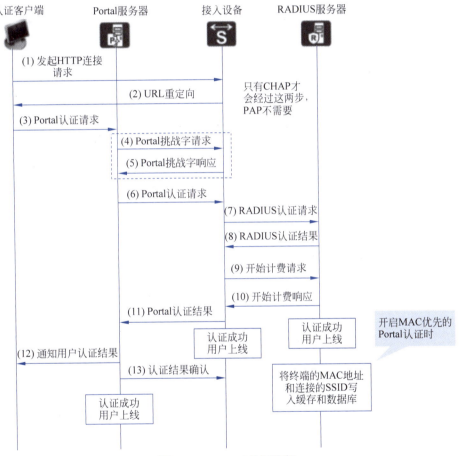

图 5.21 Portal 认证流程

### 5.4.3 移动通信网络接入认证

作为国家关键基础设施的一部分，移动通信网络对个人生活（如导航、上网、通信）和整个社会（如商业、公共安全信息传播）产生了深远影响。因此，移动通信网络经常成为攻击者的目标。为了保护移动通信网络的安全并维护运营商和用户的合法权益，身份验证机制成为保护移动通信网络的第一道防线。

移动通信网络通常由三部分组成：核心网络（Core Network，CN）、无线接入网络（Radio Access Network，RAN）和用户设备（User Equipment，UE）。用户设备属于个体用户，并由用户直接控制，而接入网络和核心网络则属于运营商，并由运营商直接控制。如果用户想要使用运营商的服务和网络资源，用户和运营商需要进行协商，这就涉及身份验证和认证，以判断和确认通信双方的真实身份是否合法。验证这些参数的过程是网络对终端的身份验证和认证技术。同样，如果用户设备需要对网络进行身份验证，那么它也需要验证网络提供的参数。身份验证是一种查询和响应的过程，以确保合法用户能够访问网络，并且合法网络能够为用户提供服务。

本节主要包括4G和5G网络的接入认证，按首次接入和再次接入介绍4G AKA认证，并给出4G无线网络接入系统仍存在的三个安全问题；然后介绍5G网络认证方案，以及它如何解决4G网络存在的问题。

**1. 4G网络认证**

**1）4G LTE系统架构**

4G的核心网是一个基于全IP的网络，可以提供端到端的IP业务，实现不同网络间的无缝互联，能同已有的核心网和PSTN兼容，以及基于IP的网络维护管理、基于IP的网络资源控制、基于IP的应用服务等。核心网具有开放的结构，能允许各种空中接口接入核心网。同时，核心网能把业务、控制和传输等分开。采用IP后，最大的优点是所采用的无线接入方式和协议与核心网络协议是分离独立的，因此在设计核心网络时具有很大的灵活性，不需要考虑无线接入方式和协议。LTE系统可以简单地看成由核心网（EPC）、基站（eNodeB，简称eNB）和用户设备3部分组成，如图5.22所示。

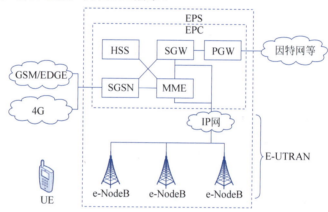

图 5.22　4G LTE的系统主体架构

EPC包括以下几部分：SGW（Serving Gateway，服务网关）负责连接eNodeB，实现用户面的数据加密、路由和数据转发等功能；PGW（Public Data Network Gateway，PDN网关）负责S-GW与Internet等网络之间的数据业务转发，从而提供承载控制、计费、地址分配等功能；MME（Mobility Management Entity，移动管理实体）是信令处理网元，主要负责管理和控制用户接入，包括鉴权控制、安全加密、用户全球唯一临时标识的分配、跟踪区列表管理、2G/3G与EPS之间安全参数以及QOS参数的转换等。正常的IP数据包不需要经过MME；HSS（Home Subscriber Server，归属用户服务器）主要用于存储并管理用户签约数据，包括UE的位置信息、鉴权信息、路由信息等；SGSN（Service GPRS Supporting Node，服务GPRS支持节点）是2G/3G接入的控制面网元，相当于网关，LTE架构通过SGSN实现2G/3G用户的接入；e-NodeB（Evolved NodeB，演进的NodeB，即演进的基站）是E-UTRAN（EvolvedUTRAN，演进的无线接入网）的实体网元，为终端的接入提供无线资源，负责用户报文的收发。

其中，e-NodeB 是由 3G 系统中的 NodeB 和 RNC（Radio Network Controller，无线网络控制器，负责移动性管理、呼叫处理、链路管理和移交机制等）两个节点演进而来的，具有 NodeB 的接入功能和传统接入网中 RNC 的大部分功能。由于取消了 RNC 节点，因此实现了所谓的扁平化网络结构，简化了网络的设计，4G 网络的结构更趋近互联网结构。

**2）4G 接入认证**

自 3G 系统以来，移动通信系统就开始采用双向身份验证的方式，以确保通信双方（用户和网络）实体的真实性和可靠性，并防止第三方的恶意攻击。密钥协商机制为通信的双方提供了加密方法的选择，以确保通信的双方能够实现通信内容的加密并保护业务数据。为了实现系统的平稳升级，4G 通信网络的双向认证和密钥协商机制在 3G 通信网络的认证密钥协商（Authentication Key Agreement，AKA）机制的基础上进行了改进。AKA 认证具有高安全性、良好的灵活性和用户易于集中管理的特点。

AKA 认证基于通用用户身份模块（Universal Subscriber Identity Module，USIM）卡。USIM 卡支持 2G/3G/4G 通信网络，除了支持多个应用程序外，还在安全性方面进行了升级，并添加了对网络的认证功能。

4G 无线通信网络中的身份验证安全接入技术分为以下两种类型：首次接入认证和再次接入认证。

在移动通信的过程中，当 4G 用户设备首次访问无线网络或切换接入时，需要进行首次接入认证和密钥协商，以确保接入的安全性。这个过程涉及三个主体：用户设备，它希望访问网络并传输数据；移动管理实体，负责在当前时间对 UE 进行身份验证的实体；归属用户服务器，是 UE 的假想实体，用于存储和管理用户签名数据，包括位置信息、认证信息、路由信息等。在 UE 和 HSS 之间保存有一份共享密钥 $K$，该密钥在 USIM 制造时一次性写入，并受到 USIM 卡的安全机制保护。在认证过程中，生成并使用身份验证向量（Authentication Vector，AV），其中包括 RAND、XRES、KASME、AUTN 四个参数。RAND 是由 HSS 生成的随机数。XRES（Expected Response，期望响应）是 MME 期望从 UE 接收的响应信息，用于确定用户返回的响应信息是否合法。KASME 是用于计算后续通信中使用的密钥的基础密钥，由 $K$ 通过密钥生成函数生成，而 KSIASME 是 KASME 的密钥标识。AUTN（Authentication Token，身份验证令牌）包含消息身份验证码 MAC。为防止重放攻击，UE 和 HSS 都维护一个序列号计数器 SQN。HSS 维护 $SQN_{HSS}$，负责为每个生成的 AV 生成新的序列号 SQN；UE 维护 $SQN_{UE}$，保存了它收到的 AV 中的最大 SQN。具体的认证过程如下。

（1）UE 向 MME 发送自己的 IMSI 和 $ID_{HSS}$，请求访问网络。

（2）根据请求中的 $ID_{HSS}$，MME 向相应的 HSS 发送包含 IMSI 和 SNID 的认证数据请求。

（3）在接收到认证请求后，HSS 验证 IMSI 和 SNID 的合法性，生成认证向量组 AV(1, 2, $\cdots$, n)，然后将认证数据回复发送给 MME。

（4）在收到回复后，MME 存储认证向量组 AV(1, 2, $\cdots$, n)，选择其中的一个 AV($i$)，提取其中包含的 RAND($i$)、AUTN($i$)、KASME($i$) 等数据。同时，为 KASME($i$) 分配一个密钥标识 KSIASME($i$)，最后向 UE 发送包含认证令牌 AUTN($i$) 的用户认证请求。

（5）在收到认证请求后，UE 计算 XMAC（期望身份验证值），将其与认证令牌 AUTN($i$) 中的 MAC 进行比较，并检查序列号 SQN 是否在正常范围内以执行网络身份验证。如果认证通过，则计算 RES($i$) 并发送给 MME；否则，发送认证拒绝消息并中止认证过程。

（6）MME 将收到的 RES($i$) 与 AV($i$) 中的 XRES($i$) 进行比较，如果一致，则通过对该 UE 的认证。

（7）在双向认证完成后，MME 和 UE 使用 KASME($i$) 作为基础密钥，根据协商的算法计算加密密钥 CK 和完整性保护密钥 IK 进行安全通信。

通过相关流程的发展，UE 可以获得代表其临时身份的信息（GUTI），然后使用 GUTI 与移动网络进行通信。

在 4G 无线网络中可能会有多次接入。在这种情况下，如果每次接入认证都必须执行上述完整的过程，系统的负载将会非常重，从而会出现认证延迟的问题。因此，当设备再次访问时，可以采用快速认证方法。在第一次认证后，如果设备想要再次访问同一网络，则在第一次认证中获得的临时身份将发挥重要作用。设备可以使用临时身份进行访问，这样不仅保证了身份信息的安全性，还提高了访问速度。

**3）4G 安全问题**

在 4G 无线网络接入系统中存在三个主要的安全问题。

（1）密钥安全系统不足。LTE 系统中的用户认证和密钥协商机制采用了分层密钥系统，即根密钥 $K$ 是永久的根密钥，保密密钥 CK 和完整性保护密钥 IK 是根据 $K$ 和 RAND 协商的一对密钥。终端侧和核心网络侧的所有中间密钥（KeNB，KUP，KASME，KNAS）都是由 CK 和 $K$ 推导出来的。因此，根密钥 $K$ 是 LTE 移动通信网络整个安全系统的基础。如果攻击者获取了根密钥 $K$，整个 LTE 网络将对他透明，这会导致潜在的主动和被动攻击。

（2）对称加密系统存在局限性。LTE 网络采用对称加密系统，这导致网络和用户设备在密钥协商完成之前必须以明文传输消息，使得认证之前的信令无法得到有效的保护。这是 IMSI 捕获问题的根源。

（3）eNB 存在安全问题。如果一个 eNB 部署在不安全的环境中，它面临的一个重大安全问题是攻击者直接非法控制 eNB，从而可以推导出目标 eNB 的 $K_{eNB}$ 密钥，会导致威胁逐渐扩散。然后，当用户终端在不同小区间切换时，接入层密钥 $K_{eNB}$ 更新没有向后安全性。

**2. 5G 网络认证**

为解决 4G 网络认证存在的安全问题，5G 认证方案进行了专门的修改，其中最典型的是使用公私钥加密以防止 IMSI 被捕获。在 5G 中，手机的真实身份称为 SUPI（Subscription Permanent Identifier，类似 IMSI），而由公钥加密的密文称为 SUCI（Subscription Concealed Identifier）。在 SUCI 传输到基站后，它直接上传到核心网络。一般流程如图 5.23 所示。

当服务网络（Serving Network，SN）触发与用户的身份验证时，用户终端发送 SUPI 的随机加密：SUCI=⟨aenc(⟨ SUPI, $R$⟩, pkHN), idHN⟩，其中 aenc(·) 表示非对称加密，$R$ 是一个随机数，idHN 唯一标识归属地网络（Home Network，HN）。收到 SUCI 的身份以及 SN 后，HN 可以检索 SUPI 的身份并选择身份验证方法。同时，密钥 $K$ 用作长期共享密钥，而 SQN 为用户提供重放保护。由于 SQN 可能不同步（例如，由于消息丢失），因此用 $SQN_{UE}$ 和 $SQN_{HN}$ 指代存储在 UE 和 HN 中的 SQN 值。5G AKA 协议由两个主要阶段组成：挑战—响应阶段和可选的重新同步过程，即如果 SQN 不同步，则 HN 侧更新 SQN。

在第一阶段挑战—响应中，在收到身份验证请求后，HN 使用以下参数构造身份验证挑战：随机数 $R$（挑战）、AUTN（用于证明挑战的新鲜度和真实性）、HXRES*（SN 对挑战的期望响应）、$K_{SEAF}$（用于建立用户与 SN 之间的安全通道）。函数 $f1 \sim f5$ 是用于计算身份验证参数的单向加密函数。Challenge(·) 和 (·) 是密钥派生函数，AUTN 包含 $R$ 的串联消息认证码（MAC），其中包含为用户存储的$SQN_{HN}$的序列号。$SQN_{HN}$值是使用递增计数器生成的，允许用户验证身份验证请求的新鲜度以抵御重放攻击。为了保护用户信息，HN不会向SN发送挑战的完整响应RES*，而只发送其中的哈希值。

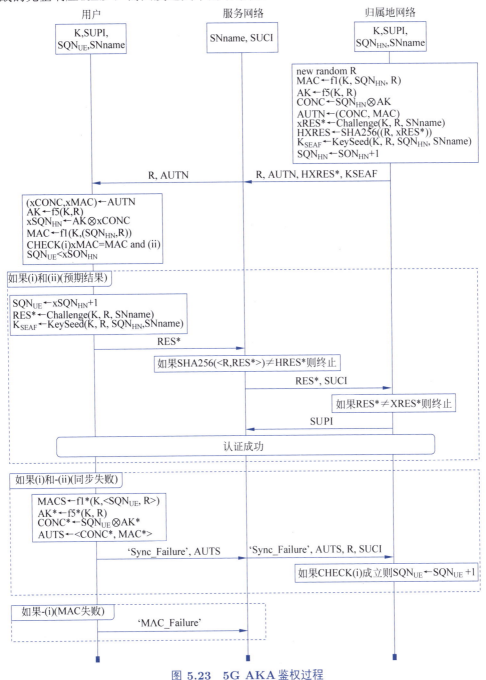

图 5.23  5G AKA 鉴权过程

SN存储$K_{SEAF}$和挑战的预期响应，并将挑战转发给用户。在接收到挑战后，用户首先检查其真实性和新鲜度：从AUTN中提取$xSQN_{HN}$和MAC，并检查MAC是否与$K$相关的正确MAC值相匹配，如果不匹配，则回复MAC验证失败消息Mac_Failure；然后验证身份验证请求是否新鲜，即$SQN_{UE} < xSQN_{HN}$，如果不是，则回复同步失败消息<'Sync_Failure',

AUTS>。如果所有检查都通过,用户计算密钥 $K_{SEAF}$,用于保护后续消息,并计算身份验证响应 RES* 将其发送给 SN。SN 检查响应是否符合预期并将其发送给 HN 进行验证。如果此验证成功,则 HN 向 SN 确认身份验证并将 SUPI 发送给 SN,密钥 $K_{SEAF}$ 用于保护 SN 和用户之间的后续通信。

在同步失败的情况下,用户回复 <'Sync_Failure', AUTS> 消息。AUTS 消息使得 HN 能够通过将自己的 $SQN_{UE}$ 序列号替换为用户的 $SQN_{HN}$ 来与用户重新同步,但 $SQN_{UE}$ 不以明文形式传输以避免窃听。因此,SQN 仍然是私密的异或值:$AK^* = f5^*(K, R)$。形式上,隐藏值是 $CONC^* = SQN_{UE} \oplus AK^*$,使得 HN 可以通过计算 $AK^*$ 来提取 $SQN_{UE}$。最后,$AUTS = \langle CONC^*, MAC^* \rangle$,其中 $MAC^* = f1^*(K, \langle SQN_{UE}, R \rangle)$,允许 HN 验证此消息来自预期的用户。

目前,3GPP 标准已明确规定了以下内容:手机用于加密 SUPI 的公钥存储在 UICC 的 USIM 中;SUCI 的解密算法(SIDF)仅在核心网络的 UDM 中执行一次。当手机的临时身份 GUTI 无法识别时,接入和移动管理网络网元(AMF)和手机发起身份请求。如果手机在注册紧急服务时收到身份请求,则发送 Null-Scheme SUCI,即未加密的 SUPI。AMF 负责配置发送给手机的 5G-GUTI;SUCI 的生成算法可以采用椭圆曲线综合加密方案(ECIES),运营商也可以根据自己的要求定制自己的方案,甚至使用 Null-Scheme。

5G 认证方案的亮点之一是通过公私钥方案对 SUPI 进行加密,从而有效避免了用户的真实身份(SUPI)在空口传输。在图 5.24 和图 5.25 中,我们可以看到两对密钥,一对是由终端侧生成的公钥 Eph.public key 和私钥 Eph.Private key,另一对是由运营商网络生成的。终端侧在 USIM 中存储了网络侧生成的公钥,而网络侧存储了由用户终端生成的公钥(由终端发送到网络的)。这两对密钥是由椭圆曲线加密(ECC)算法生成的。图 5.25 显示了从 SUPI 加密为 SUCI 的 UE 端加密方案。首先,终端生成的私钥与网络提供的公钥结合,派生出一对用于加密的原始密钥 Eph.shared key。高有效位用于对 SUPI 进行对称加密以获取 SUCI。而低有效位则用于保护所有有用信息的完整性,如包含终端参数。因此,终端发送的最终消息包括一系列信息,如终端生成的公钥、SUCI 和终端参数等。

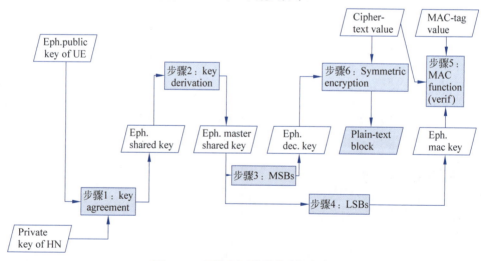

图 5.24 网络侧对终端的验证方案

图 5.24 显示了用于终端身份验证的网络端方案。网络端将终端发送的私钥和公钥结合起来形成 Eph.shared key,然后根据这个秘密密钥派生主密钥。在终端对 SUPI 进行加密的过程

中稍有不同,网络端首先使用密钥的低有效位进行消息完整性验证。只有在验证通过后,信令消息才会被转发到统一数据管理(UDM)网元,UDM调用SIDF网元解密SUCI以获取SUPI。然后,根据手机的身份验证方法,核心网络逐一提取相应的身份验证密钥和身份验证结果,并将结果反馈给手机。手机的USIM验证了网络端发送的身份验证结果的真实性。这种方案的关键在于利用椭圆曲线加密算法的属性:终端和网络端使用相同的椭圆曲线,即椭圆曲线的参数相同(Curve25519或secp256r1)。密钥之间的乘法是在椭圆曲线上的标量乘法,使得两对非对称密钥组合成一对对称密钥。

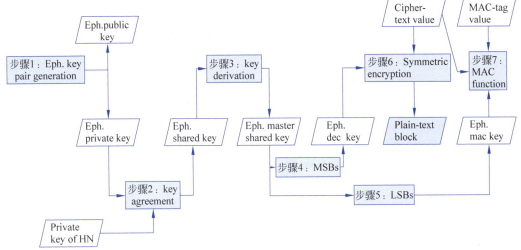

*Final output = Eph. public key || Ciphertext || MAC tag [|| any other parameter]*

图 5.25 终端侧SUCI生成方案

## 5.4.4 认证的安全管理

认证是确认用户身份的过程,对于安全管理至关重要。以下是认证安全管理方面的一些关键考虑和实践。

(1)强密码策略:实施强密码策略要求用户创建复杂、长且难以猜测的密码。密码应包含字母、数字、特殊字符,并定期更换。禁止使用常见密码和个人信息作为密码。

(2)多因素认证:多因素认证结合多个身份验证因素,提供更高的安全性。常见的因素包括密码、硬件令牌、生物特征(如指纹或面部识别)等。引入多因素认证可以防止仅依赖密码的风险,增加用户身份验证的可靠性。

(3)防止密码泄露:密码泄露是一个常见的安全威胁,可以通过以下措施来防止——使用加密存储和传输密码;不以明文形式存储密码,而是使用哈希算法进行密码加密;实施用户密码重置策略,如通过电子邮件或短信发送临时密码。

(4)定期审查和更新凭据:定期审查用户凭据的有效性和权限。禁用或删除不再需要的用户账户。定期要求用户更改密码,以防止长期有效的凭据被滥用。

(5)强化身份验证协议:使用安全的身份验证协议和技术,如OAuth、OpenID Connect等。避免使用弱身份验证协议,如明文传输密码或基于简单哈希的验证。

(6)监测和异常检测:实施监测和异常检测机制,以识别可疑的认证活动。监测登录尝试失败、异常登录地点或时间等异常情况。使用日志记录和安全信息和事件管理(SIEM)工具来分析和检测潜在的认证安全问题。

（7）安全意识培训：提供用户安全意识培训，教育他们如何保护自己的凭据。强调不与他人共享密码、警惕钓鱼攻击和社会工程等常见的安全威胁。

（8）持续改进和更新：定期评估和改进认证系统的安全性。跟踪最新的安全威胁和漏洞，并及时应用安全补丁和更新。

通过综合应用这些实践可以提高认证系统的安全性，减少未经授权访问和身份盗窃的风险。同时，定期的安全审查和持续改进可以确保认证系统与不断演变的安全威胁保持同步。

目前有几种成熟的认证管理体制，包括以下几种。

（1）公共密钥基础设施（PKI）：PKI是一种基于数字证书和公钥加密的认证管理体制，它使用证书颁发机构（CA）来验证用户身份，并通过数字证书绑定公钥与身份信息。PKI提供了一套框架和协议，用于确保身份认证、数据完整性和通信安全。

（2）双因素认证（2FA）：双因素认证要求用户在登录过程中提供两个或多个不同类型的身份验证因素，通常包括密码、硬件令牌、短信验证码、指纹识别等。通过结合多个因素，双因素认证提供了更高的安全性，防止仅仅依靠密码进行认证的弱点。

（3）多因素认证（MFA）：多因素认证扩展了双因素认证的概念，要求用户提供三个或更多不同类型的身份验证因素。除了密码和硬件令牌外，MFA还可以包括生物特征识别（如面部识别、虹膜扫描）、位置信息、声音识别等。多因素认证提供了更高级别的身份验证和安全性。

（4）单一登录（SSO）：单一登录是一种认证管理体制，允许用户使用一组凭据登录多个相关系统或应用程序，而无须为每个系统输入独立的凭据。用户只需进行一次身份验证，然后便可以访问多个系统，提高了用户体验和便利性。

（5）OAuth：OAuth是一种授权框架，用于允许用户授予第三方应用程序对其受保护资源的访问权限，而无须共享其凭据。OAuth通过令牌交换和授权机制实现安全的身份验证和授权管理。

这些认证管理体制在不同场景和需求下都有广泛的应用，并根据安全性、便利性和适用性等方面的需求选择合适的方案。

下面以公共密钥基础设施（Public Key Infrastructure）为例，介绍认证的安全管理。

现实生活中有通信基础设施、交通基础设施和电力基础设施等。在计算机网络的信息安全领域也有一个基础设施——公钥基础设施（Public Key Infrastructure，PKI），是一种运用公钥密码理论与技术建立的用来实施和提供各种安全服务的具有普遍适用性的网络安全基础设施。具体来说，PKI技术能提供的安全服务如下。

（1）数据的保密性：保证在公开网络上传输的机密信息不泄露给非法接收者。

（2）数据的完整性：保证在公开网络上传输的信息不被中途篡改及重复发送。

（3）身份认证：对通信方的身份、数据源的身份进行认证，以保证身份的真实性。

（4）操作的不可否认性：通信各方不能否认自己在网络上的操作行为。

PKI技术采用数字证书管理用户公钥，通过可信第三方——证书认证机构把用户的公钥和用户真实的身份信息（如名称、E-mail地址及身份证号码等）绑定在一起，产生用户的公钥证书。这样的证书在Internet上可用来验证用户的身份。从广义上讲，所有提供公钥加密和数字签名服务的系统都可以称为PKI系统，PKI的主要目的是通过自动管理密钥和证书为用户建立起个安全的网络运行环境，使用户可以在多种环境下方便地使用加密和数字签名技术，保证网上数据的保密性、真实性、完整性和不可否认性，从而保证信息的安全传输。

美国是最早提出PKI概念的国家，并于1996年成立了美国联邦PKI筹委会，它由政府的20个部、局共同组建而成，是一个自下而上的庞大PKI体系。与PKI相关的绝大部分标准都由美国制定，其PKI技术在世界上处于领先地位。2000年6月30日，时任美国总统克林顿正式签署美国《全球及全国商业电子签名法》，给予电子签名、数字证书以法律上的保护，这一决定使电子认证问题迅速成为各国政府关注的热点。欧洲在PKI基础建设方面也注入了很多心血，颁布了93/1999EC法规，强调技术中立、隐私权保护、国内与国外相互认证以及无歧视等原则。

在亚洲，韩国是最早开发PKI体系的国家。韩国的认证架构主要分为3个等级：最上一层是信息通信部，中间是由信息通信部设立的国家CA中心，最下一级是由信息通信台指定的下级授权认证机构（LCA）。日本的PKI管理构架很有特色，它们的应用体系按公众和私人两大类领域来划分，而且在公众领域的市场还要进一步细分，主要分为商业政府以及公众管理业务、电信、邮政3大块。此外，还有很多国家在开展PKI方面的研究，并且成立了CA认证机构。较有影响力的国外PKI公司有Baltimore和Entrust，其产品（如Entrust /PKI5.0）已经能较好地满足商业企业的实际需求。VeriSign公司也已经开始提供PKI服务，Internet上很多软件的签名认证都来自VeriSign公司。

我国的PKI技术从1998年开始起步，由于政府和各有关部门近年来对PKI产业的发展给予了高度重视，2001年，PKI技术被列为"十五"期间863计划信息安全主题重大项目，并于同年10月成立了国家863计划信息安全基础设施研究中心。国家计委也在制定新的计划来支持PKI产业的发展，在国家电子政务工程中已经明确提出了要构建自己的PKI体系。目前，我国已全面推动PKI技术的研究与应用。

1998年，国内第一家以实体形式运营的上海CA中心（SHECA）成立。目前，国内的CA机构分为区域型、行业型、商业型和企业型4类。截至2002年底，前3种CA机构已有60余家，58%的省、市建立了区域CA，部分部委建立了行业CA。其中，全国性的行业CA中心有中国金融认证中心CFCA（以中国人民银行为首的12家金融机构推出）、中国电信认证中心CTCA等。区域型CA有一定地区性，也称为地区CA，如上海CA中心、广东电子商务认证中心。另外，许多网络通信公司也正在积极开发自己的基于PKI的CA产品。目前，国内研究PKI的机构有信息安全国家重点实验室、国家信息安全基地及中国科学院软件所等。数字证书在电子政务、网络银行、网上证券、B2B交易及网上税务申报等众多领域得到应用。北京、上海、天津、山西、福建及宁夏等地，已经将CA证书应用到政府网上办公、企业网上纳税、股民网上炒股及个人安全电子邮件等多方面，并取得了良好的社会效益和经济效益。

PKI出现的时间并不长，对它的概念和内容没有统一的界定。有时只简单地指基于公钥证书的信任层次，而在其他场合却意味着给最终用户提供加密和数字签名服务。PKI的概念和内容不是一成不变的，是动态的、不断发展的。

目前，世界各国非常重视PKI技术的研究，各国的PKI体系不尽相同。例如，美国的体系结构由联邦的桥认证机构、首席认证机构和次级认证机构等组成。加拿大政府PKI体系结构由政策管理机构、中央认证机构、一级CA和当地注册机构组成。我国国家公共PKI体系是服务各种公共网上业务的PKI体系，采用网状信任模型，由国家桥中心、地区桥中心、公众服务认证中心和注册机构组成。此外，还有许多企事业单位建立的小型PKI/CA。

PKI体系是由多种认证机构及各种终端实体等组件组成的，其构成模式一般是多层次的树结构，组成PKI的各种实体。由于所处的位置不同，功能也略有不同。一个完整的PKI还包括认证政策的制定（包括遵循的技术标准、各CA之间的上下级或同级关系、安全策略、安全程度、服务对象、管理原则和框架等）、认证规则、运作制度的制定，涉及的各方法律关系内容以及技术的实现等。

一个典型的PKI应用系统由认证中心、证书库（Certificate Repository）及Web安全通信平台等组成。其中，认证中心和证书库是PKI的核心。

（1）认证中心CA：负责管理PKI结构下的所有用户的证书，包括用户的密钥或证书的发放、更新、废止和认证等工作，还包括管理策略（包括各CA之间的上下级关系、安全策略、安全程度、服务对象、管理原则和框架等）、运作制度等。在本书中，我们认为注册机构（RA）属于CA的一部分，因此不作为PKI的单独组成部分。

（2）证书库：发布、存储数字证书，查询、获取其他用户的数字证书，下载黑名单等。

（3）Web安全通信平台：PKI是一个安全平台，为各类应用系统，如电子商务、银行等提供数据的机密性、完整性和身份认证等服务。

（4）最终实体：PKI产品或服务的最终使用者，可以是个人、组织或设备等。

PKI提供了一个强大的基础设施，用于管理和验证数字证书和公钥加密，从而实现可靠的身份认证和安全的通信，它为身份认证管理提供了一种可靠的机制，确保通信双方的身份是可信的，并保护数据的机密性和完整性。

### 5.4.5 访问控制的安全管理

访问控制是一种安全管理机制，用于控制用户、进程或系统对资源的访问权限。以下是访问控制的安全管理方面的一些关键考虑和实践。

（1）身份验证和授权：身份验证是验证用户身份的过程，以确保用户是其声称的身份。授权是授予用户访问资源的权限，基于其身份和角色，强化身份验证和授权机制，使用安全的凭据和令牌，以确保只有经过授权的用户可以访问资源。

（2）最小权限原则：根据最小权限原则，用户只应该被授予完成其工作所需的最低权限级别。通过限制用户的权限范围，可以减少潜在的安全风险和错误操作。定期审查和更新用户的权限，以确保与其职责和需求保持一致。

（3）角色和组织单元：使用角色和组织单元来管理访问控制可以简化权限管理和分配。将用户分配到角色或组织单元，然后为这些角色或组织单元定义权限。这样可以根据用户的职责和组织结构来管理访问控制，而不是为每个用户单独分配权限。

（4）审计和日志记录：审计和日志记录是跟踪和记录用户访问行为的重要手段。记录用户的登录、访问请求、权限更改和异常活动等信息。审计和日志记录可以帮助检测潜在的安全威胁、支持调查和恢复，并满足合规性要求。

（5）强化网络和系统安全：强化网络和系统安全是保护访问控制的重要措施。使用防火墙、入侵检测和防御系统等技术来保护网络免受未经授权的访问。更新和维护操作系统、应用程序和设备的安全补丁，以减少已知漏洞的风险。

（6）教育和培训：教育和培训用户对访问控制的重要性和最佳实践非常关键。培训用户如何创建强密码、保护凭据、识别社会工程和钓鱼攻击等。提供定期的安全意识培训和更新，以确保用户了解最新的安全风险和防护措施。

综上所述，访问控制的安全管理涉及多方面，包括身份验证和授权、最小权限原则、角色和组织单元、审计和日志记录、网络和系统安全以及教育和培训。通过综合应用这些实践可以提高系统的安全性，减少未经授权的访问和数据泄露的风险。

以下是几种常见的成熟访问控制体系。

（1）角色基础访问控制（Role-Based Access Control，RBAC）：RBAC是一种广泛使用的访问控制模型，将权限授予角色，而不是直接授予用户。用户被分配到角色上，而角色则具有特定的权限。这种模型简化了权限管理，使得权限的分配和维护更加灵活和可扩展。

（2）基于属性的访问控制（Attribute-Based Access Control，ABAC）：ABAC是一种访问控制模型，它基于一组属性来决定用户是否被授予访问资源的权限。这些属性可以包括用户的身份、角色、环境条件和资源属性等。ABAC提供了更细粒度的访问控制，可以根据各种属性动态地进行访问决策。

（3）自主访问控制（Discretionary Access Control，DAC）：允许合法用户以用户或用户组的身份访问规定的客体，同时阻止非授权用户访问客体，某些用户还可以自主地把自己所拥有的客体的访问权限授予其他用户。

（4）细粒度访问控制（Fine-Grained Access Control）：细粒度访问控制是一种访问控制模型，它允许对资源进行更精细的权限控制。这种模型可以基于资源的属性、上下文信息、时间限制等来决定用户是否有权访问资源的某些特定部分。细粒度访问控制通常在需要更高安全性和更具个性化需求的环境中使用。

（5）强制访问控制（Mandatory Access Control，MAC）：MAC是一种严格的访问控制模型，它使用标签或标记来对资源和用户进行分类，并根据预定义的安全策略来强制执行访问控制规则。MAC通常在高度安全的环境中使用，例如军事和政府领域。

这些访问控制体系都有各自的特点和适用场景。选择适合的访问控制模型取决于系统的需求、安全性要求和可扩展性等因素。

本书以自主访问控制来具体介绍访问控制管理的流程。

自主访问控制又称为任意访问控制。在实现上，首先要对用户的身份进行鉴别。然后就可以按照访问控制列表所赋予用户的权限允许和限制用户使用客体的资源。主体控制权限的修改通常由特权用户或特权用户（管理员）组实现。

自主访问控制的特点是授权的实施主体（可以授权的主体、管理授权的客体或授权组）自主负责赋予和回收其他主体对客体资源的访问权限。DAC模型一般采用访问控制矩阵和访问控制列表来存放不同主体的访问控制信息，从而达到对主体访问权限的限制目的。

由于DAC对用户提供灵活和易行的数据访问方式，能够适用于许多的系统环境，所以DAC被大量采用，尤其在商业和工业环境的应用上。然而，DAC提供的安全保护容易被非法用户绕过而获得访问。例如，若某用户A有权访问文件F，而用户B无权访问F，则一旦A获取F后再传送给B，则B也可访问F，其原因是在自由访问策略中，用户在获得文件的访问后，并没有限制对该文件信息的操作，即并没有控制数据信息的分发，所以DAC提供的安全性还相对较低，不能够对系统资源提供充分的保护，不能抵御特洛伊木马的攻击。

自主访问控制通常有三种实现机制，即访问控制矩阵、访问控制列表和访问控制能力列表。

**1. 访问控制矩阵**

访问控制矩阵（Access Control Matrix）是最初实现访问控制机制的概念模型，它利用二维矩阵规定了任意主体和任意客体间的访问权限。矩阵中的行代表主体的访问权限属性，矩阵中的列代表客体的访问权限属性，矩阵中的每一格表示所在行的主体对所在列的客体的访问授权，如图5.26所示，其中Own/O表示管理操作，R表示读操作，W表示写操作。将管理操作从读写中分离出来是因为管理员也许会对控制规则本身或文件的属性等做修改。

|  | 客体1 | 客体2 | 客体3 |
|---|---|---|---|
| 主体1 | Own R W |  | Own R W |
| 主体2 | R | Own R W | W |
| 主体3 | R W | R |  |

图 5.26 访问控制矩阵

访问控制的任务就是确保系统的操作是按照访问控制矩阵授权的访问来执行的，它是通过引用监控器协调客体对主体的每次访问而实现，这种方法清晰地实现了认证与访问控制的相互分离。在较大的系统中，访问控制矩阵将变得非常巨大，而且矩阵中的许多格可能都为空，会造成很大的存储空间浪费，因此在实际应用中，访问控制很少利用矩阵方式实现。

**2. 访问控制列表**

访问控制列表（Access Control Lists，ACLs）以文件为中心建立访问权限表，表中登记了客体文件的访问用户名及访问权隶属关系。利用访问控制列表能够很容易地判断出对于特定客体的授权访问，哪些主体可以访问并有哪些访问权限。同样，很容易撤销特定客体的授权访问，只要把该客体的访问控制列表置为空即可。

利用访问控制列表可以为每个客体附加一个可以访问它的主体的明细表，如图5.27所示。

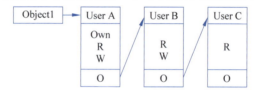

图 5.27 访问控制矩阵列表

在例子中，对于客体Object1，主体A具有管理、读和写的权力，主体B具有读和写的权力，主体C只能读。

由于访问控制列表的简单、实用，许多通用的操作系统都使用访问控制列表来提供访问控制服务。例如UNIX和VMS系统利用访问控制列表的简略方式，允许以少量工作组的形式实现访问控制列表，而不允许单个的个体出现，这样可以使访问控制列表很小，用几位就可以和文件存储在一起。另一种复杂的访问控制列表应用是利用一些访问控制包，通过它制定复杂的访问规则限制何时和如何进行访问，而且这些规则根据用户名和其他用户属性的定义进行单个用户的匹配应用。

**3. 访问控制能力列表**

能力是访问控制中的一个重要概念，它是指请求访问的发起者所拥有的一个有效标签（Ticket），它授权标签的持有者可以按照何种访问方式访问特定的客体。访问控制能力列表（Access Control Capabilities Lists，ACCLs）是以用户为中心建立访问权限表，为每个主体附加一个该主体能够访问的客体的明细表。

能力机制的最大特点是能力的拥有者可以在主体中转移能力。在转移的全部能力中有一种能力叫作"转移能力"，这个能力允许接受能力的主体继续转移能力。例如进程A将某个能力转移给进程B，B又将能力传递给进程C。如果B不想让C继续转移这个能力，就在将能力转移给C时去掉"转移能力"，这样C就不能转移此能力了。主体为了在取消某能力的同时从所有相关主体中彻底清除该能力，需要跟踪所有的转移。

一个主体的访问控制能力列表如图5.28所示。

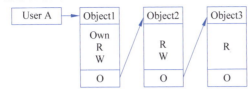

图 5.28　访问控制能力列表

认证与访问控制管理是信息安全管理中的核心要素，其重要性体现在以下几方面。

（1）数据保护：认证与访问控制管理通过确认用户身份和控制其访问权限，有效地保护了系统和敏感数据免受未经授权的访问和滥用，有助于防止数据泄露、信息破坏和未经授权的更改。

（2）防范威胁：认证与访问控制管理可以防止恶意用户或攻击者利用弱点、漏洞或恶意意图对系统进行未经授权的访问。通过实施合适的认证和访问控制策略，可以减少潜在的安全风险和数据泄露风险。

（3）合规性要求：许多行业和法规对认证与访问控制有严格的合规性要求。通过有效地管理认证和访问控制，组织可以确保其满足适用的合规性标准，并避免可能的法律和法规问题。

在认证与访问控制的管理中仍大有可为，未来可发展的方向如下。

（1）多因素认证：随着技术的不断进步和攻击手段的演变，传统的用户名和密码认证方式可能不再足够安全。多因素认证，如生物识别、智能卡、一次性密码等将成为标准的认证方法，增加安全性和抵御攻击。

（2）无密码认证：未来可发展的方向之一是无密码认证。基于生物识别技术、人工智能和区块链等，用户可以通过独特的生物特征或其他身份凭证来认证自己，摆脱传统的密码认证方式。

（3）自适应访问控制：随着用户需求和环境变化，访问控制策略需要具备自适应性。自适应访问控制技术可以通过分析用户行为模式、设备信息和上下文来调整权限和访问方式，提供更灵活、智能和细粒度的访问控制。

（4）强化审计与监控：未来的认证与访问控制管理需要加强审计和监控能力，以便更好地识别和应对安全威胁。实时监测用户活动、异常行为和权限变更，从而及时发现潜在的风险并采取措施。

综上所述，认证与访问控制管理对于信息安全至关重要，并将随着技术和威胁的变化而不断发展和演进。借助新技术和方法，可以提高安全性，减少风险，并满足不断变化的合规性要求。

## 5.5　练习题

**练习5.1**　简述消息认证和身份认证的概念及二者间的差别。

**练习5.2**　对身份证明协议的基本要求是什么？身份证明的主要途径有哪些？

**练习5.3**　什么是身份认证技术？身份认证的主要方式有哪些？

**练习5.4**　什么是电子欺骗和Sybil攻击？简述它们之间的区别。

**练习5.5** 身份认证的常用技术有哪些？

**练习5.6** 为什么要使用物理层认证？相比其他认证技术，物理层认证有什么优势？

**练习5.7** AAA系统的"AAA"是哪三项服务的简称？

**练习5.8** 简述RADIUS协议的工作过程。RADIUS协议存在哪些不足？

**练习5.9** SSO的作用是什么？SSO相对于传统登录方式有哪些优势？

**练习5.10** 从Kerberos协议的基本思想角度阐述它是如何体现SSO思想的。

**练习5.11** 画出PPPoE协议中CHAP的认证流程。

**练习5.12** 画出IEEE 802.1x的体系结构，并简述各部分之间的关系及信息交换过程。

**练习5.13** 简述Web Portal认证的工作原理。

**练习5.14** 简述4G无线接入系统存在的安全问题。

**练习5.15** 针对4G网络认证中存在的安全问题，5G网络认证方案进行了哪些修正？

**练习5.16** 试述访问控制的三大要素以及访问控制包含的主要内容。

**练习5.17** 简要叙述访问控制机制的概念模型实现和实际应用的两种实现的定义，同时说明为什么引入实际应用的两种实现以及实际应用的两种实现的区别。

**练习5.18** 简要叙述综合访问控制策略中目录级安全控制和属性安全控制提出的常用权限类型。

# 第6章

# 网络安全监测与管理

随着互联网的普及和信息技术的快速发展,各种网络安全威胁和风险层出不穷。恶意软件、网络攻击、数据泄露等问题不断涌现,给个人、企业和国家的信息安全带来了严峻挑战。在这种背景下,持续、科学、稳定的网络安全监测与管理尤为关键。特别是要掌握各种先进的安全监测与防御技术,同时建立完善的网络安全监测与管理体系,确保整个信息系统的稳定性和安全性。通过持续性的安全监测和主动防范各类安全威胁,我们能够更好地保护个人隐私、维护企业机密,并确保国家关键信息基础设施的安全运行。本章将围绕网络安全监测与管理,从网络安全监测技术、网络安全管理系统、安全事件管理以及安全策略管理四方面进行概念梳理,并对具体的技术问题进行展开。

## 6.1 网络安全监测

### 6.1.1 网络安全监测定义

网络安全监测是指对网络进行持续、实时的监测和分析,以识别和应对各种网络安全事件的过程。网络安全监测可以帮助管理者更好地了解其网络安全状况,及时发现并应对网络安全威胁,提高网络安全性和合规性水平。网络安全监测通常包括以下主要内容。

(1)流量监测:对网络流量进行实时监测和分析,以识别异常流量和恶意流量,发现和阻止网络攻击和漏洞利用等。

(2)事件监测:对网络事件进行实时监测和分析,包括入侵检测、恶意软件、异常行为和数据泄露等,以及对事件的处理和响应。

(3)资产监测:对网络上的设备和应用程序进行监测和管理,包括设备的配置、漏洞扫描和资产清单等。

(4)安全策略监测:对网络上的安全策略进行监测和管理,包括访问控制、身份验证、加密和安全审计等。

(5)日志监测:对网络设备和应用程序的日志进行监测和管理,以获取有关网络活动和安全事件的详细信息,支持安全事件的调查和分析。

(6)异常行为监测:通过对用户和实体行为的监测分析,识别并报告异常行为,以及检测并报告未知的攻击和漏洞。

(7)合规性监测:支持网络安全合规性管理和审计,包括对安全政策和标准的实时监测和报告,以及对合规性要求的验证和证明。

网络安全监测可以通过多种技术和工具来实现,监测所部署的位置也可根据管理者的需要进行选择和配置,我们将在6.1.3节具体讨论这一部分内容。需要注意的是,网络安全监测是一个持续性的活动,需要进行持续、全面和有效的监测和分析,以确保网络安全事件得到及时的识别和应对。管理者需要配置和管理相应的监测工具和系统,对监测结果进行及时的收集、分析和响应,及时修补漏洞和强化安全措施,以确保网络安全的可靠性和稳定性。此外,管理者还应进行适当的网络安全监测培训和管理,以提高网络安全意识和技能,确保安全监测和管理的有效性和可靠性。

### 6.1.2 网络安全监测的作用

网络安全监测对于保护计算机网络的安全和稳定运行是至关重要的,它可以通过以下几方面帮助管理者保护网络免受来自内部或外部的安全威胁。

(1)及时发现和阻止网络攻击:网络安全监测可以检测到网络中的异常流量和活动,识别可能的攻击行为,并采取措施及时阻止攻击,从而保护网络免受攻击和数据泄露的威胁。

(2)提高网络安全性:网络安全监测可帮助组织识别可能的安全威胁和漏洞,并采取措施加强安全性,通常包括安装安全软件、更新补丁、执行访问控制和身份验证、加密数据等。

(3)保护数据:网络安全监测可以帮助组织保护其数据不被盗窃、修改或破坏。监测可以帮助识别异常数据流量、未经授权的访问和其他威胁,并采取措施防止这些威胁对数据造成影响。

(4)提高业务连续性:网络安全监测可以帮助组织保持业务连续性,即使在发生网络威胁或攻击时也能继续运营。监测可以帮助快速识别和排除故障,以避免业务中断。

(5)合规性和监管要求:许多法规和标准,例如欧盟通用数据保护条例(General Data Protection Regulation,GDPR)、美国健康保险可携带性和责任法案(Health Insurance Portability and Accountability Act,HIPAA)和全球通用的用于保护持卡人数据的安全标准(Payment Card Industry Data Security Standard,PCIDSS)等,均要求组织采取措施保护其数据和网络安全。网络安全监测可以帮助组织遵守这些法规和标准,并减少因未遵守而产生的风险和罚款。

(6)防止内部威胁:网络安全监测可以监测员工的网络活动,识别可能的内部威胁和数据泄露,从而防止内部威胁对组织造成的损害。

(7)改善安全文化:网络安全监测可以帮助组织加强安全意识和安全文化,促进员工对网络安全的重视和意识,从而减少安全风险。

### 6.1.3 网络安全监测技术

网络安全威胁监测系统能够实时观察网络状态,协助安全人员及时识别网络上的异常或恶意行为,这为安全团队或IT团队提供了在攻击事件发生之前采取预防措施(proactive)的机会。根据网络监测活动发生的位置,可以将其分为两种类型:端点监测和网络监测。

**端点监测**是指对计算机网络中的每个终端设备(如计算机、服务器、移动设备等)的活动和状态进行监测,以便及时发现并阻止恶意软件、漏洞利用和其他安全问题。这种监测通常涉及安装和运行防病毒软件、入侵检测系统、终端监测系统和防火墙等安全工具,以便检测并阻止任何具有威胁的行为。针对这一类网络安全监测与防御技术和管理方法的介绍,我们将在第7章和第8章重点讨论。本章更侧重于网络层面的监测技术与管理,因此,端点监测相关内容将不在本章进行过多讨论。

相比于端点监测，**网络监测**较为复杂且多样，它通常指对整个计算机网络进行监测，以便检测流量异常、网络拥塞、故障和其他问题。这种监测通常涉及使用多种多样的网络流量分析工具和性能监测工具，以便监测网络流量并识别任何不寻常的活动。通常情况下，我们将网络活动的监测方法分为主动监测和被动监测。

**主动监测**是指系统或设备主动发送探测请求来获取网络状态和性能信息的监测方式。例如，PING命令可以发送ICMP探测包来测试网络的可达性和延迟。而被动监测是指在网络中被动地监听流量和数据包，收集和分析网络流量的监测方式。**被动监测**不会主动发送请求，而是通过监听网络流量来获取信息。这种监测方式通常用于网络安全分析、流量分析和故障排除等领域。例如，网络入侵检测系统（Intrusion Detection System，IDS）会被动地监听网络流量，检测异常行为和潜在的安全威胁。图6.1展示了一个通用的网络监测架构，可分为网络流量、数据包捕获、数据捕获、分析以及结果导出五部分[55]。

图 6.1　通用的网络监测架构

在网络监测的执行过程中，通常包含两个关键步骤：流量复制和流量分析。这两个步骤是确保网络安全和性能的重要组成部分。

**流量复制**是指将网络中的数据包进行复制或镜像，使其在监测系统中得以分析，而不影响原始数据流。大多数情况下，流量复制可以在两种模式下进行：内联模式（inline）或镜像模式（mirroring）。内联模式下的流量复制设备被放置在链路中；而在镜像模式下，复制功能已经是路由器或交换机的内置特性。目前，常见的流量镜像方法包括端口镜像（port mirroring）、TAP（Test Access Point）和使用旁路网卡（bypass NICs）的类TAP设置。

端口镜像通常在企业级网络交换机和路由器中使用，因此在网络架构中不需要部署额外的设备，它能够将选定端口上通过的网络流量复制到另一个指定的端口上进行分析和监测。通过将流量镜像到特定端口，管理员可以实时监测特定端口上的数据流量，以进行网络性能分析、故障排除和安全审计等操作。镜像的流量可以被连接到监测设备或网络分析工具，以进行深入的流量分析和报告生成。通常，被用作镜像输出的端口称为镜像端口或SPAN（Switched Port Analyzer）端口。端口镜像是一种方便且有效的方式，用于在网络中实时监测和分析流量，以提高网络性能和安全性。图6.2展示了端口镜像的原理，被监测链路上的双向流量在镜像端口上以单向传输的方式呈现。

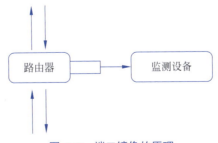

图 6.2　端口镜像的原理

但是，镜像端口有两个缺点。首先，如果流量的总吞吐量大于镜像端口可以传输的能力，镜像端口会出现拥塞并丢弃数据包。其次，大多数交换机的计算能力不足以同时处理交换和镜像功能。交换机的主要功能具有优先级，而在高峰流量期间，镜像功能可能无法正常工作。

测试访问端口（TAP）通常属于内联模式，相比于端口镜像来说，需要依赖额外的设备将监测的线路分割，以实现流量的复制和分析。TAP设备放置在网络链路的分割部分，将流量复制到不同的输出端口进行处理。单个TAP设备可以将流量复制到单个输出端口，其中包括用于全双工链路的下行和上行的两个物理端口。再生TAP设备可以将流量复制到多个输出端口，而聚合TAP设备可以合并两个通道的流量到一个输出端口。TAP设备有不同的类型，包括铜质、光纤和虚拟，以适应不同的网络环境和需求。图6.3展示了TAP的工作原理，从图中可以看出，在使用TAP进行流量镜像时，监测设备能够同时接收监听链路中路由器间的收发双向流量。

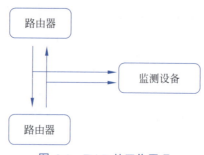

图 6.3　TAP的工作原理

使用NIC网络接口卡的类TAP设置与TAP一样属于内联模式，但此类方法通过计算机NIC网卡上的软件而非额外的监测设备将流量镜像与流量分析集成在一起。如图6.4所示，监测的线路被分割，并分别连接到两个安装在计算机上的NIC接口上，并将接口在软件中配置为网络桥接模式。因此，作为桥接设备，可以确保分割的线路仍然正常工作，并且通过计算机可以进行流量监测。这种设置与TAP类似，也是被放置在内联模式中。但是使用NIC作为镜像存在单点失败（single-point of failure）的风险，因此存在一种NIC绕过方法（图6.5），当发生故障时具备绕过两个网络接口的能力，从而避免上述风险。

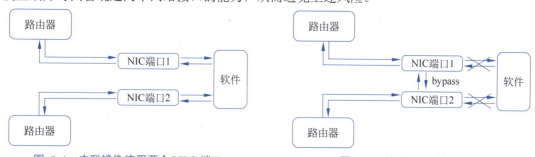

图 6.4　内联镜像使用两个NIC端口　　　　图 6.5　绕过NIC镜像方法

**流量分析**是指对复制得到的数据包进行详细的检查和解析，可细分为数据包捕获、深度数据包检查和基于流量的监测[56]。这个过程包括分析数据包的来源、目的地、内容和协议等信息。通过深入分析网络流量，可以帮助管理者识别异常行为、检测网络攻击、验证网络策略的有效性，并且改进网络性能。具体而言，数据包捕获是指拦截通过特定计算机网络传输或移动的数据包。一旦捕获到数据包，它将被临时存储以便进行分析[57]。深度数据包检查（DPI）是一种先进的数据包过滤方法，它在OSI参考模型的应用层进行操作。使用DPI可以发现、识别、分类、重定向或阻止包含特定数据或代码负载的数据包，而传统的数据包过滤只能检测数据包头部[58]。根据流量的监测是指监测从特定源发送到特定单播、组播或多播目的地的数据包序列流。其中，一个流可以由特定传输连接或媒体流中的所有数据包组成[59]。下面将简要介绍数据包捕获、深度数据包检查以及基于流量监测的常用工具。

在数据包捕获过程中，常用的两个工具为Tcpdump和Wireshark。Tcpdump是一个常用的命令行工具，用于在计算机网络上进行数据包捕获和分析，它可以实时监视和记录网络流量，并提供丰富的过滤和分析选项。Tcpdump可以捕获来自网络接口的数据包，并以可读性强的格式显示捕获的数据包内容。它支持多种过滤条件，可以根据源IP地址、目标IP地址、端口号、协议类型等进行过滤，以便对特定的网络流量进行分析和观察[60]。Tcpdump还支持将捕获的数据包保存为PCAP文件，以便后续离线分析和处理。由于其灵活性和强大的功能，Tcpdump在网络管理、网络安全和网络故障排除等领域得到了广泛应用。

Wireshark是一款开源的网络协议分析工具，它提供了强大的功能和直观的用户界面，用于捕获、分析和可视化网络流量。该工具可以在多个操作系统上运行，并支持各种网络接口和协议。在协议解析方面，Wireshark可以提供详细的协议分析信息，包括源和目标地址、端口号、协议类型、数据内容等。此外，它还提供了灵活的过滤功能，可以根据条件对数据包进行筛选，以便只关注特定的网络流量或事件。为了帮助用户更好地理解和分析网络流量，Wireshark还支持对捕获的数据包进行统计分析、生成报告和导出数据等功能。与Tcpdump相比，Wireshark提供了更多的协议解析和高级分析功能，并且具备直观的图形用户界面以及丰富的可视化和交互功能，适用于需要进行深入分析的场景。而Tcpdump是一个命令行工具，更注重基本的数据包捕获和过滤，适用于需要快速捕获和分析数据包的场景，具有实用性和灵活性[61]。

Snort、Suricata以及Bro是三款功能非常强大的网络安全监控系统，通常用于深度数据包检查。Snort是一款开源的网络入侵检测系统（IDS），它能够实时监视和分析网络流量，以便检测和报告潜在的网络攻击和安全事件。该工具的主要功能是通过对网络流量进行分析和匹配，检测出与事先定义的规则和模式相匹配的恶意行为，它通过深度分析捕获的网络数据包，并与预先配置的规则进行比对，从而识别恶意的网络流量，并提供对网络活动的全面可视化分析和报告。在数据包捕获方面，Snort支持多种捕获模式，包括混杂模式（promiscuous mode）和非混杂模式（non-promiscuous mode），以适应不同的网络环境和需求。它还支持多种检测规则，包括基于签名的规则、协议分析规则和异常行为规则等[62, 63]，这使得Snort非常灵活，可根据具体需求进行定制。此外，Snort还可以在各种操作系统上安装和运行，具有易于配置和扩展的特点。它可以与其他安全工具和设备进行集成，如防火墙和入侵预防系统（Intrusion Prevention System，IPS），以提供全面的网络安全防护。总体来说，Snort的应用场景较为广泛，包括网络安全监控、入侵检测、事件响应和安全事件分析等。通过实时监测和响应网络攻击，Snort可以帮助网络管理员提供及时的警报和通知，以保护网络和系统的安全。

Suricata[64]是一款高性能的开源入侵检测和网络安全监控系统，它能够实时监视和分析网络流量，通过深度数据包分析和与预定义规则的比对识别恶意的网络流量和安全威胁。虽然与Snort使用的预定义规则类似，但是Suricata在多线程处理、协议支持和灵活性方面更为强大，同时可以指定的关键词和协议也略有不同。企业或个人可以根据自身的需求选择合适的工具。

Bro（又称为Zeek）[65]是一款强大的开源网络安全监控系统，用于实时分析网络流量并生成详细的网络活动信息，它具有强大的协议解析能力，能够深入分析各种网络协议，并生成实时的日志和事件，检测和报告潜在的安全事件。此外，Bro还可编程和可扩展，允许用户自定义分析脚本,并提供高级日志和可视化功能,以帮助安全团队更好地理解和应对网络威胁。相较 Suricata 和 Snort 更专注于入侵检测和规则匹配,Bro 是一个强大的网络流量分析工具,可以提供详细的网络活动信息。此外,Suricata 和 Snort 使用类似的预定义规则结构和语法,而 Bro 则采用基于脚本的编程语言,允许用户编写自定义的分析脚本[66]。因此,选择使用哪种系统取决于具体需求,Bro 适用于深入的网络流量分析,Suricata 适用于高性能入侵检测,Snort 则是一种成熟且广泛采用的 IDS。

基于流量的监测架构通常可以包含两个主要组件:流量导出器(flow exporter)和流量收集器(flow collector)。图 6.6 展示了流量监测的通用架构。nProbe、YAF、QoF、ipt-netflow、pmacct 和 softflowd 是流量导出器和流量收集器的代表性实现工具。

图 6.6  流量监测的通用架构

(1)nProbe[67] 是一款商业的流量导出器,它专注于监视网络接口上的流量,并将统计信息导出到流量收集器。它支持多种流量导出协议,如 NetFlow、IPFIX 和 sFlow。nProbe 本身并不具备流量收集功能,但它可以与其他流量收集器(如 nProbe Probe Plugin 或 Elasticsearch 等)集成,以实现流量的存储和分析。

(2)YAF[68] 是开源的流量导出器,它专注于高速网络环境下的流量统计和导出。YAF 支持多种流量导出格式,包括 NetFlow v5、NetFlow v9 和 IPFIX。

(3)QoF(Quality of Flow)[69] 是一个开源的流量收集器,它具有灵活的配置选项和可扩展性。QoF 可以接收来自不同流量导出器的流量,并将其存储和分析。

(4)ipt-netflow[70] 是一个基于 Linux 的流量导出器,它使用 iptables 模块来捕获和导出流量,它可以将流量导出为 NetFlow v5 和 IPFIX 格式。

(5)pmacct[71] 是一个功能强大的开源流量收集器,它可以处理大规模网络环境中的流量数据,并提供灵活的流量分析和报告功能。pmacct 支持多种流量导出协议,如 NetFlow、IPFIX 和 sFlow。通过与不同的流量导出器(如 nProbe 或 softflowd)集成,pmacct 可以接收来自这些导出器的流量,并进行存储、分析和报告。

(6)softflowd[72] 是一个轻量级的流量导出器,它可以在 UNIX-like 系统上运行。softflowd 可以将流量导出为 NetFlow v5 和 IPFIX 格式,并具有较低的系统资源消耗。

## 6.2 网络安全管理系统

网络安全管理是确保网络安全技术能够有效实施的关键,也是组织整体管理体系的重要组成部分。在当今数字化时代,网络攻击和数据泄露等安全威胁日益增多,网络安全管理变得越来越重要。网络安全监测作为网络安全管理体系不可或缺的一部分,为网络安全管理提供了快速、持续和稳定的监测和响应能力。我们在 6.1 节中总结了网络安全监测相关的定义和技术,本节将围绕网络安全管理进行展开。

首先,网络安全管理的目的是确保组织的信息系统和数据得到充分保护,从而使组织的业务能够持续运作。它可以包括多方面,如安全控制管理、网络资产管理、安全事件管理、安全策略管理、安全审计和风险评估、合规性管理、安全监测和应急响应管理、安全意识培训等。其次，通过建立有效的网络安全管理手段和体系，管理者能够更好地保护自身的信息资产，降低信息安全及网络安全风险，从而提升业务效率和竞争力。

因此，网络安全管理应该被视为每个管理者的重要任务之一，它需要得到高层领导的支持和投入，配备专业的安全人员和技术工具以及完善的安全流程和管理机制。同时，网络安全管理也需要不断演进和改进，以应对不断变化的安全威胁和技术趋势。

在网络安全管理系统中，安全信息与事件管理系统（Security Information and Event Management，SIEM）和持续网络安全监控系统（Cybersecurity Monitoring，CSM）均扮演着至关重要的角色。

安全信息与事件管理（SIEM）是一种综合性的安全解决方案，用于实时监控、分析和响应组织内部和外部的安全事件。SIEM系统集成了安全信息管理（SIM）和安全事件管理（SEM）的功能，旨在帮助管理者识别、管理和应对各种安全威胁和事件。如图6.7所示，SIEM系统通过收集、聚合和分析各种日志数据和安全事件，帮助安全团队快速识别潜在的威胁，进行实时响应，并提供报告和合规性审计等功能。

图 6.7 安全信息与事件管理系统

通常情况下，SIEM系统主要包括日志管理、事件管理、安全信息管理、合规性管理和响应管理等模块，通过这些功能可以帮助管理者提高安全性、监测网络活动，并加强合规性。常见的SIEM系统产品包括AlienVault、Exabeam、Fortinet FortiSIEM、IBM QRadar SIEM、Splunk、SolarWinds Log and Event Manager等。特别值得注意的是，SIEM系统的数据可视化可以帮助管理者更好地了解其系统内所发生的安全事件和威胁，以及安全事件的来源和影响范围。同时，通过对安全事件的高级搜索和查询功能，SIEM可以帮助管理者更快地调查和分析安全事件，包括事件的时间线、活动和相关数据的聚合和可视化。此外，帮助管理者识别系统内的漏洞和弱点也是SIEM的优势能力之一，它可以为管理者根据识别结果提供改进和加强安全措施的建议。

相较于集成了多种安全技术和工具的综合性监测和响应系统,持续网络安全监控(CSM)是一种持续性的网络安全实践,旨在使用各种工具和技术不断监测、分析和评估组织的网络安全状态。图6.8展示了持续网络安全监控的主要流程,包括系统定义、风险评估、选择部署安全控制、软件配置以及持续评估。值得注意的是,CSM不仅关注已知的威胁,还专注于检测新型和高级的威胁,以及组织内部的异常活动。这种监控通常使用先进的威胁检测技术,包括行为分析、机器学习和人工智能等识别网络中的潜在风险。与传统的安全防御不同,CSM强调实时性和持续性,以快速应对网络威胁。

**图 6.8　持续网络安全监控的主要流程**

此外,CSM不仅关注外部威胁,还侧重于内部威胁和数据泄露的检测。通过不断分析网络流量、系统日志和用户行为等信息,CSM可以发现未经授权的活动、恶意软件传播和其他安全事件。因此,持续网络安全监控是一种预防性和响应性相结合的安全策略,旨在帮助管理者及时识别并应对各种安全威胁,从而保护敏感信息、维护业务连续性并降低安全风险。

总的来说,虽然CSM和SIEM都是用于网络的安全监测和管理的综合性系统,但它们的重点却略有不同。CSM主要聚焦于实时监测和分析网络流量、系统日志和用户活动等安全相关数据,以识别潜在的安全威胁和漏洞,并采取措施进行响应,而SIEM则更注重于对不同数据源的安全事件信息进行聚合、分析和报告,以便安全管理人员可以快速识别和响应安全事件。尽管二者稍有区别,但都在网络安全监测管理中起到了至关重要的作用,二者相结合可以共同帮助管理者建立健壮的网络安全防御体系,保护组织的信息资产免受各种威胁。

在技术层面,网络安全管理可以分为对内管理和对外管理两部分。对内管理主要是指对组织内部的信息系统和数据进行管理和安全保护。图6.9是一个通用的系统内部网络架构,该系统架构的安全管理包括网络安全管理、数据泄露防护、DDoS攻击防御以及服务器与应用程序保护。

(1)网络安全管理:包括网络拓扑规划、网络设备配置、访问控制、网络监控等,旨在保护组织内部网络的机密性、完整性和可用性。

(2)数据泄露防护(DLP):通过对组织的数据进行分类、标记、监控和防护等手段,保护组织的重要数据资产,防止数据泄露和安全漏洞的发生。

(3)服务器与应用程序保护:通过采取各种安全措施,保护服务器和应用程序免受安全威胁和攻击,维护服务器和应用程序的机密性、完整性和可用性。

对外管理主要是指组织与外部网络和系统的连接和交互进行管理和安全保护。其中,外部攻击防御,特别是DDoS攻击防御是对外网络安全管理的重要方面,其主要包括以下方面。

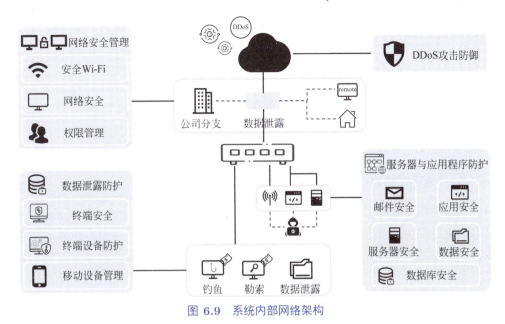

图 6.9 系统内部网络架构

（1）对外管理策略制定：制定与组织业务相适应的对外管理策略，包括网络拓扑规划、访问控制、数据加密、安全事件管理等，确保网络和系统的安全性。

（2）外部攻击防御：采用防火墙、入侵检测系统、反病毒软件、流量清洗等技术和措施对外部攻击进行防御和监测，保护网络和系统的安全。

（3）DDoS攻击防御：通过流量清洗、负载均衡、CDN加速、云计算等技术和措施防止DDoS攻击对网络和系统造成影响。

（4）安全合规和标准：遵循各种安全合规和标准，如ISO 27001、PCI-DSS等，确保与外部网络和系统的连接和交互符合安全要求，提高网络和系统的安全性。

（5）威胁情报分析：定期分析和研究外部网络和系统的威胁情报，及时采取相应的安全措施，预防和应对安全攻击。

此外，网络安全管理还会采取其他安全技术保障来确保管理者的网络安全架构能够安全、高效的运行，例如代理技术、SNMP、OPSEC框架以及关联分析技术等。

（1）代理技术：代理技术是一种运行于动态环境中的高自治性技术。代理实体能够接受其他实体的委托并为其服务，具备以下核心特点：自治性、反应性、自适应性、推理能力、移动性和社会性。具体而言，自治性是指代理能够独立决策和执行任务，仅在必要时与其他代理交互，从而减少通信负载，提升效率。同时，单个代理的故障不会影响系统整体的稳定性。反应性是指代理能够实时感知环境变化，并快速响应外部请求或突发事件，确保系统的灵活性和适应能力。自适应性是指代理可以根据环境动态调整配置，支持灵活的添加、移除或功能升级，从而满足复杂的动态需求。推理能力是指代理具备分析和处理信息的能力，可以独立完成数据过滤、提取和优化等任务，减轻中心节点的计算负担。移动性是指代理可以在不同节点或设备之间迁移，以更高效地完成任务或适应异构网络环境。社会性是指代理之间能够协同工作，通过信息共享和协作完成复杂任务，提高系统的整体效率。通过这些特点，代理技术不仅减少了网络负载和延时，还增强了分布式系统的灵活性、鲁棒性和智能化水平。

（2）SNMP（Simple Network Management Protocol）：该协议是基于TCP/IP的，采用管理进程和代理进程，具有简单性、灵活性、扩展性和实现简单等优点。

（3）OPSEC框架：提供了集成和互操作开放平台，任何厂家的应用只要实现了公开的API、标准协议后就可以插入OPSEC框架，可以通过一个中心控制点，使用通用的安全策略来配置和管理这些应用，从而实现统一的网络安全管理模型。

（4）关联分析技术：这是一种利用系统间的关联性进行分析以对信息进行归并并简化处理的技术，包括IP关联、欺骗数据包特征关联、时间或序列关联等。

## 6.3　安全事件管理

### 6.3.1　安全事件定义

信息安全事件是指由于自然、人为、软/硬件本身缺陷或故障等，在计算机系统、网络或其他信息系统中发生的安全违规行为或事件。这些事件可能会导致机密信息泄露、数据丢失、网络服务中断、系统瘫痪等安全问题。所产生的事件后果可能会对个人、组织和社会造成不同程度的影响和损失，具体后果取决于事件的类型、严重程度和影响范围等因素。因此，对安全事件的合理管理对于个人、组织和社会都非常重要，需要采取相应的措施来预防和应对安全事件。

### 6.3.2　安全事件分类和分级

安全事件的分类、分级是有效防范和响应安全事件的基础，能够使事前准备、事中应对和事后处理的各项相关工作更具针对性和有效性。安全事件可以按照不同的标准进行分类和分级，通常参考一些行业内的通用标准或框架以帮助管理者更好地识别、评估和应对安全事件。常见的参考标准包括但不限于：GB/Z 20986—2007、ISO/IEC 27001、NIST Cybersecurity Framework（CSF）、Payment Card Industry（PCI）、Data Security Standard（DSS）、Information Technology Infrastructure Library（ITIL）、Common Vulnerability Scoring System（CVSS）等。其中，GB/Z 20986—2007、ISO/IEC 27001 和 NIST CSF 分别是中国、国际通用以及美国关于信息安全管理的标准和架构；PCI-DSS、ITIL 以及 CVSS 分别是信用卡支付、IT服务管理以及安全漏洞评估方面更加详细针对不同行业和安全管理方面的标准和架构。

（1）GB/Z 20986—2007[①]：这是中国对于信息安全事件分类和分级的国家标准，全称为《信息安全技术信息安全事件分类和分级》。该标准规定了信息安全事件的分类和分级方法，以及相应的应对措施和责任分工。

（2）ISO/IEC 27001[②]：这是一个全球通用的信息安全管理标准，提供了一套完整的信息安全管理框架，包括安全事件的分类、分级和应对措施等方面。

（3）NIST CSF[③]：这是美国国家标准与技术研究院制定的一个信息安全框架，包括识别、保护、检测、应对和恢复五个阶段，可以帮助管理者有效地管理和应对安全事件。

（4）PCI-DSS[④]：这是一个针对信用卡支付行业的安全认证标准，由包含Visa、MasterCard、American Express、Discover Financial Services和JCB五大国际卡组织在内的PCI安全标准委员会共同制定，其信息安全标准分6大项和12小项的要求，是目前全球最严格、级

---

① GB/Z 20986—2007: https://openstd.samr.gov.cn/bzgk/gb/newGbInfo?hcno=B60C1BE7CDC03CEBEAD942EFB58F0652.
② ISO 27001: https://www.iso.org/obp/ui/#iso:std:iso-iec:27001:ed-3:v1:en.
③ NIST CSF: https://www.nist.gov/cyberframework/framework.
④ PCI-DSS: https://listings.pcisecuritystandards.org/documents/PCI_DSS-QRG-v3_2_1.pdf.

别最高的金融机构安全认证标准之一。安全认证标准包括安全事件的分类、分级和应对措施等方面,旨在保护支付卡数据的安全。

(5) ITIL[①]:ITIL源自英国,是一套IT服务管理的最佳实践方法,包括安全事件的分类、分级和应对措施等方面,可以帮助管理者建立有效的安全事件管理流程。

(6) CVSS[②]:这是一个用于评估安全漏洞严重程度的标准,包括漏洞的影响范围、攻击复杂度、用户交互等因素,可以帮助管理者评估安全漏洞的风险和优先级。

以上是一些常见的参考标准,管理者可以根据实际需求选择和应用相应的标准或框架,建立更为完善的安全事件分类和分级体系。

根据国家GB/Z 20986—2007标准,信息安全事件可以根据其事件的性质和发生原因,分为有害程序事件、网络攻击事件、信息破坏事件、信息内容安全事件、设备设施故障、灾害性事件和其他信息安全事件7个基本事件类别,每个类别下均有若干子类,如图6.10所示。

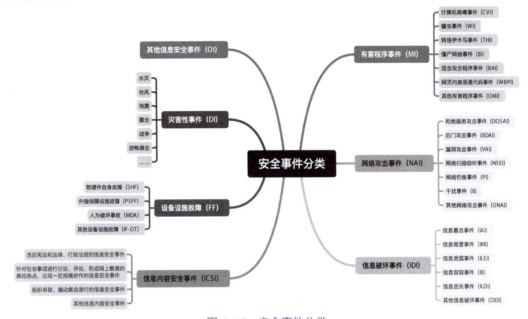

图 6.10 安全事件分类

根据信息安全事件的严重程度和影响范围,国家GB/Z 20986—2007标准将安全事件分为特别重大事件、重大事件、较大事件和一般事件四个级别。在为安全事件定级时,可以参考信息系统的重要程度、系统损失和社会影响三方面对事件等级进行评估,如图6.11所示。

图 6.11 安全事件分级

---

① ITIL: https://www.itlibrary.org/.
② CVSS: https://www.first.org/cvss/v4-0/.

### 6.3.3　日志管理

日志记录是安全事件管理中非常重要的一部分，可以帮助管理者更好地识别、排查和应对安全事件。日志记录是将系统或网络中所发生的安全事件记录到日志文件或数据库的过程，通常记录事件发生的一些细节，如安全事件的发生时间、位置、原因和影响范围等关键信息。这些信息可以帮助安全人员或安全系统精确定位安全问题，及时发现异常活动和潜在的安全风险。

在安全事件发生后，安全事件调查部门也可通过日志分析还原安全事件发生过程，及时对违法犯罪记录进行取证分析，并对系统相关漏洞及时进行修补和安全教育，以最大限度地减少安全事件的影响和损失。为了保证日志记录的有效性和可靠性，管理者需要采取相应的措施，包括日志记录的规范、日志的安全存储和保护、日志的定期审查和分析等，以确保日志记录对于安全事件管理的有效支持。在网络安全领域中，有多种类型的日志可用于记录系统或应用程序的活动。以下是一些常见的日志类型。

（1）系统日志：记录操作系统的活动，如启动和关闭时间、系统资源使用情况、错误和警告等。

（2）安全日志：记录与安全相关的事件，如登录尝试、访问控制、授权请求、安全漏洞等。

（3）应用程序日志：记录应用程序的活动，如用户交互、错误和异常、请求和响应等。

（4）网络设备日志：记录网络设备的活动，如路由器、交换机、防火墙等设备的配置和状态信息。

（5）数据库日志：记录数据库的活动，如查询、更新、删除、事务和锁定等。

（6）Web 服务器日志：记录 Web 服务器的活动，如用户访问、响应时间、HTTP 状态码等。

（7）应用程序服务器日志：记录应用程序服务器的活动，如请求处理、线程池使用、内存使用等。

不同类型的日志记录不同的信息，可以帮助管理者更好地监测和管理不同方面的活动。管理者可以根据实际情况选择和配置相应的日志类型，以支持安全事件管理和系统运维。

### 6.3.4　安全信息和事件管理

安全信息和事件管理（SIEM）系统是一种集成式的安全管理系统，通常会集成多种安全技术和工具，如入侵检测系统（IDS）、漏洞扫描器、日志管理和分析工具等，用于收集、分析和报告有关信息系统安全事件的信息，可以帮助管理者更好地识别和管理安全事件，提高系统的安全性和合规性。通常情况下，SIEM 系统具备以下主要功能。

（1）安全事件管理：收集、存储、分析和报告有关信息系统安全事件的信息，包括入侵检测、异常行为、恶意软件和数据泄露等。

（2）安全事件响应：通过提供实时的警报和通知，帮助管理者更快速地响应安全事件，包括自动化响应和手动响应。

（3）安全事件调查：通过提供高级搜索和查询功能，帮助管理者更快速地调查和分析安全事件，包括事件的时间线、活动和相关数据的聚合和可视化。

（4）合规性管理：支持安全合规性管理和审计，包括对安全政策和标准的实时监测和报告，以及对合规性要求的验证和证明。

（5）异常行为检测：通过对用户和实体行为的分析，识别并报告异常行为，以及检测并报告未知的攻击和漏洞。

在实际操作中，SIEM 系统的配置和使用需要根据组织的实际情况进行评估和调整，以确保系统的有效性和可靠性。

## 6.4 安全策略管理

网络安全管理体系通常包括网络安全策略、网络安全规划、网络安全实施和网络安全监测等方面。其中，安全策略是网络安全管理体系的基础和核心，在整个安全管理体系中起着非常重要的作用。对于大多数的组织来说，通过部署和实施适当的安全策略，可以有效地防范和应对网络中的安全威胁，提高系统的安全性和可靠性，确保业务正常运行的同时也有助于组织遵守相关法律法规的要求和规定。因此，将安全策略的制定和实施纳入网络安全管理体系的建设，并不断完善和更新，是保障组织和系统安全性的重要措施之一。

### 6.4.1 安全策略

安全策略是一套规则或方案，通常以文档的形式定义组织的安全目标、安全策略和控制措施等方面，旨在为组织提供一个系统化的方法，以确保其安全性和可靠性。这些规则通常由组织中所设立的安全权威机构制定，并由安全控制机构来描述、实施和实现。

安全策略的制定首先需要对组织的安全需求进行评估和分析，确定组织所需的安全范围、安全目标和安全架构。此外，安全策略还需要明确所保护的资产及其重要性，包括数据、信息和物理资源等，并根据不同的安全需求制定适当的安全措施和规则。通过实施安全策略，组织可以有效地保护其敏感数据、信息及系统的安全，确保其业务的正常运行，并遵守相关法律法规。

规章式策略、建议式策略和信息式策略是安全策略的三种类型，它们的区别在于其发布形式和强制性程度。

（1）规章式策略：规章式策略是一种强制性的策略，其内容包含一系列规则和规定，必须得到全体员工的遵守。这种策略通常被用于确定组织的基本安全标准和行为准则。在制定过程中，需要考虑行业相关的法律法规和组织自身的安全需求，以确保其有效性和合规性。

（2）建议式策略：建议式策略是一种非强制性的策略，其内容提供了一些建议和最佳实践，而非规定了一系列强制性的规则。这种策略通常被用于指导员工在日常工作中如何保护组织的安全。建议式策略可以提供有用的信息，但需要员工自愿遵守。

（3）信息式策略：信息式策略是一种描述性的策略，其内容描述了组织的安全情况和威胁，以及组织采取的安全措施和策略。这种策略通常被用于向员工和其他利益相关者传达组织的安全信息，以提高他们的安全意识和知识水平。

在实际应用中，不同类型的安全策略可以结合使用，以确保组织的安全性和合规性。

安全策略是一个很宽泛的概念，从安全策略可以引出一系列与安全相关的其他话题，例如授权、访问控制、责任等，对于这些内容，本书在第 5 章进行了详细讨论。对于管理者而言，制定一套完整的安全解决方案需要考虑很多方面，不仅是制定概括性的策略规则，同时还需要与组织的业务需求和战略目标结合，建立安全标准、基准、指导方针和程序，以确保安全策略的有效实施和落地。

图6.12展示了安全策略、标准、指导方针和程序之间的相互关系。安全策略是一个高层次的指导性文件，它为安全管理工作提供了总体框架和目标，规定了组织的安全方针和原则。安全标准则是根据安全策略制定的具体规范和要求，用于指导组织的安全实践和管理，确保组织的安全达到一定的标准。指导方针则针对特定的安全领域或问题提供了具体的建议和指导，帮助组织制定和实施相应的安全措施。而程序则是安全策略、标准和指导方针的具体实施步骤，是安全管理工作的具体操作流程和技术手段。

图 6.12　安全策略组件间的相互关系

在实际应用中，安全策略、标准、指导方针和程序之间需要相互配合和协调，以确保安全管理工作的有效性和可行性。具体来说，安全标准应该基于安全策略制定，指导方针应该基于安全标准和安全策略制定，程序应该基于安全指导方针和标准制定。这样，整个安全管理体系就能够形成一个有机的整体，实现安全管理工作的协调和统一。

## 6.4.2　安全标准、基准及指南

在确立了主要的安全策略后，组织可以在这些策略的指导下拟定剩余的安全文档，包括安全标准、安全基准及安全指南。安全标准是一组规定、规则或要求，用于确定组织的安全基准和行为准则，为安全策略的实施提供了具体的操作步骤或方法。安全标准通常是一种强制性的文件，包括安全控制措施、实施方法和评估标准等方面，为整个组织内部的硬件、软件、技术和安全控制方法的统一使用定义了强制性要求。

安全基准是一份具体的技术文件，定义了组织中所有系统必须达到的最低安全要求，以确保系统或应用程序的安全性。安全基准通常包括安全配置、密码策略、网络端口和服务、访问控制等方面，为组织建立了通用的安全状态基础。安全基准往往指行业或政府的标准，如可信计算机系统评估标准、信息技术安全评估和标准以及美国国家标准技术研究院标准等。所有没有达到安全基准的系统都应该被排除在生产系统之外，直至这些系统被修复并达到基准的要求方可恢复运行。通过实施安全基准，组织可以确保其系统和应用程序具备最基本的安全保障，减少安全漏洞和攻击的风险。安全基准的制定需要考虑实际环境和风险状况，以确保其有效性和适用性。

安全指南是一份非强制性文件，旨在为安全专家和用户提供具体的操作指南或最佳实践方法，以支持实现安全标准和安全基准。安全指南具有灵活性，可以根据具体问题提供相应的安全建议，它通常是针对特定领域或技术而编写的，包括网络安全、应用程序安全、数据安全等方面。然而，安全指南需要根据实际情况进行调整和适用，以确保其有效性和实用性。通过实施安全指南，组织可以提高其安全水平，降低安全风险，并保护其业务和资产。

## 6.4.3 安全程序

实施安全策略所需的程序和控制措施是确保安全策略有效性的重要要素之一，它包括一系列具体的操作程序、技术工具和控制流程，以确保安全策略的实施能够得到有效的支持和落实。

与安全策略、标准、基准、指南不同，程序通常讨论具体的安全问题并制定相应的程序和控制措施，例如安全审核程序、安全漏洞扫描程序、安全事件管理程序等。这些程序和控制措施可以帮助组织及时发现和解决安全问题，提高组织的安全能力和水平。需要注意的是，程序和控制措施需要与组织的业务需求和实际情况相匹配，以确保其实施的有效性和可行性。此外，程序和控制措施也需要不断更新和完善，以适应不断变化的安全环境和威胁。

## 6.4.4 深度防御安全策略

在实际应用中，安全策略管理通常由多层次的防御体系和安全机制所组成，又称为深度防御安全策略或纵深防御策略（Defence in Depth，DiD）。

深度防御安全策略通过在不同层面上实施多种安全措施来提高系统整体的安全性能和抵御攻击的能力，使得攻击者或入侵者需要同时攻克多层防御机制才能到达受保护的资产或系统。因此，这种层层包裹的防御体系又称为"洋葱模型"，如图6.13所示。

图 6.13 深度防御安全策略

深度防御安全策略涉及的安全措施通常包括但不限于网络安全、主机安全、应用程序安全、数据安全、身份认证和访问控制等。这些安全措施在不同的层面上相互协作，形成了一个多层次的安全防御体系，以最大限度地保护组织和系统的安全。

在深度防御安全策略中，除了技术措施外，还需要考虑物理安全控制和行政管理安全管控。物理安全控制是指通过物理手段来保护系统和数据的安全，例如门禁系统、监控摄像头、安全柜、防火墙等。这些措施可以防止攻击者直接进入系统或获取机房内的重要设备和数据，保障系统和数据的安全。

行政管理安全管控是指通过人员安全管理、安全培训和意识教育等手段来提高组织的安全防范能力，例如制定安全标准和规范、实施安全审计和风险评估、制定应急响应计划等。这些措施可以从人员和管理角度出发，提高组织的安全意识和能力，降低安全事件的风险。

因此，深度防御安全策略需要综合考虑技术、物理和行政管理等多种手段，以形成一个全面的安全防御体系。这样才能够提高系统和数据的安全性能和抵御攻击的能力，三者缺一不可，只有三种策略手段相结合，才能为组织提供更为强大的防御保障。

## 6.5 练习题

**练习 6.1** 网络安全监测主要包含哪些部分？主要的监测对象包括哪些？我国针对网络安全监测方面有哪些国家标准或行业标准？

**练习 6.2** 网络流量监测可以分为哪几类？请简要说明每种监测类型使用了哪些监测技术。

**练习 6.3** 请列举常用的网络安全监测工具，并说明它们各自的主要功能和区别。

**练习 6.4** 请简要说明 SIEM 和 CSM 系统，并对比二者的相同点和不同点。

**练习 6.5** 请简要解释什么是安全事件。我国将安全事件分为几个级别？在给安全事件定级时主要参考哪些方面？

**练习 6.6** 请列举常见的日志类型，并简要说明该日志记录包含哪些内容。

**练习 6.7** 安全策略可以分为哪三种类型？请简要说明。

**练习 6.8** 请简要说明安全策略、标准、指导方针和程序之间的相互关系。

**练习 6.9** 深度防御安全策略是什么？主要包括哪几方面？

# 第7章

# 计算机通信网络安全技术

## 7.1 计算机通信网络的安全威胁

在计算机网络中,通信面临两种主要威胁,即被动攻击和主动攻击。

被动攻击是指对系统的保密性进行攻击,例如通过搭线窃听或非法复制文件或程序来获取他人的信息。被动攻击可以分为两类,如图7.1所示,一类是获取消息的内容,另一类是进行业务流分析。通过加密等手段,可以防止敌方从截获的消息中获取真实内容,但敌方仍有可能获得消息的格式、通信双方的位置和身份、通信次数以及消息长度等信息,这些信息对通信双方可能是敏感的。被动攻击由于不对消息进行任何修改,因此很难检测,对抗这种攻击的重点在于预防而非检测。

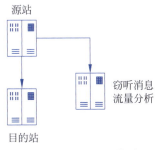

图 7.1 被动攻击模型

在计算机网络中,也存在着主动攻击,攻击者直接与目标系统进行交互,试图更改或破坏系统资源、数据或服务。主动攻击通常对目标系统产生直接而显著的影响。主动攻击的实例包括篡改攻击、拒绝服务攻击、伪装攻击和重放攻击,这些攻击类型对应的模型如图7.2所示。绝对防止主动攻击是非常困难的,因为需要对通信设备和通信线路进行物理保护,这在实践中是不可行的。因此,对抗主动攻击的主要方法是检测攻击并恢复由此造成的破坏。

消息篡改是指攻击者对获得的合法消息进行修改或延迟发送,例如修改数据文件中的数据、替换程序以执行不同的功能或修改网络传输的消息内容。

拒绝服务是指攻击者向互联网上的某个服务器不断发送大量数据包,使该服务器无法提供正常服务,甚至导致完全瘫痪。当成百上千个网站集中攻击一个网站时,称之为分布式拒绝服务(Distributed Denial of Service,DDoS)攻击。这种攻击有时也称为网络带宽攻击或连通性攻击。

伪装攻击是一种网络攻击手段,攻击者通过伪装成合法用户或系统欺骗目标,以获取他们的信任从而获取敏感信息或实施其他恶意活动。这种攻击可以采用多种方法,如仿冒电子邮件、虚假网站、欺骗性应用程序等，以掩盖攻击者的真实意图。

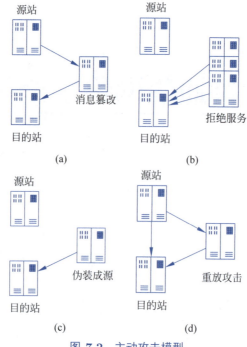

图 7.2　主动攻击模型

重放攻击是指攻击者为了达到某种目的，在未经授权的情况下重复发送已经获得的信息。计算机网络攻击可以采取以下多种形式。

（1）内部泄密和破坏：内部人员可能有意或无意地泄露、更改记录信息，非授权人员可能偷窃机密信息或更改记录信息，还可能对信息系统进行破坏。

（2）截取：攻击者可能通过搭线或安装截取装置等方式截获机密信息。他们还可以通过分析信息流量、流向、通信频度和长度等参数来推断有用信息。这种被动攻击方式在军事、政治和经济领域被广泛使用，且很难被察觉。

（3）非法访问：非法访问指未经授权使用信息资源或以未授权的方式使用信息资源，包括黑客进入网络或系统进行违法操作，以及合法用户以未授权的方式进行操作。

（4）破坏信息完整性：攻击者可能通过篡改、删除或插入信息来破坏信息的完整性。他们可以改变信息流的次序、时序、流向，更改信息的内容和形式，删除消息或消息的部分，或在消息中插入信息以混淆接收方。

（5）冒充：攻击者可能冒充他人进行欺骗行为，例如冒充领导发布命令、调阅机密文件，冒充主机欺骗合法主机和用户，冒充网络控制程序获取或修改权限和密钥信息，以及欺骗系统并占用合法用户的资源。

（6）破坏系统可用性：攻击者可能通过多种方式破坏计算机通信网络的可用性，例如阻止合法用户访问网络资源，延迟对有严格时间要求的服务的响应，直接摧毁系统。

（7）重放：重放攻击指攻击者截取并录制信息，然后在需要时重发或多次发送这些信息。例如，攻击者可以重发包含其他实体身份验证信息的消息，以冒充该实体。

（8）抵赖：抵赖行为可能包括发送者事后否认发送过某条消息，包括发送者否认消息内容，接收者否认接收过某条消息，以及接收者否认接收到消息的内容。

（9）其他威胁：计算机通信网络还面临计算机病毒、电磁泄漏、各种灾害和操作失误等威胁。

计算机通信网络的安全机制是对抗这些威胁、保护信息资源的综合措施，涉及政策、法律、技术等多方面。技术措施是最直接的防御手段，随着威胁的不断演变，它们在与威胁对抗的过程中不断发展和完善。本章将详细介绍虚拟专用网络技术、防火墙技术、入侵检测技术等常用的计算机网络安全技术。

## 7.2 虚拟专用网络技术

随着电子商务和电子政务应用的普及，企业希望使用互联网连接全球的分支机构、供应商和合作伙伴，以加强联系、提高信息交换速度，并使移动办公人员在出差时也能够访问总部网络。然而，传统的企业网络方案昂贵且不太适用于这种需求。在全球化和业务增长的背景下，人们开始思考是否可以利用无处不在的互联网来构建企业自己的专用网络。这种需求催生了虚拟专用网络（Virtual Private Network，VPN）的概念。通过VPN，企业能够以较低的费用实现网络连接。然而，由于互联网的共享特性，数据安全成为一个关键问题。为了确保数据的安全传输和远程用户的身份认证，需要采取措施来保护互联网数据传输的安全性和远程用户的身份认证。

### 7.2.1 虚拟专用网络概述

VPN是一种技术，它通过公共网络（如互联网）在不安全的网络环境中建立加密的安全连接。VPN利用加密技术在用户终端设备和服务器之间建立一个虚拟的、加密的通道，以确保数据传输的机密性、完整性和可用性。通过这个安全通道，用户可以安全地传输敏感信息，而不必担心数据被窃听、篡改或干扰。

在VPN中，连接任意两点之间并不依赖传统专用网络所需的端到端物理链路。VPN利用公共网络资源动态组建连接，可以看作通过私有的隧道技术，在公共数据网络上模拟出具备与专用网络相同功能的点对点专线技术。这里的"虚拟"意味着不必铺设实际的长途物理线路，而是依赖公共互联网网络来实现连接。VPN的技术特点有以下几方面。

（1）高安全性：VPN确保了通信的高度安全性，通过使用通信协议、身份验证和数据加密等多重技术手段来实现。当客户端向VPN服务器发送请求时，服务器会响应并发出身份验证请求，然后客户端会发送经过加密的身份验证响应。服务器会根据数据库中的信息来验证这一响应。

（2）低成本：VPN提供了一种费用低廉的方式，允许远程用户通过互联网访问公司的局域网。这种方式仅需要额外的互联网接入费用，相较于传统的专用通信线路，企业能够节省购买和维护通信设备的费用。

（3）便于管理：VPN的构建不仅需要较少的网络设备和物理线路，而且网络管理变得更加简单和便捷。无论是分公司还是远程访问用户，只需要通过一个公共网络端口或互联网连接即可接入企业网络，大大减轻了网络管理的工作负担，大部分管理任务由公共网络提供商承担。

（4）高灵活性：VPN提供了强大的灵活性，支持各种类型的数据流，可以传输语音、图像和数据等不同类型的信息。此外，它还能适应多种传输媒介，使其可以适用于各种网络环境。

（5）服务质量高：VPN为企业提供了不同等级的服务质量保证。由于不同的用户和业务可能对服务质量的要求有所不同，VPN能够提供适用于各种需求的服务质量保证。特别是对于专线VPN，这对拥有多个分支机构的企业来说尤为重要，因为它要求网络能够提供出色的稳定性，以满足各种互联企业网络应用的需求。

### 7.2.2 VPN关键技术和分类

VPN是一种基于公共网络（如Internet）的技术，它综合运用了隧道技术、加解密技术、密钥管理技术以及身份认证技术来实现。

**1. 隧道技术**

隧道技术是VPN的核心，它是一种用于隐式传输数据的方法。该技术主要借助现有的公共网络（如Internet）数据通信方式，在一个隧道（或虚拟通道）的一端对数据进行封装，然后通过已经建立的隧道进行传输。在另一端的隧道，则进行解封装，将原始数据还原并传递给终端设备。在VPN连接中，可以根据需要创建不同类型的隧道，包括自愿隧道和强制隧道。这些网络隧道协议可以建立在网络体系结构的第二层或第三层。

常见的第二层隧道协议如下。

（1）点对点隧道协议（Point to Point Tunneling Protocol，PPTP）：PPTP允许对IP、IPX或NetBEUI数据流进行加密，然后将其封装在IP数据包头中，通过企业IP网络或公共互联网络进行传输。

（2）第二层转发协议（Layer 2 Forwarding Protocol，L2F）：L2F协议本身并不提供加密或保密功能，它依赖所传输的协议以提供数据的保密性。L2F协议专为点对点协议（Point to Point Protocol，PPP）通信而设计。

（3）第二层隧道协议（Layer 2 Tunneling Protocol，L2TP）：L2TP协议允许对IP、IPX或NetBEUI数据流进行加密，然后通过支持点对点数据报传输的任意网络发送，如IP、X.25、帧中继或ATM网络。

常见的第三层隧道协议如下。

（1）互联网安全协议（Internet Protocol Security，IPSec）：这是一种第三层VPN协议标准，它支持通过IP公共网络进行安全传输。IPSec可以以两种方式对数据流进行加密：隧道方式和传输方式。在隧道方式中，整个IP包都会被加密，然后封装在一个新的IPSec包中。这种方式是在IP层上进行的，因此不支持多协议。在传输方式中，IP包的地址部分不受处理，仅对数据负载进行加密。IPSec可以与其他隧道协议一起使用，提供了更大的灵活性和可靠性。

（2）通用路由封装（Generic Routing Encapsulation，GRE）：GRE允许对某些网络层协议的数据包进行封装，使得这些封装后的数据包能够在IPv4网络中传输。GRE定义了如何使用一种网络协议来封装另一种网络协议的方法。GRE隧道由两端的源IP地址和目的IP地址来定义，它允许用户封装IP、IPX、AppleTalk等协议的数据包，并支持各种路由协议（如RIP2、OSPF等）。

（3）多协议标签交换（Multi-Protocol Label Switching，MPLS）：MPLS是一种第三层交换技术，它通过标签交换代替了IP转发。通过在数据链路层和网络层之间添加额外的MPLS头部，MPLS能够实现快速数据转发。

**2. 常用加解密技术**

为了确保重要数据在公共网络传输过程中的安全性，VPN采用了加密机制，主要的信息加密方法包括非对称密钥加密和对称密钥加密两种，通常它们会结合使用。非对称加密用于密钥的协商和交换，而对称加密用于实际数据的加密。

对称密钥加密也称为共享密钥加密，是指加密和解密使用相同的密钥完成。在这种方法中，数据的发送者和接收者共享一个相同的密钥。发送者使用该密钥将数据加密成密文，然后在公共信道上传输。接收者收到密文后，使用相同的密钥解密数据，将其还原成明文。由于加密和解密都使用相同的密钥，所以密钥的安全性至关重要。如果密钥泄露，那么无论加密算法多么安全，密文都可能被轻易破解。对称加密的优点是运算简单、速度快，适用于加密大量数据。然而，密钥管理相对复杂。

非对称密钥加密也称为公钥加密，是指加密和解密使用不同的密钥完成。数据的发送者和接收者各自拥有一对不同的密钥，一个是公钥，另一个是私钥。公钥可以在通信双方之间公开传递，甚至在公共网络上发布，但相关的私钥必须保密。通过公钥加密的数据只能使用相应的私钥来解密，而私钥加密的数据只能使用公钥来认证。非对称算法通常使用复杂的算法进行处理，需要更多的处理器资源，因此运算速度较慢。这种方法不适用于加密大量数据，而更常用于对重要数据进行加密，例如在密钥分发时采用非对称加密。此外，非对称加密算法经常与散列算法结合使用，以生成数字签名。

**3. 密钥管理技术**

密钥管理是至关重要的一环。密钥的分发可以采用手动配置和密钥交换协议动态分发两种方式。手动配置要求密钥的更新频率不宜过高，否则会增加大量的管理工作，因此更适用于简单网络。然而，对于复杂网络，采用密钥交换协议的动态密钥生成方法更为合适，因为它能够保证密钥在公共网络上的安全传输，并且可以快速更新密钥，从而极大提高了VPN应用的安全性。

**4. 身份认证技术**

在VPN的实际应用中，身份认证技术主要分为信息认证和用户身份认证两种类型。信息认证旨在确保数据的完整性以及通信双方的不可否认性，而用户身份认证则用于验证用户的真实身份。这两种认证技术可以采用不同的体系，包括公钥基础设施（Public Key Infrastructure，PKI）体系和非PKI体系。PKI体系主要应用于信息认证，它借助数字证书认证中心（Certificate Authority，CA），利用数字签名和哈希函数来保障信息的可信度和完整性。例如，SSL VPN（Secure Sockets Layer Virtual Private Network）就是一种利用PKI支持的SSL协议实现的应用层VPN安全通信。非PKI体系主要用于用户身份认证，通常采用"用户名+口令"的认证模式。在VPN中，有多种非PKI体系的认证方式可供选择，包括密码认证协议、Shiva密码认证协议、询问握手认证协议、微软询问握手认证协议、微软询问握手认证协议第2版以及扩展身份认证协议。

**5. VPN的分类**

对于不同的角度，VPN的划分类型不同。按VPN的协议分类，VPN的隧道协议主要有三种：PPTP、L2TP和IPSec，其中，PPTP和L2TP协议工作在OSI模型的第二层，又称为第二层隧道协议；IPSec是第三层隧道协议。

按VPN的应用分类：①远程接入VPN（Access VPN）——连接客户端到VPN网关，利用公网作为骨干网在设备之间传输VPN数据流量。②内联网VPN（Intranet VPN）——连接不同网关，通过公司的网络架构连接来自同一公司的资源。③外联网VPN（Extranet VPN）——构建Extranet，将一个公司与另一个公司的资源进行连接，通常与合作伙伴企业网相连。

按所用的设备类型进行分类，网络设备提供商针对不同客户的需求，开发出不同的VPN网络设备，主要为交换机、路由器和防火墙：①路由器式VPN——路由器式VPN部署较容易，只要在路由器上添加VPN服务即可；②交换机式VPN——主要应用于连接用户较少的VPN网络；③防火墙式VPN——防火墙式VPN是最常见的一种VPN的实现方式，许多厂商都提供这种配置类型。

按照实现原理划分：①重叠VPN——此VPN需要用户自己建立端节点之间的VPN链路，主要包括GRE、L2TP、IPSec等众多技术；②对等VPN——由网络运营商在主干网上完成VPN通道的建立，主要包括MPLS技术。

VPN技术有多种实现类型，本章主要讨论IPSec VPN、SSL VPN等。

### 7.2.3　IPSec VPN

IPSec协议是国际互联网工程任务组（The Internet Engineering Task Force，IETF）设计的一个网络层的安全协议标准簇，目的是在IPv4和IPv6环境中为网络层流量提供灵活的安全服务，包括数十个RFC文件和IETF草案，核心包括以下内容。

（1）IPSec体系：是用来保证网络数据传输安全的标准协议之一，其中，协议文件RFC4301和2411定义了IPSec的基本概念、安全需求、定义和机制，用户可以实现对数据的加密、认证等安全性保障。

（2）IPSec协议：是IPSec体系的核心组成部分，其中RFC4302、4303、435和2403定义了基于IPSec的两种基本协议，它们分别是认证头协议和封装安全荷载协议，用于提供数据完整性保护和身份验证并提供数据机密性，同时也可以提供与认证头协议相同的身份验证和数据完整性保护。

（3）密钥管理：是保证IPSec协议安全性的重要环节，密钥管理协议是密钥协商方面的协议，其中RFC4304、4306和2412定义了关于密钥管理的标准协议，其中的核心是因特网密钥交换协议，用于提供与对等方的身份验证、建立IPSec连接所需的密钥协议和密钥材料以及密钥的协商。

（4）通过IPSec，用户可以实现多种安全服务，包括访问控制、无连接完整性、数据原发鉴别、抗重放攻击、数据机密性和限制流量机密性。访问控制功能可以让管理员限制哪些主机可以访问网络，从而保证网络安全；无连接完整性可以保证数据在传输过程中不被修改或篡改；数据原发鉴别可以确保数据是由预期的发送者发送的；抗重放攻击可以防止重复数据包攻击；数据机密性可以确保数据不会被未授权的人或程序读取；限制流量机密性可以保证数据包在传输过程中不被窃听或修改。

IPSec VPN是建立在IPSec协议族之上，是运行在IP层的一种安全虚拟专用网络，它通过在数据包中插入一个特定的头部来确保上层协议数据的安全性。IPSec VPN主要用于保护TCP、UDP、ICMP以及隧道中的IP数据包。

安全联盟（Security Association，SA）是IPSec的核心概念，其由一个三元组来确定，包括安全参数索引、目的IP地址以及安全协议号。SA可被视为通信对等体之间关于一系列安全要素的协议约定，这些要素包括使用的安全协议、协议的工作模式（传输模式和隧道模式）、加密算法（如DES和3DES）、用于保护特定数据流的共享密钥，以及密钥的生存周期等。需要注意的是，安全联盟是单向的，因此在双向通信中，最少需要两个安全联盟，用于保护两个方向的数据流。对于入站数据流和出站数据流，分别使用入站SA和出站SA来处理。

IPSec VPN 体系结构的核心由三个主要组件构成,包括认证头(Authentication Header,AH)、封装安全负荷(Encapsulating Security Payload,ESP)以及 Internet 密钥交换协议(Internet Key Exchange,IKE)。

**1. AH 协议**

IPSec 的认证头 AH 用于确保数据的完整性和源认证,以验证传输的 IP 报文的来源是否可信以及数据是否遭到篡改。AH 协议不提供数据加密功能,而是附加在每个标准 IP 报文头的后面,对整个 IP 报文的完整性进行校验。AH 包括使用对称密钥的散列函数,以确保第三方无法篡改传输中的数据。IPSec 支持两种认证方法:HMAC-SHA1(128 比特密钥)和 HMAC-MD5(160 比特密钥)。

AH 分配到的协议号是 51,即使用 AH 协议进行安全保护的 IPv4 数据报的 IP 头部中的协议字段将是 51,表明 IP 头之后是一个 AH 头。因为 AH 没有提供机密性,所以 AH 头比 ESP 头简单得多,图 7.3 给出了 AH 的结构。由于不需要填充和一个填充长度指示器,因此也不存在尾部字段。另外,也不需要一个初始化向量。AH 提供的安全服务包括无连接数据完整性,通过哈希函数产生的校验来保证;数据源认证通过在计算验证码时加入一个共享密钥来实现;抗重放服务,AH 报头中的序列号可以防止重放攻击。AH 不提供任何保密性服务:它不加密所保护的数据包。AH 协议结构如下。

图 7.3　AH 安全协议格式

(1)下一个头(8 位):表示紧随 AH 头部之后的协议类型。在传输模式下,该字段表示被保护的传输层协议的值,如 6(TCP)、17(UDP)或 50(ESP)。在隧道模式下,AH 保护整个 IP 包,该值为 4,表示使用 IP-in-IP 协议,即将 IP 数据包封装在其他 IP 数据包内。

(2)有效载荷长度(8 位):以 32 位(4 字节)为单位,表示整个 AH 数据(包括头部和可变长度的验证数据)的长度减去 2。

(3)保留(16 位):保留字段,目前应设置为 0,用于将来对 AH 协议进行扩展时使用。

(4)安全参数索引 SPI(32 位):值为 $[256, 2^{32} - 1]$。该字段用于标识发送方在处理 IP 数据包时所使用的安全策略。接收方根据该字段确定如何处理接收到的 IPSec 包。

(5)序列号域(32 位):一个递增的计数器,为每个 AH 包分配一个序号。在建立 SA 时,该计数器初始化为 0。由于 SA 是单向的,每发送或接收一个包,计数器就会自增 1。序列号字段用于抵御重放攻击。

(6)验证数据:长度可变,取决于所采用的消息验证算法,它包含完整性验证码(Integrity Check Value,ICV),即使用 HMAC 算法生成的结果。ICV 的生成算法由 SA 指定。

**2. ESP 协议**

IPSec 通过封装安全负载 ESP 来提供数据加密功能。ESP 协议利用对称密钥对 IP 数据(如 TCP 包)进行加密。支持的加密算法包括 DES-CBC(DES-Cipher Block Chaining)是使用 56 位密钥进行加密;3DES-CBC 是使用 56 位密钥进行加密的三重 DES 算法;AES128-CBC

是使用128位密钥进行加密的AES算法。

ESP是一种基于IP的传输层协议,其协议号为50。它的工作原理是在每个数据包的标准IP报头之后添加一个ESP报文头,并在数据包末尾追加一个ESP尾部(ESP Tail)和ESP认证数据(ESP Auth Data)。与AH协议不同,ESP协议会对数据包中的有效载荷进行加密,然后将加密后的有效载荷封装到数据包中,以确保数据的机密性。然而,ESP不对IP头部的内容进行保护,图7.4显示了ESP的结构。

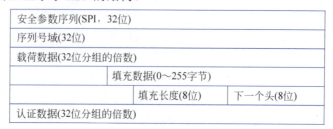

图 7.4  ESP 安全协议格式

(1)安全参数索引SPI(32位):取值范围为$[256, 2^{32}-1]$。

(2)序列号域(32位):一个递增的计数器,为每个AH包分配一个序号。在建立安全联盟(SA)时,初始化为0。SA是单向的,每发送或接收一个包时,该计数器增加1。序列号字段用于抵御重放攻击。

(3)载荷数据:可变长度的字段。如果SA采用加密,该字段包含加密后的密文;如果没有加密,该字段为明文。

(4)填充项:可选字段,用于将待加密数据按需填充到4字节边界,以实现对齐。

(5)填充长度:以字节为单位,指示填充项的长度,范围为[0, 255]。填充长度用于确保加密数据的长度适应分组加密算法的要求,并可以用于掩盖有效载荷的真实长度,以对抗流量分析。

(6)下一个头:表示紧随ESP头部之后的协议类型。当该字段的值为6时,表示后续封装的是TCP。

(7)认证数据:可变长度的字段,仅在选择了验证服务时才存在,用于提供数据的完整性验证。

**3. IKE协议**

IKE协议建立在因特网安全联盟和密钥协商框架之上,是一种基于UDP的应用层协议,它为IPSec提供了自动协商密钥和建立IPSec SA的服务,从而简化了IPSec的使用和管理,极大地简化了IPSec的配置和维护工作。IKE综合了因特网安全联盟和密钥管理协议(Internet Security Association and Key Management Protocol,ISAKMP)、Oakley协议和SKEME协议这三个协议的功能。其中,ISAKMP定义了IKE SA的建立过程,而Oakley和SKEME协议的核心是DH(Diffie-Hellman)算法,用于在因特网上安全地分发密钥和验证身份,以确保数据传输的安全性。IKE协议使用DH算法生成IKE SA和IPSec SA所需的加密密钥和验证密钥,并支持密钥的动态刷新。IKE协议有两个版本,分别是IKEv1和IKEv2。相较于IKEv1,IKEv2修复了多个公认的密码学安全漏洞,提高了安全性能,并简化了安全联盟的协商过程,提高了协商效率。

IKE协议用于协商生成供认证头AH和封装安全载荷ESP加解密和验证使用的密钥。除此之外,IKE还能够在IPSec通信的双方之间动态地建立安全联盟SA,并对SA进行管理和维护。

IKE协议通过两个阶段来为IPSec进行密钥协商并建立安全联盟。第一阶段交换：通信各方之间建立了一个经过身份验证和安全保护的通道。这个阶段的交换建立了一个ISAKMP安全联盟，也称为ISAKMP SA（或IKE SA）。第一阶段交换有两种协商模式：主模式和野蛮模式。主模式适用于公网IP固定且需要实现点对点环境的设备；野蛮模式适用于拨号用户、存在动态公网IP和网络地址转换（Network Address Translation，NAT）设备的情况。野蛮模式通过NAT穿越，并使用名称作为身份类型。认证方式包括预共享密钥、数字签名方式和公钥加密。第二阶段交换：在已建立的安全联盟（IKE SA）基础上为IPSec协商安全服务。在这个阶段，IPSec协商具体的安全联盟SA，建立IPSec SA，并生成用于加密数据流的真正密钥。IPSec SA用于确保IP数据的安全传输。

在IPsec中，封装模式是指将与AH或ESP相关的字段插入原始IP报文中，以实现对报文的认证和加密。IPSec封装模式包括传输模式和隧道模式两种。

传输模式下，只有IP负载（可能是TCP/UDP/ICMP或AH/ESP）受到保护。传输模式仅为上层协议提供安全保护。在这种模式下，参与通信的两个主机都必须安装IPSec协议，并且它不能隐藏主机的IP地址。启用IPSec传输模式后，IPSec会在传输层包的前面添加AH/ESP头部或同时添加两种头部，形成一个AH/ESP数据包，然后再添加IP头部形成IP包。在接收方，首先处理的是IP头部，然后进行IPSec处理，最后将载荷数据传递给上层协议。传输模式保护原始IP头部后面的数据，在原始IP头和载荷之间插入IPSec头部（ESP或AH）。传输模式通常用于端到端的会话，并要求原始IP头部是全局可路由的。

隧道模式适用于两个网关之间的站点到站点通信，为两个以其为边界的网络中的计算机提供安全通信服务。隧道模式为整个IP包提供保护，而不仅是上层协议。通常情况下，只要使用IPSec的一方是安全网关，就必须使用隧道模式。隧道模式的一个优点是可以隐藏内部主机和服务器的IP地址。大部分VPN使用隧道模式，因为它不仅对整个原始报文进行加密，还对通信的源地址和目的地址进行部分或全部加密，这意味着只需要在安全网关上安装VPN软件，而不需要在内部主机上安装VPN软件。在通信过程中，所有的加密、解密和协商操作都由安全网关负责完成。启用IPSec隧道模式后，IPSec将原始IP视为一个整体，作为要保护的内容，并在其前面添加AH/ESP头部，然后再添加新的IP头部，形成一个新的IP包。隧道模式的数据包包含两个IP头部：内部头部由路由器背后的主机创建，用作通信的终点；外部头部由提供IPSec的设备（如路由器）创建，用作IPSec的终点。

实际上，IPSec的传输模式和隧道模式类似其他隧道协议（如L2TP）中的Voluntary Tunnel（自愿隧道）和Compulsory Tunnel（强制隧道）的概念。传输模式由用户实施，而隧道模式由网络设备实施。

### 7.2.4　SSL VPN

由于IPSec是基于网络层的协议，它在穿越NAT和防火墙时可能会遇到困难，特别是在访问一些具有严格保护措施的个人网络和公共计算机时，可能会导致访问受阻。移动用户需要安装专用的IPSec VPN客户端软件，管理员需要处理越来越多的用户安装、配置和维护客户端软件的任务，给管理员带来了很大的负担。因此，在点对站（Point-to-Site）的远程移动通信方面，IPSec VPN并不适用。

SSL VPN也称为传输层安全协议（Transport Layer Security，TLS）VPN，是一种远程

安全接入技术，它使用SSL协议。由于Web浏览器内置支持SSL协议，使得SSL VPN可以实现"无客户端"部署，使远程安全接入变得非常简单，并且整个系统更易于维护。SSL VPN通常使用插件系统来支持各种非Web应用的TCP和UDP，使其成为真正的VPN，并且相对于IPSec VPN更符合应用安全的需求。因此，SSL VPN成为远程安全接入的主要手段和选择。SSL VPN是一种既简单又安全的远程隧道访问技术，非常易于使用，它使用公钥加密来保护数据在传输过程中的安全性，并通过浏览器和服务器直接通信的方式，既方便用户使用，又能通过SSL协议确保数据的安全。

SSL协议是采用SSL/TLS综合加密的方式来保障数据安全的。SSL协议从其使用上来说可以分为两层：第一层是SSL记录协议，这种协议可以为数据的传输提供基本的数据压缩、加密等功能；第二层是SSL握手协议，主要用于检测用户的账号和密码是否正确，并进行身份验证登录。不过上层协议不只是握手协议，也包括应用层数据、告警协议、密码变更协议，以上四种统称为TLS握手协议。

SSL记录协议为高层协议提供数据封装、压缩、加密等基本功能的支持。握手协议建立在可靠的传输协议上，为高层协议提供数据封装、压缩和加密等基本功能的支持。密码规格变更协议用于密码切换的同步，是握手协议之后的协议。握手协议过程中使用的协议是"不加密"这一密码套件，握手协议完成后则使用协商好的密码套。警告协议是在发生错误时使用其通知对方，如握手过程中发生异常、消息认证码错误、数据无法解压缩等。应用数据协议为通信双方真正进行应用数据传输的协议，传输过程通过SSL应用数据协议和SSL记录协议来进行。SSL的一次连接过程如下。

（1）SSL客户端（SSL Client）通过发送Client Hello消息，将其支持的SSL版本号、加密算法、密钥交换算法、MAC算法等信息传递给SSL服务器（SSL Server）。

（2）SSL服务器确定本次通信的SSL版本号和加密套件，并通过Server Hello消息通知SSL客户端。如果SSL服务器同意在以后的通信中重用本次会话，则它会为本次会话分配一个会话ID，并通过Server Hello消息发送给SSL客户端。

（3）SSL服务器将携带自己公钥信息的数字证书发送给SSL客户端，以便客户端验证服务器的身份。

（4）SSL服务器发送Server Hello Done消息，通知SSL客户端版本号和加密套件的协商已经结束，开始进行密钥交换。

（5）SSL客户端在验证SSL服务器的证书合法性后，利用证书的公钥加密SSL客户端随机生成的Premaster Secret，并通过Client Key Exchange消息发送给SSL服务器。如果服务器使用DH算法，则还会发送服务器使用的DH参数；而RSA算法则不需要这一步。

（6）SSL客户端发送Change Cipher Spec消息，通知SSL服务器将采用协商好的密钥和加密套件进行加密和MAC计算。

（7）SSL客户端计算已交互的握手消息（除Change Cipher Spec消息外的所有已交互消息）的哈希值，并利用协商好的密钥和加密套件对哈希值进行处理（计算并加入MAC值、加密等），然后通过Finished消息发送给SSL服务器。SSL服务器使用相同的方法计算已交互的握手消息的哈希值，并与Finished消息的解密结果进行比较。如果二者相同且MAC值验证成功，则说明密钥和加密套件的协商成功。

（8）类似地，SSL服务器发送Change Cipher Spec消息，通知SSL客户端将采用协商好的密钥和加密套件进行加密和MAC计算。

(9) SSL 服务器计算已交互的握手消息的哈希值,并利用协商好的密钥和加密套件对哈希值进行处理(计算并加入 MAC 值、加密等),然后发送给 SSL 客户端。SSL 客户端使用相同的方法计算已交互的握手消息的哈希值,并与 Finished 消息的解密结果进行比较。如果二者相同且 MAC 值验证成功,则说明密钥和加密套件的协商成功。

一个典型的 SSL 连接过程如图 7.5 所示。SSL 客户端接收到 SSL 服务器发送的 Finished 消息后,如果成功解密,则可以推断 SSL 服务器是数字证书的拥有者,即 SSL 服务器的身份验证成功,这是因为只有拥有私钥的 SSL 服务器才能够解密 Client Key Exchange 消息中的主密钥(Premaster Secret),从而间接实现了 SSL 客户端对 SSL 服务器的身份验证。相比 IPSec VPN,SSL VPN 具有架构简单、运营成本低、处理速度快和安全性能高的特点,因此在企业用户中得到了广泛应用。

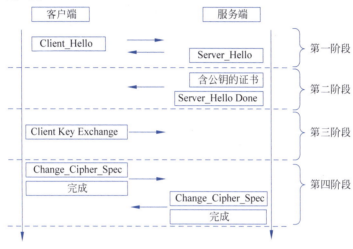

图 7.5　SSL 连接过程

## 7.3　防火墙技术

防火墙(Firewall)也称为防护墙,是网络基础设施中用于网络安全的设备,是网络安全的第一道防线。

### 7.3.1　防火墙概述

20 世纪 80 年代,最早的防火墙几乎与路由器同时出现。第一代防火墙主要基于包过滤(Packet Filter)技术,它是通过依附路由器的包过滤功能来实现防火墙的。随着网络安全的重要性和性能要求的提高,防火墙逐渐发展成为一个结构独立、具有专门功能的设备。

1989 年,贝尔实验室的 Dave Presotto 和 Howard Trickey 最早推出了第二代防火墙,即电路层防火墙。20 世纪 90 年代初,开始推出第三代防火墙,即应用层防火墙(也称为代理防火墙)。1992 年,USC 信息科学院的 Bob Braden 开发了基于动态包过滤技术的防火墙,后来演变为目前的状态监视技术。1994 年,以色列的 CheckPoint 公司推出了基于状态监视技术的商业化产品,这被认为是第四代防火墙的出现。1998 年,NAI 公司推出了自适应代理技术,并在其产品 Gauntlet Firewall for NT 中实现了这一技术,给代理类型的防火墙赋予了全新的意义,可以称之为第五代防火墙。

防火墙是一个由计算机硬件和软件组成的系统,部署在网络边界上,作为内部网络和外部网络之间的连接桥梁。如图7.6所示。它对进出网络边界的数据进行保护，防止恶意入侵和恶意代码传播等，以确保内部网络数据的安全。防火墙技术是建立在网络技术和信息安全技术基础上的应用性安全技术。几乎所有与外部网络（如互联网）相连接的企业内部网络都会在边界设备上部署防火墙。防火墙能够进行安全过滤和隔离外部网络攻击、入侵等有害的网络安全信息和行为，为用户提供更好、更安全的计算机网络使用体验。

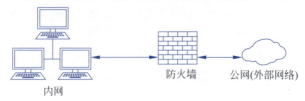

图 7.6　防火墙示意图

防火墙可以判定哪些网络流量被允许通过，哪些流量存在危险。从本质上来说，防火墙的工作原理是过滤异常或不受信任的流量，允许正常或受信任的流量通过。防火墙是由软件和硬件组合而成的网络访问控制器，根据一定的安全规则控制流经防火墙的网络数据包，它可以屏蔽被保护网络内部的信息、拓扑结构和运行状况，起到网络安全屏障的作用。防火墙通常用于隔离内部专用网络和外部公共网络，以限制网络访问。外部公共网络通常指公共/全球互联网或各种外部网络，而内部专用网络指家庭网络、公司内部网和其他"封闭"网络。

防火墙的安全策略有两种类型：白名单策略，只允许符合安全规则的数据包通过防火墙，而拒绝其他不符合规则的通信包；黑名单策略，禁止与安全规则冲突的数据包通过防火墙，而允许其他符合规则的通信包通过。

传统的交换机/路由器配置策略通常围绕报文的入接口和出接口展开。然而，随着防火墙的发展，它逐渐摆脱了仅连接外网和内网的角色，并引入了内网/外网/DMZ（Demilitarized Zone）的模式。同时，防火墙也朝着提供高端口密度的方向发展。在这种网络架构中，传统基于接口的策略配置方式给网络管理员带来了巨大的负担。维护安全策略的工作量成倍增加，从而增加了由于配置错误引入安全风险的概率。除了复杂的基于接口的安全策略配置，一些防火墙还支持全局策略配置。然而，全局策略配置的缺点是配置粒度过粗，一台设备只能配置相同的安全策略，无法满足用户在不同安全区域或不同接口上实施不同安全策略的需求，这在使用上有明显的局限性。基于安全域的防火墙支持基于安全区域的配置方式，所有攻击检测策略都可以配置在安全区域上。这种配置方式简洁而灵活，既减轻了网络管理员的配置负担，又能满足复杂网络环境下对不同安全区域实施不同攻击防范策略的要求。

防火墙可以简单地使用路由器或交换机实现，但对于复杂的情况，可能需要使用一台计算机，甚至一组计算机来实现。根据TCP/IP的层次结构，防火墙的访问控制可以应用于网络接口层、网络层、传输层和应用层，它首先根据各个层次所包含的信息判断是否符合安全规则，然后控制网络通信连接，例如禁止或允许连接。防火墙简化了网络的安全管理，如果没有防火墙，网络中的每个主机都将直接面临攻击的风险。为了保护主机的安全，必须在每台主机上安装安全软件，并定期检查和更新配置。总结起来，防火墙的功能主要包括以下几方面。

（1）网络安全保障：防火墙作为阻塞点和控制点，可以显著提高内部网络的安全性，通过过滤不安全的服务来降低风险。防火墙只允许经过精心选择的应用协议通过，从而使网络环境更安全，它可以阻止外部攻击者利用不安全的协议攻击内部网络，并保护网络免受基于路由的攻击。

（2）强化网络安全策略：通过以防火墙为中心的安全方案配置，可以将所有安全软件（如口令、加密、身份认证、审计等）配置在防火墙上。相比将网络安全问题分散到各个主机上，防火墙的集中安全管理更经济高效。例如，在网络访问时，可以将一次一密口令系统和其他身份认证系统集中在防火墙上，而不是分散在各个主机上。

（3）监控审计：通过所有访问流量经过防火墙的方式，防火墙能够记录这些访问并生成日志记录，同时提供网络使用情况的统计数据。当出现可疑动作时，防火墙可以进行适当的报警，并提供有关网络监测和攻击的详细信息。此外，收集网络的使用和误用情况也非常重要，可以清楚地了解防火墙是否能够抵御攻击者的侦测和攻击，并对网络需求分析和威胁分析等提供重要数据。

（4）防止内部信息外泄：通过利用防火墙对内部网络的划分，可以实现对内部网重点网段的隔离，从而限制局部重点或敏感网络安全问题对整个网络的影响。此外，隐私是内部网络非常关注的问题，防火墙可以隐藏透露内部细节的服务，如 Finger 和域名解析系统（Domain Name System，DNS）服务。防火墙可以阻止外部获取内部网络中的 Finger 信息，从而避免泄露有关安全的线索。

（5）日志记录与事件通知：所有进出网络的数据都必须经过防火墙，并通过日志记录提供详细的网络使用统计信息。当发生可疑事件时，防火墙可以根据预设机制进行报警和通知，提供网络是否受到威胁的信息。制定安全策略是公司安全管理的一部分，需要确定需要保护的资源、当前服务器的组成（如 Web 服务、FTP 服务、电子邮件服务等）以及常见的攻击方法等。防火墙系统应具备阻止未经授权的数据通过、预防入侵、不受各种攻击影响的功能，并提供良好的人机交互界面，方便用户配置和管理。

## 7.3.2　防火墙类型及相关技术

防火墙从不同的角度可以分为多种类型，例如：从软、硬件形式分类可以分为软件防火墙、硬件防火墙、芯片级防火墙；从防火墙技术分类可以分为包过滤防火墙、应用代理防火墙、状态检测防火墙；从防火墙结构可以分为单一主机防火墙、路由器集成式防火墙、分布式防火墙。本书主要从防火墙技术分类的角度进行相关讲述。

### 1. 包过滤防火墙

包过滤防火墙是一种特殊编程的路由器，用于过滤（丢弃）网络流量，它可以根据预设的过滤器来配置，决定是否丢弃或转发符合或不符合标准的数据包。过滤器可以对网络层或传输层报头中的各部分进行范围比较。常见的过滤器包括基于 IP 地址或选项、ICMP 报文类型以及基于 UDP 或 TCP 服务的端口号等。网络管理员可以安装过滤器或访问控制列表（Access Control List，ACL），通过配置 ACL 来限制网络流量，允许特定设备进行访问，或指定转发特定端口的数据包。例如，可以配置 ACL 来禁止局域网内的设备访问外部公共网络，或仅允许使用 FTP 服务。ACL 的配置可以在路由器上进行，也可以在支持 ACL 功能的业务软件上进行。

包过滤作为一种网络安全保护机制，主要用于对网络中的不同流量进行基本控制。传统的包过滤防火墙会获取报文头信息，包括源 IP 地址、目的 IP 地址，以及承载的上层协议的协议号、源端口号和目的端口号等。然后，它会将这些信息与预先设定的过滤规则进行匹配，并根据匹配结果决定是转发还是丢弃报文。

图7.7展示了包过滤协议基础，设备对包过滤防火墙可以在不同协议层进行配置。

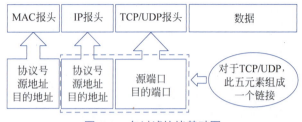

图 7.7　包过滤协议基础图

（1）普通IP报文过滤：防火墙通过ACL对IP报文进行检查和过滤。防火墙会检查报文的源/目的IP地址、源/目的端口号和协议类型号，并根据ACL规则允许符合条件的报文通过，拒绝不符合条件的报文。防火墙所检查的信息来自IP、TCP或UDP包头。

（2）二层报文过滤：透明防火墙可以基于ACL对二层报文进行检查和过滤。防火墙会检查报文的源/目的MAC地址和以太类型字段，并根据ACL规则允许符合条件的报文通过，拒绝不符合条件的报文。防火墙所检查的信息来自MAC头。

（3）分片报文过滤：包过滤防火墙支持对分片报文进行检测和过滤。防火墙会识别报文类型，包括非分片报文、首片分片报文和后续分片报文，并对所有类型的报文进行过滤。对于首片分片报文，防火墙会根据报文的三层和四层信息与ACL规则进行匹配。如果允许通过，则防火墙会记录首片分片报文的状态信息，并建立后续分片的匹配信息表。当后续分片报文到达时，防火墙不再进行ACL规则的匹配，而是根据首片分片报文的ACL匹配结果进行转发。此外，对于不匹配ACL规则的报文，防火墙还可以配置默认处理方式。

包过滤防火墙可以根据是否建立会话分为无状态的和有状态两种类型。无状态的包过滤防火墙是最简单的包过滤防火墙，它独立地处理每个数据报。无状态防火墙仅根据每个数据报的独立特征，如源/目的IP地址、源/目的端口号和协议类型等进行过滤和决策。有状态的包过滤防火墙能够通过关联已经或即将到达的数据包来推断流或数据报的信息，包括属于同一个传输关联的数据包或构成一个IP数据报的IP分片。有状态防火墙可以跟踪网络会话的状态和上下文，并使用这些信息来进行更精确的过滤和决策。由于IP分片可以增加防火墙的复杂性，无状态的包过滤防火墙在处理IP分片时容易混淆。因此，有状态的包过滤防火墙能够提供更高级的过滤和决策功能，而无状态的包过滤防火墙则更简单直接，但在处理复杂的网络流量时可能存在一些限制。

包过滤通过组合报文的源MAC地址、目的MAC地址、源IP地址、目的IP地址、源端口号、目的端口号和上层协议等信息来定义网络中的数据流。其中，源IP地址、目的IP地址、源端口号、目的端口号和上层协议被称为五元组，在状态检测防火墙中经常被提及，也是构成TCP/UDP连接的五个重要元素。

包过滤的优点包括：①简单快速，只需在内联网络与外联网络之间的路由器上安装过滤模块，实现起来简单且速度快；②透明性，对用户来说是透明的，无须安装特定的软件，也不需要接受额外的培训；③检查规则简单且执行效率高，包过滤的规则检查相对简单，执行效率非常高，可以快速判断报文是否符合规则。

**2．状态检测防火墙**

包过滤防火墙被归类为静态防火墙，但目前存在一些问题，包括对于多通道的应用层协议（如FTP、SIP等），无法事先预知部分安全策略配置的问题。此外，它无法检测某些来自传输层和应用层的攻击行为,例如 TCP SYN 攻击等。包过滤防火墙也无法识别来自网络中伪造的 ICMP 差错报文,从而无法有效防范 ICMP 的恶意攻击。另外,对于 TCP 连接,包过滤防火墙要求首个报文必须是 SYN 报文,否则非 SYN 报文的 TCP 首包将被丢弃。这种处理方式可能导致当设备首次加入网络时,现有网络中的 TCP 连接的非首包被新加入的防火墙设备丢弃,从而中断现有连接。此外,包过滤防火墙的转发机制是逐包匹配包过滤规则并进行检查,因此转发效率较低。

  为了解决上述问题,有研究者提出了状态防火墙(Application Specific Packet Filter, ASPF)的概念。ASPF 能够实现以下检测功能:应用层协议检测,包括 FTP、HTTP、SMTP、RTSP、H.323(Q.931、H.245、RTP/RTCP)等;传输层协议检测,包括 TCP 和 UDP,即通用 TCP/UDP 检测。

  "状态检测"最早由 CheckPoint 公司提出,它在防火墙的发展史上被视为一项突破性的变革。传统的包过滤防火墙只能通过检测网络数据包的头部信息来决定是否允许该包通过,而状态检测防火墙采用了基于连接的状态检测机制,它将属于同一连接的所有数据包视为一个整体的数据流,并构建连接状态表,通过安全规则和状态表的配合来决定数据包的接收或丢弃。

  状态检测的核心思想是对所有网络数据包建立"连接"的概念,在防火墙中通常称为"会话表",并遵循一定的规范。例如,对于提供可靠连接服务的 TCP,它使用三次握手来建立连接:第一次握手,客户端向服务器发送 SYN 包(客户端序号 sync=$j$),等待服务器确认;第二次握手,服务器收到 SYN 包后,确认客户端的 SYN,并发送一个 SYN+ACK 包(服务端序号 syns=$k$,acks=$j+1$);第三次握手,客户端在收到服务器的 SYN+ACK 包后,发送一个确认包 ACK(ackc=$k+1$)。完成三次握手后,客户端和服务器可以开始传输数据。

  可以看出,TCP 建立连接是一个有序的过程,新连接始终以 SYN 包开始。如果防火墙在某个时刻没有相关连接信息,却收到了一个 ACK 包或 FIN 包,那么该包一定是"非法"的,防火墙可以拒绝其通过。此外,通信过程具有方向性,即发起方发送 SYN 包,接收方回应 SYN+ACK 包。因此,状态检测可以实现客户端访问服务器,而服务器无法访问客户端的效果。

  根据连接的状态进行检查时,当一个初始数据报文到达防火墙时,首先会检查该报文是否符合安全过滤规则。如果符合规则,则防火墙会记录该连接并添加允许该连接通过的过滤规则,然后将报文转发到目的地址,以后属于该连接的所有数据报文都将通过防火墙(双向)。在通信结束后,防火墙会自动删除与该连接相关的过滤规则。这个过程主要发生在传输层。

  状态检测机制有开启和关闭两种状态。在开启状态下,只有首个数据报文经过设备才能建立会话表项,后续的报文会直接匹配会话表项并进行转发。在关闭状态下,即使首个数据报文没有经过设备,只要后续的报文通过了设备的检查,也可以生成会话表项。

  对于 TCP 报文,在开启状态检测机制时,只有首个报文(SYN 报文)能够建立会话表项。对于除 SYN 报文之外的其他报文,如果没有对应的会话表项(设备没有收到 SYN 报文或者会话表项已过期),则防火墙会丢弃这些报文,并不会建立会话表项。在关闭状态检测机制时,任何格式的报文只要通过了各项安全机制的检查,在没有对应会话表项的情况下都可以建立会话表项。对于 UDP 报文,由于 UDP 是无连接的通信协议,任何 UDP 格式的报文在没有对应会话表项的情况下,只要通过了各项安全机制的检查,都可以建立会话表项。对于 ICMP 报文,在开启状态检测机制时,没有对应会话的 ICMP 应答报文将被丢弃。在关闭状态检测机制时，没有对应会话的应答报文将被视为首个报文进行处理。

状态检测的优点是多方面的：① 相比静态包过滤，状态检测机制能够区分发送方和接收方，从而提供更高的安全性；② 状态检测在建立连接时进行详细检查，之后只需添加规则通过，无须在同一连接上执行重复的动作，从而提高了效率；③ 状态检测防火墙不区分具体的应用，而是根据数据包中提取的信息、安全策略和过滤规则处理数据包，当有新的应用出现时，它可以动态生成新的应用规则，而无须额外编写代码，因此具有很好的伸缩性和扩展性；④ 配置方便，应用范围广。

然而，状态检测也有一些缺点。首先，状态检测的检测层次仅限于网络层和传输层，状态检测主要发生在网络层和传输层，对于更高层次的应用层内容可能无法进行深入检测。而且由于需要检测的内容较多，状态检测的性能可能较差。此外，状态检测通常采用单线程进程，这可能对防火墙的性能产生较大影响。状态检测防火墙还具有一定局限性，其没有突破Client/Server模型，可能会产生一些不可接受的安全风险，并且可能无法满足高并发的需求。尽管状态检测提供了一定的安全性，但相对而言，它的安全性水平较低。

**3. 应用代理防火墙**

代理防火墙在通过互联网进行通信的内部和外部系统之间充当中间设备，它通过接收来自原始客户端的请求，将其转发并掩盖为自己的网络来保护网络安全。代理的作用是充当替代者，代表发送请求的客户端进行通信。当客户端发送访问网页的请求时，代理服务器介入并与该请求进行交互。代理服务器将请求转发给Web服务器，并伪装成客户端的身份。这样做可以隐藏客户端的身份和地理位置，从而保护其免受限制和潜在攻击的影响。然后，Web服务器响应请求，并将所需的信息提供给代理服务器，代理服务器再将该信息传递给客户端。

代理防火墙并不是真正意义上的互联网路由器，它是一个运行一个或多个应用层网关（Application-Layer Gateways，ALG）的主机，也称为应用网关防火墙，该主机有多个网络接口，能够在应用层中继之间连接特定类型的流量，它通常不像路由器那样做IP转发，但如今也出现了结合了各种功能的更复杂的代理防火墙。

网络中的应用程序报文必须通过应用网关进行处理。当应用程序的客户端向服务器发送请求报文时，该报文首先发送到应用网关。应用网关在应用层打开该报文，并检查请求的合法性（可以根据应用层的用户标识ID或其他应用层信息进行确定）。如果请求是合法的，则应用网关以客户端的身份将请求报文转发给目标服务器。如果请求是不合法的，则报文会被丢弃。例如，对于邮件网关来说，在检查每封邮件时，可以根据邮件地址、邮件的其他首部信息，甚至是报文的内容（如是否包含敏感词汇）来确定是否允许该邮件通过防火墙。

尽管这种类型的防火墙非常安全，但它也存在一些弱点和缺乏灵活性的问题。这种类型的防火墙需要为每个传输层服务设置一个代理，这意味着任何要使用新服务的应用都必须安装相应的代理，并通过该代理进行连接。每个应用都需要一个独立的应用网关，并可以在同一台主机上运行。另外，应用网关需要在应用层上转发和处理报文，这增加了处理负担。此外，对于应用程序来说，它们对应用网关是不透明的，因此需要在应用程序客户端进行配置以指定应用网关的地址。

常见的代理防火墙之一是HTTP代理防火墙，也称为Web代理。这种代理主要用于处理HTTP和HTTPS协议的流量。对于内部网络用户而言，HTTP代理就像是一个Web服务器，而对于外部网站来说，HTTP代理则充当了Web客户端的角色。HTTP代理通常提供Web缓存功能，可以保存网页的副本，以便后续访问时可以直接从缓存中获取，而无须再次请求原始服务器，从而减少网页加载的延迟。此外，一些 Web 代理还可以用作过滤器，基于"黑名单"的设置来阻止用户访问特定的网站。另一种常见的代理防火墙是基于 SOCKS 协议的防火墙。目前有两个主要版本的 SOCKS 协议：第 4 版提供了基本的代理传输支持，第 5 版增加了强大的认证功能、UDP 传输和 IPv6 寻址的支持。要使用 SOCKS 代理，开发应用程序时需要添加 SOCKS 代理支持功能，并配置应用程序以了解代理的位置和版本。一旦配置完成，客户端就可以使用 SOCKS 协议向代理发起网络连接，并可以选择性地进行 DNS 查找。

应用代理的优点：① 代理服务器可以缓存大部分信息，当提交重复请求时，可以直接从缓存中获取信息，而无须进行额外的网络连接，从而提高网络性能；② 外部主机无法直接访问内部网络，代理服务器作为中间层阻止了对内部网络的直接探测活动，提高了网络的安全性；③ 代理服务可以提供各种用户身份认证手段，增强了服务的安全性，只有经过认证的用户才能访问内部网络资源；④ 由于代理服务位于应用层，它可以提供详细的日志记录，这有助于进行日志分析和故障排查；⑤ 相比包过滤技术，代理技术的过滤规则更加简单，易于配置和管理。但代理技术在处理大量数据流量时，代理技术可能会增加访问的延迟，因为数据需要经过代理服务器进行处理和转发，且应用层代理无法支持所有的协议，某些特定的协议可能无法通过代理进行传输。此外，应用代理对操作系统有明显的依赖性，必须基于特定的系统和协议进行配置和使用，不同的操作系统和协议可能需要不同的代理实现。

**4. 网络地址转换技术**

网络地址转换（Network Address Translation，NAT）是一种用于接入广域网的技术，它将私有（保留）地址转换为合法的 IP 地址。NAT 广泛应用于不同类型的互联网接入方式和各种网络，NAT 不仅有效地解决了 IPv4 地址不足的问题，还能够有效地防止来自网络外部的攻击，隐藏和保护网络内部的计算机。NAT 的主要目的是解决 IPv4 地址短缺的问题，它通过将一个公网 IP 地址映射到多个私有网络 IP 地址解决了 IP 地址不足的问题。然而，NAT 只是提供了一种缓解的方法，真正解决 IP 地址不足问题的方法是使用 IPv6。IPv6 提供了更大的地址空间，可以满足日益增长的互联网设备的需求。

NAT 可以分为三种类型：静态 NAT、动态 NAT 和端口转换 NAT。

静态 NAT 将内部本地地址与内部全局地址进行一对一的明确转换。这种方法主要用于内部网络中有对外提供服务的服务器，如 Web、MAIL 服务器时。该方法的缺点是需要独占宝贵的合法 IP 地址。如果某个合法 IP 地址已经被 NAT 静态地址转换定义，那么即使该地址当前没有被使用，也不能被用作其他地址转换。

动态 NAT 将内部本地地址与内部全局地址进行一对一的转换，但是从内部全局地址池中动态地选择一个未使用的地址对内部本地地址进行转换。该地址是由未被使用的地址组成的地址池中在定义时排在最前面的一个。当数据传输完毕后，路由器将把使用完的内部全局地址放回到地址池中，以供其他内部本地地址进行转换。但是在该地址被使用时，不能用该地址再进行一次转换。

网络端口地址转换（Network Port Address Translation，NPAT）也称为复用地址转换，是一种动态地址转换。路由器通过记录地址、应用程序端口等唯一标识一个转换。通过这种转换，可以使多个内部本地地址同时与同一个内部全局地址进行转换，并对外部网络进行访问。对于只申请到少量 IP 地址甚至只有一个合法 IP 地址，却经常有很多用户同时要求上网的情况，这种转换方式非常有用。理想状况下，一个单一的 IP 地址可以使用的端口数为 4000 个。

### 7.3.3 防火墙的体系结构

防火墙的体系结构主要有以下三种。

(1) 双重宿主主机体系结构：是指使用双重宿主主机作为防火墙系统的核心，用于实现内部和外部网络的隔离。如图7.8所示。外部网络可以与双重宿主主机进行通信，内部网络也可以与双重宿主主机进行通信，但内部和外部网络无法直接相互通信，这要求双重宿主主机至少具有两个网络接口。双重宿主防火墙具有以下特点：由于它是内外部交流的唯一通道，因此其自身的安全性非常重要；它需要支持多个用户同时访问，因此性能也非常关键。然而，双重宿主防火墙是隔离内部和外部网络的唯一屏障，一旦它失效，内部网络就会处于不安全状态。

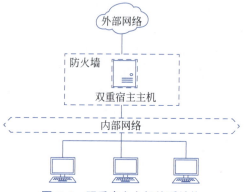

图 7.8 双重宿主主机体系结构

(2) 屏蔽主机体系结构：防火墙采用一个路由器作为内部和外部网络之间的分隔，并在内部网络层次上使用一个堡垒主机。如图7.9所示，它包括一个包过滤路由器和一个堡垒主机。包过滤路由器位于内部和外部网络之间，确保外部网络对内部网络的访问必须经过堡垒主机。堡垒主机配置在内部网络之上，作为外部主机连接到内部主机的桥梁，具备高级的安全性能。屏蔽路由器可以按照以下规则之一进行配置：允许内部主机直接连接外部主机以提供某些服务；不允许来自外部主机的任何直接连接，而要求通过堡垒主机的代理服务进行访问。这种结构的优点是具有高安全性，同时提供了两层保护，即网络层安全（通过包过滤）和应用层安全（通过代理服务）。然而，缺点是正确的配置对安全至关重要。此外，如果路由器受到损害，则数据可能会绕过堡垒主机而直接暴露在不安全的环境中。

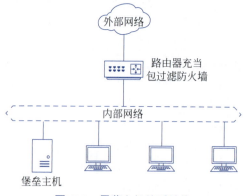

图 7.9 屏蔽主机体系结构

（3）屏蔽子网体系结构：如图7.10所示，在屏蔽主机体系结构的基础上引入了一个额外的保护层，即周边网络。在这种结构中，堡垒主机位于周边网络之上，而周边网络和内部网络之间由内部路由器进行分隔。引入这种结构的原因是堡垒主机是用户网络中最容易受到攻击的机器。在屏蔽子网结构中，周边网络上放置了一些信息服务器作为牺牲对象，可能会成为攻击的目标，因此也称之为非军事区。周边网络的作用是即使堡垒主机被入侵者控制，也能够消除对内部网络的侦听。堡垒主机是整个防御体系的核心。堡垒主机可以被视为应用层网关，可以运行各种代理服务程序。对于出站服务，不一定要求所有的服务都经过堡垒主机代理，但对于入站服务，应要求所有服务都通过堡垒主机。

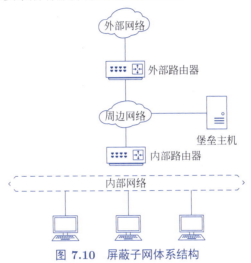

图 7.10　屏蔽子网体系结构

## 7.4　入侵检测技术

在防火墙技术发展的基础上，随着网络安全风险不断增加，入侵检测系统（Intrusion Detection System，IDS）作为防火墙的有益补充，是一种安全设备或者软件，能够帮助网络系统快速发现攻击事件的发生。IDS扩展了系统管理员的安全管理能力，包括安全审计、监视、攻击识别和响应，从而提高了信息安全基础结构的完整性。IDS的综合功能提高了信息安全基础结构的完整性，使组织能够更好地维护其系统和数据的可用性、保密性和完整性，有助于预防数据泄漏、未经授权的访问以及其他安全漏洞的滋生，从而为企业、政府机构和个人提供更可靠的网络保护，以适应不断演化的网络安全威胁。IDS不仅是一种技术工具，还是网络安全战略的关键组成部分，为安全性和可信度提供了坚实的基础。

### 7.4.1　入侵检测概述

1980年，James P. Anderson在一份题为《计算机安全威胁监控与监视》的技术报告中指出，审计记录可以用于识别计算机的误用，并对威胁进行了分类。这是第一次详细阐述了入侵检测的概念。随后，在1984年到1986年期间，乔治敦大学的Dorothy Denning和SRI公司计算机科学实验室的Peter Neumann研究出了一个实时入侵检测系统模型，称为入侵检测专家系统（Intrusion Detection Expert Systems，IDES），这是第一个在一个应用中运用了统计和基于规则这两种技术的系统，也是入侵检测研究中最具影响力的系统之一。另外，1989年，加州大学戴维斯分校的Todd Heberlein撰写了一篇名为 *A Network Security Monitor* 的论文，提出了一种网络安全监控器，用于捕获TCP/IP分组，首次直接将网络流作为审计数据来源，从而可以监控异种主机而无须将审计数据转换为统一格式，这标志着网络入侵检测的诞生。

入侵检测是一种网络安全技术，用于检测任何对系统保密性、完整性或可用性造成损害或企图造成损害的行为，它通过监视受保护系统的状态和活动，并采用误用检测（Misuse Detection）或异常检测（Anomaly Detection）的方式，发现未经授权或恶意的系统和网络行为，为防范入侵行为提供有效手段。入侵检测提供了一种方法来发现入侵攻击和合法用户滥用特权。前提是入侵行为和合法行为是可区分的，即可以通过提取行为的模式特征来判断该行为的性质。入侵检测系统需要解决两个问题：如何充分且可靠地提取描述行为特征的数据，以及如何根据这些特征数据高效且准确地判定行为的性质。

为了解决入侵检测系统之间的互操作性问题，一些国际研究组织开始进行标准化工作。目前，有两个组织在进行IDS的标准化工作：IETF的Intrusion Detection Working Group（IDWG）和Common Intrusion Detection Framework（CIDF）。CIDF最初由美国国防部高级研究计划局赞助研究，现在由CIDF工作组负责，它是一个开放的组织。

CIDF定义了一个通用的IDS模型，如图7.11所示。该模型将入侵检测系统分为以下组件：事件产生器（Event Generators），用E盒表示；事件分析器（Event Analyzers），用A盒表示；响应单元（Response Units），用R盒表示；事件数据库（Event databases），用D盒表示。事件产生器从整个计算环境中获取事件，并将其提供给系统的其他部分。事件分析器接收事件信息，进行分析并生成分析结果，将判断结果转换为警告信息。响应单元是对分析结果做出反应的功能单元，它可以采取断开连接、改变文件属性等强烈的反应措施，也可以只是简单地发出警报。事件数据库是存放各种中间数据和最终数据的地方，可以是复杂的数据库或简单的文本文件。

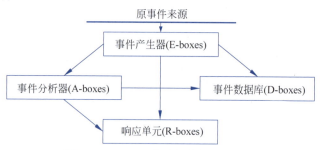

图 7.11　CIDF 各组件之间的关系图

入侵检测系统通过收集计算机网络或计算机系统中的关键信息点，并进行分析，以发现是否存在违反安全策略的行为和遭受攻击的迹象。入侵检测系统由软件和硬件的组合构成，用于进行入侵检测。一个入侵检测系统主要包含以下功能模块：数据采集模块、入侵分析引擎模块、应急处理模块、管理配置模块和相关的辅助模块，如图7.12所示。数据采集模块的功能是为入侵分析引擎模块提供分析所需的数据，包括操作系统的审计日志、应用程序的运行日志和网络数据包等。入侵分析引擎模块是入侵检测系统的核心模块，其功能是根据辅助模块提供的信息（如攻击模式），通过一定的算法对收集到的数据进行分析，判断是否存在入侵行为，并生成相应的入侵报警。管理配置模块的功能是为其他模块提供配置服务，作为IDS系统中模块与用户之间的接口。应急处理模块的功能是在发生入侵后提供紧急响应服务，例如关闭网络服务、中断网络连接、启动备份系统等。辅助模块的功能是协助入侵分析引擎模块的工作，为其提供相关的信息，例如攻击特征库、漏洞信息等。

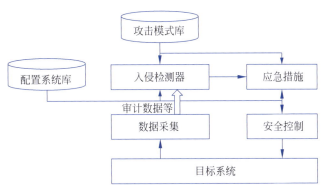

图 7.12 通用的入侵检测系统模型图

入侵检测系统的主要任务包括监视和分析用户及系统活动、审计系统结构和弱点、识别和反映已知攻击的活动模式,并向相关人员发出警报、统计分析异常行为模式以评估重要系统和数据文件的完整性,以及审计和跟踪管理操作系统,识别用户违反安全策略的行为,其根本在于保护计算机系统和网络免受恶意活动的威胁,并帮助尽早识别和应对潜在的安全问题。不同类型的 IDS 可以采用不同的技术和方法来实现这些任务。

入侵检测一般分为三个步骤,即信息收集、数据分析和响应(包括被动响应和主动响应)。信息收集是入侵检测的第一步,包括系统、网络、数据和用户活动状态和行为的收集。这些信息可以通过放置在不同网段的传感器或不同主机上的代理来收集,包括系统和网络日志文件、网络流量、异常目录和文件变更、异常程序执行等。数据分析是将收集到的有关系统、网络、数据和用户活动的信息送到检测引擎进行分析。检测引擎通常驻留在传感器中,并使用模式匹配、统计分析和完整性分析等技术手段进行分析。当检测到某种异常行为模式时,检测引擎会生成警报并发送给控制台。最后,控制台根据生成的警报采取预先定义的响应措施。响应可以是主动响应(阻止攻击或影响,改变攻击过程)或被动响应(报告和记录检测到的问题)。主动响应可以由用户驱动或系统自动执行,可以采取断开连接、终止进程、改变文件属性等行动,也可以仅仅是生成警报。被动响应包括告警和通知、简单网络管理协议的陷阱和插件等。此外,还可以根据策略配置响应,采取立即、紧急、适时、本地的长期和全局的长期等行动。

入侵检测系统的直接目标并非阻止入侵事件的发生,而是通过检测技术来发现系统中可能违反安全策略的行为,它的主要功能是发现受保护系统中的入侵行为或异常行为,评估安全保护措施的有效性,并分析受保护系统所面临的威胁。通过这些功能,入侵检测系统可以阻止安全事件的扩大,及时发出警报以触发网络安全应急响应,并为网络安全策略的制定提供重要指导。此外,入侵检测系统生成的警报信息还可以用于网络犯罪取证,为网络安全态势感知提供依据。通过分析入侵检测系统生成的警报信息,可以了解攻击者的行为模式、攻击方式和目标,有助于追踪和识别网络攻击者,并提供有力的证据用于司法调查和起诉。

### 7.4.2 入侵检测原理与主要方法

**1. 异常检测基本原理**

异常检测是指通过检测异常行为和计算机资源的使用情况来发现入侵行为。基于异常检测的入侵检测方法首先需要建立用户正常行为的统计模型,然后将当前行为与正常行为的特征进行比较,以检测是否存在入侵行为。当前的异常检测方法主要基于 Hawkins 对异常的定义：异常是指与其他观测数据远离，可能由不同机制产生的观测数据。

在异常检测中，首先收集一段时间的操作活动历史数据，建立代表主机、用户或网络连接的正常行为描述模型。然后，收集事件数据，并使用不同的方法来确定检测到的事件活动是否偏离了正常行为模式，从而判断是否发生了入侵。异常检测模型的结构可以参考图7.13。

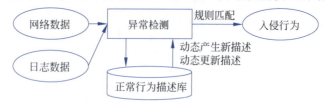

图 7.13  异常检测模型的结构

基于异常检测原理的入侵检测方法包括以下几种。

（1）基于特征选择的异常检测是指从一组度量中选择能够检测出入侵的特征并形成一个子集，以便预测或分类入侵行为。但存在一个问题，即如何区分异常活动和入侵活动，因此较难找到适用于所有入侵类型的度量集。

（2）基于贝叶斯推理的异常检测是利用异常行为来判断系统被入侵的概率，假设观测数据服从特定的概率分布，并通过最大似然估计确定分布参数，但是需要考虑异常变量之间的相关性。

（3）基于贝叶斯网络的异常检测利用图形方式绘制随机变量之间的关系，它通过指定与邻接节点相关的小概率集来计算随机变量的联合概率分布。这个集合由给定全部节点组合的根节点先验概率和非根节点概率组成。贝叶斯网络是一个有向图，其中的弧表示父节点和子节点之间的依赖关系。当随机变量的值已知时，它可以作为证据用于计算其他剩余随机变量的条件值。

（4）基于统计的异常检测方法将数据根据不同的数据类别分成多个集合。其能够根据给定的数据自动判断和确定类别的数量，不需要相似度度量、停顿规则或聚类准则，可以处理混合的连续属性和离散属性。自动分类技术主要采用监督式分类方法，而贝叶斯分类方法在实际中并未广泛应用。贝叶斯分类允许理想化的分类数目，可以形成具有相似特征的用户群组，并符合用户特征集的自然分类。然而，自动分类技术目前仍存在一些问题，例如如何处理具有固有顺序性的数据，如何考虑统计分布特性，在异常检测中如何选择异常阈值以及如何防止攻击者干扰类型分布等。

（5）基于模式预测的异常检测方法专注于基于时间域的事件序列，并生成规则集，其优点在于可以仅关注与安全相关的特定事件，而忽略其他无关事件。

（6）基于机器学习的异常检测方法包括死记硬背、监督学习、归纳学习、类比学习。其中，针对离散数据临时序列特征学习可以获取个体、系统和网络的行为特征。一种基于相似度的实例学习方法称为示例学习（Instance Based Learning，IBL），它通过计算新序列的相似度，将原始数据（如离散事件流和无序记录）转换为可度量的空间，然后应用IBL学习技术和一种基于序列的分类方法来发现异常类型事件，从而进行入侵检测。

（7）基于数据挖掘的异常检测方法适用于处理大量数据的网络，但实时性相对较差。目前有一种称为数据库知识发现（Knowledge Discovery in Databases，KDD）的常用方法，它具有处理大量数据和进行数据关联分析的能力。

（8）基于应用模式的异常检测方法通过计算网络服务的服务请求类型、服务请求长度和服务请求包大小分布来识别异常值，它实时计算这些异常值，并与预先训练的阈值进行比较。

（9）基于文本分类的异常检测方法将系统生成的进程调用集合转换为"文档"形式，它利用K最近邻聚类文本分类算法来计算这些文档之间的相似性，通过比较文档之间的相似度来检测异常情况。

**2. 误用检测基本原理**

误用检测是一种按照预定模式搜索事件数据的方法，特别适用于可靠检测已知模式的情况，其结构如图7.14所示。误用检测的执行主要依赖可靠的用户活动记录和事件分析方法。误用检测的前提是入侵行为能够以某种方式进行特征编码，而入侵检测的过程实际上是一个模式匹配的过程。误用检测技术通过将收集到的数据与预先确定的特征知识库中的各种攻击模式进行比较，如果发现攻击特征，则判断为存在攻击。这种方法完全依赖特征库做出判断，因此无法判断未知攻击。

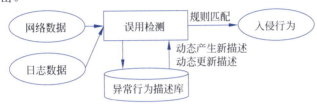

图 **7.14** 误用检测模型的结构

误用检测具有以下优点：它只需要收集相关数据，减轻了系统的负担；该方法类似病毒检测系统，具有较高的监测准确率和效率。误用检测技术相对成熟，一些国际知名的入侵检测系统都采用了这种技术。然而，误用检测也有一些缺点，最主要的是它无法检测未知的入侵行为。误用检测的关键在于如何准确表达入侵行为以及构建攻击模型，以便将真正的入侵行为与正常行为区分开来。

基于误用检测原理的入侵方法如下。

（1）基于条件概率的误用检测方法是一种基于概率论的通用方法，用于推测入侵行为。该方法将入侵方式映射到一个事件序列，并观测事件发生的序列，然后应用贝叶斯定理推理入侵行为。它是对贝叶斯方法的改进，然而，该方法难以给出先验概率，并且事件的独立性难以满足。

（2）基于状态迁移分析的误用检测方法使用状态图来表示攻击特征，其中，不同的状态描述了系统在某一时刻的特征。初始状态对应入侵开始前的系统状态，危害状态对应已成功入侵时刻的系统状态。初始状态和危害状态之间可能存在一个或多个中间状态，攻击者执行一系列操作导致状态发生迁移，从而使系统从初始状态迁移到危害状态。因此，通过检查系统的状态可以发现其中的入侵行为。STAT（State Transition Analysis Technique）和USTAT（State Transition Analysis Tool for UNIX）是采用这种方法的入侵检测系统。然而，状态迁移分析方法在实际应用中存在一些问题。首先，攻击模式只能说明事件序列，不允许更复杂的事件说明方法；其次，除了通过植入模型的原始断言，没有通用的方法来解决部分攻击匹配的问题。这些限制可能会对方法的有效性和适用性造成一定的影响。

（3）基于键盘监控的误用检测方法假设入侵行为对应特定的击键序列模式，然后监测用户的击键模式，并将其与入侵模式进行匹配以发现入侵行为。然而，这种方法存在一些缺点。首先，在没有操作系统支持的情况下，缺乏可靠的方法来捕获用户的击键。其次，可能存在多种击键方式可以表示相同的攻击行为。此外，如果没有进行击键语义分析，用户提供的别名（例如 Korn shell）可以很容易地欺骗这种检测技术。最后，该方法无法检测恶意程序的自动攻击行为。

（4）基于规则的误用检测方法是一种将攻击行为或入侵模式表示为规则的方法，只要符合规则，就被认定为入侵行为。Snort 入侵检测系统采用了基于规则的误用检测方法。基于规则的误用检测方法可以分为以下两类：向前推理规则和向后推理规则。向前推理规则根据收集到的数据，按照预定的结果进行推理，直到得出结果为止。这种方法的优点是可以比较准确地检测入侵行为且误报率较低。然而，它的缺点是无法检测未知的入侵行为。目前，大多数入侵检测系统都采用了这种方法。向后推理规则根据结果推测可能发生的原因，然后根据收集到的信息判断真正发生的原因。因此，这种方法的优点是可以检测未知的入侵行为。然而，它的缺点是误报率较高。

（5）专家系统误用检测方法利用"如果—就"（if-then）规则来表示安全专家的知识，形成专家知识库。该方法通过输入检测数据，系统根据专家知识库中的内容对数据进行评估，以判断是否存在入侵行为模式。规则中的条件被排列在规则的左边（if 部分），当条件满足时，系统执行规则右边给出的动作。专家系统的优点在于将推理控制过程和问题解答相分离，用户不需要理解或干预专家系统的内部推理过程，只需将专家系统视为一个自治的黑盒。许多经典的检测模型都采用了这种方法。例如，美国国家航空和宇宙航行局开发的 CLIPS 系统就是一个实例。然而，专家系统在实际应用中存在一些问题。首先，它缺乏处理序列数据的能力，即无法考虑数据前后的相关性；其次，专家系统无法处理判断的不确定性；最后，维护专家规则库是一项困难的任务，无论是添加还是删除规则，都必须考虑对其他规则的影响。

### 3. 其他检测技术

除了上述的异常检测、误用检测之外，常用的检测方法还有基于神经网络的检测方法、基于免疫的检测方法和基于数据挖掘的异常检测方法。

基于神经网络的检测方法利用自适应学习技术来提取异常行为的特征。该方法需要对训练数据集进行学习，以获得正常行为模式。神经网络由许多处理单元组成，这些单元通过带有权值的连接进行交互。网络的结构反映了其中包含的知识，学习过程表现为权值的调整以及连接的添加或删除。神经网络的处理包括两个阶段：构建入侵分析模型的检测器，使用代表用户行为的历史数据进行训练，完成网络的构建和组装；实际运行阶段，网络接收输入的事件数据，并与参考的历史行为进行比较，判断它们的相似度或偏离度。然而，神经网络也有一些缺点。系统倾向于形成不稳定的网络结构，无法从训练数据中学习到特定的知识，目前还不清楚其产生的原因。当判断为异常事件时，神经网络不提供任何解释或说明信息，导致用户无法确认入侵的责任人，也无法确定系统的哪方面存在问题而导致攻击者成功入侵。此外，神经网络在应用于入侵检测时还需要解决效率问题。

基于免疫的检测方法是一种将生物免疫机制引入计算机系统安全保护框架的方法，旨在使系统具备适应性、自我调节性和可扩展性。这种方法借鉴了生物免疫系统的基本原理，其中最基本也是最重要的能力是识别"自我/非自我"。在生物免疫系统中，免疫细胞能够识别和区分属于自身机体的组织和来自外部的非自身组织。这种识别能力是通过免疫系统中的特定分子和信号传递机制实现的。类似地，基于免疫的检测方法试图在计算机系统中实现类似的自我识别机制。在计算机系统中，基于免疫的检测方法通过建立一个正常行为模型来代表"自我"，这个模型通常是由历史数据和系统特征构建而成。一旦建立了正常行为模型，系统就能够识别出与该模型不匹配的行为，即"非自我"，并将其标记为异常。通过引入免疫机制，基于免疫的检测方法赋予了计算机系统自适应性的能力。系统可以根据新出现的非自我行为进行学习和调整，以不断更新正常行为模型，从而适应新的威胁和变化的环境。这种自适应性使得系统能够及时应对未知的攻击和入侵。此外，基于免疫的检测方法还具备自我调节性和可扩展性。系统能够根据当前的安全需求和威胁情况自动调整免疫机制的参数和行为策略，以提高检测的准确性和效率。

基于数据挖掘的异常检测方法利用数据挖掘中的关联算法和序列挖掘算法来提取用户的行为模型，以便检测异常行为。这种方法利用了数据挖掘技术中的一些关键算法和技术，以从大量的数据中提取有用的信息。首先，基于数据挖掘的异常检测方法使用关联算法来发现用户行为中的关联规则。关联规则是指在数据集中频繁出现的事件之间的关联关系。通过分析用户的行为数据，这些算法可以发现用户行为中的常见模式和规律。例如，如果一个用户在登录后总是访问特定的文件夹，那么这个行为模式就可能成为正常行为的一部分；其次，基于数据挖掘的异常检测方法还使用序列挖掘算法来分析用户行为的时间序列。这些算法可以发现用户行为中的顺序模式和时间关系。通过分析用户行为的时间顺序，系统可以识别出异常行为，例如用户在短时间内频繁切换不同的操作或访问不同的资源。在异常检测阶段，该方法利用分类算法对用户行为和特权程序的系统调用进行分类预测。分类算法通过训练一个模型将已知的正常行为和异常行为进行区分。当新的行为出现时，系统会将其与模型进行比较，并判断其是否符合正常行为的模式。如果行为与正常模式不匹配，则被标记为异常。

### 7.4.3 入侵检测系统分类

入侵检测系统可以根据不同的分类标准进行划分。如前文中根据检测原理，将其分类为异常入侵检测和误用入侵检测。

根据工作方式，入侵检测系统可分为离线检测和在线检测。离线检测系统是非实时工作的，它在事件发生后分析审计事件，并检查是否存在入侵事件。这种系统成本较低，可以分析大量事件和长期情况，但由于是事后进行分析，因此无法提供实时保护，并且一些入侵行为可能会删除相关日志，导致无法进行审计。在线检测系统则对网络数据包或主机的审计事件进行实时分析，可以快速响应并保护系统安全，但在大规模系统中难以保证实时性。

根据体系结构，入侵检测系统可分为集中式、等级式和协作式。集中式入侵检测系统包含多个分布在不同主机上的审计程序，但只有一个中央入侵检测服务器。审计程序将收集到的数据发送给中央服务器进行分析处理。这种结构的入侵检测系统在可伸缩性和可配置性方面存在缺陷。随着网络规模增大，主机审计程序和服务器之间传输的数据量增加，可能导致网络性能下降。而且，一旦中央服务器发生故障，整个系统将瘫痪。此外，根据各个主机的不同需求，配置服务器也很复杂。等级式（部分分布式）入侵检测系统定义了多个分等级的监控区域，每个入侵检测系统负责一个区域，然后将当地的分析结果传送给上一级入侵检测系统。这种结构存在一些问题。首先，当网络拓扑结构改变时，需要相应调整区域分析结果的汇总机制；其次，这种结构的入侵检测系统最终仍需将收集到的结果传送到最高级的检测服务器进行全局分析，因此系统的安全性并没有实质性改进。协作式入侵检测系统将中央检测服务器的任务分配给多个基于主机的入侵检测系统，这些入侵检测系统不分等级，各自负责监控当地主机的某些活动。这样可以显著提高可伸缩性和安全性，但也增加了维护成本，并增加了所监控主机的工作负荷，如通信机制、审计开销和踪迹分析等。

入侵检测系统可以根据数据来源进行分类，最常见的分类包括基于主机的入侵检测系统

（Host Intrusion Detection System，HIDS）、基于网络的入侵检测系统（Network Intrusion Detection System，NIDS）以及采用两种数据来源的分布式入侵检测系统（Distributed Intrusion Detection System，DIDS）。

HIDS 主要用于保护运行关键应用的服务器，它通过监视和分析主机的审计记录和日志文件来检测入侵行为。这些日志文件包含了系统上发生的异常活动的证据，可以指示是否有人正在入侵或已经成功入侵系统。通过查看日志文件，可以发现入侵行为或入侵企图，并采取相应的应急措施。

NIDS 主要用于实时监控网络中的关键路径信息，它能够监听网络上的所有数据包，并收集数据进行分析。基于网络的入侵检测系统使用原始的网络数据包作为数据源，通常通过在混杂模式下运行的网络适配器进行实时监测，并分析通过网络传输的所有通信流量。

DIDS 是一种分布式入侵检测系统，可以从多个主机中获取数据，也可以从网络传输中获取数据，克服了单一 HIDS 和 NIDS 的局限性。典型的 DIDS 采用控制台/探测器结构。NIDS 和 HIDS 作为探测器放置在网络的关键节点，向中央控制台报告情况。攻击日志定期传送到控制台，并保存到中央数据库中，新的攻击特征可以及时发送到各个探测器上。每个探测器可以根据所在网络的实际需求配置不同的规则集。

### 1. HIDS

HIDS 是最早期的入侵检测形式之一。这种系统通常在被检测的主机或服务器上运行，实时监测系统的运行情况，它主要通过获取主机的审计记录和日志文件等数据源，结合主机上的其他信息来完成对攻击行为的检测任务。此外，基于主机的入侵检测技术还可以单独针对特定应用程序设计基于应用的入侵检测模型，使用应用程序的日志信息作为输入数据源。

基于主机的入侵检测系统的数据来源主要包括以下几方面。① 系统信息：几乎所有操作系统都提供了一组命令，用于获取主机当前活动进程的状态信息。这些命令直接检查内核程序的内存信息。② 记账信息：通常是指操作系统或操作员执行的特定操作，记录计算机资源的使用情况，如 CPU 占用时间、内存、硬盘和网络使用情况。在计算机普及之前，记账主要用于向用户收费。③ 系统日志：包括操作系统日志和应用程序日志。操作系统日志记录系统中发生的各种事件，对于入侵检测非常有价值。当一个进程终止时，系统内核会在进程日志文件中写入一条记录。④ 安全审计日志：记录系统上与安全性相关的所有事件。

基于主机的入侵检测系统能够较准确地检测发生在主机系统高层的复杂攻击行为。许多发生在应用程序进程级别的攻击行为无法仅依靠基于网络的入侵检测来完成。基于主机的入侵检测系统具有高效的检测能力、低分析成本和快速的分析速度，它可以快速、准确地识别入侵者，并结合操作系统和应用程序的行为特征进行进一步的分析和响应。例如，一旦检测到入侵行为，就可以立即使该用户的账号失效并中断其进程。基于主机的入侵检测系统还可以帮助发现基于网络的入侵检测无法检测到的加密攻击。此外，基于主机的入侵检测系统对于独立的服务器和构造简单的应用程序尤其适用，易于理解。目前，许多入侵检测系统是基于主机日志分析的。

基于主机的入侵检测系统通常有两种结构：集中式结构和分布式结构。集中式结构下，基于主机的入侵检测系统将收集到的所有数据发送到一个中心位置（如控制台），然后进行集中分析。而分布式结构下，每台主机独立进行数据分析，对自身收集到的数据进行分析，并向控制台发送报警信息。在集中式结构中，入侵检测系统所在主机的性能不会受到很大影响。然而，需要注意的是，由于入侵检测系统收集的数据首先要发送到控制台，然后再进行分析，这可能导致报警信息的实时性无法保证。

基于主机的入侵检测系统具有监视特定系统行为的优势，它能够监视用户登录和退出、用户操作、审计系统策略的变化以及关键系统文件和可执行文件的变化等。基于主机的入侵检测系统能够确定攻击是否成功。由于使用已经发生事件的信息，它们可以比基于网络的入侵检测系统更准确地判断攻击是否成功。某些攻击很难通过网络数据发现，或者根本没有经过网络而是在本地进行。在这种情况下，基于网络的入侵检测系统无能为力，只能依靠基于主机的入侵检测系统。

然而，基于主机的入侵检测系统也存在一些明显的缺点，它在一定程度上依赖特定的操作系统平台，管理上较为困难，需要根据每台机器的环境进行配置和管理。同时，主机的日志提供的信息有限，某些入侵手段和途径可能不会在日志中反映出来，日志系统对网络层的入侵行为无能为力。基于主机日志的入侵检测系统在数据提取的实时性、充分性和可靠性方面不如基于网络的入侵检测系统，它通常无法及时响应在网络环境下发生的大量攻击行为，并且运行在所保护的主机上可能会影响主机的性能。

**2. NIDS**

基于网络的入侵检测系统通过监听网络中的数据包来获取必要的数据源，并通过协议分析、特征匹配和统计分析等手段来检测当前发生的攻击行为。

基于网络的入侵检测系统以所监测网段的所有流量作为数据源。在以太网环境下，它通过将网卡设置为混杂模式来捕获所监测网段内的混合数据包。一般来说，入侵检测系统负责保护整个网段的安全。在交换网络环境下，为了捕获所需的数据，基于网络的入侵检测系统的部署需要精心设计。通过对数据包的串特征、端口特征和数据包头特征进行匹配，基于网络的入侵检测系统可以发现可能的入侵行为。串特征是指在数据包正文中出现的可能意味着某种攻击的字符串。端口特征是指连接指向的目的端口，通过查看端口值，也可以发现一些可能的入侵行为。数据包头特征是指数据包头中的码位的一些非法组合，其中最著名的是 Winnuke，它通过在目标机上使用 NetBIOS 的 139 端口发送设置了紧急指针位的 TCP 数据包，从而导致一些安装 Windows 操作系统的机器出现蓝屏死机。

基于网络的入侵检测系统通常由两个主要组件组成：特征提取器和异常检测器。特征提取器接收数据包流并从中提取特征，然后将这些特征反馈给异常检测器。异常检测器为接收到的每个输入/输出一个分数，并与阈值进行比较。如果分数低于阈值，则相应的输入被预测为良性，否则被预测为恶意。特征提取器可以以两种不同的方式构建。一种方式是为接收到的每个数据包输出一个特征向量，这个特征向量不仅基于当前数据包，还可以考虑之前看到的数据包的历史记录。特征可以是从数据包头中提取的原始值，也可以是手动创建的复杂特征。

基于网络的入侵检测系统具有以下优点：安装在适当位置的基于网络的入侵检测系统可以监视大范围的网络，其运行不会对主机或服务器的性能产生影响，因为它通常采用独立主机和被动监听的工作模式。基于网络的入侵检测系统能够实时监控网络中的数据流量，并发现潜在的攻击行为，以便快速响应，使攻击者难以察觉。此外，它的分析对象是网络协议，通常没有移植性的问题。

基于网络的入侵检测系统存在一些主要问题。首先，它需要监视大量的数据流量，并且在网络通信高峰时期难以检查所有的数据包，这可能导致系统无法处理所有的数据，从而可能错过一些潜在的攻击行为；其次，基于网络的入侵检测系统通常不结合操作系统特征来进行准确的行为判断,它主要通过协议分析和特征匹配来检测攻击,而忽略了与操作系统相关的特征,这可能导致误报或漏报的情况发生。另一个问题是,如果网络数据被加密,基于网络的入侵检测系统就无法扫描协议或内容。加密的数据包在传输过程中无法被解密,因此无法进行有效的检测,这给攻击者提供了一种绕过入侵检测系统的方式。此外,基于网络的入侵检测系统不能确定一个攻击是否已经成功,它主要关注网络流量中的异常行为,但无法判断攻击是否已经对系统造成了实际的影响。对于渐进式和合作式的攻击,基于网络的入侵检测系统往往难以有效防范。

### 3. DIDS

面对网络系统结构的复杂化和大规模化所带来的挑战,DIDS应运而生。在这样的网络环境中,系统的弱点或漏洞分散在各个主机上,入侵者可以利用这些弱点来攻击网络。仅依靠单一主机或网络的入侵检测系统很难发现入侵行为。此外,入侵行为已不再是单一的行为,而是呈现出相互协作入侵的特点,例如分布式拒绝服务攻击,这使得依赖单一数据源的入侵检测变得困难。

DIDS的目标是同时检测网络入侵行为和主机入侵行为,它通过在网络中分布多个入侵检测传感器或代理来实现这一目标。这些传感器或代理位于不同的主机上,负责监测和收集与其相关的主机和网络活动数据。DIDS可以通过跨多个主机和网络节点收集分散化的原始检测数据,为入侵检测提供更全面的视角。DIDS的工作原理是将收集到的数据汇总并进行分析,以便检测潜在的入侵行为,它可以通过比较不同主机之间的活动模式和行为差异来发现异常或恶意行为。DIDS还可以利用分布式算法和协作机制来检测分布式攻击,例如利用多个传感器之间的协作信息来识别分布式拒绝服务攻击。通过采用分布式的方法,DIDS能够更好地适应复杂和大规模的网络环境,并提供更全面的入侵检测能力,它能够检测到分散在网络中各个主机上的入侵行为,同时也能够捕捉到跨多个主机和网络节点的协作攻击,这使得DIDS成为应对现代网络安全挑战的一种有效解决方案。DIDS结构如图7.15所示。

图 7.15 DIDS 结构

分布式入侵检测系统通常由多个构件组成,包括数据采集构件、通信传输构件、入侵检测分析构件、应急处理构件和用户管理构件等。这些构件可以根据需要进行组合,形成一个完整的入侵检测系统。各构件的功能如下。

(1)数据采集构件:负责收集用于检测的数据。它可以部署在网络中的主机上,或者安装在网络的检测点上。数据采集构件与通信传输构件协作,将采集到的信息传输到入侵检测分析构件进行处理。

(2)通信传输构件:负责传递控制命令和处理原始数据。通信传输构件通常需要与其他构件协作,以完成通信功能。

(3)入侵检测分析构件:根据采集到的数据使用检测算法进行误用分析和异常分析,生成检测结果、报警和应急信号。

(4)应急处理构件:根据入侵检测的结果和主机、网络的实际情况做出决策和判断,对入侵行为进行响应。

（5）用户管理构件：负责管理其他构件的配置，生成入侵总体报告，提供用户和其他构件的管理接口，可以是图形化工具或可视化界面，供用户查询和监控入侵检测系统的情况。

通过以上构件的组合和协作，分布式入侵检测系统实现了对网络安全的全面监控和及时响应，构成了一个完整的入侵检测系统。

## 7.5 练习题

**练习 7.1** 安全性攻击可以被划分为哪几种？
**练习 7.2** 什么是虚拟专用网络技术？如何理解"虚拟"和"专用"？
**练习 7.3** 在IPSec体系中，认证头（AH）的作用是什么？
**练习 7.4** 简述SSL VPN协议的一次连接过程。
**练习 7.5** 防火墙通常部署在哪里？它的工作原理是什么？
**练习 7.6** NAT技术通常可以分为几种类型？它们的异同是什么？
**练习 7.7** 入侵检测系统的定义是什么？
**练习 7.8** 简述NIDS和HIDS的区别。

# 第8章 移动通信网络安全

移动通信网络是现代社会的核心基础设施,通过连接全球用户与设备,推动信息交流和技术创新,它可以支持经济发展,促进电子商务、移动支付和智慧城市建设,保障公共服务稳定,如应急通信和医疗支持;提升个人生活便利性,通过即时通信和娱乐服务满足需求。而移动通信网络安全是保障个人隐私、企业数据、公共服务和国家安全的基石。本章将对移动通信网络的安全技术进行展开,具体讨论移动设备的安全管理、移动蜂窝网络安全、无线数据网络安全以及 Ad hoc 网络安全。

## 8.1 移动设备的安全管理

移动设备是指可以携带和移动的电子设备,通常包括智能手机、平板电脑、笔记本电脑、可穿戴设备(如智能手表、健康追踪器)等。随着科技的不断进步,移动设备也已经成为现代生活中不可或缺的一部分。通常情况下,移动设备具备以下特点。

(1)便携性:移动设备具有小型化的外形因素,使其能够轻松地被单人携带。无论是智能手机、平板电脑还是可穿戴设备,它们都设计为便于随身携带、随时随地使用。

(2)无线通信能力:移动设备支持多种无线通信协议,如蜂窝网络、Wi-Fi、蓝牙、GPS 和 NFC。这使得用户能够通过无线方式传输和接收信息,进行语音通信,以及利用定位功能等。

(3)本地数据存储:移动设备内置本地、非可移动的数据存储器。这意味着用户可以在设备上存储和访问文件、照片、视频和其他数据,而无须依赖外部存储介质。

(4)自包含电源:移动设备通常配备自包含的电源,例如可充电的电池。这使得设备能够在长时间内持续工作,不受外部电源的限制。

(5)多功能性:移动设备不仅是通信工具,还具备多种功能,如电话通话、收发短信和电子邮件、网页浏览、社交媒体、音乐播放、图像拍摄、视频观看、应用程序运行等。

(6)触摸屏和交互界面:移动设备通常配备触摸屏作为主要的用户交互界面,用户可以通过手指触摸、手势操作等方式进行导航和控制。

(7)移动操作系统:移动设备运行基于移动操作系统的软件,如 iOS(苹果设备)、Android(安卓设备)等。这些操作系统提供应用程序的运行环境和设备管理功能。

(8)丰富的应用程序生态系统:移动设备通过应用商店提供广泛的应用程序选择,用户可以下载和安装各种应用程序,满足各种需求,如社交媒体、游戏、办公、娱乐等。

## 8.1.1 移动设备的组成部分

移动设备是由多个组成部分构成的复杂系统,包括硬件、固件、操作系统、应用程序和设备主体,如图8.1所示。

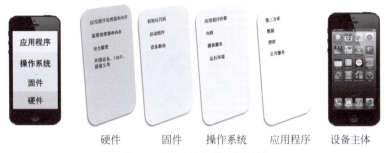

图 8.1 移动设备的 5 层结构

硬件是移动设备的物理组件,它们共同实现了设备的各种功能。其中,处理器是移动设备的大脑,负责执行计算任务。内存用于存储临时数据和运行中的应用程序。存储器则用于持久地存储数据和应用程序。显示屏提供了用户与设备进行交互的界面,摄像头用于拍摄照片和录制视频,传感器用于收集各种环境数据,电池用于提供电力支持等。

固件是预装在移动设备上的软件,包括设备的引导程序和底层操作系统,确保设备能够正常启动和运行。固件为硬件提供了驱动程序和控制功能,以实现各种设备操作和功能。

操作系统是移动设备的核心软件,例如iOS、Android、Windows或Blackberry。它提供了用户界面、应用程序管理和设备功能的支持。操作系统负责管理硬件资源、执行应用程序、处理用户输入和输出,并提供各种系统服务和功能。

应用程序是用户可以安装和运行的软件。移动设备的应用程序范围广泛,包括社交媒体、游戏、办公工具、娱乐等。应用程序通过操作系统提供的接口与设备和其他应用程序进行交互。

移动设备主体是指实际的物理设备,如智能手机、平板电脑或可穿戴设备。它是整个移动设备系统的外壳和载体,包含硬件、固件、操作系统和应用程序等组成部分。这些组件共同协作,使移动设备成为一个功能强大、灵活多样的工具。它们的结合使得我们能够进行通信、获取信息、娱乐和工作,成为现代生活中不可或缺的一部分。

除了移动设备本身的硬件及软件条件,移动设备最核心的还是其无线通信能力。它支持多种无线通信协议,例如蜂窝网络、Wi-Fi、蓝牙、全球定位系统(GPS)和近场通信(NFC)等,为移动设备提供了无线连接和数据传输的能力,使用户能够在任何时间、任何地点与他人进行交流、访问互联网以及享受各种移动服务。图8.2展示了移动设备所支持的基本通信功能以及常见的通信组件。

## 8.1.2 移动设备面临的安全威胁

移动设备在日常使用中面临着各种安全威胁,这些威胁可能导致个人隐私泄露、数据丢失、身份盗窃以及系统漏洞被利用等问题。美国国家标准与技术研究院(NIST)针对各种移动设备所面临的安全威胁,于2023年总结并发布了《移动威胁目录》(Mobile Threat Catalogue, MTC)[91])文件。该文件从整个移动生态系统的角度总结了12个大类和236个小类的常见安全威胁,并提供了一份详尽的分类和描述移动威胁的框架,旨在帮助企业和个人更全面地了解、识别和应对移动设备安全方面的挑战,从而更好地保护和管理智能移动设备的数据和隐私安全。

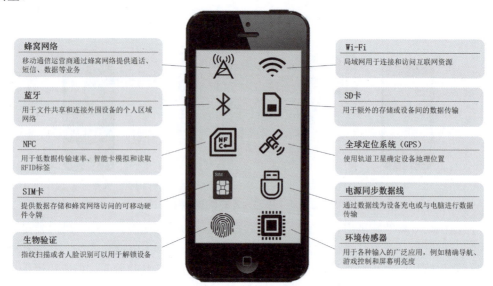

图 8.2 通用移动设备模块

中国也从2020年开始针对智能移动终端设备的监督和管理发布了多项国家标准和行业技术要求。其中,8项行业标准对移动通信智能终端的风险评估(YD/T 3663—2020)[93]、接口安全(YD/T 3664—2020)[94]、接口安全测试方法(YD/T 3665—2020)[95]、漏洞修复技术(YD/T 3666—2020)[96]、漏洞标识格式(YD/T 3667—2020)[97]、应用开发安全能力(YD/T 3668—2020)[98]、支付软件安全技术(YD/T 3669—2020)[99] 以及安全测试方法(YD/T 3670—2020)[100]等内容提出了详尽的要求规范。此外,标准文件《信息安全技术—移动智能终端安全技术要求及测试评价方法》(GB/T 39720—2020)[92]明确了移动智能终端安全架构的5部分:硬件安全、系统安全、移动应用软件安全、通信连接安全以及用户数据安全(图8.3)。本节将根据这5部分简要介绍智能移动终端设备所面临的几种常见安全威胁。

图 8.3 移动智能终端安全架构(GB/T 39720—2020)

**1. 数据泄露**

数据泄露是指移动设备上存储的敏感数据被未经授权的人员或实体获取或暴露的情况。这些敏感数据包括个人隐私信息、金融账户信息、登录凭证、身份凭证、商业机密等。随着移动设备的广泛应用,以及人们在移动设备上存储和处理敏感信息的频率增加,数据泄露的风险也变得更加严重。以下是一些可能导致移动设备数据泄露的常见情况。

(1)设备丢失或被盗:移动设备的物理丢失或被盗是导致数据泄露的主要原因之一。当设备落入他人手中时，他们可能会尝试访问设备上存储的敏感数据，如个人联系方式、银行账户信息、社交媒体登录凭证等。如果设备未加密或未设置有效的锁定机制，黑客或盗窃者可以轻松获取这些数据。

（2）恶意应用程序：恶意应用程序是另一个导致数据泄露的威胁。这些应用程序通常伪装成有用的应用程序，但实际上它们会在后台窃取用户的个人信息。恶意应用程序可以通过欺骗用户或利用操作系统和应用程序的漏洞来获取敏感数据。用户下载来自不受信任来源的应用程序或点击不明链接时，容易受到这些威胁。

（3）不安全的网络连接：连接到不安全的公共Wi-Fi网络可能导致数据泄露。黑客可以通过网络监听、中间人攻击或Wi-Fi钓鱼等方式截取用户的数据传输，从而获取敏感信息，如登录凭证、信用卡信息等。此外，恶意网站和网络钓鱼攻击也可能导致用户的个人信息被窃取。

（4）未经授权的访问：未经授权的访问是指他人以非法方式获取移动设备上的数据。这可能是通过物理方式访问设备，如窃取或暴力破解密码，或者通过远程攻击手段，如利用操作系统或应用程序的漏洞来实现的。黑客可以利用这些漏洞获取用户的敏感信息。

**2. 恶意软件和应用程序**

恶意软件和应用程序是指被设计用于进行恶意活动的软件，其目标可能是窃取个人信息、盗取财务信息、监视用户活动、传播垃圾信息等。随着移动设备的普及和大量使用，恶意软件的数量和种类也随之不断增加，常见的类型包括病毒（virus）、蠕虫（worm）、特洛伊木马（trojan）、rootkits和僵尸网络（botnet）等。Polla等总结了经典的移动设备恶意软件案例，并将这些恶意软件攻击案例按照名称、年份、类型、感染手段、攻击效果以及主要目标OS系统进行分类描述[101]。从他们的研究中可以清楚地看到，用户可能在多种无意识或不经意的情况下遭受恶意软件和应用程序的威胁和攻击。一旦这些恶意应用程序（可能包含病毒、木马或僵尸网络）被安装并访问到移动设备，它们可能会导致严重的安全漏洞和事件。下面将详细讨论恶意软件和应用程序对移动设备安全的威胁。

首先，恶意软件和应用程序往往伪装成合法和有用的应用，以欺骗用户下载和安装。这些应用可能在应用商店中出现，它们可能冒充热门应用或提供吸引人的功能，但实际上会在用户设备上执行恶意操作。例如，某些应用可能会窃取用户的个人信息、短信、联系人列表或位置数据，并将这些信息发送给黑客。此外，恶意应用还可能安装后门程序，允许黑客远程访问设备。

其次，恶意软件和应用程序可能通过网络下载等方式进行传播。当用户访问感染的网站、点击恶意链接或下载来自不可信来源的文件时，他们的设备可能会被感染。这些恶意软件可能会导致设备性能下降、数据丢失、隐私泄露等问题。

此外，一些恶意应用程序还会在用户不知情的情况下进行资源滥用。它们可能在后台运行，消耗设备的处理能力、电池寿命和数据流量。这不仅会对用户的使用体验造成不便，还可能导致额外的费用。

恶意软件和应用程序的另一个威胁是勒索软件（Ransomware）。勒索软件是一种恶意软件，它可以加密设备上的文件，并要求用户支付赎金以解密文件。当设备感染了勒索软件，用户将无法访问自己的文件，这将对个人和企业造成巨大的影响和损失。

**3. 网络漏洞**

网络漏洞是指网络和通信协议中存在的安全弱点或错误，黑客可以利用这些漏洞来入侵移动设备、访问敏感信息或执行恶意操作。网络漏洞的存在可能导致数据泄露、远程控制、拒绝服务攻击等安全问题。下面将详细讨论移动设备面临的网络漏洞威胁。

首先，操作系统和应用程序的漏洞是移动设备面临的主要网络漏洞之一。随着操作系统和应用程序的复杂性增加，漏洞的数量也在不断增加。文献[102]全面介绍了不同移动设备操作系统（如Blackberry OS、iOS、Android OS和Windows Phone）所面临的安全漏洞威胁。当前学者针对安卓系统所面临的安全威胁进行了广泛研究[103–105]，但对iOS系统的关注较少[106]。黑客可以通过利用这些漏洞来入侵设备并获取敏感信息。为了减少这些漏洞的风险，厂商通常会发布安全补丁和更新程序，用户应及时更新操作系统和应用程序，以修复已知漏洞，以提供更强的安全性。

其次，无线网络的漏洞也是移动设备面临的重要威胁之一。无线网络（如Wi-Fi）的广泛应用使得黑客可以在公共场所或家庭网络中通过无线或蓝牙等网络进行窃听、恶意软件传播或中间人攻击等恶意行为。黑客可以通过欺骗用户连接到恶意的无线或蓝牙网络，窃取用户的敏感信息，如用户名、密码、信用卡号码等。文献[107]讨论了无线环境中的安全问题并介绍了当前的研究现状。关于智能移动设备的蓝牙攻击，文献[108]做了更全面的介绍。为了保护移动设备的无线网络安全，用户应避免连接不可信的无线或蓝牙网络，使用加密的网络通道，并定期更改无线网络的密码。另一个网络漏洞是移动应用程序的不安全传输。在移动应用程序中，数据的传输通常发生在设备和服务器之间，而这些数据可能包含敏感信息。如果传输通道不安全，黑客可以通过XSS、SQL注入、浏览器漏洞利用等手段拦截和窃听数据，导致数据泄露。为了解决这个问题，开发人员应使用加密协议（如HTTPS）来保护数据的传输，确保数据在传输过程中是加密的，从而防止黑客窃听和篡改数据。

**4. 弱身份验证**

大多数现代移动设备都使用PIN码、图形模式或基于生物特征的身份验证，如指纹扫描或面部识别。这些身份验证方法容易受到恶意攻击或凭证容易泄露给他人。PIN码和图形模式可能会受到指纹留下的污渍攻击的影响[110]，即当手指触摸屏幕时，通过屏幕表面上的污渍可以推断出密码。暴力破解攻击可能是基于PIN码的密码面临的另一个威胁。虽然基于生物特征的身份验证因为个体的独特性而存在优势，但生物特征凭证很容易被复制或伪造，因为任何人都可以从机主所持有的杯子上获取指纹。更糟糕的是，攻击者甚至可以从远处获取这种生物特征信息。混沌计算机俱乐部（Chaos Computer Club）就曾指出该俱乐部的一名成员仅使用手指的照片就成功复制了德国国防部长乌尔苏拉·冯·德莱恩（Ursula von der Leyen）的指纹[111]。

**5. 社会工程攻击**

社会工程攻击（Social Engineering Attack）通过利用人们的社交心理和社交工作方式来欺骗用户，以获取他们的敏感信息、登录凭据或执行恶意操作。攻击者可通过钓鱼邮件、虚假短信、伪装的应用程序或虚假的社交媒体链接等方式对目标用户进行攻击。一旦用户受到欺骗，攻击者就可以获取敏感信息或控制设备。以下是几种常见的社会工程攻击手段。

（1）钓鱼：钓鱼是一种常见的社会工程攻击，通过伪造合法的通信渠道或网站来诱使用户提供敏感信息。攻击者可能发送伪装成银行、社交媒体或其他知名机构的电子邮件、短信或应用通知，诱使用户点击恶意链接或输入他们的账户信息。一旦用户提供了信息，攻击者就可以利用这些信息进行身份盗窃、欺诈活动或其他恶意行为。

（2）假冒身份：攻击者可能伪装成可信任的个人或组织，通过电话、电子邮件、社交媒体或即时消息等方式与用户进行沟通。他们可能声称自己是银行职员、技术支持人员或其他值得信赖的角色，以获取用户的敏感信息或诱使他们执行特定操作。这种类型的攻击通常利用社交工程技巧，如有说服力的辞藻、紧迫性和威胁，以引起用户的恐慌和迅速采取行动。

（3）伪造应用程序：攻击者可能创建伪装成合法应用程序的恶意应用程序，以诱使用户下载和安装。这些应用程序可能声称提供有吸引力的功能或优惠，吸引用户的注意力。一旦安装，这些应用程序可能会窃取用户的个人信息、监视其活动或植入其他恶意软件，从而对用户的设备和数据造成威胁。

（4）社交媒体欺诈：攻击者可以通过社交媒体平台上的欺诈行为来利用用户的信任。他们可能通过伪造个人资料、发送欺诈性的消息或链接，或利用社交工程技巧来欺骗用户提供敏感信息。攻击者还可以通过社交媒体上的虚假信息、恶意广告或欺诈活动来引诱用户点击链接或下载恶意内容。

（5）偷窥和窃听：攻击者可以利用移动设备的摄像头和麦克风来进行偷窥和窃听。他们可能通过恶意应用程序或网络攻击手段植入恶意软件，以远程激活设备的摄像头和麦克风，监视用户的行为、收集敏感信息或窃听敏感对话。

**6. 物理安全威胁**

物理安全威胁即攻击者试图通过直接访问设备或操纵设备的物理组件来获取敏感信息或进行恶意操作，通常包括设备窃取、物理窃听、物理接口利用、设备篡改等攻击手段。

（1）设备窃取：当移动设备丢失或被盗时，攻击者可以直接访问设备上存储的敏感信息。如果设备未经过适当的加密或锁定保护，攻击者可以轻松访问用户的个人数据、联系人信息、通信记录、存储在设备上的文件等。这可能导致个人隐私泄露、身份盗窃和其他恶意行为。

（2）物理窃听：攻击者可以使用窃听设备来截获设备上的语音通话、聊天记录或敏感信息。他们可能使用无线窃听设备在设备附近监听通信，或通过操纵设备的麦克风来录制周围的音频。这种物理窃听可能导致敏感信息泄露、商业机密泄露或个人隐私侵犯。

（3）物理接口利用：攻击者可以利用设备上的物理接口（如USB端口、充电口）来入侵设备。他们可能使用恶意USB设备或充电器来传输恶意软件、窃取数据或操纵设备[112]。这种攻击方式可以绕过设备的安全控制，对设备和其中存储的敏感信息造成威胁。

（4）设备篡改：攻击者可以通过篡改移动设备的硬件或固件来获取对设备的完全控制权，可能改变设备的系统设置、绕过安全措施、植入恶意软件或修改设备的固件。这种设备篡改可能导致设备的完全失去控制，使攻击者能够执行恶意操作或获取敏感信息。

### 8.1.3 移动设备安全管理技术

为保护移动设备免受各种安全威胁的影响，移动设备的安全管理是当今数字时代中至关重要的一个议题。传统的移动设备安全防护机制通常由现成的（off-the-shelf）智能手机应用程序实现，如开源软件 iCareMobile 和 Lookout Mobile Security；或者是一些商用软件，如 WaveSecure、Norton Mobile Security Lite、Kaspersky Mobile Security 9 等，为移动智能设备提供基本的安全防护功能[101]。

近些年，学者围绕移动设备的入侵检测系统和可信移动设备根据检测原则、架构（分布式或本地）、反应（主动或被动）、收集的数据（操作系统事件、通信事件、应用程序、键盘按键等）和操作系统对移动设备的安全管理及解决方案进行了更加深入地分类研究。Polla 和他的团队针对移动设备安全管理进行了分类汇总，其中检测原则分为：签名检测、异常检测、功率消耗检测、机器学习检测、完整性验证和实时策略强化[101]。

**1. 移动设备的入侵检测系统**

移动设备的入侵检测系统（Intrusion Detection Systems，IDS）通常可以提供两种互补的防护机制：预防和检测。在预防方面，入侵检测系统使用加密算法、数字签名、哈希函数等安全机制，可以确保机密性、身份验证或完整性。但这种情况下，IDS需要在线上实时运行。

在检测方面，IDS作为第一道安全防线，可以有效地识别恶意活动。具体而言，检测方法可以分为签名检测和异常检测。签名检测（Signature-based Detection）也称为基于规则的检测或基于特征的检测，它基于已知的恶意行为和攻击模式的特征（也称为签名）进行匹配和比对。在智能移动设备中，该检测方法通常会检查每个应用程序产生的签名是否与恶意软件数据库中的任何签名相匹配。IDS签名数据库通常使用预定义模式，其中包含已知的恶意软件、攻击代码或攻击行为的特征描述。该数据库可以自动或手动进行定义和更新。当设备的网络流量、应用程序或系统行为与这些已知的签名相匹配时，IDS将警报或触发相应的防御措施。签名检测的优点是可以准确地识别已知的攻击，误报率通常非常低，因为它依赖已知的特征。然而，它的局限性在于无法识别新的、未知的攻击模式，因为签名数据库需要不断更新以跟踪新的威胁。

异常检测（Anomaly-based Detection）通过分析设备的行为模式和活动，检测不正常或异常的行为。该方法首先建立设备的正常行为模型，例如网络流量模式、应用程序的使用模式、系统资源的使用模式、设备功率损耗使用模式等。然后，它通过监控设备上的不同活动获取实时的监测数据，并与正常行为模型进行比较。如果检测到与正常行为模型显著不同的行为，就可能表明存在潜在的入侵行为或恶意活动。文献[114]将通用智能手机的架构分为用户层、应用层、虚拟机或操作系统层、Hypervisor和物理层5个层次。基于该架构分层，IDS异常检测系统可以在设备的不同层次上针对不同的模块进行检测。表8.1展示了针对智能移动设备异常检测系统在各个层次上重点检测的模块。检测方法通常基于机器学习技术或基于功耗异常检测两种方式。异常检测的优点在于它可以检测到新的、未知的攻击模式，因为它不依赖预定义的特征，它可以发现那些尚未被发现或没有常规签名的新型攻击。然而，它也可能引发误报，因为某些正常但不寻常的行为可能被误认为是异常行为。

在实际操作中，通常使用一些混合方法，即将前面提到的两种检测方法结合起来。文献[113]提供了一些用于衡量检测方法有效性的指标，包括真阳性率、准确性和响应时间等。

表 8.1 异常检测分层重点检测模块

| 层 次 | 检 测 模 块 |
| --- | --- |
| Hypervisor | 地址<br>数据类型、数据结构和数据字段<br>系统参数<br>虚拟寄存器<br>系统调用<br>通信协议 |
| 应用层 | 应用程序管理框架<br>安全框架<br>消息传递框架<br>多媒体框架 |

续表

| 层　次 | 检　测　模　块 |
|---|---|
| 用户层 | SIM/手机密码 |
| | 键盘按键/ T9 输入法/ 拼写分析 |
| | 按小时、天、周、月排名的通话/短信前 $N$ 名号码/联系人 |
| | 经常运行的智能手机应用程序 |
| | 智能手机应用程序使用分析 |
| | 蓝牙/Wi-Fi 使用分析 |

**2. 可信移动设备**

可信移动设备（Trusted Mobile Device）是指具备高可信度和安全性的移动设备，通常集成了多种硬件和软件类安全防护技术，为移动设备提供了综合的安全保护，确保了移动数据的保密性、完整性和可用性等安全属性。

在通用可信系统中，TPM（Trusted Platform Module）和 CRTM（Core Root of Trust Measurement）是两个非常重要的关键技术，分别用于提供硬件和软件级别的安全保护。通常情况下，系统会将二者联合起来使用，以增强智能设备的安全性。

（1）TPM 是一种安全芯片，常用于可信移动设备和计算机系统中。TPM 提供了硬件级别的安全功能，包括密钥管理、加密/解密操作、安全存储和身份认证等，它可以存储和保护敏感数据，并用于验证设备的身份和完整性。TPM 还能够生成和管理加密密钥，用于加密数据和确保通信的安全性。

（2）CRTM 是指计算机系统启动过程中的核心可信度测量。对于可信移动设备和其他计算机系统，启动过程是一个关键的安全阶段。CRTM 通过测量和验证启动过程中的关键组件、固件和软件的完整性和可信度，建立一个可信的启动基准。它使用加密哈希算法和数字签名等技术来验证组件的完整性，并记录测量结果，以供后续验证和审计。

除了 TPM 和 CRTM 外，可信计算组织（Trusted Computing Group，TCG）还针对移动设备平台发布了移动可信模块（Mobile Trusted Module，MTM）[115]，用于保护移动设备中的敏感数据和实施安全操作。该模块可提供基本的加密功能，如随机数生成、哈希、敏感数据的受保护存储（如秘密密钥）、非对称加密以及签名生成等，为智能移动设备提供了硬件级别的安全防护。

MTM 通常是可信执行环境（Trusted Execution Environment，TEE）的一部分，它是一个安全的处理环境，其加密原语可以用来实现基于硬件的安全服务，如设备认证、完整性测量、安全启动和远程证明。类似 TPM 为个人计算机提供的根可信度（root-of-trust），MTM 是 TPM 在智能移动设备上的一种改进。

其他可信移动设备中的完整性测量和安全机制的框架可参考文献 [116–120]。

## 8.2　无线蜂窝网络的安全性

无线蜂窝网络与人类生活紧密相连。据第 52 次《中国互联网络发展状况统计报告》[121]显示，截至 2023 年 6 月，我国移动电话基站总数达 1129 万个，移动电话用户总数已达 17.10 亿户，手机网民占整体网民比例达到 99.8%，可以说无线蜂窝网络已经成为现代社会不可或缺的一部分。通过无线蜂窝网络，人们可以随时随地进行实时通信，与家人、朋友和同事保持联系，进行语音通话、视频通话和即时消息交流。此外，无线蜂窝网络为移动互联网的发展奠定了基础，使人们能够在任何时间、任何地点连接到互联网，并享受便捷的在线体验。它还在紧急情况和安全方面发挥着重要作用，人们可以通过蜂窝网络向紧急服务发送求助信息，并利用定位服务获得救援；同时，蜂窝网络也极大地便利了商务和金融交易，人们可以通过无线蜂窝网络进行在线银行交易、支付账单、转账和进行电子商务活动。教育和学习也因无线蜂窝网络的存在而发生了变革，学生可以使用在线学习平台获取教育资源，并与教师和同学进行交流和合作。

随着人们越来越依赖蜂窝网络进行通信、数据传输和在线交易，保护个人隐私和敏感信息的安全成为当务之急。安全漏洞和恶意攻击可能导致身份盗窃、数据泄露和金融损失等严重后果。因此，确保蜂窝网络的安全性成为网络提供商、设备制造商和用户共同关注的重要议题。通过采取身份认证、加密和数据保护措施，建立安全协议和密钥管理机制和其他防范恶意攻击的机制来有效保护蜂窝网络中的通信和数据传输的安全性。只有确保无线蜂窝网络的安全性，人们才能放心地使用各种在线服务，进行商务交易，享受便捷的通信和互联网体验。因此，保证无线蜂窝网络的安全性至关重要。

### 8.2.1 无线蜂窝网络

无线蜂窝网络是一种基于无线技术的通信网络，蜂窝技术是无线通信技术的基石，它极大地增加了无线通信技术的服务能力。无线蜂窝网络通过将地理区域划分为多个小区（蜂窝），每个小区都由一个基站负责提供无线信号覆盖，因为其覆盖范围相对较小，使用低功率发射机便可以提供通信服务。相邻小区通过分配不同频率来避免干扰，而远处的小区则共享相同的频率以实现频率复用。这些基站通过无线信号与移动设备（如手机、平板电脑和物联网设备）进行通信，使用户能够随时随地进行语音通话、数据传输和互联网访问[122]。

图8.4给出了蜂窝系统的主要元素。其中，基站为蜂窝网络的关键组成部分，基站通过无线信号与移动设备进行通信，它们接收来自移动设备的信号，并将其传输到核心网络中。同样地，基站也将核心网络传输的信号发送给移动设备。这种双向的通信使得移动设备能够在蜂窝网络中进行语音通话、数据传输和互联网访问等操作。基站还负责管理蜂窝网络中的无线资源，它们根据设备的位置和需求分配频率、通道和带宽等资源，以确保通信的质量和效率。基站还有身份验证、加密和解密等安全功能，以保护通信的隐私和安全性。

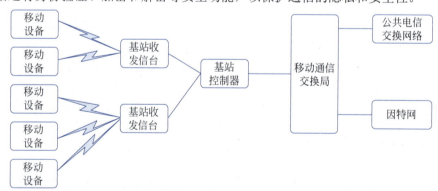

图 8.4　蜂窝系统的主要元素

移动通信交换局（Mobile Telecommunication Switching Office，MTSO）为蜂窝网络的核心节点，一个MTSO通常负责多个基站，为蜂窝网络的控制中心，有处理呼叫的路由和连接、管理和控制整个蜂窝网络的运行、对用户进行认证和监控管理蜂窝网络等功能。

无线蜂窝网络为了更好地服务小区内多用户，会采取一系列技术来保证服务质量。当没有足够的频段分配给小区来处理该小区的用户请求时，则会通过将预留的频段分配给该小区、借用邻近蜂窝小区的频段、将小区分裂为更小的小区、小区扇区化和建立微小区等技术来保证高密度小区内用户的服务质量。

### 8.2.2 2G（第二代移动通信）网络安全性

20世纪80年代，第一代移动通信系统（1G）出现了采用蜂窝技术组网的移动电话标准，其主要使用模拟技术和频分多址技术。各国也提出了不同制式的1G标准，但都没有发展为全球标准。因此在1G时代，只能实现区域性的通信。

为了解决1G时代的问题，欧洲成立了"移动通信特别小组"，后来演变为全球移动通信（Global System for Mobile Communication，GSM）。美国建立的数字高级移动电话服务和码分多址（Code Division Multiple Access，CDMA）也成为暂时标准系统。这些系统被统称为第二代数字移动通信系统（2G）[123]。

**1. GSM系统安全性**

GSM系统仍在全球中有着广泛的使用，为人们提供了语音、短信、数据流量等多种移动服务。GSM系统与之前的其他通信技术标准最大的不同在于其信令和语音信道都采用数字化技术，它具有高度标准化和开放接口的特点，如图8.5所示，其中的Um、Abis、A都为GSM文件中标准化的功能要素之间的接口，厂商只要实现了相应的接口，就可以接入移动通信系统，正是因为此，不同的设备厂商的设备可以连接起来共同构成2G移动通信网络。其强大的互联能力推动了国际漫游业务和用户识别卡的应用，真正实现了个人和终端的移动性。自20世纪90年代中期商用化以来，GSM系统已被全球近300个国家采用，成为当时全球范围内的主流移动通信系统[123]。

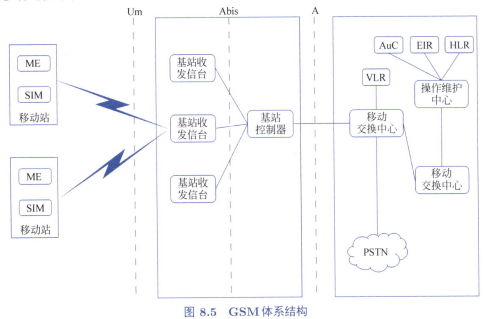

图 8.5 GSM体系结构

GSM系统主要由移动站（Mobile Station，MS）、基站子系统（Base Station Subsystem，

BSS）和网络子系统（Network Subsystem，NS）组成，如图8.5所示。

（1）移动站：移动站主要指物理终端，通常包括信号收发模块、数字信号处理模块和用户身份模块（Subscriber Identity Module，SIM）。移动站通过Um与基站子系统通信。

（2）基站子系统：基站子系统通常包括多个基站收发信台和一个基站控制器。基站收发信台服务一个小区，用于和移动站通信。基站控制器管理一个或多个基站收发信台，同时管理移动站在小区之间的切换。

（3）网络子系统：网络子系统为蜂窝网络系统和公共电话交换网络之间提供通信链路，并为用户提供漫游、认证、存储和跟踪接入者信息等功能，包括认证中心（AuC）、设备识别寄存器（EIR）、归属位置登记数据库（HLR）和访问位置寄存器（VLR）等模块。

为了确保网络中的信息安全，GSM在两个层面上实施了安全措施，即对每次位置更新的有效用户进行授权，以及在通话过程中对GSM信道上传输的信息进行加密，以防止被攻击者截获和解码。

**1）GSM系统的认证**

GSM网络认证的主要目标是认证移动用户的身份，确保只有合法用户才可以接入GSM网络，阻止非法用户获取GSM网络的访问权。GSM系统的认证方式采用的是"挑战—响应"机制。用户认证所需的用户身份标识（International Mobile Subscriber Identity，IMSI）、用户认证密钥（$K_i$）等都存储在用户识别卡（Subscriber Identity Module，SIM）卡中。参与认证过程中的设备主要有以下四种。

（1）MS：需要接入GSM网络的设备，有车载台、便携台以及手持台等。

（2）VLR：服务与控制区域内的移动用户，存储其控制区域内已登记的移动设备的相关信息，并为移动设备接入建立必要条件。

（3）HLR：GSM系统的中央数据库，存储着该HLR控制下的所有移动设备的相关数据。

（4）AuC：存储认证算法和加密密钥，防止没有权限的用户接入系统。

认证过程如图8.6所示，认证流程如下。

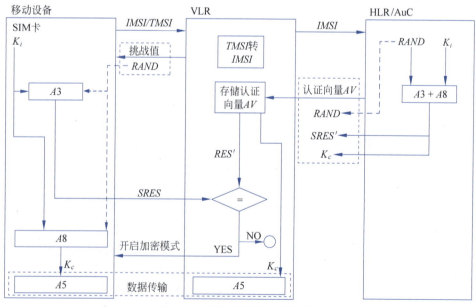

图 8.6　GSM 认证与加密过程

（1）移动设备发送自己的IMSI/TMSI给网络子系统的VLR。移动设备在首次认证或VLR中该移动设备信息失效时，将IMSI发送给VLR，VLR收到后为移动设备分配一个TMSI，在后续的认证过程中，移动设备都将使用TMSI进行认证，这减少了IMSI通过空口传输的次数，防止其被攻击者窃取而克隆非法SIM卡。VLR将移动设备的TMSI转换为IMSI，将其发送给AuC。

（2）HLR/AuC在接收到IMSI后为该移动设备生成一个128位的随机数作为挑战值RAND。AuC查询IMSI对应的密钥$K_i$，将密钥$K_i$和挑战值RAND作为输入，利用A3算法生成SRES′，利用A8算法生成会话密钥$K_c$。AuC将认证三元组<RAND，SRES′，$K_c$>并返回给VLR。

（3）VLR接收并存储认证三元组<RAND，SRES′，$K_c$>，并将挑战值RAND发送给移动设备。

（4）移动用户收到挑战值RAND后，将RAND和$K_i$作为输入，利用A3算法生成认证响应值SRES，并发送给VLR。利用A8算法生成会话密钥$K_c$用于加密数据通信。

（5）VLR对比收到的响应值SRES与认证三元组中的SRES′，若两者相等，则认证成功，可以进入数据通信阶段；否则认证失败。

该认证过程中采用了以下手段以保证其安全性。

（1）密钥的保护：$K_i$不会进行传输，而只会存储在SIM卡、认证中心、归属位置登记数据库和访问位置登记数据库中。SIM卡中的$K_i$是防篡改的，因此不会暴露$K_i$，从而保证数据的安全。

（2）随机数的引入：因为每次认证时都会重新生成一个新的随机数，即使攻击者获取了之前的认证数据，也无法重复使用以前的数据进行认证。

（3）认证向量的使用：GSM系统使用认证向量（Authentication Vector）来进行认证。认证向量包含随机数（$RAND$）和认证密钥（$K_i$）等信息。网络和移动设备使用相同的算法和输入数据来计算响应值（$SRES$），并进行比较以验证认证结果。其中，随机数为128bit，$K_i$为128bit，因为位数足够长，所以防止了暴力破解。

**2）GSM系统的数据加密**

认证成功后，移动设备可以和基站交互数据，首先要完成加密信道建立过程。加密信道的建立过程如下。

（1）移动设备将$RAND$和$K_i$结合起来，通过A8算法计算得到会话密钥$K_c$。

（2）AuC也采用相同的$RAND$和$K_i$，通过A8算法计算得到相同的会话密钥$K_c$。

（3）移动设备和基站以$K_c$作为密钥，以A5作为加解密算法，对相互之间的通信数据进行加解密操作。

数据传输过程中采用以下手段以保证其安全性。

（1）会话密钥不经历空中接口传输过程：双方的会话密钥是分别生成的，不会在空中接口传播，保证了密钥的安全性。

（2）会话密钥会定期更换：生成会话密钥时会使用随机数$RAND$，该随机数会定期更换，保证攻击者无法收集到足够的密文进行分析。

**2. GSM系统的安全性问题**

GSM系统在设计之初就考虑了安全性问题，但因为设计时间较早，其安全性设计相对较弱，存在以下安全风险。

### 1）伪基站攻击

伪基站攻击是一种常见的 GSM 安全威胁。攻击者可以模拟合法的基站，欺骗移动设备连接到它们。然后，攻击者可以拦截通信数据、窃听通话内容或进行其他恶意活动。伪基站攻击的步骤如下。

（1）侦测附近的移动设备：攻击者使用特殊设备扫描周围的移动设备，探测它们所使用的无线信号，包括 $IMSI$ 等信息。

（2）模拟虚假基站：一旦攻击者确定了目标设备，他们会使用伪基站设备模拟一个虚假的移动通信基站。这个虚假基站会发送一个强信号，诱使目标设备连接上去，而不是连接到真正的运营商基站。

（3）设备连接虚假基站：目标设备会认为虚假基站是合法的网络提供商，并连接上去。一旦连接，目标设备的通信就将经过伪基站。

（4）截获或篡改通信：通过虚假基站，攻击者可以截获通信数据，包括短信、电话通话内容以及数据传输。他们也可以在通信中插入恶意内容或者进行篡改。

（5）记录信息或进行监听：攻击者可以记录所有通过伪基站的通信，包括电话号码、短信内容等信息，他们也可以实时监听电话通话。

（6）分析和利用数据：攻击者可以对截获的数据进行分析，以获取敏感信息或者用于其他不法目的。

### 2）数据加解密算法安全性问题

GSM 网络中使用的数据加解密算法为 A5 算法，该算法有两个版本：A5/1 和 A5/2。A5/1 算法在 1987 年被开发，主要用于欧洲和美国。A5/2 算法在 1989 年被开发，主要用于因出口限制而禁用 A5/1 算法的国家和地区。这两个算法最初的设计都是保密的，但却先后因为泄露问题和反向工程而被获取了总体设计和算法设计。A5/1 算法存在以下安全性问题。

（1）密钥长度较短：A5/1 算法使用的密钥长度仅为 64bit，相对于现在的安全标准相对较短，特别是随着计算能力的提升，其更容易受到暴力破解攻击。

（2）攻击算法公开：A5/1 算法已经有许多公开的破解方式，发现的漏洞可以在唯密文或主动攻击中被利用。2007 年，德国 Bochum 大学搭建了具有 120 个 FPGA 节点的阵列加速器，其可以对 A5/1 算法进行破解。新加坡的研究人员通过彩虹表攻击，通过使用 3 块 NVIDIA GPU 显卡可以在很短的时间内破解 A5/1 算法。

（3）硬件实现漏洞：一些早期的手机芯片或实现 A5/1 算法的硬件设备存在设计缺陷，这使得攻击者可以利用这些漏洞来提升破解的效率。

A5/2 算法在反向工程获得算法设计后的同一个月即被学者 Ian Goldberg 和 David A. Wagner 进行了加密分析，结果表明，A5/2 算法十分脆弱，低端设备可以实时地破解它，电信标准化组织 3GPP 已经明确禁止使用该算法[126]。

### 3）密钥管理方法安全性问题

主密钥直接参与了会话密钥的生成过程，如果会话密钥被破解，将严重威胁到主密钥的安全性。

### 4）固定网络中的通信未受到保护

通信数据在固定网络中传输没有任何加密措施，如果攻击者可以访问或监听固定网络，则 GSM 系统的安全性不会得到任何保护。

### 5）不具备无条件安全性

GSM 认证在设计上并不具备无条件安全性。尽管认证过程可以防止未经授权的设备接入网络，但它仍然可能受到其他攻击，如中间人攻击、重放攻击和侧信道攻击等。

6）SIM 卡安全性问题

GSM 认证依赖 SIM 卡来存储用户的身份信息和鉴权密钥。然而，SIM 卡本身也可能受到攻击，如 SIM 卡克隆、物理攻击或侧信道攻击。SIM 卡克隆攻击主要利用了 GSM 系统单向认证的弱点，由于 SIM 卡在鉴权过程中处于被动地位，无法认证挑战方的身份，因此黑客可以使用读卡器向 SIM 卡发送大量的假挑战，通过分析输入和输出数据之间的关系分析出 $K_i$。

7）缺乏完整性保护

用户数据和信令数据缺乏完整性保护机制，可能导致数据在传输或存储过程中被篡改或损坏，会对数据的准确性和可信度造成极大影响。

**3. CDMA 系统安全性**

基于码分多址（Code Division Multiple Access，CDMA）技术发展出来的 IS-95 是 2G 移动通信系统的另一标准。CDMA 源于军用抗干扰技术，在 20 世纪 90 年代后期广泛应用于全球多个国家的移动通信领域。

CDMA 的特点是使用扩频技术将语音和数据信息转换成宽带信号，然后通过独特的码片序列进行编码和解码。这种编码方式使得多个用户可以在同一频率上同时进行通信，通过码片序列的正交性实现多址访问。CDMA 技术可以保证移动用户在较低的信号强度下正常通信，提供了更高的频谱效率和更优的通话质量。

CDMA 技术在信息传输层面提供了比 GSM 系统更强的安全性，主要表现为抗窃听、抗干扰能力更强。CDMA 使用扩频技术保证在相同的频率下可以有多个用户同时发送信息，用户通过自己的码片序列才可解码与自己相关的信号。因此，若攻击者无法知道正确的码片序列，则难以从空口提取有效的信息，具有较强的抗窃听能力。由于多个用户的码片之间相关性极低，因此不同用户之间的信号互不干扰。得益于扩频技术，窄带干扰仅占据信号频谱的一小部分，经过解扩后，其能量被分散，影响减弱，这使得 CDMA 系统可以有效抵抗恶意干扰[129]。

CDMA 的认证同样基于"挑战—响应"机制，其架构原理与 GSM 系统相似，区别在于 CDMA 系统使用蜂窝认证和话音加密算法（Cellular Authentication and Voice Encryption，CAVE），其通过 CAVE 的认证算法生成两个值 $SSD\_A$ 和 $SSD\_B$，其中 $SSD\_A$ 用于认证中响应值的生成，$SSD\_B$ 用于数据传输过程中密钥的生成。具体的认证和加密步骤与 GSM 系统相似，这里不再赘述。尽管针对 CAVE 算法的攻击很少，但因为 CDMA 的认证和信息传输手段与 GSM 系统中的流程相似，因此 GSM 系统中遇到的安全性问题在 CDMA 中也可能会出现。

### 8.2.3　3G（第三代移动通信）网络安全性

第三代移动通信（3G）标准的目标除了提供语音业务外，还要提供高速数据传输和多媒体服务。3G 网络的主要特性有：高速数据传输、多媒体服务、全球漫游、高级网络功能等。3G 系统主要包括 WCDMA（也称为 UMTS）系统、CDMA2000 系统和 TD-SCDMA 系统三种。

**1. 3G 系统的认证**

3G 系统的认证系统与 2G 系统相似，但做了一些改进以解决安全性缺陷，主要包括：
（1）移动设备和网络之间需要双向认证。

（2）成功认证后可以生成加密密钥 $CK$，用于数据的加密，以及完整性密钥 $IK$，用于消息的完整性保护。

（3）生成的 $CK$ 和 $IK$ 具有新鲜性，以抵抗重放攻击。

参与认证过程中的设备主要有以下三种。

（1）移动设备（Mobile Station，MS）：需要接入 3G 系统中的移动设备。

（2）VLR/服务 GPRS 支持节点（Serving GPRS Support Node，SGSN）：VLR 是 3G 电路域的一部分，SGSN 是 3G 分组域的核心节点。VLR 提供呼叫控制、移动性管理、鉴权和加密等功能。SGSN 提供路由转发、移动性管理、会话管理、鉴权和加密等功能。在认证时，我们将 VLR、SGSN 看作一个整体。

（3）归属位置寄存器（Home Location Register，HLR）：与 GSM 系统中的 HLR 类似，这里不再赘述。

3G 网络的认证流程如图 8.7 所示。

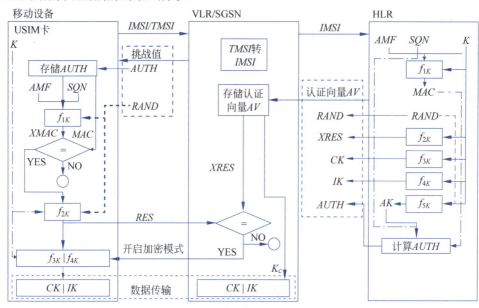

图 8.7　3G 网络的认证与数据加密

（1）与 GSM 系统类似，移动设备向 VLR/SGSN 发送 $IMSI$（首次）/$TMSI$ 用于认证，VLR/SGSN 将用户的 $IMSI$ 发送给所属网络的 HLR，请求对该用户进行认证。

（2）HLR 接收认证请求后，会根据 $IMSI$ 和数据库中存储的与移动设备共享的根密钥 $K$ 计算出若干认证向量 $AV = \{RAND||XRES||CK||IK||AUTH\}$，并将该组信息发送给 VLR/SGSN。

（3）VLR/SGSN 收到信息后，将该向量组存放在数据库中，当移动设备需要认证时，就取出一个未使用的向量，将认证向量中的随机数 $RAND$ 和认证令牌 $AUTH$ 发送给移动设备。

（4）移动设备收到消息后，通过 $RAND$ 的值以及 $AMF$ 和 $SQN$ 计算得到 $XMAC$，并与 $AUTH$ 中的 $MAC$ 做对比，如果不相同，则移动设备拒绝认证消息，终止验证；否则继续验证，将 $RES$ 发给 VLR/SGSN。

（5）VLR/SGSN 接收到 $RES$ 与数据库中对应的 $XRES$ 进行对比，如果相同则认证成功。

从数据库中取出对应的 $CK$ 和 $IK$ 作为加密和完整性检验的密钥，否则认证失败。

注意，只有在首次认证时移动设备才会发送自己的 $IMSI$，以后的认证都将发送 $TMSI$；在认证时，VLR/SGSN 会首先检验是否有未使用的认证消息，如果有未使用的认证消息，则会从未使用的认证消息中任意选择一个用于对该移动设备的认证，否则才会与 HLR 进行交互以获取新的认证向量[130]。

在认证过程中，为了保证安全性，其相对 2G 网络增加了 $AUTH$ 字段，移动用户可以通过 $AUTH$ 认证自己登录的基站是否为合法基站，有效地预防了伪基站攻击；并且每次成功的认证都会改变 $SQN$ 的值，有效地预防了重放攻击。

**2. 3G 网络的数据加密**

3G 网络数据的加解密与 2G 网络相似，采用了 f8 作为加密算法，将认证向量中的 $CK$ 作为加密密钥。3G 网络的数据传输相对于 2G 网络增加了数据完整性保护，采用 f9 作为完整性算法，将认证向量中的 $IK$ 作为完整性密钥。f8 算法和 f9 算法都是基于 KASUMI 算法演进而来的，其中 f8 是加密算法，f9 是完整性算法。下面分别介绍 KASUMI 算法、f8 算法和 f9 算法。

**1）KASUMI 算法**

KASUMI 算法是基于 Feistel 结构的对称密钥算法，使用 128bit 的密钥，它采用了两个相同的 8 轮 Feistel 网络，每个网络都使用了不同的子密钥。KASUMI 算法的设计目标是提供高度的安全性和高效的加解密速率。

KASUMI 算法的工作流程如下（图 8.8）。

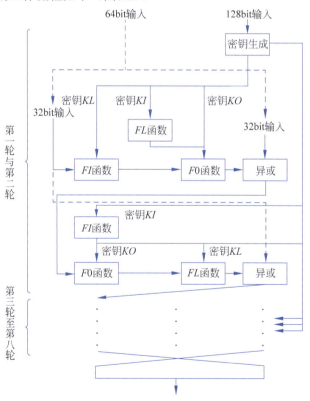

图 8.8 KASUMI 算法流程图

（1）密钥扩展：根据 128bit 的密钥生成一系列子密钥，用于后续的加密和解密操作。
（2）轮函数：KASUMI 算法使用一个轮函数来对数据进行加密和解密。轮函数包括置换、非线性变换和线性变换等操作。

（3）轮迭代：KASUMI算法通过多次迭代轮函数的操作来加密和解密数据。每个轮函数的输入是上一轮的输出和子密钥。

KASUMI算法的安全性依赖密钥的保密性和算法的强度。128bit密钥长度提供了较高的安全性，大大提高了暴力破解的难度。在3GPP组织的测评中，KASUMI加密算法可以对抗目前的大部分密码攻击方法，例如差分密码分析、截断差分密码分析、高阶差分密码分析、线性密码分析等。

**2）f8算法**

f8算法是一种在3G系统中使用的流密码算法，用于保护用户数据和安全性，其加解密流程如图8.9所示[130]。

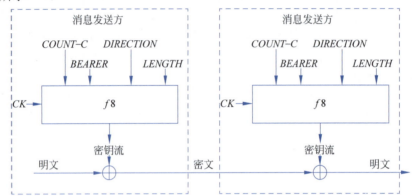

图 8.9　3G中的数据加解密

其中，$CK$为加密密钥，长度为128bit，$COUNT\text{-}C$为加密序列号，长度为32bit；$BEARER$为负载标识，长度为5bit；$DIRECTION$为方向位，长度为1bit；$LENGTH$为所需的密钥长度，长度为16bit。使用时，消息发送者会计算得到密钥流，密钥流与原始数据异或后得到密文。消息接收者计算得到密钥流，密钥流与密文异或后会还原原始数据。

**3）f9算法**

f9算法是3G系统所使用的数据完整性保护算法，用于保证用户发送的数据完整且没有被篡改，其完整性保护方法和验证方法如图8.10所示。

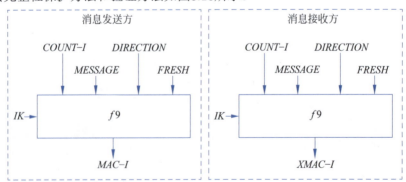

图 8.10　3G中的消息认证

其中，$IK$为加密密钥，长度为128bit，$COUNT\text{-}I$为完整性序列号，长度为32bit；$MESSAGE$为发送的消息；$DIRECTION$为方向位，长度为1bit；$FRESH$为网络产生的随机数，长度为32bit，主要目的是抗重放攻击。使用时，消息发送方计算$MAC\text{-}I$将其发送给消息接收方,消息接收方计算 $XMAC\text{-}I$,与接收到的 $MAC\text{-}I$ 进行对比,若值相同,则认定该消息是完整的。

**3. 3G 系统中的安全性问题**

3GPP 在制定 3G 标准时设法规避 2G 系统的漏洞,支持基站和用户之间的双向认证,有效抵抗了伪基站攻击,支持了基站和用户之间信息传输的完整性校验。但仍存在以下安全问题。

**1)IMSI 捕获攻击**

移动用户在首次接入基站时仍然会传输用户的 IMSI,因此攻击者会据此对移动用户进行攻击。IMSI 捕获攻击的流程如下。

(1)拦截信号:攻击者使用设备(如假基站)来模拟合法的基站信号,使附近的移动设备连接到攻击者控制的信号。

(2)伪造身份请求:一旦移动设备连接到攻击者控制的信号,攻击者就可以发送一个伪造的身份请求,请求移动设备提供 IMSI。

(3)获取 IMSI:移动设备如果受到攻击者的伪造身份请求,可能会回应并提供 IMSI 号码,攻击者就能够获取用户的 IMSI。

由于 IMSI 是全球唯一且固定的标识符,用于识别特定的移动用户。攻击者可以使用获取的 IMSI 进行各种可能的恶意活动,如跟踪用户的位置、进行诈骗等。

**2)固定网络中的通信没有受到保护**

在 3G 网络中,数据的加密和完整性校验仍然只在空口中完成。通信数据在固定网络中传输没有任何加密措施,数据在固定网络中的传输可能成为短板。

**3)参与算法过多**

3G 标准中采用了 10 种加密算法,算法过多存在被攻破的风险。同时,根密钥直接参与了认证和加密算法的密钥生成工作,缺乏层次化保护,如果加密算法被攻破,则可以轻易获取用户的根密钥。

**4)SIM 卡安全性问题**

根密钥和 IMSI 都存储于 SIM 卡中,仍然无法抵抗 SIM 卡克隆攻击、物理攻击或侧信道攻击。

### 8.2.4　4G(第四代移动通信)网络安全性

3G 网络的出现极大地推进了移动数据业务的蓬勃发展,而移动数据业务的发展又反过来对移动通信系统提出了要求,这又直接驱动了长期演进(LTE)技术与产业的发展。

从 2004 年开始,3GPP 组织就开始了对 LTE 的研究,LTE 采用了很多先进的通信技术,包括正交频分复用(OFDM)、多输入多输出(MIMO)天线技术等,为移动数据业务提供更高的上下行速率。2009 年发布的 R8 版本的 LTE-FDD 和 LTE-TDD 标准标志着 LTE 进入了实质性的研发阶段。日后更进一步地提出了 LTE-A 标准,极大地提高了上下行的数据传输速率,该标准被确定为 4G 标准。

**1. 4G 系统认证**

4G 的认证过程基本沿用了 3G 认证的协议流程和认证算法,但是 LTE 仅允许全球用户身份模块(Universal Subscriber Identity Module,USIM)接入,不允许 SIM 卡接入。其中,USIM 卡是 SIM 卡的升级版本,除了包括 SIM 卡中的 $ISMI$ 和密钥 $K$ 等基本信息外,还提供了更高级别的安全性、更多的服务支持等。同时在LTE的认证过程中，必须选择双向认证，因此完全规避了伪基站攻击。参与认证过程中的设备主要有以下三种。

（1）用户设备（User Equipment，UE）：需要接入4G系统中的用户。

（2）移动管理实体（Mobility Management Entity，MME）：MME是4G网络中接入网络的关键控制节点，主要有接入控制、移动性管理、会话管理等功能。

（3）用户归属网络的所有功能实体（Home Environment，HE）：这些功能实体主要负责管理用户的订阅信息、身份认证和服务授权等。

4G网络的认证流程如图8.11所示。

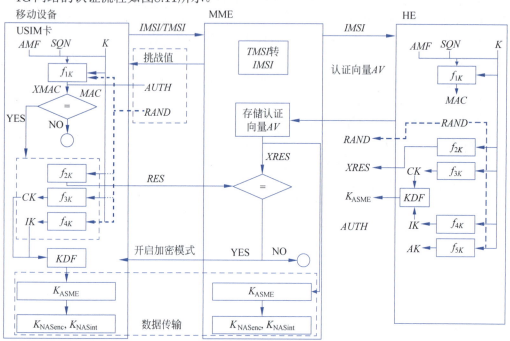

图 8.11  4G 网络的认证流程

（1）移动设备向MME发送$IMSI$（首次）/$TMSI$用于认证，MME将用户的$IMSI$发送给所属网络的HE请求对该用户进行认证。

（2）HE接收到认证请求后，会根据接收到$IMSI$和数据库中存储的与移动设备共享的根密钥$K$、$AMF$和$SQN$计算出若干认证向量$AV = RAND||XRES||K_{ASME}||AUTH$ 并将该组信息发送给MME。其中，认证令牌$AUTH$的计算方式为$SQN \oplus AK||AMF||MAC$。

（3）MME收到信息后，将该向量组存放在数据库中，当移动设备需要认证时就取出一个未使用的向量，将认证向量中的随机数$RAND$和认证令牌$AUTH$发送给移动设备。

（4）移动设备收到消息后通过$RAND$的值以及$AMF$和$SQN$计算得到$XMAC$，与$AUTH$中的$MAC$做对比，如果不相同，则移动设备拒绝认证消息，终止验证；否则继续验证，将$RES$发给给MME。

（5）MME接收到$RES$并与数据库中对应的$XRES$进行对比，如果相同，则认证成功。从数据库中取出对应的$K_{ASME}$计算得到$K_{NASen}$和$K_{NASint}$，分别用于数据加密和完整性保护；否则认证失败。

**2. 4G 系统的数据加密**

4G系统中，数据传输过程中采用的会话密钥和完整性密钥采用了认证过程中生成的密钥

$K_{ASME}$作为主密钥,而没有采用USIM卡中存储的主密钥$K$,对主密钥增加了层次化保护,防止攻击者轻易获取用户的主密钥。同时,在加解密过程中,4G系统采用了更为安全的加密算法,提高了数据传输过程中的安全性,接下来将对4G系统中采用的加密算法SNOW 3G算法和AES算法进行简要介绍。

**1) SNOW 3G加密算法**

SNOW 3G加密算法是一种流密码算法,由欧洲电信标准协会(ETSI)和安全与加密专家组(SAGE)于2006年设计,它是第二套加密和完整性算法(2G/3G KASUMI的替代算法)的核心算法。因为其符合3GPP对加密算法的时间和消耗资源的要求,因此其被选为LTE的核心加密算法。SNOW 3G算法的设计目标是在移动通信网络中提供数据的机密性和完整性保护,它采用了流密码的方式,使用密钥和初始化向量(IV)生成伪随机流,并将该流与要加密的数据进行异或运算。这种流加密方式使得SNOW 3G算法适用于实时数据传输,并具有较高的效率和性能[133]。

**2) AES加密算法**

AES是高级加密标准,在密码学中又称为Rijndael加密法,是美国联邦政府采用的一种区块加密标准。这个标准用来替代原先的DES,目前已经被全世界广泛使用,同时,AES已经成为对称密码中流行的算法之一。AES的安全性主要由以下四方面决定。

(1)密钥长度:AES的密钥长度支持128位、192位和256位。密钥长度的增加可以提高加密的强度,有效抵御暴力破解和其他攻击以提供更高的安全性和保密性。根据安全需求和性能要求,可以根据具体情况选择128位、192位或256位的密钥长度,但较长的密钥会导致加密和解密操作的性能略有下降。

(2)算法的强度:AES算法结合了多种操作,如字节替代、行移位和列混淆等,使得攻击者很难找到有效的攻击路径。这种高度复杂的算法设计增加了破解算法的难度,提高了加密算法的安全性。

(3)随机性和扩散性:AES算法具有良好的随机性和扩散性。随机性指的是加密算法的输出应该在统计上看起来是随机的,而扩散性指的是加密算法应该使输入的微小变化在输出中扩散开来,以增加密文与明文之间的关联性。AES算法通过字节替代、行移位和列混淆等操作来实现良好的随机性和扩散性,从而能够抵御差分密码分析和其他密码分析攻击。

(4)算法的公开性:AES加密算法是一种公开的加密算法,这有助于增加算法的安全性和可信度,因为它允许研究人员对算法进行广泛的审查和评估。公开的算法经过广泛的研究和测试,可以发现其潜在的漏洞并及时修复,从而提高算法的安全性。

**3. 4G系统的安全性问题**

尽管4G系统在制定时解决了部分3G网络中的缺陷,例如在生成会话密钥和完整性密钥时采用了认证时生成的$K_{ASME}$作为主密钥,而不是系统主密钥$K$,对主密钥增加了层次化保护。但在4G网络中仍然存在固定网络中的通信没有受到保护、首次认证时会传输$IMSI$信息、存在$IMSI$捕获攻击等问题。

### 8.2.5 5G(第五代移动通信)网络安全性

5G作为新一代信息通信技术演进升级的重要方向,是实现万物互联的关键信息基础设施,也是经济社会数字化转型的重要驱动力量。但是,5G在为用户提供高速率、低时延和高可用性网络的同时,也带来了新的安全挑战,引发了新的网络安全风险。5G网络的基站密度更大，通信频段也更宽，攻击者有更多的入口对5G网络发动攻击。同时，人们更加依赖5G网络，移动支付、远程办公等新技术的兴起导致更多的隐私数据在网络中传播，如果网络被攻破，那么造成的损失将大大增加。因为5G网络广连接的特性，大量的物联网设备会通过5G网络连接到互联网，如果被攻破，可能会带来巨大的设备失控风险，这也对加密算法的设计以及用户的认证提出了新的要求。

**1. 5G系统的认证**

标准化组织3GPP重新定义了认证协议和流程，支持用户认证、信令完整性和信令机密性以及其他安全属性，主要包括5G-AKA、EAP-AKA'和EAP-TLS三种认证方法。这些框架允许通过一次认证执行建立多个安全上下文，允许用户设备从3GPP接入网络后无须重新认证即可移动到非3GPP网络。因为篇幅原因，下面仅介绍5G-AKA的认证流程。

参与5G认证过程的组件主要有以下四种。

（1）用户设备（User Equipment，UE）：需要接入5G网络的移动设备。

（2）接入和移动性管理功能（Accessand Mobility Management Function，AMF）/安全锚功能（Security Anchor Function，SEAF）：AMF负责UE在开机后的注册、移动性管理和业务流程监控功能，SEAF提供认证、密钥协商、安全参数管理等功能。同时，AMF/SEAF将作为UE和5G核心网相互认证过程中的中间人。

（3）认证服务功能（Authentication Server Function，AUSF）：5G系统的认证功能支持对用户的身份进行验证，支持用户从3GPP和非3GPP网络中接入5G时的认证功能。同时，其能根据服务网络提供的认证参数，可以完成对UE的认证，并可以在认证后向AMF提供用户永久标识符（Subscription Permanent Identifier，SUPI）。

（4）统一数据管理（Unified Data Management，UDM）/认证凭证存储库和处理功能（Authentication Credential Repository and Processing Function，ARPF）：根据用户的身份和配置的策略决定身份验证的方法，并为AUSF计算身份验证数据和密钥。

5G的认证过程主要分为认证启动和认证方法选择、用户设备和网络之间的相互认证两个阶段，其流程图如图8.12所示。

认证启动和认证方法选择阶段确保UE与5G核心网络之间建立安全的通信连接。在此过程中，网络能够验证用户身份的合法性，同时协商选择适合的认证方法以满足不同场景的安全需求。同时，本过程还通过加密保护用户隐私，防止身份泄露，为后续的数据传输提供安全保障。具体步骤如下。

（1）当UE尝试第一次认证请求时，将用户永久标识符（Subscription Permanent Identifier，SUPI）加密为用户隐藏标识符（Subscription Concealed Identifier，SUCI），并将SUCI发送给AMF/SEAF。特别地，SUPI类似4G系统中的IMSI，在5G系统中不允许直接传输SUPI，彻底解决了4G及以前系统的IMSI捕获攻击。

（2）AMF会将用户的SUCI和服务网络名称（Serving Network Name，SNN）传递给AUSF，AUSF收到认证请求后，会检查是否被授权使用SNN，如果未被授权使用，则认证失败；否则认证继续，AUSF将SUCI和SNN转发给UDM。

（3）UDM收到信息后，UDM将SUCI解密为SUPI，并根据SUPI和认证参数的选择认证方法。同时，将SUPI返回给AMF。

（4）AMF收到SUPI信息后会生成一个全球唯一临时标识符（Globally Unique Temporary Identifier，GUTI），保存GUTI-SUPI映射对，并将GUTI发送给UE。

(5) UE接收到GUTI后会保存该值,以后的认证请求将首先使用GUTI进行认证。

(6) AMF接收到GUTI后,会首先将其还原为SUPI,然后使用SUPI进行接下来的流程。

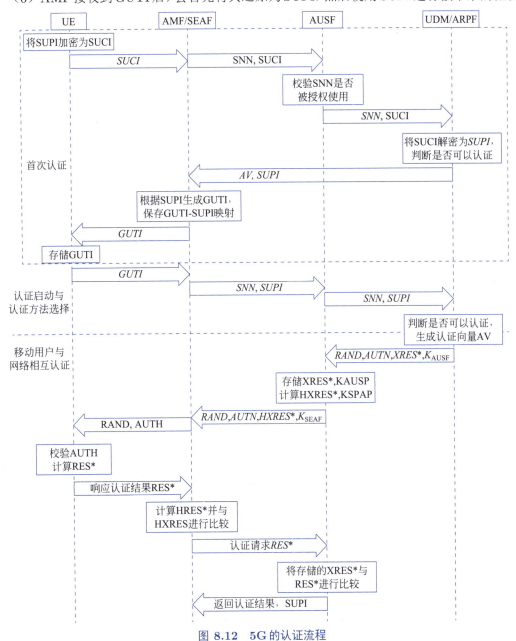

图 8.12　5G 的认证流程

接下来介绍用户设备和网络之间的相互认证,因为篇幅原因,仅介绍5G-AKA中的相互认证流程。

(1) 在接收到认证请求后,UDM/ARPF生成验证向量$AV$,包括$RAND$、$AUTN$、$XRES^*$和$K_{AUSF}$,并将$AV$发送给$AUSF$。

(2) $AUSF$存储$XRES^*$和$K_{AUSF}$,并计算得到$HXRES^*$和$K_{SEAF}$。将$RAND$、$AUTN$、$HXRES^*$和$K_{SEAF}$发送给AMF/SEAF。

(3) AMF/SEAF接收到信息$RAND$、$AUTN$、$HXRES^*$和$K_{SEAF}$后,存储$HXRES^*$

和 $K_{SEAF}$，将 $RAND$ 和 $AUTN$ 发送给 UE。

（4）UE 根据 $RAND$ 和自身信息校验 $AUTH$，若校验成功，则计算出 $RES^*$，将其返回给 AMF/SEAF；若校验失败，则结束认证流程。

（5）AMF/SEAF 基于 UE 返回的出 $RES^*$ 计算出 $HRES^*$，并与从 AUSF 收到的 $HXRES^*$ 进行比较。若相同，则将 $RES^*$ 返回给 AUSF；若不相同，则认证失败，结束认证流程。

（6）AUSF 将收到 $RES^*$ 与存储的 $XRES^*$ 进行比较，如果相同，则认证成功，返回认证结果；若不相同，则认证失败，结束认证流程。

**2. 5G 系统的数据加密**

在 5G 网络中，数据的加密密钥和完整性保护密钥采用分层结构逐级派生生成，通过增强安全性、支持动态更新和减少信令开销，实现了高效且灵活的密钥管理，如图 8.13 所示。

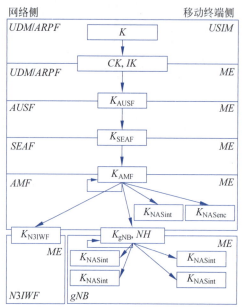

图 8.13 5G 的层次化密钥体系

主要流程如下。

（1）5G 网络通信所需的根密钥 $K$ 分别存储在 UDM/ARPF 和移动设备（MobileEquipment，ME）的 USIM 内。两者基于根密钥 $K$ 生成 $CK$ 和 $IK$ 用于下一层次密钥的生成。

（2）UDM/ARPF 和 ME 基于 $CK$、$IK$ 和其他参数通过密钥派生函数生成 AUSF 的密钥 $K_{AUSF}$，分别传输给 AUSF 和 ME 的下一层密钥生成模块。

（3）AUSF 和 ME 在接收到 $K_{AUSF}$ 后从中派生出密钥 $K_{SEAF}$，分别传输给 SEAF 和 ME 的下一层密钥生成模块。注意，$K_{SEAF}$ 是后续服务网络中的根密钥，负责会话安全。

（4）SEAF 和 ME 在接收到 $K_{SEAF}$ 后从中派生出密钥 $K_{AMF}$，分别传输给 AMF 和 ME 的下一层密钥生成模块。注意，如果仅切换了场景且仍存在有效的 $K_{AMF}$，则可以基于现存的信息快速重新生成新的 $K_{AMF}$，无须复杂的重新认证过程。

（5）AMF 和 ME 基于 $K_{AMF}$ 派生出密钥 $K_{NASint}$、$K_{NASenc}$、$K_{N3IWF}$、$K_{gNB}$，其中 $K_{NASint}$ 专用于非接入层（Non-Access Stratum，NAS）信令的完整性保护；$K_{NASenc}$ 专用于加密 NAS 信令；$K_{N3IWF}$ 用于保护非 3GPP 接入的数据传输，注意，$K_{N3IWF}$ 不会在非 3GPP 网络之间传输；$K_{gNB}$ 用来生成 5G 基站和用户之间交互的密钥。注意，在用户切换基站时，会基于下

一跳参数（Next Hop，NH）和上下文信息重新生成$K_{gNB}$而无须重新认证。

（6）5G基站和ME基于$K_{gNB}$和$NH$派生出一系列密钥。其中，$K_{RRCint}$专用于无线资源控制（Radio Resource Control，RRC）信令的完整性保护；$K_{RRCenc}$专用于加密RRC信令；$K_{UPint}$用于保护用户数据的完整性；$K_{UPenc}$用于加密用户数据。

值得注意的是，3GPP于2011年9月将ZUC-128算法采纳为LTE系统的国际加密标准。ZUC算法是我国自主设计的一种流密码算法，全称为祖冲之算法，以纪念古代数学家祖冲之。这是我国首次自主设计并被国际接受的流密码算法，提高了我国在移动通信领域的地位和影响力，对我国移动通信产业和商用密码产业发展均具有重大而深远的意义。随着5G时代的到来，通信数据量急剧增加，安全需求也进一步提升，因此，我国在ZUC-128的基础上提出了ZUC-256算法，其与ZUC-128算法高度兼容且适应5G应用环境，可以提供消息加密和认证。ZUC-256算法的安全目标是提供5G环境下256bit的安全性，其认证部分在初始向量不可复用的情况下支持多种标签长度。

当然，5G网络中仍然使用AES、SNOW 3G等强大的加密算法，它们经过广泛的安全性评估和标准化过程，以确保其抵抗各种攻击，并符合国际密码标准的要求，其算法的介绍和安全性评估已经在前文说明，这里不再赘述。

**3. 5G系统的安全性问题**

5G网络通过不允许明文发送IMSI信息防止了IMSI捕获攻击并通过层次化密钥生成技术来保护主密钥。但因为5G网络应用了很多新技术，这也给5G网络的安全性带来了很多新的挑战，例如网络切片攻击。

在5G网络中，为了满足不同场景对网络质量的要求，引入了网络切片技术。网络切片技术是一种网络虚拟化技术，它允许在单个物理网络基础设施上创建多个逻辑网络切片，网络切片技术旨在提供一种灵活、可定制的网络架构以适应不同用户、应用和服务的特定需求。通过网络切片技术，网络资源（如带宽、延迟、安全性等）可以根据具体的应用场景和服务要求进行切割和分配，从而实现个性化的网络体验。每个网络切片都是一个独立的逻辑网络，具有自己的网络功能和策略。这些切片可以根据需求进行动态配置和调整，以提供最佳的网络性能和服务质量。例如，一个网络切片可以专门为移动通信服务而设计，而另一个网络切片可以专注于物联网设备的连接和管理。

针对5G网络切片技术，已衍生出多种攻击手段。

（1）切片逃逸攻击：通过攻击一个切片进而攻击第二个切片的方法。通常攻击者会使用网络切片技术中的漏洞或不正确的配置，从一个切片中逃逸到另外的切片中，甚至直接逃逸到网络基础设施中。通常情况下，每个切片都有自己的网络功能，并提供特定的网络资源。如果攻击成功，可能会导致资源的滥用，通过消耗其他切片的带宽、计算资源或存储空间来影响其他切片用户的服务质量。同时，可能会导致攻击者可以直接访问其他切片传输的信息，甚至篡改其他用户的信息，造成其他用户的隐私泄露和数据破坏。隐私攻击者逃逸到了其他切片甚至底层网络，也会扩大攻击的影响范围。

（2）拒绝服务攻击：攻击者通过大量的非法请求消耗网络切片分配的资源，导致整个网络无法正常提供服务。通常的手段有切片资源耗尽攻击，攻击者可能通过大量请求或占用大量切片资源来耗尽目标切片的资源。当切片资源达到极限时，合法用户将无法获得足够的资源来满足其需求，导致服务不可用。

（3）切片重组攻击：攻击者可能利用切片重组过程中的漏洞或错误来执行拒绝服务攻击。

他们可能会发送恶意的切片重组请求，导致网络切片控制器或切片管理器崩溃或无法处理请求，从而影响整个网络切片的正常运行。

（4）切片劫持攻击：攻击者可能通过劫持网络切片的控制信令或数据流量，将其重定向到恶意的目标。这可能导致合法用户的请求无法到达目标切片，从而使服务不可用。攻击者可能会截获网络切片并进行恶意修改，以窃取敏感信息、插入恶意内容或执行其他恶意行为。这种攻击可能会导致隐私泄露、数据篡改或恶意代码注入等安全问题。

为了防止网络切片攻击，可以采取以下防御措施。

（1）加密通信：使用加密协议和算法对网络通信进行加密，以确保数据的机密性和完整性。

（2）安全认证和授权：实施强大的身份验证和访问控制机制，确保只有授权用户能够发送和接收网络切片。

（3）资源限制和配额：实施资源限制和配额机制，限制每个切片或用户可以使用的资源数量，防止资源耗尽。

（4）弹性和容错设计：设计具有弹性和容错性的网络切片架构，使网络能够自动适应和恢复拒绝服务攻击中的故障。

（5）流量监测和过滤：使用入侵检测系统（IDS）和入侵防御系统（IPS）等工具来监测和过滤恶意网络切片，及时识别和阻止攻击。

（6）更新和修补：及时更新和修补网络设备和应用程序的漏洞，以减少攻击者利用漏洞进行网络切片攻击的机会。

### 8.2.6　6G（第六代移动通信）网络安全性

6G 网络仍处于研究和探索阶段，尚未完全标准化，根据当前的技术发展趋势和行业讨论，6G 网络应具有更高的传输速率、更低的延迟、更低的连接密度和更广的覆盖范围。6G 拟使用空天地一体化的融合组网、通信感知一体化技术和人工智能（Artifical Intelligence，AI）等新技术，这些都给 6G 网络的安全带来了挑战。6G 网络也有望引入量子安全计算和区块链技术，从而提高 6G 网络的安全性[135]。

**1. 6G 网络的安全需求和目标**

6G 网络提出了以下安全需求和目标。

（1）主动免疫，基于可信任技术为网络基础设施、软件等提供主动防御功能。

在接入认证方面，基于现有接入认证技术，探索适用于空天地一体化网络的新型轻量级接入认证技术，能够实现异构融合网络随时随地无缝接入。在密码学方面，量子密钥、无线物理层密钥等增强的密码技术，为 6G 网络安全提供了更强大的安全保证。区块链技术具有较强的防篡改能力和恢复能力，能够帮助 6G 网络构建安全可信的通信环境[136]。

（2）弹性自治，根据用户和行业应用的安全需求，实现安全能力的动态编排和弹性部署，提升网络韧性。

基础设施应具备安全服务灵活拆分与组合的能力，通过软件定义安全、虚拟化等技术，构建随需取用、灵活高效的安全能力资源池，实现安全能力的按需定制、动态部署和弹性伸缩，适应云化网络的安全需求。

（3）虚拟共生，利用数字孪生技术实现物理网络与虚拟孪生网络安全的统一与进化。

6G 网络将打通物理世界和虚拟世界，形成物理网络与虚拟网络相结合的数字孪生网络。

数字孪生网络中的物理实体与虚拟孪生体能够通过实时交互映射，实现安全能力的共生和进化，进而实现物理网络与虚拟孪生网络安全的统一，提升数字孪生网络的整体安全水平。

（4）泛在协同，通过端、边、网、云的智能协同，准确感知整个网络的安全态势，敏捷处置安全风险。

在AI技术的赋能下，6G网络能够建立端、边、网、云智能主体间的泛在交互和协同机制，准确感知网络安全态势并预测潜在风险，进而通过智能共识决策机制完成自主优化演进，实现主动纵深安全防御和安全风险自动处置。

**2. 6G网络面临的安全挑战和可能的解决方案**

6G作为通感融合网络，有望实现全场景的万物智联，这对6G网络安全提出了更为严苛的要求。6G系统可能存在以下的安全问题。

（1）协议安全问题：协议安全是6G面临的一大挑战，6G协议有助于实现更高效、更快速和更智能的通信，但协议的复杂性可能导致协议的不稳定性和评估的复杂性，这可能给6G系统的安全性带来风险。

（2）遗留安全问题：5G系统中的网络软件化技术，如软件定义网络（Software Defined Network，SDN）、网络功能虚拟化（Network Functions Virtualization，NFV）、移动边缘计算（Mobile Edge Computing，MEC）和网络切片等技术仍然适用于6G系统，它们的安全问题仍然将存在于6G系统中。

（3）隐私和数据保护问题：物联网（Internet of Things，IoT）、工业互联网、智慧城市、自主驾驶等多个领域均将使用6G系统，这会导致数据的采集和传输规模空前扩大。同时，用户的行为、位置信息、健康数据等信息也将在6G系统中实时监控和传输。因此，6G时代的隐私保护面临前所未有的挑战。

（4）大规模带来的安全问题：由于6G系统的大规模分布式性质，6G网络极易受到分布式拒绝服务攻击和中间人攻击。同时，依赖SIM卡的基本设备安全模型并不适用于数十亿异构设备构成的万物互联场景，此时传统的密钥分发和管理技术并不能满足6G系统对效率的要求[137]。

（5）AI带来的安全问题：AI将在6G系统中广泛应用，然而，AI模型可能面临数据隐私泄露、对抗样本攻击以及恶意利用等问题，攻击者还可能利用AI推断用户隐私或进行精准网络攻击。

针对6G系统的安全性问题，需要新的安全技术和解决方案来保证6G通信的安全和可靠性，以下是可能的解决方案。

（1）在6G系统中，更密集的蜂窝部署、网状网络、多连接和设备到设备（Device to Device，D2D）通信将成为常态。因此，6G系统应针对分布式网络架构和设备多样性设计高效的分级安全机制，区分子网级和子网到广域网的安全需求，通过轻量化加密等技术确保子网内安全。同时，结合先进的安全技术和策略优化网络安全性。

（2）6G系统拟依靠AI实现自主运行的网络。因此，通过AI驱动的入侵检测、威胁预测和动态信任评估等技术，可实时识别异常行为、优化路由安全和提升网络防御能力，提高6G系统的安全性。

（3）区块链通过其去中心化、不可篡改和可追溯特性，可显著提升6G网络的安全性。它能够为分布式网络提供可信的设备身份认证和密钥管理，减少单点故障风险；通过智能合约自动执行安全策略，实现动态信任管理和子网间的安全协作；此外，区块链还支持分布式存储敏感数据,防止数据篡改和伪造,从而保障设备到设备通信和子网到广域网交互的安全性。

(4)抗量子算法和量子密钥分发(Quantum Key Distribution,QKD)技术可以为6G系统提供强大的安全保障。抗量子算法能够抵御量子计算机对传统密码算法的威胁,确保数据传输安全性。QKD利用量子力学的物理特性,实现信息论意义上的安全密钥分发,有效防止中间人攻击和密钥泄露。

这些技术在6G网络中可以用于保护高敏感通信链路和子网到广域网的核心交互,为未来的量子时代奠定安全基础。

## 8.3 无线数据网络的安全性

无线局域网(Wireless Local Area Network,WLAN)是由一组计算机或其他设备通过无线信道相互连接形成的局域网(Local Area Network,LAN)。WLAN技术最早出现在美国,主要应用于不便铺设网线的通信环境,作为网线最后的无线延伸。随着移动设备的蓬勃发展,人们对无线上网的需求加大,进一步促进了WLAN的发展与普及,我们常见的Wi-Fi就是WLAN系统中常使用的一种技术。由于WLAN无线传输的特点,采用WLAN技术进行无线网络覆盖不依赖复杂的网络布线,且不受限于线缆和端口的位置,相较于传统有线网络更加灵活,因此已经得到了非常广泛的应用。许多公司、组织、个人都在办公楼、家庭、商业区等不同地点部署WLAN服务。

WLAN的基本结构如图8.14所示。

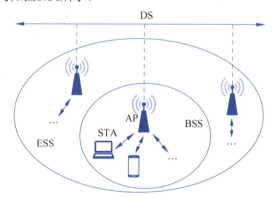

图 8.14 WLAN 的基本结构

(1)工作站(Station,STA):终端用户设备,可以是计算机、移动设备、打印机、物联网设备等。

(2)接入点(Access Point,AP):为工作站提供无线接入服务的网络设备,可以提供有线网络与无线网络之间的桥接功能。

(3)基本服务集(Basic Service Set,BSS):由一个AP和其所覆盖的STA组成。在一个BSS中,STA可以互相通信。

(4)扩展服务集(Extend Service Set,ESS):一组通过分布式系统连接的一个或多个基本服务集BSS,它由多个使用相同SSID(Service Set Identifier,服务集标识符)的BSS组成。SSID是WLAN网络的标识,设备通过SSID识别和连接特定的WLAN。

(5)分布式系统(Distribution System,DS):AP之间通过无线或有线链路连接两个或多个独立的局域网,组成一个互通的网络以实现局域网间的数据传输,这样的系统被称为分布式系统。

WLAN中，STA直接与AP无线连接，再通过AP连接主干网络或DS，进而连接到更大的互联网范围中。所有AP都以固定的间隔发送信标帧（beacon management frame），信标帧包含WLAN网络的有关信息。想要与AP进行连接并加入BSS的STA需要监听信标信息，识别范围内的AP。确定AP后，STA和AP进行相互认证。最后，STA向AP发送一个关联请求帧，AP向STA回应一个关联响应帧，完成这一过程后，STA成功与AP建立连接，加入WLAN。

**1．无线局域网的安全威胁**

在传统有线网络中，传输介质的物理安全可以得到保障，网络访问行为也较容易控制。与之相对，无线网络的开放性在为用户使用网络服务提供便利性的同时，也使无线网络更难保障安全。在无线网络中，传输介质对信号发射设备地理范围内的任何人都是开放的，因此攻击者更容易实现窃听、流量分析等一系列攻击。本部分从保密性、完整性、可用性三方面介绍无线局域网面临的主要威胁。

**1）保密性**

• 窃听

对于开放的无线网络，窃听攻击较传统网络更容易实现。在无线网络环境中，任何用户都能够使用可以接收无线网络信号的终端接入无线网络，对无线网络中的数据进行非法窃听。对于不足够安全的开放网络，当攻击者位于AP覆盖范围内时，容易接触到网络中传输的敏感信息，攻击者可以通过监控信息内容了解该BSS内的网络活动。

• 流量分析

攻击者可以通过流量分析获取有关网络活动的信息。例如，AP通常会广播其服务集标识符（SSID）以向终端设备表明自己的身份，攻击者获得这些信息后，就可以借助GPS等手段轻松追踪无线接入点的位置（图8.15）。

图 8.15　流量分析

**2）完整性**

• 中间人攻击

当AP和STA的会话处于开启状态时，攻击者会拦截会话，并对STA伪装成AP，对AP伪装成STA，此时AP和STA之间的所有流量都会通过攻击者进行传输，攻击者可以读取会话中的数据并进行修改（图8.16）。

• 会话劫持攻击

通常情况下，无线网络协议不对数据链路层帧进行验证，可能缺少防止伪造源地址的保护措施。会话劫持攻击中，攻击者嗅探STA与AP之间的未加密流量，当攻击者发现帧的源地址时，会对STA端发动拒绝服务攻击并使其瘫痪，然后利用用户的网络凭证劫持与服务器之间的会话（图8.17）。

图 8.16　中间人攻击　　　　　图 8.17　会话劫持攻击

**3）可用性**

攻击者通过拒绝服务攻击（图8.18）阻止合法用户对服务器提供的服务的使用。DoS攻击在各种网络中都较为常见，但由于WLAN中攻击者不需要任何物理基础设施、不需要获取物理访问权限就可以接入WLAN中，且在无线环境中可以获得必要的匿名性，因此DoS在无线网络中会表现出更高的威胁性。

图 8.18　拒绝服务攻击

**2. IEEE 802.11标准及其安全性演进**

1997年，IEEE制定了第一个无线局域网标准802.11，旨在为企业、家庭、公共场所的无线通信提供标准化方法，并解决产品之间的互通性问题。该标准着手解决无线局域网的性能和安全性问题，扩频技术包括直接序列扩频（Direct Sequence Spread Spectrum，DSSS）和跳频扩频（Frequency Hopping Spread Spectrum，FHSS）。

为了提高无线网络中数据传输的保密性，IEEE 802.11标准最初定义了WEP机制，这种机制基于共享密钥，使用RC4密码算法对信息进行加密。身份认证方面，该标准定义了开放系统身份验证和共享密钥身份验证两种验证方法。但由于RC4算法自身的安全性缺陷以及WEP机制中的初始化向量IV重用、密钥管理机制不完备等问题，大量研究表明使用该机制难以对数据的保密性、完整性和身份验证进行保证，安全性较低。

考虑到WEP机制面临的安全问题，Wi-Fi联盟提出了一个名为WPA的临时解决方案，对WEP机制进行升级，有效提高了WLAN的数据加密和认证性能。WPA使用TKIP实现数据保密功能。TKIP仍然采用RC4算法进行数据加密，但对初始化向量IV（Initialization Vector）的使用更加合理，且引入了Michael消息认证码来保证数据完整性。另外，WPA还给出了两种身份验证模式：预共享密钥模式和使用802.1x认证服务器的认证模式。预共享密钥事先在接入点和访问无线网络的设备上手动配置相同的密钥，用于导出消息加密密钥和消息验证码密钥；802.1x认证系统则使用可扩展认证协议（EAP）实现客户端、设备端和认证服务器之间的信息交互，提供相较预共享密钥模式更强的认证功能。

为了提供长期的解决方案，IEEE提出802.11i标准（WPA2）来提供增强的安全性。802.11i定义了CCMP，它相对TKIP最重要的改进在于采用了高级加密标准（AES），提升了标准中使用的密码算法的强度。该协议结合了用于数据保密的计数器模式（CTR）和用于数据完整性的密文分组链接—消息认证码（CBC-MAC），能够提供比TKIP更强的加密模式。

WPA2虽然能够在一定程度上保证Wi-Fi网络的安全性，但在应用过程中也不断暴露了诸多安全风险,例如可能会受到KRACK攻击(Key Reinstallation Attacks,密钥重装攻击)[139]以及离线字典或暴力破解攻击。为了进一步提升WPA2的安全性能,Wi-Fi联盟在2018年提出下一代无线安全协议WPA3,WPA3相较于WPA2进一步增强了对用户密钥安全的保护,还提供增强型开放网络认证——OWE认证,以提升开放性网络中用户的传输安全。WPA3可以解决之前的技术存在的各种防御问题,WPA3利用SAE握手提供前向保密,使攻击者无法解密以前捕获的流量。

### 8.3.1 无线网络中的安全标准与协议

**1. 802.11中的安全机制**

考虑到无线网络面临相较传统有线网络更为严峻的安全威胁,为了提高无线网络通信的安全性,IEEE 802.11标准定义了一个加密协议——有线等效保密协议(Wired Equivalent Privacy,WEP),该协议采用RC4加密算法,旨在提供无线网络通信中的保密性以及数据完整性。802.11标准还给出了两种身份认证方式对客户端身份进行认证。

**1)WEP加解密过程**

WEP算法中使用的密钥长度为64bit,由40bit预共享密钥与24bit初始化向量IV相连生成。生成的密钥被输入伪随机数生成器中,作为伪随机数生成器的种子,用于输出一个伪随机密钥序列。为了保证数据完整性,使用CRC32完整性算法生成明文的完整性校验值(ICV),合并在明文后。最后,将合并的明文与伪随机密钥序列输入RC4算法异或得到密文。初始化向量IV与密文共同组成最终的加密消息(图8.19)。

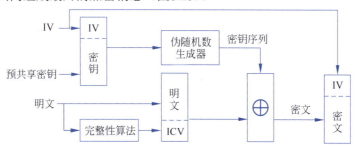

图 8.19 WEP加密过程

接收方对加密消息(初始化向量IV和密文)进行解密。将预共享密钥与IV连接,经过伪随机数生成器形成密钥序列,将密钥序列与密文输入RC4算法进行解密得到明文以及完整性校验值ICV。使用CRC32完整性算法生成明文的完整性校验值ICV',与接收到的ICV进行比较,对数据完整性进行校验(图8.20)。

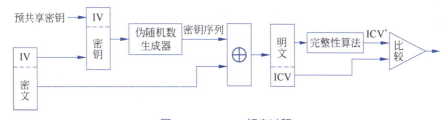

图 8.20 WEP解密过程

**2)身份认证**

802.11标准定义了开放系统身份认证和共享密钥认证两种身份认证方式。

- **开放系统身份认证**

开放系统身份认证可对请求身份认证的任何人进行身份认证,是802.11的默认认证方式。STA向AP发出认证请求,该认证请求中不包含任何用户身份、口令的信息,认证管理帧以明文方式发送。因此,开放系统身份认证是一个空的认证过程,它不对STA及AP身份进行校验,而是让STA与AP互相确认对方的存在,从而建立下一步的关联。

- **共享密钥认证**

共享密钥认证是能够防止不知道WEP共享密钥的STA加入无线局域网的认证方式。共享密钥认证使用挑战—响应机制对客户端进行身份认证。认证过程如图8.21所示。

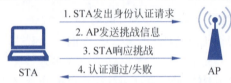

图 8.21 共享密钥认证过程

(1) 请求身份认证的STA发送一个身份认证请求,表示希望使用共享密钥进行身份认证。

(2) 接收到身份认证请求的AP向STA发送一个包含挑战文本的身份认证管理帧作为响应。

(3) STA接收到管理帧后,使用共享密钥对挑战文本进行加密,并将加密后的消息发送给AP。

(4) AP对收到的消息进行解密,并验证解密后的消息是否正确,如果验证成功,则向客户端发送一个带有认证成功标识的报文。

**3) WEP密钥管理**

802.11标准实际上没有对密钥管理问题进行明确的规定,但提供了两种使用WEP密钥的方法。

(1) 四密钥窗口。该方法提供一个包含4个密钥的窗口,各STA与AP共享4个默认密钥,获得默认密钥的STA可以解密使用4个密钥中任何一个密钥加密的数据包。由于STA与AP之间的信息传输只使用4个密钥中的一个,因此该STA可以与共享这4个默认密钥的任何一个设备互相通信。

(2) 密钥映射表。在这种方法中,每个唯一的MAC地址都可以对应一个单独的密钥,系统中的每个设备都建立密钥映射表,存储其他设备与其对应的密钥的关系。在这种方法中,每一个用户可以使用不同的密钥,相比四密钥窗口方案更加安全。但由于密钥量较大以及密钥只能手动更改的特点,如何执行合理的密钥期限、对密钥进行定时维护和更新仍然是需要解决的问题。

**4) 802.11标准的脆弱性及安全威胁**

802.11标准已被证明只能提供非常有限的安全性,对恶意攻击的抵御能力较差,其脆弱性主要表现在以下几方面。

(1) IV长度过短会导致IV重用问题。WEP算法中使用的IV长度为24bit,其最多能为同一WEP密钥提供$2^{24}$个不同的RC4密钥流。在繁忙的网络中,通信数据量可在几小时内达到该数量级,因此重复使用IV不可避免。在WEP中,IV以明文形式发送,因此攻击者可以收集使用相同IV加密的数据流。对使用相同密钥流加密的两段密文进行异或,会导致密钥流被抵消,得到两段明文的异或,通过统计分析以及冗余信息对明文进行推断。攻击者可以利用这一特点解密使用该IV加密的信息以及该IV生成的密钥流,并可以进一步对数据包进行伪造。

（2）RC4算法的弱密钥问题。WEP加解密过程使用RC4算法，RC4算法存在弱密钥，使用弱密钥对消息进行加密时，产生的密文会和密钥具有较大的关联性。在$2^{24}$个不同IV中，约有9000个IV可能产生弱密钥[140]。由于IV以明文形式传输，在网络中传输数据包足够多的情况下，攻击者可能找到足够多的可能使用弱密钥加密的消息，进而对消息内容以及WEP密钥进行分析。

（3）缺乏完善的密钥管理机制，密钥更新能力较差。在使用WEP的无线网络中，AP和STA使用事先沟通的相同的WEP密钥进行通信。同步更改密钥需要网络管理员访问各个设备并手动输入更改后的WEP密钥。由于密钥的更改工作非常烦琐，因此对密钥进行及时更新是不切实际的。

802.11标准常见的攻击方式主要有以下几种。

（1）包注入攻击。攻击者截获网络中发送的正常通信数据包，只要密钥未被更改，该数据包就可以再次注入网络。攻击者可以通过这种方式产生大量流量，影响局域网内正常的通信进程[141]。

（2）身份伪造攻击。攻击者可以利用WEP共享密钥认证的缺陷，通过捕获完整的共享密钥验证握手过程来伪造身份[141]。

（3）ChopChop攻击。这是一种利用CRC32校验和WEP缺乏重放保护的攻击方法。假设攻击者可以访问一个预言机对加密数据包中的校验和正确性进行验证，则攻击者可以在平均$128m$次查询内恢复数据包的后$m$字节的明文以及使用的加密密钥[142]。

（4）密钥破解攻击。2001年，基于上文提到的RC4算法的弱密钥与IV的结合特点，Scott Fluhrer、Itsik Mantin和Adi Shamir首次提出利用特定IV来恢复WEP密钥的FMS攻击[143]。2007年，Andrei Pyshkin、Erik Tews和Ralf-Philipp Weinmann提出一种基于Klein-RC4攻击方法的轻量WEP密钥破解方法，通常只需要不到60秒的时间就可以恢复出正确的密钥[144]。

**2．802.11i标准**

IEEE 802.11i标准提出的目标是解决802.11通信标准的安全问题，它解决了最初的802.11标准中定义的WEP算法的安全缺陷，提出了MAC层的数据加密和认证机制。802.11i安全机制又被称为RSNA（Robust Security Network Association，健壮安全网络连接）安全机制，它提供了一种RSN（Robust Security Network，健壮安全网络）安全框架，使用该框架能够建立一个包括AP在内的所有STA之间的关联都建立在RSNA基础上的安全网络。与之相对，不能提供RSNA网络连接的框架被称为pre-RSN框架，其提供的连接称为pre-RSNA连接。

802.11i标准在802.11标准给出的安全功能基础上，增加了对密钥管理过程的规定，并提升了802.11标准定义的加密以及身份认证功能的安全性能。

加密功能上，802.11i标准提供了两种加密协议：TKIP（Temporal Key Integrity Protocol，临时密钥完整性协议）和CCMP（Counter Mode with Cipher-Block Chaining Message Authentication Code Protocol，计数器模式/CBC-MAC协议）。其中，TKIP是过渡方案WPA中给出的基于RC4的加密算法，是802.11i标准中的可选项，用于提升pre-RSNA设备的安全性；CCMP是一种基于AES的加密算法，是802.11i标准的必选项，能够提供相较TKIP更强的安全功能。

身份认证及密钥管理功能上，802.11i标准定义了RSNA建立程序，包括802.1x认证以及密钥管理协议。

## 1) TKIP

TKIP 设计的目的是在与使用 WEP 的设备兼容的条件下尽可能克服 WEP 的缺陷。TKIP 的封装过程如图 8.22 所示。

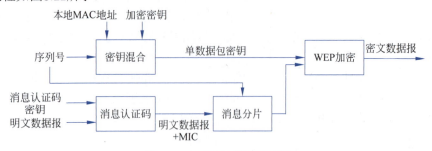

图 8.22 TKIP 的封装过程

TKIP 中使用了加密密钥和消息验证码密钥两个密钥。使用序列号、本地 MAC 地址和加密密钥经过密钥混合算法可以得到每个数据包不同的 WEP 加密密钥，使用 Michael 消息验证码密钥以及要传输的明文数据可以计算得到明文的 Michael 消息认证码，将明文与 Michael 消息认证码连接并进行数据分片，使用对应的 WEP 密钥进行加密即可得到密文数据。

与 WEP 相比，TKIP 在以下几方面得到了加强。

（1）引入了 Michael 消息验证码，能够抵御消息伪造攻击。Michael 消息验证码使用 64bit 密钥，并将数据包划分为 32 位的数据块，经过一系列异或、移位等操作生成 64bit 的 Michael 验证码。由于计算能力的限制，Michael 算法只能提供 20bit 的安全性[145]，也就是说，攻击者可以在 $2^{19}$ 次尝试后成功进行一次消息伪造。针对这一问题，TKIP 提出了将 MIC 验证失败记录为安全相关事件的解决方式，一旦在 60 秒内检测到两次失败，就会在 60 秒内停止发送和接收过程。

（2）引入数据包排序，能够抵御重放攻击。由于 Michael 消息验证码无法对重放的数据包进行检测，因此 TKIP 将为每个数据包绑定一个序列号，每当设置新的 TKIP 密钥时，发送方和接收方同时将序列号空间初始化为 0，并在发送方每发送一个数据包时增加序列号。接收方对接收到的数据包进行排序，如果数据包未按顺序到达，则被视为重放，丢弃相应的数据包。

（3）引入密钥混合功能，能够防范 FMS 攻击。TKIP 定义了一个分为两个阶段的密钥混合功能。第一阶段使用 S 盒将本地 MAC 地址、基本密钥和数据包序列号结合，生成中间值，这一步中，由于 MAC 地址不同，不同 STA 与 AP 之间生成不同的中间值。第二阶段将中间值与数据包序列号进行混合，生成数据包密钥，这一步使数据包密钥与数据包序列号去关联，能够阻止 FMS 攻击[145]。

## 2) CCMP

不同于 WEP 和 TKIP，CCMP 使用 AES 加密算法的 CCM（Counter with CBC-MAC，计数器/密文分组链接-消息认证码）模式，使用 128bit 密钥以及 128bit 分块大小。CCMP 中的计数器模式用于产生密文数据，保证数据的保密性，CBC-MAC 用于产生消息验证码，保证数据的完整性。对于 AES 算法，可以使用相同的密钥对所有数据包进行加密，不需要考虑类似 TKIP 的每个数据包不同的密钥构造问题，具有相较 WEP、TKIP 中 RC4 算法更长的密钥寿命，密钥管理也变得更加简单。与 TKIP 类似，CCMP 使用了一个 48bit 长的数据包编号 PN（Packet Number）抵御重放攻击。

CCMP 的封装过程如图 8.23 所示。

图 8.23 CCMP 的封装过程

每一个新的数据单元正要发送时,会分配一个 PN,使用该 PN 可以构造用于 CBC 模式的初始向量 IV,以及用于计数器模式的计数器。使用数据包序列号、明文等信息共同对 AES 加密算法的数据进行初始化,通过 AES 加密算法组装成加密帧和消息验证码。

WEP、TKIP、CCMP 三种加密模式的对比如表 8.2 所示。

表 8.2 WEP、TKIP、CCMP 三种加密模式的对比

|  | WEP | TKIP | CCMP |
|---|---|---|---|
| 加密算法 | RC4 | RC4 | AES |
| IV 及密钥生成 | 24bit IV,IV 与预共享密钥直接相连 | 48bit IV,密钥混合函数 | 48bit IV,不需要每个数据包密钥不同 |
| 包头完整性检验 | 无 | Michael 消息验证码 | CCM |
| 包数据完整性检验 | CRC32 | Michael 消息验证码,数据包排序 | CCM,数据包排序 |
| 密钥管理 | 无 | IEEE 802.1x | IEEE 802.1x |

**3)RSNA 建立程序**

802.11i 中 RSNA 建立程序涉及三个参与方:认证申请方(STA)、验证方(AP)以及一个验证服务器。其中,验证服务器和验证方是相同的设备,或已经建立了物理上安全的连接。802.11i 没有继续使用 802.11 中给出的共享密钥认证方法,而是使用 802.1x 作为替代方案对接入网络的 STA 进行身份认证。802.1x 认证过程在开放系统认证及关联后执行,提供了一种基于端口的网络访问控制机制,防止非授权 STA 对网络的访问。802.11i 中还定义了四步握手过程以及一个组密钥握手过程来执行密钥的交换。RSNA 建立流程如图 8.24 所示。

(1)接入点发现。STA 有主动和被动两种接入点发现方式。

- 被动方式:AP 在特定信道中定时通过信标帧广播其安全能力,安全能力由 RSN IE(Robust Security Network Information Element,健壮安全网络信息元素)表示。STA 通过被动方式监测 AP 发送的信标帧,进而发现可用的 AP 以及相应的安全功能。
- 主动方式:STA 向 AP 发送探测帧以对 AP 的可用性以及安全能力进行探测,AP 接收到 STA 的探测请求后,发送一个探测响应帧对该探测请求进行响应。

(2)开放系统身份认证与关联。STA 选择一个可用的 AP 与之建立连接,向该 AP 发送开放系统认证请求以及 802.11 关联请求,AP 对 STA 的请求进行响应。此阶段结束后,STA 与 AP 之间处于认证和关联状态,但认证较为薄弱,仍然无法交换数据包。

(3)802.1x 身份认证。在这一阶段中,申请方 STA 与认证服务器之间进行相互认证,执行 802.1x 认证协议。这一阶段后,申请方 STA 和认证服务器之间完成相互认证,并共享了主会话密钥(Master Session Key,MSK)。申请方 STA 使用 MSK 生成一个成对主密钥(Pairwise Master Key,PMK),认证方 AP 通过与认证服务器间物理安全的信道获得相同的 PMK。

(4)四步握手过程。申请方 STA 与认证方 AP 之间执行该四步握手过程以确认 PMK 的存

在，并生成成对临时密钥（Pairewise Transient Key，PTK），用于后续的会话过程。完成此过程后，STA 与 AP 之间可以进行加密的数据传输。

（5）组密钥握手过程。如果是多播应用，则认证方 AP 将生成一个组临时密钥（Group Transient Key，GTK），并将该 GTK 分发给申请方 STA。

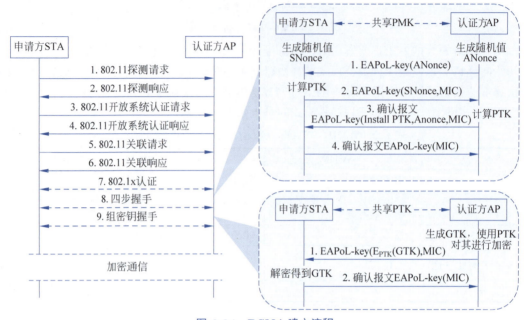

图 8.24 RSNA 建立流程

通过上述过程，STA 与 AP 相互验证，并可以使用通过上述过程协商的临时密钥 PTK（或 GTK），使用数据保密协议安全地交换加密的数据包。

**4）802.11i 的安全漏洞与攻击**

基于 CCMP 的 802.11i 机制已经可以规避大量的攻击方式，在建立了完整的 RSNA 握手的基础上，802.11i 提供的认证与密钥管理机制是安全的。但攻击者可以通过在 RSNA 建立程序中的 802.11 交互阶段实施攻击，阻止完整的 RSNA 握手的建立。另外，攻击者也可以进行离线字典攻击对共享秘密进行猜测。

（1）安全级别回滚攻击[146]。802.11i 中定义了同时支持 pre-RSNA 机制与 RSNA 机制的网络。当 pre-RSNA 和 RSNA 机制在同一个局域网中同时被使用时，这种混合配置会大幅降低整个系统的安全性。攻击者可以通过一系列手段降低网络连接的安全级别，从而避免较强的身份认证过程并获得默认密钥。安全级别回滚攻击中，攻击者伪造一个声明，只支持 pre-RSNA 连接的探测响应，对 STA 实行欺骗，最终导致 STA 与 AP 之间建立不安全的 pre-RSNA 连接。

（2）离线字典攻击。当使用预共享密钥 PSK 作为成对主密钥 PMK 时，PSK 可能由口令导出，这会使 PMK 对于离线字典攻击表现出脆弱性。想要规避这种攻击，可以选择一个具有较高安全性的口令或使用 256bit 的随机值作为预共享密钥。

**3. 802.1x 协议**

IEEE 802.1x 是一种基于端口的网络接入控制协议，它在局域网接入设备的端口一级验证用户身份并控制其访问权限。基于端口的网络接入控制可以对网络接入过程进行管理，防止身份不明或未经授权的各方进行信息的传输和接收，进而防止网络中断或数据丢失等安全威胁。

1）802.1x 协议的基本结构

802.1x 认证系统是典型的 Client/Server 结构，包括以下三个角色。

（1）客户端：在 802.11 网络中通常是 STA 终端设备。

（2）设备端：在 802.11 网络中通常是接入点，它为客户端提供 WLAN 的端口。接入设备充当客户端与认证服务器之间的中介，从客户端获得身份信息，并于认证服务器验证该信息，根据认证服务器的验证结果控制客户端对网络的访问权限。

（3）认证服务器：可信的第三方，通常为 RADIUS（Remote Authentication Dial in User Services，远端用户拨入验证服务）服务器，它是存储用户信息的远程服务器，用于实现对客户端的认证、授权和计费。当任何用户想要连接到服务器时，服务器会首先检查该用户是否存在，如果用户通过了认证，认证服务器就会将信息发送给设备端，并建立动态接入控制列表。

如图 8.25 所示，802.1x 协议中，接入设备由两个逻辑端口组成：受控端口和非受控端口。如果客户端已经通过认证，则使用受控端口进行通信，否则使用非受控端口进行通信。

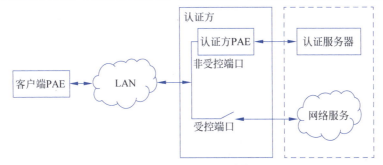

图 8.25　802.1x 结构

2）802.1x 协议的认证过程

802.1x 认证系统使用可扩展认证协议（Extensible Authentication Protocol, EAP）来实现客户端、设备端和认证服务器之间的信息交互。基于 EAP，802.1x 可以使用多种认证机制，例如 MD5、TLS、TTLS 和 PEAP。设备端会转发客户端与认证服务器之间的全部 EAP 消息，使认证服务器可以接收到客户端的认证请求并对客户端进行认证，802.1x 定义了在 IEEE 802 网络中封装 EAP 消息的方法。EAP 消息的封装分为从客户端到设备端和从设备端到认证服务器两部分。

（1）在客户端与设备端之间，802.1x 定义了 EAPoL（EAP over LANs）封装格式对客户端发送的 EAP 消息进行封装。

（2）在设备端与认证服务器之间，EAP 报文有如下两种封装方式。

　　（a）EAP 终结方式：EAP 报文在设备端终结并重新封装到 RADIUS 报文中。EAP 终结方式一般应用于认证服务器不支持 EAP 的情况，在这种情况下，设备端需要提取客户端发送的 EAP 报文内的客户端的认证信息，并使用 RADIUS 协议对信息进行封装，该种方式不支持 MD5 以外的认证方式。

　　（b）EAP 中继方式：EAP 报文被直接封装到 RADIUS 报文中，此时封装后的报文称为 EAPoR（EAP over RADIUS）报文。使用这种方法，设备端的处理更加简单，且处理能力更强，能够支持更多的认证方法。

图8.26给出了一次典型的使用EAP-MD5中继方式的802.1x认证过程。

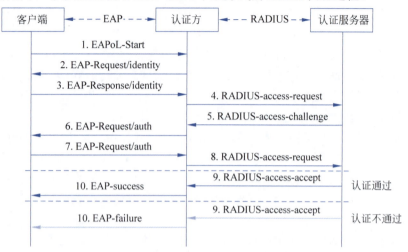

图 8.26　802.1x认证过程

（1）当用户需要访问外部网络时，启动客户端程序，在客户端程序中输入已经登记过的用户名及口令，发起连接请求。此时客户端程序发出认证请求报文（EAPoL-start），开启认证过程。

（2）设备端收到客户端发送的EAPoL-start请求报文后，向客户端发送EAP-Request/identity报文，要求客户端提供用户名信息。

（3）客户端响应设备端发出的请求，向设备端发送EAP-Response/identity报文，其中包含设备端需要的用户名信息。设备端将客户端发送的EAP-Response/identity响应报文封装在RADIUS报文中，得到一条RADIUS-access-request报文，并发送给RADIUS认证服务器。

（4）RADIUS认证服务器收到该认证请求报文，在服务器数据库中查找该用户名信息，并得到与该用户名对应的口令MD5信息。认证服务器生成一个挑战信息，封装在RADIUS-access-challenge报文中发送给设备端。设备端收到RADIUS-access-challenge，将认证服务器发送的挑战信息封装在EAP-Request/auth报文中发送给客户端。

（5）客户端收到由认证服务器发来的挑战信息，根据用户输入口令以及挑战信息计算MD5值，并封装在EAP-Response/auth报文中发送给设备端。设备端将客户端发送的EAP-Response/auth报文封装在RADIUS-access-request报文中，发送给RADIUS认证服务器。

（6）认证服务器将客户端传送的MD5值与根据用户信息计算得到的MD5值进行比较。如果相同，则向设备端发送一条认证通过的RADIUS-access-accept报文，标志该用户为合法用户；否则发送RADIUS-access-reject报文。设备端收到RADIUS-access-accept报文，确认用户为合法用户后，向客户端发送一条EAP-success报文，并将端口改为授权状态，允许用户通过该端口访问网络；否则设备端向客户端发送一条EAP-failure报文，标志用户认证失败，端口状态保持非授权状态。

除了基于口令的EAP-MD5认证方法，802.1x可以使用的认证方法还有以下几种。

（1）EAP-TLS：一种基于证书的认证方法，用户与认证服务器互相验证对方的证书内容，在EAP-TLS认证结束后，用户与服务器之间可以建立加密TLS隧道来实现安全的信息传输。

（2）EAP-TTLS：在EAP-TLS认证方法的基础上进行扩展，EAP-TTLS认证方法使用

EAP-TLS 方法建立的 TLS 隧道传输其他扩展信息。

（3）PEAP：与 EAP-TTLS 类似，提供加密和认证的 TLS 隧道进行信息传输，但 PEAP 方法在使用 TLS 隧道的认证阶段只支持 EAP。

**3）802.1x 协议中的安全漏洞与攻击**

（1）中间人攻击。攻击者通过嗅探网络中的数据包获得接入点的 SSID 等信息，伪装成 AP 与客户端连接。EAP-MD5 模式中，攻击者可以实现指定挑战相应的值，可以实现创建一个指定响应与全部键盘组合有关的 MD5 列表，并与客户端传回的挑战响应相比较，因此可以在很短的时间内推断出客户端口令。

（2）EAP 欺骗攻击。在使用 802.1x 的认证过程中，当用户已经与认证服务器之间完成了认证过程后，攻击者将自己伪装成一个设备端 AP，向客户端发送一条 EAP-Logoff 解除关联管理帧，以终止客户端向该设备端的连接，进而可以冒充该客户端接入网络中。

**4. 802.16 标准**

WiMAX（Worldwide Interoperability for Microwave Access，全球微波互联接入）技术是一种无线城域网（Wireless Metropolitan Area Network，WMAN）接入技术，它能提供比 3G 蜂窝通信系统更高的数据传输速率，以及比无线局域网 WLAN 更大的覆盖范围。为了满足市场对数据通信宽带无线接入服务的要求，IEEE 制定了一种 WiMAX 宽带无线接入标准——802.16 标准，它能够为固定和移动的设备提供低成本、高速率的宽带无线接入，作为"最后一公里"的解决方案。

802.16 标准的各层结构如图 8.27 所示。

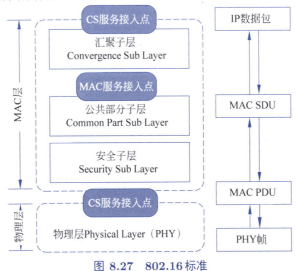

图 8.27 802.16 标准

（1）物理层：提供 MAC 层 PDU 和 PHY 层帧的双向映射。

（2）MAC 层包括以下层级。

（a）汇聚子层（Convergence Sub Layer，CS）：从更高层接收数据，封装在 MAC SDU 中，提供高层数据服务与 MAC 层服务之间的映射。

（b）公共部分子层（Common Part Sub Layer，CPS）：定义了系统访问、连接控制、上行链路调度、带宽请求和分配等规则，并对 MAC PDU 进行生成。

（c）安全子层（Security Sub Layer，SS）：与物理层交换 PDU，WiMAX 通过安全子层来实现安全策略，它负责 MAC SDU 和 MAC PDU 的加解密、认证、安全密钥交换等服务。安全子层中包含两个协议组件,一个是用于加密数据包的封装协议,另一个是用于BS与SS之间安全分发密钥数据的密钥管理(Privacy Key Management,PKM)协议。

**1)安全关联**

802.16标准使用安全关联(Security Associations,SAs)定义BS(Base Station,基站)与SS(Subscriber Station,用户站)之间的安全信息交换以及安全通道的属性。安全关联包含数据关联与认证关联两种。

数据关联规定了BS和SS之间的信息加密方式、使用的算法、密钥以及相关信息,通过使用额外的SA可以对不同的信息使用不同的加密方式。数据关联包括SAID、用于实现数据保密性的加密算法、两个流量加密密钥(Traffic Encryption Key,TEK),以及数据关联SA的类型指示。其中,TEK包括密钥的初始化向量IV、密钥的ID以及密钥的使用期限。

认证关联包括X.509证书、授权密钥(Authorization Key,AK)、密钥加密密钥(Key Encryption Key,KEK)、上行链路哈希消息验证码(Uplink Hash-based Message Authentication Code,UHMAC)、下行链路哈希消息验证码(Downlink Hash-based Message Authentication Code,DHMAC)、授权的数据关联列表[147]。

**2)PKM协议**

802.16定义了PKM协议来保证BS和SS之间安全的密钥交换,包括认证授权和密钥协商两部分。认证授权中,BS使用SS的X.509证书对SS身份进行认证。认证成功后,BS和SS建立授权密钥(Authorization Key,AK)以及认证关联SA。

PKM密钥交换过程如图8.28所示。首先SS向BS发送认证信息,其中携带有包含制造商信息的X.509证书,随后SS向BS发送一条鉴权请求信息,其中携带有包含SS公钥的X.509证书,BS对SS的身份进行认证后,向用户发送一条鉴权响应信息,完成认证鉴权过程。密钥协商过程中,SS向BS发送一条密钥请求信息,其中包括安全关联标识等信息,BS收到SS的密钥请求,生成加密密钥,并使用密钥加密密钥对其进行加密,封装在密钥响应信息中。经过这样的密钥协商过程,SS和BS可以使用协商得到的密钥进行安全的加密通信。

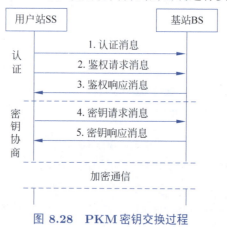

图8.28 PKM密钥交换过程

**3)数据加密**

完成身份验证和初始密钥交换后,BS和SS使用流量加密密钥TEK对数据流进行加密,加密使用DES-CBC方式。加密的具体流程如图8.29所示。加密中,只对MAC PDU的有效载荷进行加密。安全子层生成PDU后,会检查与当前连接对应的SA,并获取SA中的初始化向量 IV。将 SA 中的 IV 与 PHY 帧头中的同步字段异或得到 DES-CBC 算法使用的初始化向量 IV，算法的密钥使用 SA 中经过认证的 TEK。

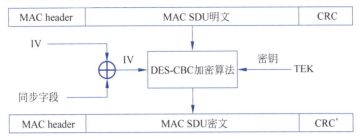

图 8.29　WiMAX 加密

考虑到 DES 算法无法提供较强的保密性，IEEE 802.16e 标准增加了 AES 的使用，以提供更强的数据加密。IEEE 802.16e 中定义了 AES 的四种使用模式：CBC、CTR、CCM 和 ECB 模式。其中，CCM（Counter with Cipher Block Chaining-Message Authentication Code，分组密码链接-消息认证码的计数器）在 CTR 的基础上增加了对数据的认证功能，ECB 模式则用于对 TEK 进行加密。

**4）802.16 协议中的安全漏洞与攻击**

（1）伪造 BS 攻击：在 IEEE 802.16 中，认证请求信息只包括 SS 自身的认证内容，而不包括对 BS 的认证，因此 SS 容易受到伪造的 BS 的欺骗，而与伪造的 BS 进行连接，此时攻击者可以截获 SS 的全部信息。

（2）DoS 攻击：攻击者可以对 SS 与 BS 之间的交互过程中的许多消息进行伪造以实施 DoS 攻击，例如 RNG-REQ/RNG-RSP、MOB-NBR-ADV、FPC、Auth-Invalid、RES-CMD 消息等[148]。

**5. 无线应用协议**

无线应用协议（Wireless Application Protocol，WAP）是一种用于将 Internet 上的应用与服务引入数字蜂窝通信以及其他无线设备的协议。1997 年，几家无线电话制造商首次组织了 WAP 论坛，并制定了实施无线网络应用的 WAP 规范。

WAP 的网络结构基于 WWW 的客户机/服务器结构，如图 8.30 所示。首先，移动设备向 WAP 网关发送 WSP（Wireless Session Protocol，无线会话协议）请求，网关收到 WAP 请求后，向普通 Web 服务器发送 HTTP 请求，Web 服务器将网关视为代理服务器，并回应正常的 HTTP 响应。网关再将 HTTP 响应转换为向移动设备发送的 WSP 响应。WSP 是 WAP 组中的协议，为 WAP 应用层提供会话服务的接口。

图 8.30　WAP 结构

### 1) WTLS 协议

WAP 通过 WTLS（Wireless Transport Layer Security，无线传输层安全）提供安全服务。SSL/TLS 协议用于提供 Internet 中的安全通信，考虑到无线通信中移动设备的带宽、计算能力、内存等非常有限，WAP 论坛对 TLS 协议进行了调整，给出了一种更轻量的安全传输协议 WTLS，使其更适用于使用小型无线设备的通信环境。类似 SSL/TLS 服务对安全网络连接的保证，WTLS 针对无线通信的安全，提供移动设备与 WAP 网络中其他实体的安全通信。WTLS 能够为 WAP 应用提供数据的完整性、数据的保密性、客户端与服务端的身份认证。

（1）数据完整性服务。通过消息验证码提供，WTLS 协议可以使用的消息验证码算法有 SHA、MD5 等。

（2）数据保密性服务。WTLS 中客户与网关在加密通信之前首先进行密钥交换，可以使用的算法有基于共享秘密的对称加密算法、DH（Diffie-Hellman）密钥交换、RSA、ECDH 密钥交换等。考虑到无线通信设备的局限性，WTLS 中一般默认使用椭圆曲线密码算法 ECDH 代替 RSA 算法。ECDH 能使用较 RSA 更短的密钥长度达到与 RSA 相同的安全性。

（3）身份认证服务。根据身份认证服务的实行程度，WAP 提供的安全服务可以分为如下三类。

- 第一类服务：使用对称加密算法对通信中传输的消息进行加密，并使用消息认证码对数据完整性进行验证。可以使用的消息认证码算法有 SHA、MD5 等。这一类服务不提供身份认证服务，不对客户端或服务器中的任意一方进行身份认证。
- 第二类服务：在提供第一类服务给出的安全服务的基础上，定义了交换服务器证书的过程，可以实现客户端对服务器的单向认证。
- 第三类服务：在提供第二类服务给出的安全服务的基础上，增加了交换客户证书的过程，可以在实现客户端对服务器单向认证的基础上提供服务器对客户端的认证，进而提供安全的双向认证服务。

WTLS 中，客户端与 WAP 网关通过握手建立会话。在握手阶段，双方对进行安全会话所需的安全参数进行协商，并对双方身份进行验证。协商的参数包括加密和签名算法、公钥、预主密钥等。WTLS 支持完整握手和轻量级握手两种握手形式。完整握手过程中，通信双方对所有安全参数进行交换，轻量级握手则可以重复使用之前会话中的安全参数。身份认证过程中，除了普通的 X.509 证书，WTLS 适应性地定义了一种新的证书格式，适合在移动设备上存储，与 X.509 证书具有相同的功能。WTLS 的握手过程如图 8.31 所示。

图 8.31　WTLS 的握手过程

2）WAP 安全漏洞与攻击

（1）端到端安全

WAP 在使用相同安全协议的情况下，安全架构的不同也会影响通信过程的安全性。WAP 有如下几种不同的安全架构。

- 双区安全架构。双区安全架构是一种最常见的 WAP 实现方式，具有简单易行的特点。移动设备与 WAP 网关之间，通过 WTLS 的定义对数据进行保护与封装，WAP 网关将受到的消息解密，并重新封装到使用 SSL/TLS 进行保护的数据包中。WAP 网关提供从 WTLS 到 SSL 的转换过程中，数据以明文形式通过，因此双区安全架构不提供端到端安全。由于网关可以接触到通过服务器的全部信息，且安全性和可信性都不能得到保证，因此这种实现方式会为 WAP 架构带来一定的脆弱性。为了解决这一安全问题，可以使用端到端安全的网络架构——WAP Server 架构与透明网关架构。
- WAP Server 架构。WAP Server 架构通过使用带有 WAP 网关的 Web 服务器来提供端到端安全。在这种架构中，由于 WAP 网关与 Web 服务器是同一个设备，因此整个会话过程中只使用 WTLS 数据包，不存在协议的转换问题。
- 透明网关架构。透明网关架构使用可以解析 WTLS 数据流的 Web 服务器来提供端到端安全。WAP 网关只负责接收无线数据并对数据进行转发，而不进行重新封装，与 WAP Server 类似，会话过程不涉及协议的转换。

（2）中间人攻击

在 WTLS 握手协商的过程中，客户端首先会向 WAP 网关发送一条 Client Hello 报文，其中包含客户端支持的密钥交换算法以及身份认证方式，这条消息以明文形式传输，因此容易被攻击者监听到。攻击者监测到客户端发送的 Client Hello 报文，伪装 WAP 网关对客户端提供的具有较高安全度的连接方式进行否决，促使客户端采用弱安全算法进行连接，此时攻击者容易对客户端到网关的通信过程实施攻击。例如，当客户端使用不对服务器进行认证的第一类服务时，攻击者容易伪装成服务器与客户进行通信，实现中间人攻击。

## 8.3.2 Wi-Fi 安全增强技术

**1. WPA 的安全特性**

WPA（Wi-Fi Protected Access，Wi-Fi 保护接入）是 Wi-Fi Alliance（WFA，Wi-Fi 技术联盟）为了保证无线局域网安全性推出的一系列无线安全协议。随着技术的发展，Wi-Fi 安全算法已经迎来了很多变更与升级，能够提供越来越强的无线局域网安全性，并提供越来越丰富的安全服务。依据使用的协议以及提供的安全性不同，WPA 分为个人版与企业版两种。通常来讲，二者的区别主要表现在认证方式上，个人版不使用认证服务器，是一种适用于家庭或小型办公室的本地模式；企业版使用认证服务器进行无线局域网中的认证，适用于较大型的企业或无线局域网，能够提供更强的认证。

1）WPA 与 WPA2

WPA 是一种解决 WEP 的安全问题的临时方案，与 WEP 相比，WPA 使用 TKIP 作为加密算法，一定程度上提升了通信的安全性。WPA2 是一种基于 802.11i 标准提出的安全协议。与 WPA 相比，它引入了 CCMP 加密算法对通信数据进行加密。CCMP 算法基于 AES 加密标准，能够提供更强的数据保密性。身份认证机制上，WPA-个人版与 WPA2-个人版均使用预共享密钥（PSK）机制，STA 与 AP 事先共享一对预共享密钥，并使用该密钥实现会话密钥的共享与双方认证。WPA-企业版与WPA2-企业版基于802.1x协议，通过可信第三方认证服务器对用户身份进行认证。

**2) WPA3**

WFA于2018年发布了新一代Wi-Fi安全协议，对WPA2进行了进一步改进，为无线局域网中的数据传输提供更强的保护。

WPA3-个人版中，使用等效同步验证（Simultaneous Authentication of Equals，SAE）机制取代WPA、WPA2中使用的预共享密钥机制。SAE机制中，在PSK四次握手前增加了SAE握手，这一过程中的密钥交换和认证基于口令完成。SAE握手过程用于STA与AP之间PMK的生成，该PMK被用于PSK四次握手协商过程以得到PTK密钥。SAE握手通过引入随机变量，使每次协商得到的PMK都具有随机性。这一过程能够提供前向保密，使攻击者无法解密以前捕获的流量。由于SAE握手导出的PMK密钥相较口令具有更好的密码学特性，能够较好地抵御离线字典攻击。

WPA3-企业版使用现有的802.1x握手过程，但对密码算法进行了更加严格的规定。WPA3-企业版要求在身份验证过程中使用的密码至少提供192位的安全性，它规定了在使用椭圆曲线密码算法时，至少需要使用384bit长的安全套件；在使用RSA或DHE密码算法时，至少需要使用3072bit长的安全套件。另外，WPA3企业版取消了跳过证书验证的功能，这种设置能够大大减少由于用户错误的安全配置带来的安全问题。

WPA3针对开放的网络认证提出了一种基于OWE（Opportunistic Wireless Encryption，机会无线加密）的增强开放网络，该机制保留了开放式网络用户接入网络的便捷性，同时为网络中传输的数据进行保密。OWE的目标与SAE类似，即生成一个新的PMK代替预共享信息用于四次握手过程的输入。在身份验证阶段，STA与AP交换公钥，然后双方使用椭圆曲线上的Diffie-Hellman算法（ECDH）得到一个作为PMK的密钥。在保密性方面，增强开放网络使用128bit密钥的AES-CCMP加密方法。OWE只具有加密性质，而不对身份进行验证，因此仍然容易受到中间人攻击以及拒绝服务攻击。

**2. Wi-Fi保护设置**

WPS（Wi-Fi Protected Setup，Wi-Fi保护设置）是WPA2中提出的一种用于简化无线局域网安全配置的协议。传统的配置方法中，当用户想要新建一个无线网络时，需要手动对接入点进行配置、手动设置网络名以及密钥等安全参数，因此需要用户具有一定的专业知识与安全基础，否则错误的配置可能会带来一些安全隐患。对于对Wi-Fi网络安全了解较少的普通用户，或对用户输入显示界面有限的不易操作的设备，WPS能够提供便利的设备安全设置。

支持WPS的AP带有一个按钮或一个8位的个人识别码（Personal Identification Number，PIN），STA用户只需通过按下按钮或输入AP设备上的PIN码就可以实现与AP之间安全信道的建立，这一过程中，WPS协议会对设备的SSID和PMK进行自动配置。WPS通过确保STA位于AP附近且可以访问接入点上的信息的简单确认过程取代复杂的身份认证过程。但由于PIN码长度过短且密钥生成机制的问题，WPS具有一定的安全隐患。

Wi-Fi Easy Connect是另一种基于设备配置协议（Device Provisioning Protocol，DPP）的Wi-Fi快速配置方式。DPP是WPA3中定义的一种身份验证协议，与WPS相比具有更高的便利性，且在安全性方面也有提高，它为设备接入网络提供了一套标准的方法，即通过扫描QR码或NFC标签等快捷方式实现设备到网络的安全接入。

DPP 中没有中央机构来协调整个过程,而是允许选择一个设备作为配置器,其他设备通过配置器进行配置接入网络。配置器是一个能够扫描 QR 码或 NFC 标签的设备,可能是具有丰富的用户交互界面的智能手机或平板电脑等。配置器通过扫描 AP 的 QR 码或 NFC 标签建立网络,通过扫描想要接入网络的设备的 QR 码或 NFC 标签对设备进行配置,然后设备即可连接到 AP,实现对无线局域网的访问。DPP 的认证过程如图 8.32 所示,左侧为配置器与接入网络的设备 STA 之间的认证与配置过程,右侧为配置器与 AP 之间的认证与配置过程,在配置器与双方均完成认证与连接后,设备 STA 即可与 AP 之间实现相互认证并进行 PMK 的分发。

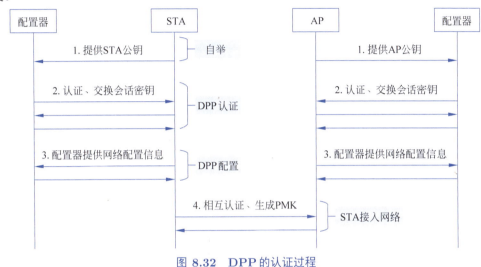

图 8.32 DPP 的认证过程

DPP 使用 QR 码、NFC 标签实现配置过程,能够实现与 Wi-Fi 网络几乎零接触的连接,使用公钥密码算法进行安全的身份认证能够提供更高的安全性。

### 3. Wi-Fi 联盟认证

WFA(Wi-Fi Alliance,Wi-Fi 联盟)基于 IEEE 802.11 协议族的通用标准给出了一套关于 Wi-Fi 产品的规范,旨在对 Wi-Fi 产品进行质量保证,并解决不同 Wi-Fi 产品之间的兼容性问题。这一认证规范有效促进了 Wi-Fi 技术的快速普及与推广,产品功能、安全性能均可以较好地得到保证。WFA 认证计划的内容主要包括连接方式、安全、接入方式、应用服务、网络优化和射频共存等方面。获得对应条目认证的设备被认为可以支持相应的技术、能够提供对应的功能。

(1)安全性:提供对 Wi-Fi 设备使用的安全标准或协议的认证。WFA 提供对 Wi-Fi WPA3、Wi-Fi 增强方式、受保护的管理帧(Protected Management Frames,PMF)的认证。其中,PMF 是由 WFA 定义的增强 Wi-Fi 连接安全性的标准,能够提供单播或多播管理帧的保护。

(2)接入:WFA 对网络的接入方式进行认证,认证的项目包括 Passpoint、Wi-Fi Easy Connect 和 Wi-Fi 保护设置。其中,Passpoint 支持 Wi-Fi 预先进行一些配置后,客户端 STA 可以不使用 SSID 和口令接入 Wi-Fi 网络,能够实现与移动网络类似的网络接入效果。

经过 WFA 测试的 Wi-Fi CERTIFIED 产品可以提供符合行业标准的功能以及安全保护,Wi-Fi CERTIFIED 标志有助于具有较少 Wi-Fi 知识的用户对拥有相关功能的产品进行选择。对于供应商或服务商,WFA 认证有助于符合一致性标准的产品的研发与提供,对产品质量能够提供有效的保证与规范。

### 4. Wi-Fi 安全漏洞和攻击

Wi-Fi 的应用为人们的生活带来了很大的便利,但同样也存在许多安全问题。发布时间较早的 Wi-Fi 协议已经被证明具有较多的安全问题,但大部分已经不再使用。下面主要给出应用较为广泛的 WPA2、WPA3 的安全漏洞与攻击。WPA2 的安全问题主要有以下几方面。

(1) 弱口令问题。WPA2-个人版中,使用 PSK 四次握手进行身份认证与密钥交换,用户设置的口令将用于生成预共享密钥,并通过 PSK 四次握手生成 PMK 密钥。如果用户设置的口令较弱,攻击者可以使用离线字典攻击或暴力破解得到用户的口令,然后轻松获得预共享密钥,捕获四次握手过程中会话信息并对后续 STA 与 AP 之间的通信消息进行破译。

(2) 缺乏前向保密性。前向保密性是指当前密钥被获取的情况下,也不会影响过去的会话和过去加密内容的安全性。WPA2-个人版中,如果黑客通过捕获预共享密钥获得了 STA 与 AP 之间的会话密钥,则所有之前通信的消息都会被解密,WPA2 缺乏此类安全漏洞的防范措施。WPA3-个人版通过使用 SAE 握手解决了这一问题,SAE 引入随机变量的机制,为每个加密会话生成唯一的会话密钥,提供了完全前向保密功能,提升了通信的安全性。

(3) 密钥重装攻击。密钥重装攻击(Key Reinstallation Attack,KRACK)利用 WPA2 认证阶段 STA 与 AP 之间四次握手的软件实现漏洞,对加密的 Wi-Fi 流量进行解密。WPA2 连接通过四次握手建立,但在重新建立连接时,只需要重新传输握手的第三部分。攻击者设置一个恶意接入点,伪装成合法接入点,迫使受害者连接到恶意网络。在连接过程中,攻击者反复向受害者设备发送第三步握手。受害者每次接收连接请求时,都会为攻击者提供一部分破译数据,攻击者汇总这些数据来对加密密钥进行破解。

(4) Evil Twin 攻击。Evil Twin 是一种基于伪造 AP 的网络钓鱼攻击。攻击者通过冒充公共网络,使用与公共网络完全相同或相似的网络名称。当用户想要进行网络连接时,会看到两个相同的网络名称,用户在正常网络与恶意网络之间进行随机选择,有可能连接到恶意网络。用户在恶意网络上的全部通信消息都会发送给恶意 AP,此时攻击者能够窃听到用户发送的全部信息,或对通信过程中的数据进行修改。恶意 AP 也可以通过提供更强的信号、更快的连接等方式诱使用户连接恶意网络。

WPA3 规避了之前的标准中存在的大多数安全漏洞,安全性得到了大幅增强,但仍存在一定的安全问题。

(1) 针对 WPA3 过渡模式(WPA3 Transition Mode,WPA3-TM)的协议降级攻击。WPA3 过渡模式允许在通信设备不支持 WPA3 时退回到 WPA2,从而允许旧设备进行连接。攻击者可以创建一个虚假的网络,迫使支持 WPA3 的设备选择 WPA2 连接方式,进而可以对该设备实施针对 WPA2 的部分攻击手段。

(2) Dragonblood 攻击。WPA3 通过规定 Dragonfly 握手过程规避 WPA2 中的 KRACK 攻击,但这也引入了新的安全问题。Mathy Vanhoef 和 Eyal Ronen 发现了一系列针对 Dragonfly 握手过程的安全攻击,统称为 Dragonblood 攻击[149],包括拒绝服务攻击、Dragonfly 握手的安全组降级攻击、基于时间的侧信道攻击、基于微框架缓存的侧信道攻击。攻击者可以通过 Dragonblood 攻击对 AP 和 STA 之间使用的密钥进行恢复。为了抵御这一系列攻击,许多制造商已经更新了产品规范,并发布了修复 Dragonblood 漏洞的补丁[150]。

## 8.3.3 无线数据网络的安全管理

**1. 网络设备安全**

**1）网络设备安全配置**

实际应用中，无线数据网络的安全性不仅取决于使用协议的安全性，也取决于无线数据网络的使用者能否正确使用或设置无线网络中的设备。

设备的不合理配置会很大程度地降低无线数据网络的安全性。制造商在设备出厂时的默认设置往往考虑使用和部署的便利性，而鲜少对安全性进行考虑。可能带来安全威胁的默认设置包括默认的简单、易被破解甚至公开的用户名和默认密码及口令，开放的端口及服务，对不安全的协议的支持，预安装软件。攻击者可能利用这些漏洞对网络设备展开攻击。

网络设备的安全配置不是一次性的过程，而是需要定期的安全评估与更新。在设备使用过程中，用户可能为了某些业务需求而更改设备的安全设置，如果用户在完成该业务后不及时对安全配置进行恢复，可能会导致设备的安全性随着设备的使用而降低。另外，当用户错误估计某些操作的安全风险而进行可能造成安全威胁的安全设置时，也会降低设备的安全性。攻击者可能利用这些过程对网络设备进行攻击，实现对无线数据网络的非法访问、数据窃听或篡改等。因此，对设备进行定期的安全评估、配置与更新是有必要的。

公司或组织应该为其常用的WLAN设备（如用户站STA、接入点AP）制定标准化的安全配置。标准化配置为网络设备提供统一的安全配置方法与规范，可以提供基本的安全级别及安全保证，减少无线局域网因为设备配置不规范而造成的安全漏洞，对攻击者的部分针对不规范配置的安全攻击进行防范。标准化配置还可以减少确保WLAN设备安全并对其进行安全评估所需的时间与人力，另外可以使用自动配置方法，能够进一步节省大量资源。标准化配置设计主要涉及如下两部分。

（1）安全需求分析：对系统中设备需要达到的安全等级进行分析，对系统进行风险评估并确定系统可能面临的安全威胁，结合计划对设备提供的安全保护等级确定需要采用哪些安全措施。

（2）WLAN结构设计：实际应用中，公司或组织可能配置内部网络和外部WLAN为内部工作人员与访客提供安全等级不同、权限不同的服务，此时需要考虑WLAN的结构设计。此类场景WLAN的设计中，应确保对外部WLAN与内网进行隔离，当外部WLAN用户确有需要访问内网时，应确保其只能访问特定的子网或主机，获得对应的授权服务，而不能使用未经授权的其他内网服务，也不能对未授权的内网部分进行访问。

**2）无线接入点安全**

无线接入点AP是无线局域网通信中的重要设备，但实际使用中，许多公司或个体将接入点错误地放置在公共区域，在这些地方，攻击者可以接触到AP并对其设置进行直接更改，进而实现对WLAN的非授权访问或更改，这种攻击方法相较其他攻击所需的技术更少，但具有同样的危险性。

针对无线接入点AP的攻击还有驾驶攻击（War Driving）。由于AP的信号可能会超出所需的服务覆盖范围，因此在公司大楼等配置了WLAN的场所，AP的信号可能会穿透墙壁，超出大楼的物理边界，泄露到公共场所等攻击者能够轻松到达的地方。此时，公司外的攻击者可以在汽车上安装天线，寻找WLAN信号，然后使用设备嗅探网络中的数据包并进行分析，可以获得相应的AP信息。驾驶攻击是指攻击者开车移动，并持续进行信号寻找与数据包嗅探，获得沿途的 AP 的名称、位置、加密算法等信息，然后选择可以被攻击的 AP 展开攻击。因此，难以控制 WLAN 的覆盖区域可能会导致网络失去保密性和完整性，也可能遭到拒绝服务攻击。解决这一问题的方法是控制 AP 的信号范围，保护 AP 信号不会突破服务覆盖范围。可以使用的控制 AP 信号的方法有降低 AP 的信号强度以及将 AP 布置在信号不会突破物理障碍的位置等。

**2. 无线数据网络安全监测**

通信网络中，安全监测是保证网络安全的重要环节。由于 WLAN 网络具有开放性的特点，安全问题相较传统有线网络更加严峻，因此对安全问题进行及时监测及处理显得尤为重要。安全监测的主要目标是发现安全攻击以及潜在的安全威胁。

无线入侵监测和防御系统（Wireless Intrusion Detection and Prevention System,WIDPS）是 WLAN 中常用的网络安全监测及攻击防御系统。WIDPS 在网络的指定位置安装监测器，对 WLAN 频段及信道进行监测，对流量进行采样分析，对恶意攻击和某些 WLAN 漏洞进行识别。按照监测器承担的通信功能，可以分为专用监测器与附带式监测器两种。

（1）专用监测器：只对网络中传输的数据以及信道状态进行监测，而不承担数据传输、转发等功能。监测器收集流量数据，对数据进行处理，或传回安全监测数据中央处理器进行处理，分析当前网络状态。监测器通常连接在有线网络上。

（2）附带式监测器：许多 AP 或 WLAN 设备都提供 WIDPS 的辅助功能。

除此之外，还有安装在 WLAN 客户端上的基于主机的 WIDPS 监测软件。WIDPS 监测软件主要对该主机的传入/传出流量进行监测，识别主机范围的 WLAN 攻击。

WLAN 扫描器也是无线数据网络安全监测的重要工具。按照监测功能不同，WLAN 扫描器可以分为被动扫描器和主动扫描器两种。

- 被动 WLAN 扫描器：对 WLAN 中的流量进行实时的捕捉与监听，记录通信中主要的 WLAN 设备。
- 主动 WLAN 扫描器：以被动 WLAN 扫描器得到的数据为基础，主动扫描并试图连接到发现的 WLAN 设备，并进行渗透或漏洞测试。

WIDPS 和 WLAN 扫描器是 WLAN 安全监测中常用的有效监测工具，实际应用中，也可以使用其他工具，以多途径手段相结合的方式对无线局域网的各方面安全进行监测，保障无线数据网络通信的安全性以及系统的安全性。

## 8.4　Ad hoc 网络的安全性

Ad hoc 网络的原型是美国在 1968 年建立的 ALOHA 网络和之后于 1973 提出的 PR（Packet Radio）网络。IEEE 在开发 802.11 标准时，提出将 PR 网络改名为 Ad hoc 网络。Ad hoc 网络（移动自组织网络）是一种多跳的、临时的、去中心化的自组织网络。整个网络没有固定的基础设施，由移动终端构成的节点可以动态地与其他节点建立连接并完成信息传输任务。与传统网络相比，Ad hoc 网络具有以下特性。

（1）自组织性：Ad hoc 网络中的设备可以自动加入和离开网络，并且可以通过一些路由协议自主通过多跳通信建立数据传输的链路，无须预先配置或集中管理。当网络快速变化时，Ad hoc 网络可以快速调整网络结构，确保了数据传输的连续性。

（2）去中心化：Ad hoc 网络没有单一的中央控制点，每个设备都可以充当通信节点直接与其他设备通信,从而减少了对中央服务器或基站的依赖。同时,当网络中的某个或某些节点发生故障时,其他节点之间不会受到影响,仍然能够正常工作。

(3) 动态性:Ad hoc 网络的拓扑结构可以随时变化,这是因为设备可以自由移动、加入或离开网络。这种动态性使得 Ad hoc 网络适应了不同的环境,如移动车队通信或突发事件中的通信需求。

(4) 有限的范围:Ad hoc 网络通常限定在有限的范围内,通常在几百米到几千米,这取决于通信设备的技术和功率。虽然 Ad hoc 网络的覆盖范围受到了一定的限制,但也使其非常适合特定用途,如无线传感器网络或车辆间通信。

(5) 生存周期短:Ad hoc 网络主要用于临时的通信需求,相对于有线网络,它的生存时间一般比较短。

Ad hoc 网络具有广泛的应用领域,其灵活性和自适应性为许多场景提供了独特的解决方案。

(1) 军事通信:在军事领域,由于作战环境的特殊性,一些基础的通信设施无法便捷地部署在作战环境中。而 Ad hoc 网络可以在战场上与作战人员、作战装备之间快速建立通信链路,无须依赖固定的通信基础设施。这对于快速部署和战术通信至关重要。

(2) 紧急救援:在出现突发灾难或其他紧急情况下,如出现地震、洪水、暴雪等恶劣自然灾害时,通信的基础设施可能遭受毁灭性破坏而无法支持传统通信网络的建立,Ad hoc 网络可以提供即时通信的需要。救援人员之间可以即时建立 Ad hoc 网络,以便协调行动和救援。

(3) 移动传感器网络:Ad hoc 网络常用于环境监测和数据采集。移动传感器可以协作收集环境数据,并通过 Ad hoc 网络传输给数据中心。例如在智能交通、智能家居和智能农业等方面,移动传感器网络有着广泛的应用。

(4) 无线社交网络:在大型活动、课堂或运动比赛等活动中,人们可以使用 Ad hoc 网络建立临时的社交通信网络,以共享信息和互相连接,既节约费用,又保证了数据的安全。

尽管 Ad hoc 网络在许多方面都有它独特的优势,但是由于 Ad hoc 具有特殊的网络结构以及无法依赖基础设施的资源,例如稳定的电源、高带宽或固定路由,因此很容易遭受攻击。下面介绍一些在 Ad hoc 网络环境中常见的安全威胁。

(1) 位置泄露:位置泄露是指攻击者通过监听网络中的数据流量,包括节点之间的通信,分析数据包的源和目标信息,以及传输路径和时间戳,攻击者可以推断出节点的位置;或者通过测量数据包的传输时间和计算信号的传播时间,以确定节点之间的相对距离,从而估算节点的相对位置。这种攻击可能导致位置信息被滥用,因此自组网中的位置隐私保护和加密措施变得至关重要,以确保用户的位置信息不被未经授权的实体获得。

(2) 剥夺睡眠攻击:在 Ad hoc 网络中,节点都是能够自由移动的,一般都是靠电池进行供电,所以为了节省电能,节点在没有转发任务时都是处于睡眠状态。恶意节点可以通过不断向节点发送路由请求消息或转发数据包来耗尽电池的电量,从而使得该节点瘫痪。

(3) 路由攻击:在 Ad hoc 网络中,路由攻击是一种常见的安全威胁,它旨在干扰或破坏网络中的路由信息,导致数据包无法正确路由到其目标。攻击者可能采取多种方式,如伪造路由更新、删除有效路由或插入虚假路由信息,以破坏网络拓扑,引导数据包走向错误的路径,或者干扰正常的通信流程。这种攻击可能导致数据包丢失、通信中断,甚至使网络不可用,因此对于自组网的安全性至关重要,需要采用有效的路由协议和安全措施来防范这一威胁。

（4）拒绝服务攻击：在自组网中，拒绝服务攻击是一种严重的威胁，其主要目的是干扰、瘫痪或中断正常通信。这类攻击的形式多种多样，其中最具代表性的是泛洪攻击，即攻击者通过不断发送大量虚假或冗余数据包，无论是否有目标或目的地，以消耗网络资源、带宽和计算能力，导致网络性能下降，通信延迟增加，最终可能引发网络瘫痪。拒绝服务攻击对 Ad hoc 网络有极大的破坏力，因此需要采取安全措施，如入侵检测系统、安全的网络协议和认证机制，以减轻拒绝服务攻击对自组网的风险。

（5）中间人攻击：攻击者潜在地将自己插入通信链路中，以监控、篡改或截取网络中的数据传输。在这种攻击中，攻击者通常伪装成合法的通信方，使其他节点误认为他们正在与合法方通信，但实际上，攻击者可以监听、篡改或拦截传输的数据。这可能导致敏感信息的泄露、恶意控制通信流量，会对网络的机密性和数据完整性构成严重威胁。

针对以上攻击手段，下面将从 Ad hoc 网络中的身份认证和密钥管理、路由安全性和攻击防范、数据传输安全和加密保护、安全漏洞和入侵检测以及 QoS 和安全性平衡进行展开。

### 8.4.1 Ad hoc 网络中的认证和密钥管理

在 Ad hoc 网络中，因为网络的自组织性和去中心化特性使得节点随时可加入或离开，进而可能涉及未经认证节点的恶意攻击威胁。有效的认证机制确保节点及与其通信的对等节点的身份，确保通信参与者的合法性和可信性，防止数据泄露、恶意节点入侵以及拒绝服务等安全威胁，同时有助于建立信任关系、维护网络资源和确保法律责任。因此，认证是确保 Ad hoc 网络安全和稳定不可或缺的一部分。我们将应用于 Ad hoc 网络中的认证方案分为三类：基于公钥基础设施（Public Key in Frastructure, PKI）的认证方案、基于身份的认证方案以及基于群密钥的认证方案。

首先介绍基于 PKI 的认证方案，PKI 提供了一种安全可靠的方式，通过公钥证书（Public Key Certificate, PKC）来验证通信实体的身份。PKC 包含证书持有者的名称和持有者的公钥，以及证书管理机构（Certificate Authority, CA）的数字签名以确保身份的真实性，主要分为集中式和分布式两种方案。在集中式方案中，每个网络节点 $i$ 各自生成公私钥对 $(PK_i/SK_i)$，通过可信渠道存储在 CA 中，CA 用自己的秘密钥签字后形成证书传给网络中所有的节点。证书的形式为 $C_A = E_{SK_{CA}}[T, ID_i, PK_i]$，其中 $ID_i$ 是用户的身份，$T$ 是当前时间戳（为接收方保证收到的证书的新鲜性，防止发送方或敌方重放旧证书），$SK_{CA}$ 是 CA 的秘密钥。用户可将自己的公钥通过公钥证书发给另一用户，接收方可用 CA 的公钥 $PK_{CA}$ 对证书加以验证，即 $D_{PK_{CA}}[C_i] = D_{PK_{CA}}[E_{SK_{CA}}[T, ID_i, PK_i]] = (T, ID_i, PK_i)$。建立了信任关系后的节点可以协商双方的会话密钥，并利用此会话密钥进行通信。集中式认证和密钥管理方案只能建立在有基础设施的主干相连的 Ad hoc 网络。该方案并不适用于无基础设施的 Ad hoc 网络，有以下几个原因：维护集中式服务器的成本可能过于高昂；CA 服务器面临单点故障和风险，它们易受到各种恶意攻击；在易出错的无线信道上进行多跳通信使数据传输面临较高的丢失率和更大的平均延迟。因此分布式方案，如分层 CA 和 CA 授权，可以极大地改善此类情况。

分布式方案又分为部分分布式方案和完全分布式方案。在部分分布式方案中，Ad hoc 网络中的节点分为三种：服务节点、组合节点和客户节点。服务节点和组合节点相互协作完成 CA 的功能，来给客户节点提供服务。服务节点负责生成客户节点的部分签名、存储证书以响应客户节点的证书请求；组合节点负责将部分证书合成为一个有效的证书。部分分布式 CA 方案的基本思想是将 CA 中心分散到 $n$ 个服务节点中，在 $(n, t)$ 门限签名体制中用系统私钥产生一个签名至少需要 $n$ 个服务节点中 $t$ 个服务节点的组合，小于或等于 $t-1$ 个服务节点无法提供正确的证书。为节点签发证书的过程如图8.33所示：系统有一个公钥/私钥对 $PK/SK$。公钥 $PK$ 对网络中所有节点都公开，而私钥被分成了 $n$ 份 $SK_1, SK_2, \cdots, SK_n$，每个服务节点 $i$ 都保存一份 $SK_i$。服务节点 $i$ 用 $SK_i$ 签发部分签名 $c_i$ 并将部分签名转发给组合节点，组合节点 $m$ 在收到 $t$ 份正确的部分签名后，将这些部分签名组合，最后生成一份正确的证书。部分分布式方案将CA中心分散到各个服务节点，符合 Ad hoc 网络各个节点地位平等的特点，同时有效避免了单个节点充当认证中心所带来的隐患，提供了一套安全的密钥管理体系。在 Ad hoc 网络中，各个节点分布在不同的区域，难以保证任何时候选取的节点都能和 $t$ 个节点通信。完全分布式方案和部分分布式方案相似，取消了服务节点和组合节点，CA 中心的任务由网络中的所有节点共同承担。完全分布式网络能同时提供证书更新和取消两个机制。所谓证书更新，就是节点 $i$ 向一跳邻居节点发送证书更新请求，邻居节点验证节点 $i$ 证书的有效性，如果证书有效，则用自己的私钥产生一个部分签名，当节点 $i$ 收到至少 $t$ 个部分签名后，就能将这些部分签名组合成一个新的证书。所谓证书取消，即如果每个节点都有检测自己邻居节点的能力，每个节点共同维护一个证书吊销列表，当一个节点 $i$ 发现邻居节点 $j$ 的异常时，就将邻居节点的证书加入证书吊销列表，并且在网络中发布对于节点 $j$ 的指控包，收到指控包的节点从自己的证书吊销列表中观察，如果是已经离开网络的节点，则忽略，否则将节点 $j$ 列为怀疑节点。当节点的指控节点数达到 $t$ 个时，该节点的证书将被取消，它也将被驱逐出网络。

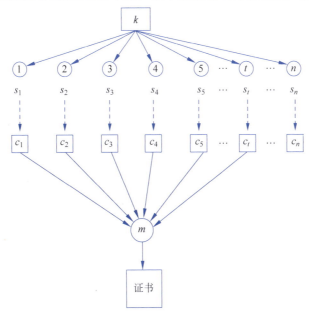

图 8.33　基于证书的身份认证（部分分布式）

与基于PKI的认证方案相比，基于身份的认证方案节省了公钥和证书的存储和传输。基于身份的认证方案承认由申请者拥有的独特凭证，这种凭证可以被用来高可信度地识别其身份。通常，这种凭证表现为一把被认为是唯一的密钥。如果认证方确定申请者持有该密钥，那么可以确保申请者的身份。IBC（Identity-based Cryptography）的概念由文献[218]首次提出，公钥是根据节点的身份（如电子邮件或IP地址）生成的，而私钥则由称为密钥生成器中心(Key Generation Center, KGC)的可信第三方生成，KGC可以通过了解一些秘密信息（如大数的因数分解）而处于特权地位，从而能够计算出网络中所有用户的密钥。在IBC中，每个节点都能够发现另一个节点的公钥，而无须交换任何数据。此外，一对节点 $A$ 和 $B$ 能够以非交互方式计算成对预共享密钥 $K_{AB}$。此预共享密钥可用于经过身份验证的加密方案和经过身份验证的密钥协商协议。该方案的整体安全性取决于以下几点：底层加密函数的安全性；KGC 存储的特权信息的保密性；KGC 在向用户发放私钥（如私钥可以存储在卡中）之前进行的身份检查的彻底性；用户为防止卡丢失、复制或未经授权使用而采取的预防措施。

一些位置受限信道具有广播功能——它们可以同时到达多个目标。使用这样的广播通道，我们需要构建提供经过身份验证的基于群密钥的认证方案。我们假设每个节点都配备了一个秘密组身份密钥 $K_{IG}$ 和一个单向哈希函数 $H$。该方案还认为每个节点都有其本地标识符（ID）并能够计算其权重。节点权重是一个数值量，表示节点的当前状态。有许多因素会影响节点权重的计算：移动性、电池电量水平、与其他节点的距离、与周围环境相关的值（地形、温度、电池电量等）[219]。例如，SKiMPy[220] 是为紧急和救援操作中的移动自组网（MANET）设计的，它旨在建立一个全局对称密钥来保护网络层路由信息或应用层用户数据。在 MANET 初始化时，所有节点生成一个随机对称密钥，并通过 HELLO 消息在单跳邻居中发布。选择最佳密钥（具有最低 ID 号、最新时间戳等的密钥）作为本地群组密钥，借助预分发证书建立的安全通道，将最佳密钥传输到具有最差密钥的节点。该过程会重复进行，直到"最佳"密钥与 MANET 中的所有节点共享。一旦建立，组密钥就作为可信任性的证明。SKiMPy 提出了定期更新组密钥以应对密码分析的建议。更新后的密钥是从初始组密钥派生而来的。SKiMPy 在带宽使用上是高效的，因为节点在本地达成对最佳密钥的共识。由于密钥信息仅在邻居之间交换，因此不需要已经运行的路由协议。

### 8.4.2　路由安全性和攻击防范

在 Ad hoc 网络中，路由决定了数据的传输路径。有效的路由保证了数据的高效传输、网络的可扩展性、故障恢复能力以及安全性，对于各种应用程序和移动设备而言都至关重要。因此，良好的路由策略和协议是确保 Ad hoc 网络运行顺畅的关键因素。然而 Ad hoc 分布式的网络结构，也使得它的路由容易遭受到安全性攻击，路由攻击可以分为被动攻击和主动攻击。被动攻击不破坏路由协议的运行，而只是试图通过侦听路由流量来监听信息，这使得它很难被检测到。主动攻击是指通过在数据流中插入虚假报文或修改报文在网络中的传输，试图对数据进行不正确的修改、获取认证或授权。主动攻击又分为外部攻击和内部攻击，外部攻击是指由不属于网络的节点引起的攻击，内部攻击是指来自属于网络的受损或劫持节点的攻击。内部攻击通常更为严重，因为恶意节点已经作为授权方属于网络，这些节点受到网络安全机制和底层服务的保护，给安全机制带来更大的挑战。常见的主动攻击方式包括路由信息伪造、路由泛洪攻击、路由表溢出、重放攻击和黑洞攻击。

（1）路由信息伪造：攻击者伪装成合法节点发送虚假的路由更新信息，其所发送的虚假信息包括但不限于虚构的节点或路由路径。当其他节点接收到这些虚假信息时，它们可能会相信这些信息是合法的，并按照攻击者指定的路由路径来传输数据包。路由信息伪造会带来极其严重的后果，数据包可能到不了目的节点导致丢包，同时攻击者也可以轻松地窃取传输信息中的隐私内容。

（2）路由泛洪攻击：路由泛洪攻击的目的是耗尽网络资源，如带宽、节点的资源和电池电量，或者中断路由操作，导致网络性能严重下降。例如，在 AODV 协议中，恶意节点可以在短时间内向网络中不存在的目的节点发送大量的路由请求。因为没有节点会回复，所以这些路由请求会淹没整个网络，导致网络拥塞。因此，所有节点的电池电量以及网络带宽都将被消耗，并可能导致拒绝服务。

（3）路由表溢出：攻击者向网络中发送大量的路由请求消息或路由更新消息，以此来侵占路由表的存储空间，最终使得路由表发生溢出。当网络通信信道被大量路由消息占用时，网络将不堪重负，正常的数据包转发将难以完成。

（4）重放攻击：在Ad hoc网络中，由于节点的移动，拓扑结构经常发生变化。这意味着当前的网络拓扑在未来可能不存在。重放攻击就是一个节点记录另一个节点的有效控制消息，并在稍后重发。这将导致其他节点在自己的路由表中记录陈旧的路由。重放攻击可以被误用来模拟特定的节点，或者只是干扰Ad hoc网络中的路由操作。

（5）黑洞攻击：如图8.34所示，恶意节点A伪装成合法节点，发送路由消息标明自身是通往目的节点的最佳路径的必经节点，从而吸引大量的数据包发往该恶意节点，恶意节点可以选择滥用或者丢弃数据包，从而导致大量数据包无法到达目的节点。

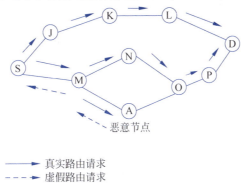

图 8.34　黑洞攻击

由于针对路由的攻击层出不穷，需要针对特定的攻击手段采取相应的防御机制，或者采用安全的路由协议。

对于路由信息伪造和路由表溢出，可以采用数字签名和认证来确保路由信息的真实性和来源可信，使得Ad hoc网络中的节点只接收有可信的节点签名的路由信息，从而避免虚假信息的干扰。同时还可以部署入侵检测系统检测异常路由信息的传播，尽早发现安全威胁并处理。Yi等人提出了一种基于路由请求速率的机制来防止AODV协议中的泛洪攻击[151]。在这种方法中，每个节点监视并计算其邻居的路由请求速率。如果邻居的路由请求速率超过了设置的阈值，则将该邻居的ID记录到黑名单中。然后，该节点从黑名单中列出的节点中删除所有未来的路由请求。

C.Adjih等人通过使用具有非对称密钥的时间戳来保护Ad hoc网络免受重放攻击，此解决方案通过比较接收到的消息中包含的当前时间和时间戳来防止重放攻击。如果时间戳离当前时间太远，则该消息被判断为可疑并被拒绝[152]。

针对黑洞攻击，可以要求中间节点在路由应答时包含其下跳的节点信息，然后源节点向该中间节点的下一跳节点发送路由请求消息，以验证是否存在到达目的节点的路径。如果存在，则信任该中间节点，并开始转发数据包；如果不存在，则把该中间节点拉入黑名单。如图8.35所示，假设节点3是一个恶意节点，它向源节点1发送应答消息，应答消息中包含的下一跳信息是节点5。源节点1并不会立即开始转发数据包，而是读取下一跳节点5的信息，然后向节点5发送验证消息以验证节点3是否有到达节点5的路由，以及节点5是否有到达目的节点的路由。最后，节点5将验证消息返回给源节点1，如果验证通过，则源节点1开始向节点3发送数据包，否则将节点3拉入黑名单。

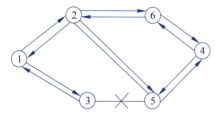

图 8.35 Ad hoc 网络拓扑

接下来介绍 Ad hoc 中的一些安全路由协议，最为典型的是基于动态源路由(DSR)协议提出的 ARIADNE 安全路由协议，它使用单向基于哈希的消息认证码(HMAC)来进行消息认证。下面举例说明该协议是如何保证路由安全的，源节点 $S$ 通过 $A$、$B$、$C$ 三个中间节点连接到目的节点 $D$，假设通过密钥管理和分发，可以使得接收方拥有发送方最新发布的密钥。路由请求(RREQ)和路由应答(RREP)消息的传播如下所示：

$S: p_S = (RREQ, S, D), m_S = HMAC_{K_{SD}}(p_S) S \to * : (p_S, m_S)$

$A: h_A = H(A, m_S), p_A = (RREQ, S, D, [A], h_A, []), m_A = HMAC_{K_A}(p_A) A \to * : (p_A, m_A)$

$B: h_B = H(B, h_A), p_B = (RREQ, S, D, [A, B], h_B, [m_A]), m_B = HMAC_{K_B}(p_B) B \to * : (p_B, m_B)$

$C: h_C = H(C, h_B), p_C = (RREQ, S, D, [A, B, C], h_C, [m_A, m_B]), m_C = HMAC_{K_C}(p_C)$

$C \to * : (p_C, m_C)$

$D: p_D = (RREQ, S, D, [A, B, C], h_C, [m_A, m_B, m_C]), m_D = HMAC_{K_{DS}}(p_D)$

$D \to C : (P_D, m_D, [])$

$C \to B : (P_D, m_D, [K_C])$

$B \to A : (P_D, m_D, [K_C, K_B])$

$A \to S : (P_D, m_D, [K_C, K_B, K_A])$

其中，"*"表示本地广播，$HMAC_{K_X}(\cdot)$ 表示节点 $X$ 利用自己的密钥 $K_X$ 生成的 HMAC，$H$ 为哈希操作。在 RREQ 阶段，源节点 $S$ 生成一个包含 RREQ、源节点序号 $S$、目的节点序号 $S$ 的字段 $p_S$ 并通过和目的节点 $D$ 相同的密钥 $K_{SD}$ 生成源节点 $S$ 关于 $p_S$ 的消息认证码 $m_S$，最后将字段 $p_S$ 和 $m_S$ 进行广播。节点 $A$ 接收到广播消息后，结合自身序号和 $m_S$ 进行哈希操作得到哈希值 $h_A$。然后节点 $A$ 将 $h_A$ 和自身序号添加到字段 $p_S$ 中得到新的字段 $p_A$，并通过密钥 $K_A$ 生成节点 $A$ 关于 $p_A$ 的消息认证码。以此类推，最终目的节点 $D$ 根据其已知的密钥 $K_{SD}$ 计算哈希链 $H(C, H(B, H(A, HMAC_{K_{SD}}(S, D))))$ 并与 $h_c$ 比对，以验证消息的完整性。在 RREP 阶段，目的节点 $D$ 会根据接收到的消息按照上述步骤生成自己的字段 $p_D$ 和消息认证码 $m_D$。目的节点 $D$ 会将包含 $p_D$ 和 $m_D$ 的消息发送给中间节点 $C$。中间节点 $C$ 需在规定时间内公布密钥 $K_C$（否则会被判定为恶意节点），最后将 $K_C$ 添加进 RREP 包中并转发给下一个节点。当源节点 $S$ 收到 RREP 时，根据密钥 $K_A$、$K_B$、$K_C$ 重新计算 $HMAC_{K_A}(p_A)$、$HMAC_{K_B}(p_B)$、$HMAC_{K_C}(p_C)$ 的值，并与接收的 $m_A$、$m_B$、$m_C$ 比对，如果一致才会接收这个 RREP。

SAODV 是 AODV 路由协议的安全版本，它能提供路由数据的完整性、身份验证和不可否认性。在 AODV 中，路由消息消息（如 RREQ 和 RREP）包含创建后不会更改的字段（如源节点和目的节点序号）和需要每个节点更改的字段（如跳数）。SAODV 针对这两类字段分别进行保护。首先是节点对它们创建的消息中不会更改的字段进行签名，这允许其他节点来验证消息的始发者。第二种方案是利用哈希链的思想保护节点创建的消息中需要每个节点更改的字段，例如跳数。这保证了节点提供的跳数值是准确的，没有被路径上的恶意节点所篡改。

SLSP 是一种基于链路状态的 Ad hoc 网络安全路由协议。类似 OSPF 协议，每个节点通过向邻居节点发送 HELLO 报文，确定与邻居节点的连通性。与此同时，每个节点创建一个包含邻居的序号和跳数等的链路状态更新（LSU）包，并定期向全网广播 LSU 包来更新链路状态信息。最终，每个节点通过从全网收集 LSU 包构建全局拓扑。在 SLSP 中，节点只有在收到两个不同节点的有效 LSU 包，且这两个 LSU 包关于某一链路的描述一致时，才会将该链路添加到全局拓扑中。因此，单个恶意节点无法成功注入虚假链路信息。SLSP 采用数字签名的方式进行身份验证。NLP 的 hello 消息和 LSU 数据包使用发送方的私钥进行签名。任何验证者都可以使用由发送方的有效证书所担保的公钥来验证消息的真实性。证书可以通过 LSU 数据包或专用公钥分发（PKD）数据包的附件传递给验证者。此外，SLSP 在其 NLP/LSU/PKD 中还采用了各种速率控制机制，例如生存时间和速率节流。因此，SLSP 不容易受到 DoS 攻击。

### 8.4.3 数据传输安全

安全的路由协议可以将外部节点的攻击阻挡在路由外部，但是无法保证内部攻击节点的存在，并且没有办法可以阻挡内部攻击，即使安全的路由协议可以阻挡恶意节点的内部攻击，恶意节点也可以在路由发现阶段不表现出来，最后针对数据传输的过程展开攻击，所以研究数据传输的安全非常有必要。

在 Ad hoc 网络中，数据传输的机密性和完整性是确保数据安全的关键因素。数据传输的机密性是指确保数据只能被授权的接收者读取，而不被未经授权的人访问，Ad hoc 网络通常是一种分布式的网络，没有中央的控制，攻击者可以轻松地窃听网络中的通信，从而造成信息泄露的后果。在 Ad hoc 网络中，可以通过使用一些密码学技术，如加密算法和秘密分享来实现机密性。加密是将数据转换为一种不易被理解的形式，只有具有正确密钥的接收者才能解密并阅读数据。这样，即使数据在传输过程中被拦截，攻击者也无法理解其内容。例如，S.Tan 等人提出了一种使用 AES 的加密算法，并以 AODV 作为底层协议的数据传输安全机制，可以显著提高网络吞吐量和数据包传送率等性能指标[157]。秘密分享是将数据分割成多个份额分发给不同参与者，单独的份额无法泄露任何数据信息，只有当足够数量的份额（达到预设的阈值）被组合时才能还原数据信息。例如，Lou 等人提出了一种可靠数据传输的安全协议，该方案的基本思想是通过秘密分享的方案将一个数据消息分成多个秘密份额，然后通过多个独立的路径将这些秘密份额分发给 Ad hoc 网络中的多个节点，这样即使少数节点被攻破，整个数据信息也不会被泄露[153]。数据传输的完整性是指确保数据在传输过程中没有被篡改或损坏。在 Ad hoc 网络中，攻击者可能试图在数据传输过程中插入恶意数据或篡改数据，如果数据在传输过程中被篡改，它可能会失去可信度，导致错误的决策或操作，从而造成严重的后果。在 Ad hoc 网络中，完整性可以通过数据完整性校验和哈希函数等技术来实现。发送者可以生成数据的哈希值，并将其与数据一起发送给接收者。接收者在接收数据后也会计算数据的哈希值，并与发送者发送的哈希值进行比较。如果两个哈希值不匹配，则说明数据在传输过程中发生了损坏或篡改，接收者可以拒绝接收数据或要求重新传输。

### 8.4.4 安全漏洞和入侵检测

在 Ad hoc 网络中，安全漏洞可能导致各种潜在问题。

（1）通信漏洞：由于 Ad hoc 网络通常依赖无线信道，数据传输缺乏有效的保护措施，使得数据的完整性和保密性得不到保障。

（2）路由协议漏洞：一些路由协议缺乏安全防御措施或者安全防御机制单一薄弱，容易遭受恶意攻击，这会对网络性能和可用性造成严重影响。

（3）缺乏身份验证：在 Ad hoc 网络中，因为节点能够随时加入或退出 Ad hoc 网络，可能不经过足够的身份验证，因此没有有效的方式来确认节点的身份，从而容易受到伪装和入侵的威胁。

（4）物理层漏洞：Ad hoc 网络中无线信号的传输缺乏一定的保护措施，容易受到电磁干扰。

由于信息系统可能存在各种安全漏洞，因此构建和维护一个不易受到攻击的系统在技术上是困难的，在经济上也是昂贵的。经验告诉我们永远不要依赖单一的防御技术。入侵检测可以定义为在入侵已经发生或正在发生时自动检测并随后产生警报，以提醒地点的安全设备。入侵检测一般有三种类型：基于异常的入侵检测、基于知识的入侵检测和基于规范的入侵检测。基于异常的入侵检测通过提取网络的正常行为模型与网络的当前行为进行比较，以检测网络中的入侵；基于知识的入侵检测系统维护一个知识库，其中包含已知攻击的特征或模式，并在尝试进行安全检测时寻找这些模式；基于规范的入侵检测显式地将规范定义为一组约束，然后使用这些规范来监视路由协议操作或网络层操作，以检测网络中的攻击，对规范的偏离被视为入侵。下面介绍几种作用在 Ad hoc 网络中的入侵检测方法。

IDRM 是一种入侵检测响应模型，可以增强 AODV 路由协议的安全性。如图 8.36 所示，一个节点 $i$ 首先对邻居数据进行收集，并将这些信息输入入侵检测模型（IDM）中，IDM 输出一个邻居节点的恶意计数，如果节点 $i$ 对邻居节点 $j$ 检测的恶意计数超过预定的阈值，节点 $i$ 会认定节点 $j$ 为嫌疑节点，然后通过入侵响应模型（IRM）向整个网络广播一个 MAL 数据包报告节点 $i$ 对节点 $j$ 的怀疑。嫌疑节点 $j$ 的邻居节点收到 MAL 数据包后，会检查自己对嫌疑节点 $j$ 的恶意计数值，如果也超过预定阈值，则会在整个网络中广播另一种 REMAL 数据包报告自己的怀疑。如果两个或更多节点报告嫌疑节点 $j$，则认定节点 $j$ 为恶意节点，并传输一种 PURGE 包以隔离恶意节点 $j$，所有具有通过恶意节点路由的节点都会寻找新的路由，并且所有发往恶意节点的数据包都会被丢弃。

图 8.36　IDRM 入侵检测和响应模型

基于动态源路由（DSR）协议中，可以通过安装额外的设施、看门狗和路径器识别和响应 Ad hoc 中的路由错误行为。例如在数据传输过程中，节点可能出现同意转发报文后不转发的错误行为，我们可以通过看门狗的方法检测和响应。如图 8.37 所示，假设从源节点 S 经过中间节点 A、B 和 C 到目的节点 D 存在一条路径，节点 A 可以侦听节点 B 的传输。节点 A 不能直接发送到节点 C，必须经过节点 B。为了检测节点 B 是否有异常行为，节点 A 可以维护节点

A最近发送的数据包的缓冲区。然后，节点A将从节点B截获的每个数据包与节点A的缓冲数据包进行比较，看看是否匹配。如果节点A发现节点B应该转发数据包但没有转发，则节点B的失败计数会增加。如果计数超过一个阈值，则认为节点B的行为不当。每个节点为它的邻居节点维护一个评级，该评级综合考虑了链路质量和邻居节点的失败计数，最后选择综合评级最优的路径。

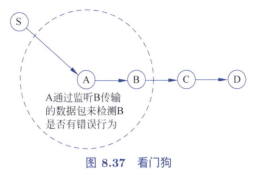

图 8.37　看门狗

### 8.4.5　服务质量和安全性平衡

传统的蜂窝网络具有固定的基础通信设施，能够提供优秀和可靠的QoS。而Ad hoc网络不具备基站等固定设施的支持，资源受到限制，所以在Ad hoc网络中提高QoS也是极其重要的。但是QoS和安全性是相互冲突的目标，它们会争夺有限的网络资源，强大的安全措施可能会引入一定的开销，并降低网络性能，从而影响QoS。例如，M. Hashem Eiza等人的研究中利用蚁群算法提出了一种安全的基于蚁群算法的车载自组织网络（MCQ）路由算法，在仿真过程中发现，因为增加了安全机制导致路由发现过程的时延增加，使得网络的QoS指标有所下滑[158]。Sun等人的研究中说明，随着节点发射功率的增加，通信范围随之增加，暴露给攻击者的风险更高，所以安全性会降低[159]。因此，需要在提供足够安全性的同时努力保证合适的QoS，这需要在具体的情况下做出权衡，以满足特定网络的需求。

## 8.5　练习题

练习8.1　移动设备有哪些组成部分？请展开说明每部分都分别具有哪些功能。

练习8.2　移动设备最核心的能力是什么？支持哪些基本的通用无线通信协议和模块？

练习8.3　移动设备安全可以大致分为几部分？请挑几部分展开说明移动设备在该部分面临哪些安全威胁？

练习8.4　从2G到5G，每一代都有什么样的安全问题？相对前一代解决了什么安全问题？

练习8.5　简述2G网络中的伪基站攻击。3G为什么可以防止伪基站攻击？

练习8.6　4G网络中为什么选择了AES作为加密算法？其主要考虑的因素有哪些？

练习8.7　5G网络中切片攻击的手段有哪些？如何防止切片攻击？

练习8.8　WEP能够提供的安全服务有哪些？分析WEP的脆弱性以及可能受到的安全攻击。

练习8.9　802.11安全性演进过程中产生了哪些数据保密性协议？比较它们使用的密码算法以及能够提供的保密性能。

练习8.10　共享密钥认证与802.1x分别通过哪些步骤建立STA与AP之间的身份认证？

比较两种方式的安全性。

**练习8.11** WPA2协议面临的安全攻击有哪些？如何抵御这些攻击？

**练习8.12** Ad hoc网络中基于证书的身份认证方案有哪几种？比较它们的异同。

**练习8.13** Ad hoc网络中常见的路由攻击有哪些？需要采取什么措施进行防范？

**练习8.14** Ad hoc网络中数据传输的机密性和完整性可以通过什么措施保证？

**练习8.15** Ad hoc网络中的入侵检测有哪些方法？简要介绍IRDM入侵检测响应模型的原理。

# 第9章

# 物联网安全

## 9.1 物联网概念及架构

物联网（Internet of Things，IoT）顾名思义是指将各种物体通过二维码、射频识别、传感器等信息感知设备与网络连接，以实现信息交换和通信的网络[160]。在物联网时代，现实世界中的各种实体，包括人，都通过网络融合在一起，形成虚拟的数字化空间，使每个物体都具备网络中独特的身份标识。最终的目标是实现智能化的识别、定位、跟踪、监控和管理，将现实的"万物"与虚拟的"网络"有机结合，构建一个数字化的物理世界。

### 9.1.1 物联网概念

物联网的最早提出可以追溯到比尔·盖茨的著作《未来之路》，它是一种网络概念，通过信息传感设备，如射频识别（Radio Frequency Identification，RFID）、红外感应器、全球定位系统、激光扫描器等，按照特定的协议将物体连接起来，实现信息交换和通信，以达到智能化的识别、定位、跟踪、监控和管理的目的。

2005年，国际电信联盟（Interational Telecommunication Union，ITU）发布了《ITU互联网报告 2005：物联网》，正式提出了"物联网"的概念，物联网的定义和范围已经发生了变化，覆盖范围有了较大的扩展，不再只是指基于 RFID 技术等的物联网。物联网主要解决物与物（Thing to Thing，T2T）、人与物（Human to Thing，H2T）、人与人（Human to Human，H2H）之间的连接，实现对"万物"的高效、节能、安全、环保的管、控、营一体化。具体而言，物联网通过互联网连接和交互的各种物理设备，如传感器、车辆、家居设备等，使它们能够相互通信和共享数据的网络。物联网的目标是实现物理世界与数字世界的融合，为人们提供更智能、便捷和高效的服务。

除了上面的定义之外，物联网在国际上还有如下几个代表性描述。

（1）国际电信联盟：从时—空—物的三维视角来看，物联网是一个能够在任何时间（Anytime）、任何地点（Anyplace）实现任何物体（Anything）互联的动态网络，它包括个人计算机之间、人与人之间、物与人之间、物与物之间的互联。

（2）欧盟委员：物联网是计算机网络的扩展，是一个实现物—物互联的网络。这些物体可以有IP地址，能够嵌入复杂系统中，通过传感器从周围环境获取信息，并对获取的信息进行响应和处理。

（3）中国物联网发展蓝皮：物联网是一个通过信息技术将各种物体与网络相联，以帮助人们获取所需物体相关信息的巨大网络。物联网使用射频识别、传感器、红外感应器、视频监控、全球定位系统、激光扫描器等信息采集设备,通过无线传感网、无线通信网络(如 Wi-Fi、WLAN 等)把物体与互联网连接起来,实现物与物、人与物之间实时的信息交换和通信,以达到智能化识别、定位、跟踪、监控和管理的目的。

总而言之,物联网的基本概念包括以下几个要素。

(1) 物体互联:物联网中的物体包括各种设备和对象,它们通过互联网络连接在一起,形成一个广泛而复杂的生态系统。这些物体具备感知和通信能力,能够实时地传递信息,创造出一个互相关联的世界,从智能城市到医疗保健系统,覆盖广泛,在日常生活中具有不可或缺的意义。

(2) 数据交互:在物联网中,物体可以持续地收集和共享各种类型的数据,这些数据不仅限于环境数据,还包括生产数据、健康数据和社交数据。这种数据交互不仅促进了设备之间的协作,还为决策制定、问题解决和创新提供了强大的决策和数据资源,促进了资源的有效利用。

(3) 无人操作:物联网系统具备自主性,能够在没有人工干预的情况下执行任务。这种自动化能力扩展到了各个领域,例如自动驾驶汽车、智能家居系统,甚至是工厂生产线,提高了效率,减少了错误和风险。

(4) 嵌入式技术:物联网设备依赖嵌入式技术,包括微处理器、传感器、通信模块等,它们嵌入设备中,赋予其感知和通信的能力。这些技术的迅速发展不仅提高了设备性能,还降低了成本,推动了物联网的普及。

(5) 广泛的应用场景:物联网的应用领域多种多样,涵盖各种日常和工业场景,可用于智能家居,改善生活舒适度;用于智慧城市,提高资源利用效率;用于工业自动化,提高生产效率;用于农业监测,优化农业生产;用于智能交通,提高道路安全性等诸多方面。

物联网是新一代信息技术的重要组成部分,也是"信息化"时代的重要发展阶段。物联网通过智能感知、识别技术与普适计算等进行了深度融合,形成具有边缘的智能化、连接的泛在化、服务的平台化、数据的延伸化的泛在网络,因此也被称为继计算机、互联网之后世界信息产业发展的第三次浪潮。

## 9.1.2 物联网架构及主要特点

物联网作为一种综合集成创新的技术体系,遵循信息的产生、传输、处理和应用原则,可以分为感知层、网络层和应用层三层[161]。图9.1展示了物联网的三层结构。这种架构模型广泛应用于物联网系统的设计和实施。

**1. 感知层**

感知层是物联网的最底层,其功能与人体结构中皮肤和五官等感知末梢的作用类似,用于识别物体、采集信息。感知层由传感器和传输网关构成,传感器包括温度传感器、湿度传感器、条码标签和读写器、RFID 标签和读写器、图像采集器等。传输网关则由感知模块、汇聚模块和通信模块等组成。感知层的主要任务是解决人类世界和物理世界之间的数据获取问题。这一层首先利用传感器、摄像头、读写器等设备采集外部物理世界的数据,或者已存储的条码、电子标签等信息,并通过短距离无线网络传输这些数据。目前,短距离无线网络应用较多的有 ZigBee、Wi-Fi、蓝牙、GLoWPAN、Z-Wave、低功耗广域网(如 NB-IOT、LoRa、Sigfox 等),其主要特点是能迅速组网、传输稳定可靠。

## 2. 网络层

网络层位于感知层和应用层之间，负责处理和传输感知层采集到的数据。网络层的主要任务是解决数据的传输问题，即通过通信网络进行信息的传递。网络层在整个网络架构中扮演着重要的角色，它可以被看作连接感知层和应用层的桥梁，类似人体的神经中枢系统，负责将从感知层获得的信息以安全可靠的方式传送到应用层，然后根据不同的应用需求进行进一步的信息处理。网络层主要由各种网络设备和组件组成，包括计算机、服务器、网关、网络接口卡、光纤收发器等。网络层从功能上可划分为接入网和传输网，分别实现接入功能和传输功能。接入网包括多种连接方式，如光纤接入、无线接入、以太网接入和卫星接入，用于实现底层传感器网络和RFID网络等在信息传输的"最后一公里"的连接。传输网则分为公共网络和专用网络，用于实现不同的功能。典型的传输网络包括电信网络（包括固定电话和移动通信网络）、广播电视网络、电力通信网络、互联网以及其他专用网络等。物联网的网络层整合了各种不同类型的网络，以构建更广泛的互联性。每种网络都具有独特的特点和适用场景，它们的相互组合应用可以充分发挥其最大效益。在实际应用中，信息通常通过一种或多种网络以组合的方式进行传输。物联网的网络层就像社会生活中的高速公路网络，处理着庞大的数据流量，并需要满足更高的服务质量要求。目前，网络通信技术主要有3G/4G/5G移动通信网络技术、TCP/IP、Wi-Fi和WiMAX、ZigBee、蓝牙等。物联网需要对现有网络进行高度融合和扩展，以实现更加广泛和高效的互联功能。

图 9.1 物联网技术架构

## 3. 应用层

应用层是物联网的最上层，它是物联网系统提供功能和服务的核心部分。应用层相当于人类处理各类复杂事情形成的方案，并实施完成。应用层可以对感知层采集的数据进行计算、处理和知识挖掘，根据需要反馈到感知层的执行机构，或做出更高层次的决策，从而实现对物理世界的实时控制、精确管理和科学决策。应用层主要由计算机、服务器、存储设备、中间件、基础软件、应用软件组成。应用层位于物联网三层结构的顶层，其核心职能主要围绕两方面展开：一方面是数据的管理和处理，另一方面是将这些数据与特定应用相结合，以解决相关问题或辅助决策。例如，在智能电网中的远程电力抄表应用中，家庭内的电表充当感知层中的传感器，它们收集用户用电信息，并通过网络传输至发电厂的处理器。这个处理器以及其相关工作属于应用层，其主要任务包括对用户用电信息的分析以及自动采取相应的措施。此外，应用层也涉及各种应用场景，如智慧农业、智慧城市、移动智能、智能电网等，这些应用正在逐渐普及和发展。物联网应用层从结构上可以分为中间件、物联网应用和云计算平台。基础设施为应用层提供必要的物理基础，主要包括机房、服务器、存储设备、驱动设备等。中间件是一种独立的系统软件或服务程序，它将各种可以公用的能力进行统一封装，提供给物联网应用使用。物联网应用就是用户直接使用的各种应用，如智能操控、安防、电力抄表、远程医疗、智能农业、智慧城市等。应用层用到的关键技术主要包括信息处理、解析服务、云计算、网络管理、Web服务等。其中，云计算是计算机和网络技术相融合的产物，同时也是物联网发展的关键技术之一。在物联网的三层架构中，各层的网络技术已经相当成熟，感知层的发展也十分迅速。然而，应用层较为滞后，无论是在受到的重视程度还是在技术成果方面都有所不足。尽管如此，应用层的前景非常光明，它可以为用户提供具体的服务，与日常生活最为密切相关，因此在未来具有巨大的发展潜力。

这种三层架构模型的优势在于将物联网系统的功能和任务分层，使得不同层次之间的职责清晰，易于扩展和管理。感知层负责数据的采集和传输，网络层提供数据的传输和连接，应用层提供数据的处理和应用。这种分层结构有助于提高系统的灵活性、可靠性和安全性，同时也为不同应用领域的定制提供了便利。

结合物联网的三层体系结构，物联网的主要特点可以概括为全域感知、密集传输与智能处理。

（1）全域感知是利用RFID、二维码、传感器、全球定位系统（Global Positioning System，GPS）、北斗导航定位系统、自组织传感器网络等对物体的各种信息进行及时、全面的感知与识别。

（2）密集传输是利用有线/无线网络、广电网、通信网，基于IPv6的下一代互联网等可靠、安全地在感知层与应用层之间双向传输信息与指令，并且使用的通信网络技术在不断发展变化。

（3）智能处理是运用数据挖掘、云计算等各种智能计算技术对接收到的信息按照不同的需求目标进行处理，实现智能化决策与控制。信息处理技术与设备正向智能化的方向发展。

物联网是一个庞大的信息采集、传输、智能计算和处理网络，它通过各种感知终端设备采集信息，然后通过有线或无线方式将这些信息传输到互联网上。这些大数据信息经过云计算和大数据等智能技术的处理和分类，以满足不同用户的需求。值得注意的是，物联网跨足多种异构网络，因此信息传输必须适应各种不同的网络和通信协议。因此，根据物联网的架构，可以将其产业链大致分为三个层次。

（1）传感网络：传感网络是物联网的基础，包括各种硬件设备，如二维码、RFID标签和传感器。这些设备的任务是在物体上添加智能，它们能够感知、识别和采集各种信息，例如温度、湿度、位置和状态。这一层次的关键在于使物体变得"聪明"，使其能够主动传递数据，并与其他物体互动。

（2）传输网络：一旦数据由传感网络采集，它就需要通过广泛的通信基础设施传输到目的地。传输网络利用现有的互联网和通信网络，确保数据能够安全、快速地传送，包括云计算和各种网络协议，以便将数据从传感网络传递到应用网络，为用户和设备提供信息。

（3）应用网络：应用网络是物联网的大脑，它位于整个架构的顶层。这一层次涉及数据的处理、分析和应用。数据从传输网络传送到应用网络，然后被解释、分析和加工，以提取有用的信息和结论。这个层次通常包括各种应用程序、算法和决策系统，用于监控、拦截和操作物联网中的物体。

中国产业信息研究网发布的《2017—2022年中国RFID行业运行现状分析与市场发展态势研究报告》提供的数据显示，2016年中国的RFID市场规模达到了庞大的542.7亿元人民币。这一市场规模的扩大带来了大量潜力巨大的信息存储处理、IT服务整体解决方案等信息服务产业的涌现。目前，中国已经建立了相当规模的市场，物联网技术已广泛应用于公共安全、城市管理、环境监测、能源效率改善、交通监管等各个领域。一些城市，如无锡和厦门已经积极投入布局，推动物联网行业的应用，并在建设示范工程和示范区方面取得了进展。根据预测，2035年前后，中国的传感网终端数量将达到数千亿个，而到2050年，传感器将无处不在，用于监测动物、植物、机器和物品。这将大大推动信息技术的进步和发展，传感器和相关设备的数量将远远超过手机的数量，为未来的科技发展带来更广阔的前景。

中国物联网市场的蓬勃发展和巨大潜力为创新和经济增长提供了重要机遇。政府、企业和学术界都在积极推动物联网技术的研发和应用，以推动社会的智能化和数字化转型。物联网将在各个行业中创造大量的经济价值，而中国作为全球最大的人口国家和市场，将在这一潜在经济增长机会中发挥至关重要的作用。中国的庞大市场规模为企业提供了广阔的销售机会，同时也吸引了国内外的投资和创新，加速了产业升级和发展，这意味着中国有机会成为物联网技术和解决方案的领导者，推动各个领域的创新和发展。此外，物联网还将创造许多新的就业机会，包括传感器制造、数据分析、网络安全和应用开发等领域，有望提供数百万个工作岗位，有助于降低失业率和提高人民的生活水平。物联网的发展还将促进数字经济的崛起，为中国带来更多的创新竞争力，在国际舞台上发挥更大的作用。

## 9.2 物联网安全问题

物联网安全是信息安全理论与技术在物联网行业的延伸，传统互联网信息安全概念与技术需要依据物联网的专有属性进行扩展，形成物联网信息安全的体系。

### 9.2.1 物联网安全需求

物联网引入了大量的新设备，这些设备都将被部署或联入整个组织或系统内部。每个联网设备都有可能成为物联网基础设施或个人数据的潜在入口，从这些设备中获取的数据是可以被分析和利用的，对这些数据的分析可能会发现未知关联，而这将会导致个人或组织对隐私的担忧。数据安全和隐私是非常重要的，但由于物联网需要有良好的操作性以及设备存在异构性，且智能平台会被设计为自主决策。因此，物联网在成型之初就嵌入了具有复杂性的安全漏洞和潜在漏洞，与物联网相关的潜在风险将达到前所未有的高度。由于物联网的功能复杂性可能会造成更多与之相关的漏洞，隐私风险将会在物联网中呈上升趋势。在物联网中，很多信息都与我们的个人隐私信息有关，如出生日期、地点、采购预算等，这是对大数据的一个挑战，安全专家就是要确保能充分考虑到整个数据集存在的潜在隐私风险。物联网应该在合法的、道德的、社会的、政治的可接受方式下实施，这种方式也应考虑法律挑战、系统方法、技术挑战和商业挑战。

安全问题一直是物联网的一大关切问题，但是物联网最重要的数据安全和隐私问题还没有明确的界定。数据安全和隐私问题对于物联网并不是新生事物，类似问题已经在RFID应用中遇到过。例如，当带有RFID标签的电子护照准备通行时，该护照数据可被一个从eBay上花250美元买到的设备读取（该设备能在30英尺的范围内读取护照信息），对此，美国国务院不得不修改RFID标签。

在探讨物联网的安全性时，需要注意的是，物联网仍是一项发展中的事物。目前，万物都在联网，这一状况还会继续发展。在此基础上，设备间的数据共享和自主机器操作将会出现，而且整个过程完全不需要人为干预。这种完全自动化的操作如果被黑客操控，则会给国家基础设施、环境、电力、水和食物供应等带来实实在在的安全威胁。在万物互联的情况下，各台设备都是其中的一部分。由于物联网设备通常安装在恶劣的环境中，因此设备并不具备物理上的安全性，获得控制权的人立即就能访问这些设备，之后便可对其上的数据进行拦截、读取或更改，还能控制并更改此设备的功能。这些情况的发生不断加大着物联网的安全风险[162]。

与一般的网络类似，图9.2展示了一个简单的物联网安全架构的安全需求，主要表现在六方面。

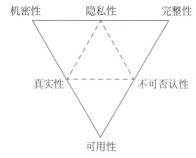

图 9.2 物联网中的安全需求

（1）机密性：数据合法授权。
（2）完整性：数据可信。
（3）可用性：在需要时数据是可访问的。
（4）不可否认性：服务提供可信审计跟踪。
（5）真实性：各组件可以证明自己的身份。
（6）隐私性：服务不会自动查看客户数据。

从物联网的本质或基本结构，以及威胁问题导向分析，物联网安全主要体现在两个维度：一是网络分层结构安全及物联网网络安全，以及物联网多组件、多成分的安全；二是物联网实体（系统、网络、终端）本身的物理安全。其中，相关实体物理安全的讨论不是本章的关注重点。

物联网中的对象收集并汇聚与服务相关的碎片化数据，使得隐私风险变大。在位置、时间、重现等上下文关联的情况下审查事件，通过对多点数据的整理可以迅速转换为个人信息，这是大数据挑战的一个方面，安全专家就是要确保能充分考虑到整个数据集存在的潜在隐私风险。

## 9.2.2 分层结构的安全威胁分析

物联网是互联网的延伸,分为感知层、网络层和应用层三大部分。从结构层看,物联网相比互联网新增加的环节为感知部分。感知包括传感器和标签两大方面。传感器和标签的最大区别在于:传感器是一种主动的感知工作方式,标签是一种被动的感知工作方式。除感知部分之外,物联网具有互联网的全部信息安全特征,加之物联网传输的数据内容涉及国家经济社会安全及人们日常生活的方方面面,所以物联网安全已成为关乎国家稳定、社会安全、经济有序运行、人们安居乐业的全局性问题,物联网产业要健康发展,必须解决安全问题。

与传统网络相比,物联网发展带来的信息安全、网络安全、数据安全乃至国家安全问题将更为突出,要强化安全意识,把安全放在首位,超前研究物联网产业发展可能带来的安全问题。

在物联网系统中使用多种通信技术的同时,也使其包含更多的新型安全问题。物联网安全除了面临传统互联网的安全威胁,还面临物联网的感知层、网络层、应用层所独有的威胁。

**1. 感知层威胁分析**

感知层的任务是全面感知外部信息,也就是收集原始数据。这一层常见的设备包括 RFID 装置、各类传感器(如红外、超声、温度、湿度、速度等传感器)、图像捕捉设备(如摄像头)、位置感知器(GPS)、激光扫描仪等。这些设备收集的信息通常具有明确的应用目的,因此在传统应用中,这些信息通常会被直接处理和应用,例如公路摄像头捕捉的图像信息可用于交通监控。然而,在物联网应用中,各种类型的感知信息可能会同时被处理和综合利用,甚至不同感测数据的结果可能会相互影响其他控制和调节行为。例如,湿度感测结果可能会影响温度或光照的控制调节,导致信息的综合应用变得更为复杂和智能化。

同时,物联网应用的一个重要特点是信息的共享,这是物联网与传感网最大的区别之一。举例来说,交通监控的录像信息可能会被同时用于公安犯罪侦破、城市规划与设计、城市环境监测等多个领域。因此,如何处理这些感知信息将直接影响到信息的有效应用。为了确保相同的信息可以在不同的应用领域得到有效利用,感知信息需要传输到一个综合处理平台,这正是物联网的应用层所扮演的角色。

感知层可能遇到的安全挑战包括下列情况。

(1)攻击者非法获取感知节点所感知的信息,导致信息或秘密泄露。
(2)攻击者非法控制感知层的关键节点,使整个层级的安全性丧失。
(3)攻击者非法控制感知层的普通节点(攻击者获得节点密钥)。
(4)攻击者非法捕获感知层的普通节点(攻击者未获得节点密钥,故无法控制节点)。
(5)感知层的节点(包括普通节点和关键节点)遭受来自网络的拒绝服务攻击。
(6)处理大量接入物联网的感知节点的标识、识别、认证和控制问题。

如果感知节点获取的信息没有得到充分的安全保护,或者安全保护措施不够强,那么这些信息有可能被不法第三方获取。有时,这种信息泄露可能会导致严重的危害。鉴于考虑到安全保护措施的成本或使用的便捷性等因素,一些感知节点可能会选择不采取安全保护措施,或者仅采用简单的安全保护措施,这会导致大量信息的不安全传输,而这可能在不经意间引发严重后果。

捕获关键节点并不等同于控制该节点,事实上,一个感知层的关键节点实际被非法控制的可能性非常低。这是因为要掌握该节点的密钥(无论是与感知层内部节点通信的密钥还是与远程信息处理平台共享的密钥)是非常困难的。如果攻击者能够获取一个关键节点与其他节点的共享密钥,那么他可以劫持该关键节点,进而获得该节点传出的所有信息。然而,如果攻击者不知道该关键节点与远程信息处理平台的共享密钥,那么他无法篡改发送的信息,只能阻止部分或全部信息的传输,这样容易被远程信息处理平台察觉到。

感知层经常面临的情况是一些普通节点遭到攻击者的控制,然后被用于发动攻击。攻击者通过控制这些节点,能够获取与关键节点的所有互动信息。攻击者的目标不仅限于被动监听,还可能包括通过受控的感知节点传输错误数据。因此,感知层的安全需求需要包括检测恶意节点行为并采取阻断措施,同时在阻断一些恶意节点后(假设这些节点的分布是随机的)确保感知层的连通性。

对感知层的分析往往难以确定是否涉及攻击行为。与主动攻击网络不同,更常见的情况是攻击者捕获一些感知节点,而无须解析其预设密钥或通信密钥(这种解析通常需要成本和时间),他们只需识别节点的类型,例如判断节点是否用于测量温度、湿度或噪声等。有时,这种类型的分析对攻击者非常有用。因此,安全的感知层需要具备保护其操作类型的安全机制。由于感知层最终需要与外部网络(包括互联网)相连接,因此难免会受到来自外部网络的威胁。在外部网络攻击中,主要的已知攻击类型除了非法访问之外,拒绝服务(Denial of Service,DoS)攻击也是一种常见的威胁。由于感知节点通常具有有限的资源(包括计算和通信能力),因此它们相对较难对抗 DoS 攻击。在互联网环境中,即使不被识别为 DoS 攻击的访问也可能导致感知网络瘫痪。因此,感知层的安全性需包括节点抵御 DoS 攻击的能力。考虑到外部访问可能直接针对感知层内部的某个节点(例如,远程控制启动或关闭红外装置),由于感知层内的普通节点通常资源较有限,相对于网关节点来说,其能力较弱。因此,网络的防御能力需要考虑到关键节点和普通节点两种情况[164]。

感知层接入互联网或其他类型网络所引发的问题不仅包括感知层如何应对外部攻击,更关键的是如何进行与外部设备的相互认证。然而,认证过程需要特别考虑感知层资源有限的情况,因此必须尽量减小认证机制所带来的计算和通信成本。此外,对于外部互联网来说,其连接的各种感知系统或网络的数量可能非常庞大。在这种情况下,区分这些系统或网络及其内部的节点并有效地进行识别,是建立安全机制的先决条件。

因此,感知层的安全问题可以分为物联网终端和感知层两类。

物联网终端节点的安全需求包括物理安全保护、访问控制、认证、不可抵赖性、机密性、完整性、可用性和隐私。终端节点的潜在安全威胁和安全漏洞总结见表 9.1。

表 9.1 物联网终端的安全威胁

| 安全威胁 | 描 述 |
| --- | --- |
| 未授权访问 | 由于物理捕获或逻辑攻击导致终端点的敏感信息被攻击者捕获 |
| 可用性 | 由于物理捕获或逻辑攻击导致终端点停止工作 |
| 欺骗攻击 | 利用恶意软件节点,攻击者通过伪造数据进而伪装成物联网终端设备、终端节点或网关 |
| 自私威胁 | 一些物联网终端节点停止工作,以节省资源或带宽,导致网络故障 |
| 恶意代码 | 病毒、木马和垃圾邮件,可能导致软件故障 |
| 拒绝服务 | 试图使其用户无法使用物联网终端资源 |
| 传输威胁 | 传输中的威胁,如终端、阻塞、数据操纵、伪造等 |
| 路由攻击 | 在路由通道上攻击 |

感知层的安全需求包括机密性、数据来源认证、设备认证、完整性、可用性和长期性。感知层的潜在安全威胁和安全漏洞分析见表9.2。

表 9.2  感知层安全威胁和漏洞分析

| 物联网终端节点威胁和漏洞 | 物联网终端 | 物联网终端节点 | 物联网网关 |
| --- | --- | --- | --- |
| 非授权访问 | √ | √ | √ |
| 自私威胁 |  | √ | √ |
| 欺骗攻击 |  | √ | √ |
| 恶意代码 | √ | √ | √ |
| 拒绝服务 | √ | √ |  |
| 传输威胁 |  |  | √ |
| 路由攻击 | √ | √ |  |

**2. 网络层威胁分析**

物联网网络层的主要任务是将感知层收集的信息安全可靠地传输到应用层,并根据不同的应用需求进行信息处理。网络层实际上构成了网络基础设施,包括互联网、移动网络以及一些专业网络(如国家电力专用网和广播电视网络)等。在信息传输的过程中,可能会经过一个或多个不同架构的网络进行数据传递。例如,普通电话座机与手机之间的通话就是一个典型的跨网络架构的信息传输实例。跨网络传输在信息传递中是常见的,而在物联网环境中,这种情况更加突出,可能会在正常的事件中引发信息安全隐患。

当前的网络环境面临着前所未有的安全挑战,而物联网网络层所处的网络环境也不例外,甚至可能面临更大的挑战。此外,由于不同架构的网络需要相互连接,因此在跨网络架构的安全认证等方面可能会面临更大的挑战。初步的分析表明,物联网网络层可能会面临以下安全挑战。

(1)非法接入。

(2)DoS和分布式拒绝服务(Distributed Denial of Service,DDoS)攻击。

(3)假冒攻击、中间人攻击。

(4)跨异构网络的网络攻击。

(5)信息窃取、篡改。

此外,还应注意网络的管理、能耗以及服务质量(Quality of Service,QoS)的问题。网络层可能面临非授权节点非法接入的风险,如果未采取适当的网络接入控制措施,则可能导致非法接入的情况发生。这种情况可能会增加网络层的负担或导致传输错误的信息。

随着物联网的发展,当前的互联网或下一代互联网将成为物联网网络层的核心基础设施,大部分数据需要通过互联网进行传输。然而,互联网仍然面临着DoS攻击和DDoS攻击等问题,因此需要更强化的预防措施和灾难恢复机制。鉴于物联网连接的终端设备性能和网络需求存在巨大差异,对网络攻击的防御能力也会有很大差异。因此,设计通用的安全解决方案可能较为困难,应根据不同网络性能和需求采用不同的防御措施。

在网络层,异构网络之间的信息交换可能成为安全性的弱点,特别是在网络认证方面,中间人攻击以及其他类型的攻击(如异步攻击、合谋攻击等)可能会存在。为应对这些潜在威胁,需要加强安全防护措施。

在信息传输过程中,攻击者可能非法获取或篡改相关信息。因此,必须采取保密措施,对信息进行加密保护。考虑到物联网的部署、移动性和复杂性，信息的个人隐私安全至关重要。尽管现有的网络安全技术可以为物联网提供隐私和安全保护的基础，但仍需要进一步的研究和工作。网络层的整体安全需求包括机密性、完整性、隐私保护、认证、组认证、密钥保护、可用性等[165]。

网络层可能遭受的网络攻击如下，其相关安全威胁总结见表9.3。

表 9.3　网络层安全威胁

| 安全威胁 | 描　　述 |
| --- | --- |
| 数据泄露 | 将安全信息发布到不受信任的网络 |
| 拒绝服务 | 试图造成物联网终端节点资源对其用户的不可用 |
| 密钥泄露 | 网络中的各类型密钥存在泄露的可能 |
| 恶意代码 | 能引起软件崩溃的病毒、木马和垃圾邮件 |
| 传输威胁 | 传输中的威胁，如终端、阻塞、数据操纵、伪造等 |

（1）隐私泄露：物联网设备的分布和普及意味着用户的隐私数据容易受到侵犯。攻击者可能物理接触设备或网络，获取用户身份、位置和其他敏感信息，构成了潜在的威胁。这种隐私泄露可能导致个人数据的滥用和侵权。

（2）过度连接：物联网的过度连接可能带来两个安全问题。首先，拒绝服务攻击可能会通过占用网络带宽引发网络阻塞，进一步导致 DoS 攻击，使合法用户无法访问服务。其次，过度连接网络中的密钥管理可能导致严重的资源浪费，因为设备需要维护大量密钥，增加了潜在的漏洞和攻击面。

（3）中间人攻击：中间人攻击是一种欺骗性的攻击方式，攻击者与受害者之间建立独立连接，然后中继信息，使受害者误以为他们在通过私有连接进行直接对话，实际上，攻击者完全掌控了整个对话，潜在地威胁了数据安全。

（4）虚假网络消息：攻击者可以伪造虚假指令，通过物联网网络发送虚假数据，这可能导致设备的误操作、孤立或不正当操作。这种攻击可能引发不必要的服务中断或系统故障。

（5）机密性与完整性受损：攻击者能够截取、篡改或窃取物联网传输的数据。这威胁了数据的机密性，因为敏感信息可能会泄露，同时也损害了数据的完整性，因为数据可能被篡改，导致错误的决策或操作。

（6）中继攻击：中继攻击是一种复杂的攻击形式，攻击者通过转发或延迟合法数据，伪造身份以访问已建立的连接。这可能导致数据的不正当访问，欺骗系统，进一步威胁网络的安全性。

**3．应用层威胁分析**

物联网应用层的主要挑战在于实现智能化处理。智能化的目标是使处理过程更加方便和高效，特别是在处理海量数据时。然而，自动化处理对于检测恶意数据，尤其是恶意指令的识别能力有一定限制。当前的智能化处理仅能按照预定规则进行数据过滤和识别，而攻击者往往可以绕过这些规则。这个问题类似垃圾邮件过滤一直面临的挑战，多年来一直未能得到完全解决。因此，应用层的挑战包括如下几方面。

（1）处理海量数据：物联网应用需要有效处理来自大量终端设备的庞大数据流，包括数据采集、实时传输、存储和分析，以提取有用的信息。有效的数据管理和分析算法对应对这一挑战至关重要，同时还需要关注数据隐私和合规性。

（2）智能降级：尽管物联网应用的目标是智能化，但在某些情况下，恶意攻击或技术问题可能会导致智能降级。因此，在设计应用层系统时，必须考虑智能的备用模式和容错机制，以确保系统在面临异常情况时继续运行，并尽可能减少性能下降。

（3）失控风险：自动化处理技术的广泛应用可能导致系统失控，尤其是在缺乏足够控制措施的情况下。因此，确保系统的可控性至关重要，包括严格的权限控制、监控和响应机制，以及应对突发情况的计划。

（4）灾难控制和恢复：应用层需要具备应对灾难性事件的能力，如数据丢失、系统故障等。这需要制定有效的灾难恢复计划，包括数据备份、系统冗余和快速恢复机制，以减少中断时间和数据损失。

（5）内部攻击：物联网应用的威胁不仅来自外部，还可能源自内部，包括员工、供应商或合作伙伴。因此，需要采取适当的控制措施来监测和防范内部威胁，包括访问控制、审计和培训。

（6）设备丢失：物联网设备，尤其是移动设备容易丢失或被盗，这可能导致敏感数据泄露。应用层需要考虑设备的物理和数据安全，包括设备锁定、数据加密和设备追踪，以应对潜在的风险。

在物联网时代，信息处理变得非常复杂，涉及多种数据类型和分布式平台。不同性质的数据需要通过多个不同的处理平台协同处理。然而，为了使这些数据得到有效处理，首先需要对其进行分类和分配到适当的处理平台。此外，由于安全性的要求，许多信息以加密形式存在，因此如何快速有效地处理大量的加密数据成为智能处理的主要挑战。

应用层的设计涉及各种综合或个体化的具体应用业务，有些安全问题可能无法通过前面几个逻辑层的安全解决方案来解决。隐私保护是其中一个典型问题，特别适用于某些特殊应用场景，因此它被视为应用层的特殊安全需求。在物联网中，数据共享涉及不同权限级别的数据访问，因此需要确保安全的数据访问控制机制。此外，应用层还需要考虑知识产权保护、计算机取证、计算机数据销毁等方面的安全需求和相应的技术措施。这些问题需要深思熟虑的解决方案，以确保物联网应用的安全性和隐私保护。

应用层面临的安全需求主要包括以下方面[166]。

（1）数据库内容筛选：如何有效地根据不同用户的访问权限对同一数据库内容进行筛选和访问控制，以确保敏感信息只被授权用户访问。

（2）用户隐私保护和认证：如何在提供用户隐私信息保护的同时确保有效的用户身份认证，以防止未经授权的访问和数据泄露。

（3）信息泄露追踪：如何快速追踪和识别信息泄露事件，以及采取必要的措施来限制损失和防止未来的泄露事件。

（4）计算机取证：如何有效进行计算机取证以获取证据，以便在安全事件发生后进行调查和追溯，从而确定责任和采取适当的法律措施。

（5）计算机数据销毁：如何安全地销毁计算机数据，以确保在设备不再使用或需要报废时，不会有敏感信息被恶意获取。

（6）知识产权保护：如何保护电子产品和软件的知识产权，以防止盗版、非法复制和侵权行为，确保创新和知识产权的合法权益得到维护。

这些安全挑战需要在应用层采取有效的安全策略和技术措施来应对，以确保物联网应用的安全性和合法性。在物联网中，确实需要根据不同的应用需求对共享数据分配不同的访问权限，以便实现高效的数据利用。举例来说，道路交通监控数据是多功能的，可应用于城市规划、交通管制和公安侦查等领域。然而，不同的应用场景对于相同的数据可能存在不同的要求，包括图像清晰度和数据访问权限。例如，当这些数据用于城市规划时，通常只需要低分辨率的图像，因为此时关注的重点是了解交通拥堵的整体情况。但如果用于交通管制，需要更高分辨率的图像，以及实时的交通信息或事故检测。而在公安侦查方面，需要非常清晰的图像，以准确识别车辆牌照等关键信息。因此，如何根据不同的应用需求提供适当的图像清晰度和数据访问权限是一个复杂的挑战。

随着物联网中个人和商业信息的网络化日益增加，这使得隐私保护成为一个重要问题。隐私保护需要采取适当的技术和政策措施，以确保用户的个人信息不会被滥用或泄露，包括数据加密、访问控制、身份认证等技术手段，以及合规性和法规方面的考虑。

在物联网商业活动中，难以完全防止恶意行为的发生。如果能根据恶意行为所造成后果的严重程度给予相应的惩罚，那么就可以减少恶意行为的发生。这从技术上需要收集相关证据。因此，计算机取证就显得非常重要，当然这有一定的技术难度，主要是因为计算机平台种类多，包括多种计算机操作系统、虚拟操作系统、移动设备操作系统等。与计算机取证相对应的是数据销毁。数据销毁的目的是销毁那些在密码算法或密码协议实施过程中产生的临时中间变量，一旦密码算法或密码协议实施完毕，这些中间变量将不再有用。但这些中间变量如果落入攻击者手中，则可能为攻击者提供重要的参数，从而增大攻击成功的可能性。因此，这些临时中间变量需要及时、安全地从计算机内存和存储单元中删除。计算机数据销毁技术不可避免地会为计算机犯罪提供证据销毁工具，从而增大计算机取证的难度。因此，如何处理好计算机取证和计算机数据销毁这对矛盾是一项具有挑战性的技术难题，也是物联网应用中需要解决的问题。应用层的安全威胁总结见表9.4。

表 9.4 应用层的安全威胁

| 安 全 威 胁 | 描 述 |
|---|---|
| 隐私泄露 | 隐私泄露或恶意位置追踪 |
| 应用服务滥用 | 非授权用户访问应服务或授权用户访问注销服务 |
| 服务信息操纵 | 攻击者伪造身份操纵服务信息 |
| 服务否认 | 否认已经执行的操作 |
| 远程配置失败 | 接口处配置失败 |
| 错误配置 | 远程错误配置终端节点、设备或网关 |
| 安全信息泄露 | 日志和密钥泄露 |
| 管理系统入侵 | 管理系统出现错误 |

在设计物联网安全解决方案时，可以参考以下几项规则[167]。

（1）关注终端节点安全：物联网终端节点通常是无人值守的，因此需要特别关注它们的安全性，包括确保节点具备强密码和身份验证机制，以及对固件进行定期更新，以修补已知的漏洞。另外，物联网设备的物理保护也至关重要，以防止未经授权的访问和恶意操作。

（2）基于能效策略设计：由于物联网规模庞大，安全解决方案应注重能效。这意味着设计要考虑到资源受限的终端设备，确保安全性不会过度耗费能源或计算资源。采用轻量级加密算法、有效的密钥管理和数据压缩等策略可以帮助在有限资源下提供足够的安全性。

（3）广泛适用的安全解决方案：物联网的多样性意味着安全解决方案必须具备灵活性，

以适应各种不同需求。这可能需要定制化的安全方案，以满足不同行业、应用和设备类型的特定需求。通用性的安全标准和协议也至关重要，以确保互操作性和数据的一致性安全性。这种综合性方法可以应对物联网的多重挑战。

物联网的主要市场集中在商业应用领域，其中包括大量需要严密保护的知识产权产品，如电子产品和软件等。随着物联网应用的不断发展，对电子产品知识产权的保护将面临更为迫切的需求和全新的挑战。因此，亟须研发相应的技术来确保这些知识产权的安全。

**4. 跨层威胁分析**

物联网架构的信息可以在其三个层次之间共享，以促进服务和设备之间的协同工作。然而，这也引发了一系列安全挑战，包括但不限于可信性保证、用户隐私和数据安全以及不同层次间的安全数据共享。在物联网架构中，信息在不同层次之间流动，可能存在潜在的威胁。此外，在物联网运维的过程中，也可能涉及网络配置、安全管理和应用关系等相关的安全问题。跨层威胁总结见表9.5。

表 9.5 跨层威胁总结

| 安 全 威 胁 | 描　　述 |
| --- | --- |
| 边界敏感信息泄露 | 在层的边界处敏感信息可能未被保护 |
| 身份欺骗 | 不同层的身份可能有不同的优先级 |
| 层间敏感信息扩散 | 敏感信息在不同层间扩散并导致信息泄露 |
| 远程配置失败 | 远程配置终端节点、设备或网关失败 |
| 错误配置 | 远程错误配置终端节点、设备或网关 |
| 安全信息泄露 | 日志和密钥泄露 |
| 管理系统入侵 | 管理系统出现错误 |

跨层的安全需求包括：①安全保护，在设计和运行时确保安全；②隐私保护，物联网系统中的个人信息访问、隐私标准和安全增强技术；③可信性必须作为物联网架构的一部分，并且必须内置于其中。

## 9.2.3 多组件、多成分的安全威胁分析

物联网安全的复杂性体现在多个组件和层面，包括物联网设备的芯片、终端及其操作系统的安全性、网络层面的安全、管理平台的安全、应用层的安全以及企业运营的安全。因此，需要在这几个层面实施安全技术和措施来确保全面的安全保护。为了实现每个层面的安全，必须考虑到物联网中不同层面的依赖和相互支撑关系。这意味着需要构建一个端到端的安全防御体系，其中包括终端设备（端）、传输网络（管）、数据中心和应用（云）等各个环节。特别需要强调的是，建立基于整个物联网的安全态势感知是非常重要的一部分，以便及时识别和应对潜在的安全威胁。

**1. 芯片和轻量化操作系统安全**

为了确保物联网设备的安全性，安全芯片成为各种高安全性物联网设备的首选。芯片制造商采用可信赖平台模块（Trusted Platform Module，TPM）和可信执行环境（Trust Execution Environment，TEE）等技术来实现硬件级别的高度加密和隔离。这些技术提供了可信的执行环境和安全存储，将关键的加密密钥存储在可信芯片中，以防止数据泄露。同时，它们支持设备的安全启动，对软件和固件的启动和升级进行数字签名，以确保数据的完整性。未来，

物联网将需要低成本、低能耗且标准统一的芯片级安全技术。

安全物联网操作系统是不可或缺的。目前的物联网操作系统采用轻量级内存资源调度机制，不区分用户态和内核态，使用统一的内存空间，所有应用程序和内核都在特权模式下运行。这种设计可能会导致系统服务面临许多不确定的安全隐患。为了提高业务系统的可靠性和安全性，可以使用轻量级安全操作系统的隔离机制。这种机制可以实现用户态与内核态的隔离和应用与应用之间的隔离，并支持内核内存保护机制以及内核隔离调度机制。这些措施将显著提高系统的可靠性和安全性。安全物联网操作系统通过重新合理布局内存管理，将内核空间和应用空间分离开来。它还采用 Syscall 机制，实现内核态和用户态权限的分离，同时使用虚拟内存来实现不同应用之间的权限保护。此外，安全操作系统基于内存保护单元或内存管理单元提供了可配置的内存保护接口，以增强系统的安全性。安全操作系统采用一系列具体的安全保护措施，以确保系统的安全性。这些措施如下。

（1）合理的内存布局设计：通过设计合理的内存布局增加系统的安全性。

（2）内核态和用户态区分：安全操作系统严格区分内核态和用户态，以确保权限的分离，防止用户应用对系统核心的非法访问。

（3）应用进程隔离：在不同的应用进程之间进行隔离，确保它们无法相互干扰或访问对方的数据和资源。

（4）内存保护接口提供：提供内存保护接口，使应用能够配置和管理其内存，以增强系统的安全性。

这些安全保护措施是通过轻量级隔离机制实现的，其主要特性包括安全访问控制和安全核。安全访问控制通过沙盒与沙盒之间的相互隔离建立安全访问通道，有效控制恶意代码的非法访问，增强系统的安全性。安全核通过为固件更新、安全存储、密钥管理、加解密、设备 ID 等提供安全保护基础，确保关键功能和数据的安全性。因此，安全操作系统能够提供可信的身份认证、安全的固件更新、Internet 服务访问权限管控以及加解密区域的密钥管理等功能，从而全面提升系统的安全性。

**2. 终端安全**

物联网终端设备具有一系列特征，如低功耗、低成本、有限计算和存储能力、易连接性、长运行周期以及复杂的接口和协议等。这些特征要求我们重新思考安全防护措施，以适应物联网终端的独特需求。以下是针对物联网终端的新型安全防护措施。

（1）物理安全：考虑物联网设备部署在复杂的环境中，必须具备防水、防尘、防震以及抗电磁干扰的能力，以确保设备的可靠性和稳定性。

（2）接入安全：防止非法终端接入网络，防范物联网设备被用于 DDoS 攻击。这可以通过轻量级的安全应用插件来实现，进行异常终端分析和加密通信，从而保护终端设备免受攻击。

（3）接入安全：防止非法终端接入网络，防范物联网设备被用于 DDoS 攻击。这可以通过轻量级的安全应用插件来实现，进行异常终端分析和加密通信，从而保护终端设备免受攻击。

（4）业务数据安全：实现本地数据的安全，包括数据隔离、防止复制和泄露等措施，以保护重要业务数据的完整性和保密性。

（5）统一管理：提供全生命周期的安全管理，包括设备激活、身份认证、安全存储、安全启动、完整性检查、软件升级和设备退役等管理措施，以确保设备安全性的全面管理。

终端安全需要从硬件到软件综合考虑，包括硬件芯片级的安全、操作系统层面的安全以及上层软件的安全加固。保证终端的可信性和可管理性是最基本的安全要求，这对物联网的可扩展性至关重要。因此，各厂商需要根据具体需求和网络架构特点，选择适合的终端安全技术，如轻量化安全加密和分布式认证等新型安全技术，以在资源和成本方面取得平衡。

**3. 设备接入安全**

万物互联涵盖多样的业务和巨大的数据流量，要满足这一需求，需要使用各种通信技术，包括以太网、RS232、RS485、PLC等有线技术及GPRS、LTE、ZigBee、Z-Wave、Bluetooth、Wi-Fi等无线技术。基于这些通信技术的传统网络层安全机制大部分依然适用于物联网，包括网络安全域隔离、设备接入网络的认证、防火墙自动防御网络攻击、DDoS攻击防护、应用和Web攻击防护，以及控制面、用户面提供IPSec安全传输等。物联网设备接入网络的安全需要特别关注两方面，一是新兴的物联网通信技术，如NB-IoT和5G，需要制定相应的安全标准和机制，以确保其安全性和隐私性；二是工控网络的安全，工业控制系统中使用的专有协议需要专门的安全机制，以保护关键基础设施免受攻击和故障的影响[168]。

在NB-IoT和5G时代，安全性方面有以下一些关键要求。

（1）高并发、去中心化、分布式统一认证：由于海量的IoT终端设备，安全系统需要支持高并发的认证请求。去中心化和分布式认证能够提高认证的效率和安全性。

（2）适配网络功能虚拟化（Network Functions Virtualization，NFV）的软化、自动化部署、动态可编程：随着NFV的发展，安全机制需要适应这种新的网络部署方式，实现自动化的部署和动态可编程性，以应对不断变化的网络需求和威胁。

（3）端到端加密：在开放的物联网环境中，端到端加密是确保数据安全性和隐私性的关键。这可能需要采用新型轻量级加密算法来满足性能和资源的要求。

（4）跨层、跨厂商的攻击检测：安全检测需要具备跨不同网络层和不同厂商设备的能力，以检测和应对各种攻击，包括从物理层到应用层的攻击。

（5）多安全功能协同：多种安全功能需要协同工作，形成综合的安全解决方案，以提供全面的保护，包括入侵检测、防火墙、恶意代码检测等。

这些要求将确保NB-IoT和5G时代的网络和设备在面对高并发、动态性和安全性挑战时能够保持高效和可信赖。物联网必须充分利用无线移动通信的物理层传输特性，通过认证、加密和安全传输技术的应用来确保用户通信的质量，同时预防位置窃听和增加中间人攻击的难度。在无线通信层面，终端和网络之间进行双向认证，以确保验证过的合法终端只连接到合法的网络。同时，建立安全通道用于终端和网络之间，以对终端数据进行加密和完整性保护，从而预防信息泄露、通信内容篡改和窃听。

此外，许多物联网终端广泛采用了专有接口，如KNX、ModBus、CANBus，然后被集成到工控网络中。这些终端和网络通常是基于封闭的环境设计和运行，彼此之间形成网络孤岛，也因此其安全性机制相对较弱。然而，随着物联网的不断发展，这些终端和网络将逐渐连接到互联网，这将引入全新的安全挑战。要解决这些问题，需要引入物联网防火墙或安全网关等设备。这些设备应具备对工业协议和不同行业应用的深度识别和自动过滤能力，同时支持大规模接入设备的加密通信。另外，还需要实现白名单过滤技术，包括能够自定义协议。此外，还需要具备针对终端资源耗尽攻击和基于多种行业应用流量特征的DDoS自动防护功能。最后，网络安全产品还应提供针对物联网特征的病毒和高级威胁的保护功能。

**4. 物联网平台和应用安全**

物联网平台是开发者中心，供个人/企业开发者、芯片/模块厂商、产品厂商、开放服务厂商使用，通过开发者中心，厂商可以快速创建产品和应用，完成开发测试，快速上线销售，同时可以通过平台提供数据分析业务，优化迭代产品。

物联网平台的主要职责包括大规模物联网终端的管理、数据管理、运营管理和安全管理。在这些管理方面，个人数据的保护尤为关键。因为大量的个人数据可能会从各个分散的终端传输到物联网云平台或处理中心。因此，对个人数据的保护必须得到高度重视，以确保符合相关国家和地区的隐私保护法律法规。而物联网平台还需要支持不同领域的垂直应用，例如智能家居、车联网、智能抄表等。鉴于这些不同应用之间对数据隔离的要求可能有所不同，因此在数据存储方面，应提供安全隔离机制，以满足不同应用的需求。同时，在数据传输过程中，必须确保数据的保密性和完整性。对于敏感信息，如视频数据，应该实现云端的加密存储。此外，个人数据在超过法定保存期限后应及时删除，以保障数据的合规性和隐私安全。

物联网应用的安全性需要综合考虑，确保在云端访问时进行强制认证和业务权限控制，同时在应用数据传输过程中防止因应用本身的漏洞而导致的数据窃取或攻击，并且在计算机和移动等终端存储时需要进行有效的加密和隔离措施。

物联网安全的显著特点与其应用行业密切相关。不同行业在业务属性、服务对象、管理主题和工作方式等方面存在差异，因此物联网安全在各行业中的表现形式和需求也各不相同。在工业和能源行业中，工业控制系统和智能电网的安全至关重要。一旦受到攻击，可能导致整个工业生产系统停运，造成严重的生产中断和损失。在医疗行业中，物联网设备连接到互联网，因此保护医疗设备和加密医疗数据变得至关重要。例如，植入式医疗设备的安全性直接关系到患者的生命安全，必须防止黑客未经授权地访问或控制这些设备。在智慧城市中，海量传感器收集的数据必须安全地传输和存储，以确保公共安全、城市管理和社会稳定。例如，交通监控数据的安全性关系到交通流畅和城市治理的有效性。在金融行业中，存在多种支付方式和金融交易的安全挑战，物联网安全涉及防范新型金融欺诈风险，以保护个人和企业的财产安全。因此，物联网安全不仅影响着商业利益，还关系到国家安全和社会稳定。在每个行业中，必须根据特定需求和潜在威胁制定相应的安全策略和措施，以确保物联网应用的可持续和安全发展。

## 9.2.4 物联网安全挑战

与传统网络相比，物联网的发展将引发更为突出的信息安全、网络安全、数据安全乃至国家安全问题。因此，我们必须加强安全意识，将安全置于首要位置，并提前研究物联网产业可能带来的安全挑战。物联网安全不仅需要解决传统信息安全问题，还必须克服新的挑战，包括成本和复杂性等方面，下面进行详细介绍。

**1. 需求与成本的矛盾**

物联网安全的主要挑战之一源自安全需求与成本之间的矛盾。正如前文所述，物联网的安全性对于确保应用的高效、正确和有序运行至关重要。然而，安全性通常需要相应的投入，而与互联网安全相比，物联网的广泛应用意味着需要平民化的物联网安全解决方案，以应对巨大的成本压力。以一个小小的RFID标签为例，为了确保其安全性，可能需要增加相对高的成本，而这些额外的成本可能会对其应用造成影响。因此，成本问题将是物联网安全领域不可忽视的挑战。

## 2. 安全复杂性加大

物联网安全领域面临的主要挑战之一是复杂性。这种复杂性涵盖多方面的问题。

（1）终端节点资源受限：物联网终端通常拥有有限的存储、计算和能源资源。在大部分情况下，节点中的固件必须做得很小，考虑成本和环境，其CPU运算能力也不能与一般的计算机相提并论。这限制了在终端节点上部署安全功能的能力，因为这些功能可能会增加资源消耗。

（2）能源限制：终端节点的能源供应通常是有限的。一旦节点部署在网络中，考虑成本问题，能源往往不容易更换和充电。因此，在为节点部署保密功能时，必须考虑这些功能对能源的消耗。

（3）网络不可靠性：物联网中的通信传输是不可靠的。无线信道的不稳定性和节点的并发通信冲突可能导致数据的丢失和损坏，需要额外的资源进行错误处理。若无合适的错误处理方式，则可能导致在通信过程中丢失关键的安全数据包，如密钥等。

（4）数据真实性保证：身份认证对于物联网系统的许多应用至关重要。攻击者可以窃听节点的通信数据，从而重构节点并伪装成合法用户，这可能导致身份伪装攻击。

（5）隐私泄露：无线访问可能导致隐私泄露，包括位置信息、身份信息和交易信息。这些数据与用户的隐私和敏感信息有关，一旦被攻击者获取，使用者的隐私将无法得到保障。因此，物联网的安全机制应当能够保护用户的隐私和个人信息，同时也能维护经营者的商业利益，将节点导致的安全隐患扩散限制在最小的范围。

（6）数据完整性保证：在数据传输过程中，节点与信息管理平台之间若使用无线电进行通信数据交换，则存在信息被篡改的风险。在物联网系统中利用消息认证码验证数据的完整性，以确保数据的可靠性。

（7）数据隐匿性：终端节点不应向非法用户泄露任何敏感信息。一个全面的安全方案必须确保节点中的信息只能被合法组件识别。目前，在大多数情况下，节点和组件之间的无线通信是不受保护的，因此未采用安全机制的节点可能会泄露其中的内容和敏感信息。

物联网涉及大量的信息获取、传输、处理和存储，信息的来源和去向非常复杂多样。这种复杂性必然带来新的问题和挑战。尽管现有技术可以胜任一些任务，但在处理大规模信息时可能变得不够高效。举例来说，大量信息的传输可能会超出传统包过滤防火墙的性能范围，因此未来可能需要采用分布式防火墙或全新的防火墙技术来满足需求。

## 3. 信息技术发展本身带来的问题

物联网是信息技术发展的趋势，它为人们带来了便捷和信息共享的机会，但同时也带来了一系列安全问题。举例来说，密码分析者利用信息技术的计算和决策方法来破解密码，网络攻击者则利用网络技术设计攻击工具、病毒和垃圾邮件。此外，信息技术的信息共享、复制和传播能力也增加了数字版权管理的难度。因此，建立安全网络已经成为信息安全领域的三大主要挑战之一。

## 4. 物联网系统攻击的复杂性和动态性仍较难把握

在物联网系统攻击防护方面，信息安全领域至今仍然面临相当的挑战。现有理论难以全面描述网络和系统攻击行为的复杂性和动态性，因此安全防护方法主要依赖经验。这导致了一个问题，即随着攻击者的不断进化，防护方法必须不断跟进，因为攻击总是不断演变的。目前，对于许多安全攻击，我们还没有达到主动预防的水平，通常需要等到攻击发生后才能获取相关信息，并采取措施来防止类似的攻击。这种被动性的反应方式无法从根本上解决各种攻击问题。因此，物联网系统的安全防护需要更加创新和主动的方法，以更好地应对不断变化的威胁。

**5. 物联网安全理论、技术与需求的差异性**

随着物联网的迅猛发展，计算环境、技术条件、应用场景和性能要求变得日益复杂。这给物联网安全的研究和实施带来了更大的挑战，因为需要考虑的情况变得更加多样化和复杂化。在物联网的各个应用领域中，仍然存在一些困难。特别是在处理实时数据的安全性方面，需要满足不断增长的带宽需求，这依然是一个难以解决的问题。此外，政府和军事部门对安全性有着极高的要求，但目前的技术尚未完全解决这些领域的安全挑战。因此，物联网安全领域需要不断进行研究和创新，以满足不同领域和应用的安全需求。

由于物联网涉及的计算环境、技术条件、应用场景和性能要求变得越来越复杂，因此使得物联网安全研究面临了更多的研究和考虑因素，增加了其难度。在实际应用中，物联网安全处理仍然面临一些困难，其中包括处理速度难以跟上带宽增长的要求。此外，政府和军事部门对安全性的要求非常高，但目前的技术尚未完全解决这些领域的安全问题。

**6. 密码学方面的挑战**

密码技术在信息安全中扮演着核心角色。在物联网中，随着物联网应用的扩展，实现物联网安全对密码学提出了新的挑战，主要表现在以下两方面。

（1）通用计算设备与感知设备计算能力差异的挑战：当前的信息安全技术，特别是密码技术，与计算技术密切相关，其安全性本质上是计算安全性。一方面，随着通用计算设备计算能力的不断增强，对许多安全性方面提出了巨大挑战。另一方面，位于物联网感知层的感知节点由于体积和功耗等物理限制，其计算能力和存储能力远远弱于网络层和应用层的设备。这些限制导致感知节点无法采用复杂的密码算法，同时增加了信息被窃取的风险。因此，如何有效利用密码技术来防止感知层设备的安全短板效应成为需要认真研究的课题。为了满足物联网安全的需求，可能会出现一批运算复杂度不高但防护强度相对较高的轻量级密码算法。

（2）物联网环境的复杂多样性挑战：随着网络高速化、无线化和移动化的发展，信息安全的计算环境可能会受到越来越多的制约，常规方法的实施受到限制，而实用化的新方法又受到质疑。例如，传感器网络由于其潜在的军事用途，通常需要较高的安全性，但由于节点的计算能力、功耗和尺寸受到限制，因此难以采用通用的安全方法。目前，轻量级密码的研究正试图找到在安全性和计算环境之间合理平衡的手段，但仍有待进一步发展。同样，物联网感知层可能面临不同的应用需求，其环境变化剧烈，这要求密码算法能够适应多种环境。传统的单一不可变密码很可能不再适用，而需要全新的、具备灵活性的可编程、可重构的密码算法。

### 9.2.5 物联网安全特点

为了保证网络信息的可控可管，以及在信息安全和隐私权不被侵犯的前提下建设物联网，物联网应当从国家战略的高度重视安全问题。物联网将各类感知设备通过传感网络与现有互联网相互连接。因此，物联网仍然面临着互联网的安全风险，如病毒攻击、数据窃取和身份假冒等。此外，由于物联网具有大量设备构成、缺乏有效监控和大量采用无线网络技术等特点，除了传统网络安全问题外，还存在一些特殊的安全挑战。物联网安全的主要特点体现在以下四方面：平民化、轻量级、非对称和复杂性。与互联网安全相比，物联网安全在技术、成本和社会等方面存在一些差异，但从纯技术角度来看，物联网安全与互联网安全是紧密相关的，并不存在超越互联网安全的全新技术。物联网安全的主要特点在于其对各种技术的性能和成本提出了新的要求。因此，为了确保物联网的安全，需要采取一系列措施，包括加强网络监控、建立安全认证和加密机制、推广安全意识教育和培训，并促进相关技术的研发和创新。只有综合考虑技术、管理和社会等多方面的因素，才能有效应对物联网安全所面临的挑战，并确保物联网的可持续发展。

**1. 平民化**

在物联网时代，物联网安全与普通大众的生活紧密相关，这就是所谓的平民化。在互联网时代，信息安全虽然重要，但对于普通大众来说，可能并没有对信息安全给予足够的关注。当计算机受到病毒感染时，他们可能只是简单地尝试杀毒或重新安装系统；当邮箱密码丢失时，他们只需重新申请一个新的密码。互联网时代的信息安全虽然重要，但并没有对人们的生活产生直接的影响。然而，在物联网时代，每个人都习惯于使用网络来处理日常生活中的各种事务，例如网上购物和网上办公。在这种情况下，信息安全就与人们的日常生活紧密结合在一起，不再是可有可无的。如果物联网出现安全问题，每个人都将面临巨大的损失。只有当安全问题直接关系到人们的利益时，人们才会开始重视安全。因此，在物联网时代，保障物联网安全至关重要。人们需要意识到物联网安全对他们个人和社会的重要性，并采取适当的措施来保护自己的信息和隐私。同时，政府和相关机构也需要加强监管和管理，制定相应的法律法规和政策，确保物联网的安全可靠。只有通过共同努力，才能建立一个安全可信赖的物联网环境，让人们在享受便利的同时，不必担心信息泄露和安全风险。

**2. 轻量级**

物联网面临着数量庞大的安全威胁，并且这些威胁与人们的日常生活密切相关。然而，安全与需求之间存在着明显的矛盾。如果采用目前阶段的安全思路，物联网安全将面临巨大的成本压力。因此，物联网安全必须是轻量级、低成本的解决方案。只有采用这种轻量级的解决方案，才能满足物联网安全所面临的大规模需求。物联网安全的一个难点是如何提供高效的解决方案，同时保持较低的成本。传统的安全措施在物联网中可能不适用，因为它们往往需要较高的计算和存储资源，而物联网设备通常具有有限的资源。因此，物联网安全需要寻找创新的解决方案，以平衡安全性和成本之间的关系。这种需求可能会催生一系列新的安全技术和解决方案。物联网安全需要在保证安全特性的同时，考虑效率和性能的因素，包括使用新的加密算法、开发轻量级的安全协议和认证机制，以及采用智能化的安全监测和响应系统等。通过不断研究和创新，可以为物联网安全提供更好的解决方案，以应对不断变化的安全挑战。

总之，物联网安全需要面对众多的安全威胁，并且需要提供轻量级、低成本的解决方案。为了满足这一需求，物联网安全领域需要不断研究和创新，以开发出适用于物联网环境的新的安全技术和解决方案。只有这样，才能有效应对物联网安全所面临的挑战。

**3. 非对称**

在物联网中，各个网络边缘的感知节点虽然能力较弱，但其影响却非常重要，而网络中心的信息处理系统则具有强大的计算处理能力，整个网络呈现出非对称的特点。在面对这种非对称网络时，物联网安全需要将感知节点较弱的安全处理能力与网络中心较强的安全处理能力结合起来，采用高效的安全管理措施，使其协同工作，从而能够整体发挥出安全设备的效能。

**4. 复杂性**

物联网安全是一个非常复杂的领域。根据目前的认知，物联网安全面临的威胁、问题和采用的技术，无论在数量上还是在性质上都可能与互联网安全有所不同，可能出现新的问题和新的技术挑战。物联网安全涉及信息感知、信息传输和信息处理等多方面，并且更加强调用户隐私的保护。在物联网安全中，各个层面的安全技术都需要综合考虑，因为物联网系统的复杂性将是一个重要的挑战。同时，物联网安全领域也将呈现出大量的商机，因为保护物联网系统的安全对于企业和个人来说都是至关重要的。

## 9.3 物联网安全技术

相较于传统网络安全，物联网安全显然更为复杂。物联网安全是网络安全与其他工程学科相融合的产物，它不仅涵盖了传统网络的数据、服务器、网络基础架构和信息安全等方面，还包括对联网物理系统状态的直接或分布式的监测和控制。通过网络对物理处理流程的数字化控制，物联网安全不再仅仅关注机密性、完整性和不可否认性等基本安全保障原则，还需要考虑对现实世界中收发信息的实体资源以及各类物理设备的安全防护。

物联网的安全需求可以从以下三方面来分析。一是感知网络的信息采集、传输与信息安全需求，感知网络是物联网中的第一层，涉及感知设备和传感器的信息采集和传输。在这一层，安全需求包括确保感知设备的可信性和数据的完整性，以及对传输通道进行加密和认证，以防止数据被篡改或泄露。二是网络的传输与信息安全需求，网络层是物联网中的中间层，负责连接感知网络和应用层网络。在这一层，安全需求包括确保网络通信的机密性、完整性和可用性，可以通过加密通信、身份认证和访问控制等措施来实现，以防止未经授权的访问和数据泄露。三是物联网业务的安全需求，物联网的业务层包括应用程序和服务，它利用感知网络和核心网络提供各种功能和服务。在这一层，安全需求包括对应用程序的安全性和隐私保护，包括身份认证、访问控制、数据加密和安全漏洞的防范，以确保只有授权用户可以访问和操作物联网系统，其安全层次模型如图9.3所示。

图 9.3 安全层次模型

### 9.3.1 感知层的安全需求与防护技术

感知层在物联网中的任务是实现对外界信息的全面感知，包括原始信息的采集、捕获和物体识别等功能。然而，在感知层也存在一些安全问题需要关注，包括以下几个主要方面：一是末端节点安全威胁，感知层中的末端节点包括传感器、设备和终端设备等，这些节点可能受到物理攻击、篡改或恶意操纵的威胁；二是传输威胁，感知层中的数据需要通过网络进行传输，可能面临数据泄露、窃听、篡改和重放攻击等威胁；三是拒绝服务攻击，感知层中的末端节点可能成为DoS攻击的目标，导致节点无法正常工作或服务中断；四是路由攻击，感知层中的网络通信需要进行路由选择和数据转发,路由攻击可能导致数据丢失、篡改或被重定向到错误的目的地。

**1. 射频识别安全**

RFID 系统通常由标签、读写器和后端数据库组成。在 RFID 系统中,由于电子标签资源有限,因此必须实现一定安全强度的安全机制。然而,由于低成本 RFID 电子标签的资源限制,一些高强度的公钥加密机制和认证算法难以在 RFID 系统中实现。

为了解决低成本 RFID 系统的安全性问题,可以通过设计访问控制机制来防止 RFID 电子标签内容的泄露,确保只有授权的实体才能读取和处理标签上的信息,并对电子标签进行身份认证,防止标签的伪造和标签内容的滥用。利用消息加密和认证协议来解决 RFID 系统的机密性问题,确保标签与读写器之间的通信安全。目前,已经提出了许多针对射频识别系统的安全协议,包括 Hash 链协议、随机化 Hash-Lock 协议、Hash-Lock 协议、基于 Hash 的 ID 变化协议、数字图书馆 RFID 协议、分布式 ID 询问—应答认证协议、LCAP、再次加密机制等。这些协议旨在提供 RFID 系统的安全性和隐私保护,但需要根据具体应用场景和需求选择适合的安全协议。

**2. 传感器安全**

传感器网络通常由数据采集、数据处理、数据传输和电源等部分组成。一般来说,传感器网络的结构可以分为分布式网络结构和集中式网络结构。无线传感器网络具有其自身的特点,从安全的角度来看,无线传感器网络的低能量特性使得节能成为安全技术中的一个重要指标,这主要涉及以下几方面的能耗,一是 CPU 能耗,主要是安全算法的计算对 CPU 的能耗有较大的影响;二是传感器收发器能耗,传感器收发器用于收发与安全相关的数据和负载;三是存储单元能耗,存储单元用于存储与安全机制相关的参数和数据。

无线传感器网络通常部署在不易受控制、无人看守、易受恶劣环境破坏或恶意攻击的环境中。因此,对于无线传感器网络的安全来说,主要的安全需求有通信和存储数据的机密性,消息认证和节点访问认证,通信数据和存储数据的完整性、新鲜性、可扩展性、可用性、健壮性和自组织性。传感器的主要防护技术如下。

(1)链路层加密与验证:通过在链路层进行加密和使用全局共享密钥进行验证,可以防止对大多数路由协议的外部攻击,使攻击者很难加入网络拓扑中。

(2)身份验证:对节点进行身份验证是重要的安全措施。考虑到传感节点的低能量特点,可以使用可信任的基站来使每个节点共享唯一的对称密钥。节点之间可以使用安全协议(如 Needham-Schroeder)进行相互验证身份,并建立共享密钥。基站可以合理限制邻近节点数量,当数量超过限制时,发送错误消息进行警告,并采取一定的防御措施。

(3)链路双向验证:通过使用身份鉴定机制对链路进行双向验证,可以有效防止 HELLO 包泛洪攻击。这种攻击是指攻击者使用能量足够大的信号来广播路由或其他信息,使得网络中的每个节点都认为攻击者是其直接邻居,并试图将其报文转发给攻击节点。

(4)多径路由:采用多径路由可以进一步减少攻击者对数据流安全控制的可能性。通过选择多个路径来传输数据,可以增加网络的弹性和安全性。

(5)虫洞和 Sinkhole 的对抗策略:虫洞攻击和 Sinkhole 攻击是当前路由协议难以预防的安全威胁。最有效的对抗策略是设计使虫洞和 Sinkhole 攻击无效的路由协议,例如基于地理位置的路由协议。

无线传感网络因其自身的特点,与当前一般的网络区别很大,拓扑控制技术、MAC 协议、路由协议、数据融合技术等传感器网络安全技术都面临很大的挑战。

## 9.3.2 网络层的安全需求与防护技术

网络层在物联网中扮演着连接和传输数据的桥梁角色，它负责设备之间的数据通信、连接管理、路由转发和安全保护，以确保物联网系统的稳定性、可靠性和安全性。网络层安全的重要性在于保护物联网中的数据传输、设备和网络资源免受潜在的威胁和攻击。缺乏网络层安全可能导致数据泄露、设备瘫痪、网络中断等严重后果。因此，在物联网系统中，网络层安全应被视为一项重要任务，并采取适当的安全措施来保护物联网的整体安全性。

**1. WLAN安全**

WLAN所面临的安全威胁主要有非授权访问、窃听、伪装、篡改信息、否认、重放、重路由、错误路由、删除消息、网络泛洪。无线局域网的安全机制主要采用鉴权、加密和认证技术来实现。鉴权是WLAN中的一个站点（Station，STA）向另一个STA证明其身份的过程。加密是对消息内容进行加密，加密属于站点服务，用来实现无线网的封闭性和机密性。无线局域网安全技术如下。

（1）物理地址过滤：每个无线工作站的无线网卡都有唯一的物理地址，类似以太网的物理地址。通过设置访问点（Access Point，AP）进行物理地址过滤，只允许具有特定物理地址的无线工作站访问网络，从而限制未经授权的设备接入。

（2）服务集标识符（Service Set Identifier，SSID）匹配：对不同的AP设置不同的SSID，并要求无线工作站提供正确的SSID才能访问AP。这样可以允许不同的用户群接入，并区分限制对资源的访问。

（3）有线等效保密（Wired Equivalent Privacy，WEP）：WEP是由IEEE 802.11标准定义的有效等效保密协议，用于在无线局域网中保护链路层数据。WEP采用静态的保密密钥，所有无线工作站使用相同的密钥来访问无线网络，并提供认证功能。现代的WEP通常支持128位密钥，提供更高级的安全加密。

（4）虚拟专用网络（Virtual Private Network，VPN）：VPN通过隧道和加密技术在公共网络平台上保证专用数据的网络安全性。通过建立VPN连接，可以在无线网络中实现加密的数据传输，提供更高级别的安全保护。

（5）Wi-Fi保护访问（Wi-Fi Protected Access，WPA）：作为IEEE 802.11i标准的一个子集，WPA采用了IEEE 802.1x认证和TKIP（Temporal Key Integrity Protocol）加密技术。TKIP对现有的WEP进行改进，增加了密钥细分、消息完整性检查、具有序列功能的初始向量、密钥生成和定期更新等算法，显著提高了加密的安全性。此外，WPA还引入了基于IEEE 802.1x的Radius机制，为无线客户端和AP提供认证功能。

基于上述安全技术，WLAN中主要的安全机制包括以下内容[169]。

（1）WEP加密和认证机制：WEP是一种基于RC4算法的加密技术，提供了40位或128位的加密密钥。然而，由于存在严重的安全漏洞，WEP已经被更安全的WPA（Wi-Fi保护访问）所取代。WEP的认证机制存在一些问题。首先，WEP的身份认证是单向的，只有无线工作站STA验证访问点AP，而不进行相互验证，这导致可能存在假冒的AP，攻击者可以冒充合法的AP来欺骗STA。其次，WEP的认证过程中存在明文传输的问题。AP会使用明文的形式将挑战文本发送给STA，攻击者可以监听STA与AP之间的身份验证过程，并截获双方互相发送的数据包，包括挑战文本和加密的挑战文本。通过获取这些信息，攻击者可以计算出用于加密挑战文本的密钥序列。一旦攻击者获得了密钥序列，就可以向 AP 提出访问请求，并使用该密钥序列加密挑战文本以通过认证。这种攻击方式被称为 WEP 破解，它使得 WEP 加密不再可靠，容易受到未经授权的访问。因此，为了解决 WEP 的安全问题，现代的无线网络采用更强大和安全的加密和认证机制，如 WPA 和 WPA2。这些机制使用更强的加密算法和更复杂的认证过程，提供更高级的安全性，防止类似 WEP 的攻击。因此，建议使用更安全的 WPA 或 WPA2 来保护无线网络，以确保数据的机密性和完整性。

（2）IEEE 802.1x 认证机制：为了解决无线局域网用户接入认证问题而制定的协议。2001年，IEEE 工作组发布了 802.1x 协议，它是基于端口的网络访问控制协议，提供访问控制、用户认证和计费功能。802.1x 协议本身并不提供实际的认证机制，而是与上层认证协议配合使用来实现用户认证。该协议可应用于 WLAN 和 LAN，其中核心是扩展认证协议（Extensible Authentication Protocol，EAP）。802.1x 协议采用了基于客户端/服务器结构的访问控制和认证方式，它可以限制未经授权的用户或设备通过接入端口 AP 访问 LAN（或 AP 访问 WLAN）。在用户或者设备连接到交换机端口后，802.1x 对其进行认证，只有在认证通过后，才允许访问交换机或 LAN 提供的各种服务。对于 WLAN 情况，认证通过后，用户或设备可以通过 AP 正常地传输数据。802.1x 的过程可以简单描述为：请求者提供凭证，如用户名密码、数字证书等给认证者；认证者将这些凭证转发给认证服务器，认证服务器决定凭证是否有效，并决定请求者是否可以访问网络资源，如图 9.4 所示。通过使用 802.1x 认证机制，网络管理员可以实现对无线局域网和有线局域网的访问控制和用户认证，确保只有经过授权的用户或设备才可以接入网络资源，提高了网络的安全性。

图 9.4　IEEE 802.1x 认证机制

（3）IEEE 802.11i 接入协议：IEEE 802.11i 接入协议是为新一代无线局域网制定的安全

标准,由IEEE 802.11工作组提出。该协议主要包括TKIP(Temporal Key Integrity Protocol)和CCMP(Counter Mode with CBC-Mac Protocol)。这两种加密协议主要是针对WEP和WLAN的特点来设计的。在认证方面,采用IEEE 802.1x接入控制,实现无线局域网的认证与密钥管理,并通过EAP-Key的四次握手过程和组密钥握手过程创建、更新加密密钥,满足IEEE 802.11i中定义的鲁棒安全网络(Robust Security Network,RSN)的要求。IEEE 802.11i接入协议引入了IEEE 802.1x协议到WLAN安全机制中,增强了WLAN中身份认证和接入控制的能力。此外,该协议还增加了密钥管理机制,可以实现密钥的导出、动态协商和更新等功能,大大增强了安全性。

TKIP加密机制是IEEE 802.11i标准采用的过渡安全解决方案,它通过软件升级,在不更新硬件设备的情况下提升安全性。TKIP与WEP一样都基于RC4加密算法,但对WEP进行了改进,引入了以下四种机制提升安全性:使用单包密钥(Per-Packet Key,PPK)生成算法,防止弱密钥的出现;使用Michael算法进行消息完整性校验,防止数据被非法篡改;使用具有48位序列号功能的初始向量,防止重放攻击;使用再密钥机制生成新鲜的加密和完整性密钥,防止初始向量重用。考虑到RC4算法的安全性问题,CCMP基于AES算法的CCM模式,完全替代了原有的WEP加密。CCMP可以解决WEP加密中的不足,提供更强的加密、认证、完整性和抗重放攻击能力,它是IEEE 802.11i中强制要求实现的加密方式,也是针对WLAN安全的长期解决方案。

(4)WAPI协议:WAPI(WLAN Authentication and Privacy Infrastructure)是一种WLAN安全协议,由认证基础结构(WLAN Authentication Infrastructure,WAI)和隐私基础结构(WLAN Privacy Infrastructure,WPI)两部分组成。WAI负责用户身份鉴别,而WPI负责传输数据的加密。WAI认证结构类似IEEE 802.1x结构,采用基于端口的认证模型,它使用公开密钥密码体制,并利用数字证书对WLAN系统中的STA和AP进行认证。

WAPI的体系结构是由三部分组成,即鉴别请求者实体(Authentication Supplicant Entity,ASUE)、鉴别器实体(Authenticator System,AE)以及鉴别服务单元(Authentication Service Unit,ASU),三者之间的关系如图9.5所示。ASUE又称为申请者,一般是一个用户的客服端系统,是在接入服务之前请求进行鉴别操作的实体。AE是在无线移动端尝试连接服务器时对无线移动端进行认证的实体。ASE是提供ASUE与AE之间互相鉴别功能的实体。ASU类似PKI中的证书签发机构,通常以认证服务器的形式存在,证书包含证书持有者的标识、公钥以及证书颁发者的签名,这里的签名采用的是国家商用密码管理办公室颁布的椭圆曲线数字签名算法。整个系统由移动终端STA、接入点AP和认证服务器AS组成。AS作为可信第三方拥有ASU,用于管理数字证书所需的消息交换。AP提供用于STA连接到AS的端口(非受控端口),确保只有经过认证的STA才能使用AP提供的数据端口(受控端口)来访问网络。WAPI协议过程包括证书鉴别阶段、单播密钥协商阶段和组播密钥通告阶段。在证书鉴别阶段,首先,STA和AP向AS提交各自的证书,AS验证证书的有效性后返回鉴别响应。之后,STA和AP验证AS对响应的数字签名,获得验证结果,认证AS的合法性。在WAI协议中,STA和AP无须下载证书列表或在线验证证书,AS负责集中进行证书的有效性验证,并承担STA和AP实体证书的发放、撤销和管理工作。这种简化的集中化管理方式使得WAPI的架构设计非常简单,无须额外的权威授权中心。

(5)SM4对称密码算法:SM4是一种对称密码算法,由中国国家商用密码管理办公室于2006年1月公布,专门用于无线局域网产品的分组加密算法。SM4算法是中国首个公开的专为无线局域网产品设计的密码算法。SM4算法在无线局域网产品中被广泛使用,特别是在中国的无线局域网标准WAPI中。WAPI是中国自主研发的无线局域网安全协议,其中使用了SM4作为加密算法。SM4算法提供了高强度的数据保护,能够有效地保护无线局域网中的数据传输安全。SM4算法基于分组加密技术,采用了32轮迭代结构,它使用128位的密钥长度,并对数据进行分块加密。SM4算法具有良好的安全性和性能,能够抵抗常见的密码攻击,如差分攻击和线性攻击。SM4算法的设计目标是在保证安全性的同时,提供较高的加密速度和较低的资源消耗,它在无线局域网产品中得到了广泛应用,并为中国的无线局域网安全提供了一种本土化的解决方案[170]。

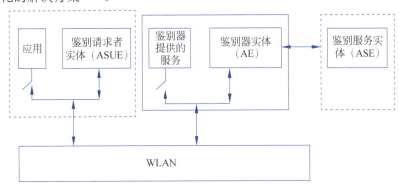

图 9.5　WAPI体系结构

**2. 移动通信网安全**

全球移动通信系统(Global System for Mobile Communications,GSM)是第二代移动通信技术的核心技术,通过引入一些安全机制来保护用户通信的机密性和身份验证。GSM的主要安全需求包括用户认证接入、无线信道内在的威胁(如窃听)以及保护用户隐私(隐藏用户的真实身份)。为了满足这些需求,GSM引入了一系列安全机制。在GSM中,用户的密钥和其他与身份相关的信息存储在一个安全单元中,称为SIM(Subscriber Identity Module)。SIM以智能卡的形式实现,使得用户身份可以在不同的设备之间进行移植。

GSM中的用户认证基于挑战—应答方式。认证方(网络运营商)向被认证方(移动终端)发送一个随机挑战数(RAND),被认证方使用SIM卡中的密钥和鉴权算法对挑战数进行处理,生成一个应答值(SRES)。被认证方将应答值发送回认证方进行验证。鉴权信息存在于认证三元组(RAND,SRES,CK)中,RAND是一个伪随机数,SRES是正确的应答值,CK是用于加密通信内容的密钥。GSM还提供了对通过认证的用户身份标识IMSI的保护,以保护用户的位置隐私。在认证成功后,被访问网络向移动终端发送一个临时识别码TMSI,其使用新生成的密钥CK进行加密,以防止被窃听者获取。接下来,移动终端在空中接口上使用TMSI而不是IMSI进行通信。被访问网络保留TMSI和IMSI之间的映射关系。通过这些安全机制,GSM能够确保用户的身份认证、无线通信的机密性和用户的位置隐私。

3GPP将3G网络划分为应用层、服务层和传输层,并将安全问题归纳为网络接入安全、网络域安全、用户域安全、应用域安全以及安全特性的可视性和可配置性。在3G网络中,无线接口使用WCDMA和TD-SCDMA作为技术标准。认证五元向量(RAND,XRES,CK,IK,AUTN)在认证协议中起着重要作用。RAND是一个不可预知的伪随机数,由伪随机数生成器(PRNG)产生,并在认证过程中作为挑战。XRES表示期望的应答(Expected RESponse),CK是会话加密密钥(Cipher Key),XRES和CK都是由RAND和用户的长期秘密密钥计算得出的。此外，IK是用于完整性保护的密钥（Integrity Key），AUTN是认证令牌（Authentication Token），用于对用户进行认证并确保RAND的新鲜性。3G网络的接入安全确保用户和网络之间进行身份认证，以确保双方实体的可靠性。空中接口安全用于保护无线链路传输的用户和信令信息，以防止窃听和篡改。

在3G认证与密钥协商协议（3G Authentication and Key Agreement，3G AKA）中，参与认证和密钥协商的主体包括用户终端（ME）、被访问网络（VLR）和归属网络（HLR）。3G AKA协议中，通过用户认证应答RES，VLR对ME进行认证；通过消息鉴别码MAC，ME对HLR进行认证；同时，实现了ME与VLR之间的密钥分配。每次使用的MAC都是由不断递增的序列号SQN作为其中之一的输入变量，以确保认证消息的新鲜性，并有效地防止重放攻击。当ME向网络发出呼叫接入请求时，它会将身份标识IMSI发送给VLR。VLR收到注册请求后，会向用户的HLR发送该用户的IMSI，并请求对该用户进行认证。随后，HLR收到VLR的认证请求后，会生成序列号SQN和随机数RAND，并计算认证向量AV，然后将其发送给VLR。

4G是第四代移动通信技术，包括TD-LTE和FDD-LTE两种制式。其中，TD-LTE-Advanced（TD-LTE-A）技术方案于2010年被国际电信联盟确定为4G的两个国际标准之一。对我国来说，大规模采用具有自主知识产权的TD-LTE-A标准对于发展4G具有极其重要的战略意义。LTE算法的核心是ZUC算法，该算法由中国科学院数据保护和通信安全研究中心研制。基于ZUC定义的LTE加密算法称为128-EEA3，而基于ZUC定义的LTE完整性保护算法称为128-EIA3。

### 3. 扩展接入网的安全

扩展接入网主要包括近距离无线低速接入（蓝牙、ZigBee技术）、近距离有线接入网络。

（1）近距离无线低速接入技术蓝牙（Bluetooth）在其规范中包含了链路级安全的内容，主要包括链路级认证和加密等措施。根据蓝牙规范，每个设备都有一个PIN码，该PIN码会转换成128位的链路密钥，用于进行单向或双向认证。蓝牙安全机制依赖设备之间建立的信任关系，一旦建立信任关系，就可以使用存储的链路密钥进行后续的连接。然而，链路级安全存在一些明显的不足之处，例如蓝牙的认证是基于设备而不是基于用户的，并且没有针对每个蓝牙设备的授权服务机制。

蓝牙规范中引入了服务级安全的概念，以进一步提升安全性。蓝牙安全分为三个模式：一是无安全模式，即蓝牙设备不采取任何安全措施；二是服务级安全模式，蓝牙设备在L2CAP层上采取安全措施，对不同的应用服务提供灵活的接入控制；三是链路级安全模式，蓝牙设备在链路管理协议建立连接之前开始安全过程。在服务级安全模式中，蓝牙服务分为需要认证、需要授权和不需要安全措施三个级别。需要认证或授权的服务可以同时设定需要加密。蓝牙设备根据其认证和授权情况分为可信设备（通过认证和授权）、不可信设备（通过认证但未被授权）和未知设备（没有任何关于该设备的信息）。

（2）近距离无线低速接入ZigBee具有三层安全机制：MAC层、NWK层以及APS层，它们分别负责帧的安全传输[171]。在ZigBee网络中，设备的安全性基于一些连接密钥和一个网络密钥。在APS层中，对等实体之间的单播通信安全是依靠由两个设备共享的128位连接密钥来保证的。而广播通信安全则依靠网络中所有设备共享的128位网络密钥来保证。接收方通常知道帧是由连接密钥还是网络密钥进行保护的。设备可以通过密钥传输、密钥协商或预安装等方式获取连接密钥。而网络密钥是通过密钥传输或预安装方式获取的，它用于获取连接密钥的密钥协商技术是基于主密钥的。设备将通过密钥传输或预安装方式获取主密钥,并使用主密钥生成相应的连接密钥。设备间的安全性依赖这些密钥的安全初始化和安装过程。网络密钥可能被 ZigBee 的 MAC 层、NWK 层和 APS 层使用,这意味着相同的网络密钥和相关的输入/输出帧计数器对所有层都有效。连接密钥和主密钥可能仅在 APS 子层使用。

（3）有线网络接入在物联网中的一个基本应用是改造和升级传统的工业控制领域[172]。因此,下面将介绍工业控制领域中有线网络的安全性。现场总线是一种应用于生产现场的双向串行多节点数字通信技术,用于现场设备之间以及现场设备与控制装置之间的通信。常见的现场总线通信协议包括 Modbus、Profibus、CAN 等,这些协议由于开放性和固有的安全漏洞,面临着一些安全风险。现场总线安全的主要目标是确保通信的保密性、完整性和可用性。保密性指传输的数据只能被授权人员访问和理解,防止敏感信息泄露。完整性保证通信数据在传输过程中不被篡改或损坏,防止数据被恶意修改。可用性确保通信系统正常运行,不受拒绝服务攻击或其他威胁的影响。目前,现场总线通信安全的主要研究方向是通信安全协议,该协议致力于开发安全检测措施以发现更多的传输错误。现有的现场总线安全协议主要包括 Profisafe、Interbus Safety、CANopen Safety、CCLink Safety、EtherCAT Safety 等。

### 9.3.3 应用层的安全需求与防护技术

在物联网的综合应用层,对接收到的信息进行处理是非常重要的。处理过程中需要判断接收到的信息是有用信息、垃圾信息还是恶意信息。为了应对物联网综合应用层的安全威胁,需要一些安全机制和相关的密码技术。相关的安全机制包括数据库访问控制和内容筛选机制、信息泄露追踪机制、隐私信息保护技术、取证技术、数据销毁技术、知识产权保护技术等。相关的密码技术有访问控制、门限密码、匿名签名、匿名认证、密文验证、叛逆追踪、数字水印和指纹技术等。

**1. 中间件安全**

物联网的中间件通常存在于物联网的集成服务器和感知层、传输层的嵌入式设备中,如 RFID 系统,如图 9.6 所示。在物联网中,RFID 技术的安全问题主要涉及个人用户信息的隐私保护、企业用户的商业秘密保护、对 RFID 系统的攻击防范以及利用 RFID 技术进行安全防范等方面[173]。传统的 RFID 安全问题包括复制、重放、假冒 RFID 标签、欺骗、恶意阻塞和隐私泄露等。这些安全问题存在的原因主要有两点:首先,RFID 系统中的前向通信方式基于无线传输,这种方式本身存在安全隐患;其次,由于 RFID 标签的成本限制了其计算能力和可编程能力,因此其协议和密码运算相对简单。在 RFID 系统中,RFID 中间件的物理连接结构涉及以下几方面:RFID 中间件与 RFID 阅读器的连接、RFID 中间件与对象名称服务器的连接,以及 RFID 阅读器与企业应用系统的连接。通常采用有线连接来实现这些连接,但这也带来了一些安全风险。在数据通过有线网络层传输时,非法入侵者有可能篡改、截获和破解标签信息。此外,如果对这些数据的处理能力超出了 RFID 读写器的读写能力范围,就会导致 RFID 中间件无法正常连接标签数据,进而导致有用数据的丢失。目前,针对 RFID 安全隐私问题的解决方案可以分为两大类:一是物理方法,这种方法主要通过物理手段阻止标签和阅读器之间的通信,适用于低成本的标签。常见的方法包括杀死标签、法拉第网罩、主动干扰、阻止标签等。然而,这些方法在安全机制上存在一些缺陷,容易受到攻击或绕过。二是密码技术方法,这种方法采用密码技术来实现 RFID 的安全性机制,越来越受到研究者和开发者的关注。通过使用各种成熟的密码方案和机制,可以设计和实现符合 RFID 安全需求的加密协议。这种基于软件的方法能够提供更灵活、可靠的安全保护。例如，使用密码技术对RFID通信进行加密、认证和密钥管理等操作[174]。采用密码技术的方法能够提供更高级别的安全性，但也需要考虑实际应用中的性能和成本因素。

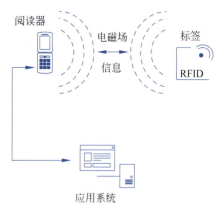

图 9.6　RFID系统示意

**2. 数据安全**

数据安全具有两方面的含义。一是数据本身的安全，这方面主要采用现代密码算法对数据进行主动保护，其中包括数据保密性、数据完整性和双向强身份认证等方面的保护。数据保密性确保只有授权的人可以访问和解读数据，数据完整性保证数据在传输和存储过程中不被篡改或损坏，双向强身份认证确保通信双方的身份是可信的。二是数据防护的安全，这方面主要采用现代信息存储手段对数据进行主动防护。例如，通过使用磁盘阵列、数据备份和异地容灾等手段来保证数据的安全。这些措施旨在防止数据丢失、损坏或无法访问，以确保数据的可用性和持久性。数据安全是一种主动的保护措施，需要建立在可靠的加密算法和安全体系之上。在数据加密方面，主要有对称算法和公开密钥密码体系两种方法。数据安全的目标是确保数据的机密性（只有授权人员可以访问）、完整性（数据没有被篡改或损坏）和可用性（数据可以被授权人员正常使用）。目前，对于数据安全的相关内容主要包括以下三部分。

（1）数据安全保护：预防旨在通过阻止未经授权的数据篡改企图来预防入侵，确保数据安全不会遭到泄露。通常情况下，在允许任何操作发生之前，会检查该操作是否符合安全策略的规定。访问控制技术是服务器和数据库中最主要的预防措施之一。访问控制通常包括自主访问控制、基于角色的访问控制和强制访问控制等，检测可以确保信息系统的活动有足够的历史记录。当发生数据泄露事件时，可以通过检测和取证来发现。检测的目的是判断攻击是正在进行中还是已经发生，并及时生成报告。检测机制无法阻止对系统的攻击，但它可以及时发现和报告，从而采取相应的应对措施。在某些信息系统中，审计机制可以发现系统中的缺陷，但它不会影响数据的可用性。

（2）数据库安全技术：数据库安全通常利用存取管理、安全管理和数据加密来实现。存取管理是一套防止未经授权用户使用和访问数据库的方法、机制和过程。通过正在运行的程序来控制数据的存取，防止非授权用户对共享数据库的访问。

存取管理的目标是确保只有经过授权的用户可以访问数据库，并限制其权限。安全管理涉及数据库管理权限的分配和控制机制。一般分为集中控制和分散控制两种方式。集中控制通过中央管理机构或管理员来分配和管理数据库的安全权限，分散控制则将安全权限的管理分散到各个数据所有者或用户手中。

安全管理的目标是确保数据库的安全性和完整性，同时提供合理的权限管理和审计功能。数据库加密是通过对数据库中的数据进行加密来保护数据的安全，可以分为库内加密、库外加密和硬件加密三方面。库内加密是将单条记录或记录的某个属性值作为文件进行加密。库外加密是将整个数据库包括数据库结构和内容作为文件进行加密。硬件加密是利用专用的硬件设备来实现数据库的加密功能。

数据加密的目标是保护数据的机密性，防止未经授权的访问和泄露。数据库安全模型、安全体系和数据库安全机制的研究和应用进展较为缓慢。自20世纪90年代以来，数据库安全的主要工作集中在关系数据库系统的存取管理技术上，包括用户认证技术、安全管理技术和数据库加密技术等方面的研究。

（3）虚拟化数据安全：虚拟化就是淡化用户对于物理计算资源，如处理器、内存、I/O设备的直接访问，取而代之的是用户访问逻辑的资源，而后台的物理连接则由虚拟化技术来实现和管理。在虚拟环境中，存在着一些安全风险，包括黑客攻击、虚拟机溢出、虚拟机跳跃和补丁安全风险等。为了确保虚拟化数据中心的安全，需要采取相应的安全设计和措施。其中，数据中心网络架构需要具备高可用性，以实现基于物理端口的负载均衡和冗余备份。此外，安全设计应遵循模块化和层次化原则，网络安全的部署应优先考虑对计算资源灵活性的调配程度。

总而言之，物联网安全技术在保护物联网系统和数据的安全性方面扮演着关键角色。通过采用身份认证、访问控制、数据加密、安全协议、漏洞管理和安全监控等技术，物联网安全技术能够为基于物联网架构的系统提供多层次的保护，最大限度地减少安全风险，并确保物联网系统的安全运行和可信性。

## 9.4 练习题

**练习9.1** 物联网架构有几层？分别有什么特点？

**练习9.2** 物联网安全需求有哪几方面？

**练习9.3** 物联网网络层遭受的安全威胁主要包括什么？

**练习9.4** IEEE 802.11i接入协议在提高安全性方面引入了哪些技术？

**练习9.5** GSM和3G安全接入协议有什么区别？

**练习9.6** 如何在RFID系统中实现安全通信？

# 第10章

# 物理层安全

随着全球网络蓬勃发展,数据传输、路由、资源分配、端到端可靠性和拥塞控制等基本问题都被分配给不同层次的协议,每一层都具备特定的工具和网络抽象概念。然而,当我们将注意力转向网络安全问题时,分层协议栈的概念之美并不容易体现。在互联网的早期,可能是因为网络访问非常有限且受到严格控制,网络安全还没有被视为计算机用户和系统管理员的主要关切的问题。随着网络连接的增加,这种看法发生了变化,并且随着技术的发展,出现了使用加密、数字签名、密钥管理和协议设计等技术和措施来保护通信的安全性等解决方案。由于电子商务应用的出现和无线通信的无处不在,网络连接需求的爆发式增长以及各类网络安全事故的频发,引发了研究人员对网络安全各方面重要性的前所未有的认识。在不同通信层面向现有协议添加身份验证和加密的标准做法形成了当前被称为安全机制拼凑的局面。由于数据安全至关重要,合理的安全措施应能够在系统各层次上进行。但有趣的是,在这种研究安全通信的过程中,有一层长期以来几乎被忽视了——物理层,它位于协议栈的最底层,负责将信息位转换为调制信号,是网络安全体系中至关重要的一环,直接涉及信息的传输介质和信号处理过程,对于保障通信的机密性、完整性和可用性具有不可替代的作用。因此,本章主要聚焦于物理层安全中的信息论相关理论,深入探讨信息论中物理层安全设计的密钥生成、防窃听通信、隐蔽性通信和安全编码实现的各方面,通过深入研究本章所涉及的4节,读者将获得全面的物理层安全知识体系,为构建更加可靠、安全的通信网络提供有力支持。

## 10.1 信息论基本概念

**定义 10.1** 概率分布函数为 $P_X$ 的离散随机变量 $X$ 的熵 $H(X)$ 定义为

$$H(X) := -\sum_{x \in \mathcal{X}} P_X(x) \log P_X(x) \tag{10.1}$$

其中,log 以 2 为底,并规定 $0 \log 0 = 0$。

**定义 10.2** 对具有联合分布 $P_{XY}$ 的离散随机变量 $(X, Y)$ 的联合熵 $H(X, Y)$ 定义为

$$H(X, Y) := -\sum_{x \in \mathcal{X}} \sum_{y \in \mathcal{Y}} P_{XY}(x, y) \log P_{XY}(x, y) \tag{10.2}$$

其条件熵 $H(Y|X)$ 定义为

$$H(Y|X) := \sum_{x \in \mathcal{X}} P_X(x) H(Y|X = x) \tag{10.3}$$

$$= -\sum_{x \in \mathcal{X}} P_X(x) \sum_{y \in \mathcal{Y}} P_{Y|X}(y|x) \log P_{Y|X}(y|x) \tag{10.4}$$

$$= -\sum_{x\in\mathcal{X}}\sum_{y\in\mathcal{Y}} P_{XY}(x,y)\log P_{Y|X}(y|x) \tag{10.5}$$

$$= -\mathbb{E}\log P_{Y|X} \tag{10.6}$$

从定义10.1和定义10.2可得 $H(X,Y) = H(X) + H(Y|X)$。

**定义 10.3** 两个概率密度函数 $P_X$ 和 $Q_X$ 的相对熵定义为

$$D(P\|Q) := \sum_{x\in\mathcal{X}} P(x)\log\frac{P(x)}{Q(x)} \tag{10.7}$$

$$= \mathbb{E}_p \log\frac{P(X)}{Q(X)} \tag{10.8}$$

**定义 10.4** 两个随机变量 $X$ 和 $Y$，具有联合概率密度函数 $P_{XY}$ 和边缘密度函数 $P_X$、$P_Y$，互信息 $I(X;Y)$ 定义为联合分布 $P_{XY}$ 和分布 $P_X P_Y$ 之间的相对熵，即

$$I(X;Y) := \sum_{x\in\mathcal{X}}\sum_{y\in\mathcal{Y}} P_{XY}(x,y)\log\frac{P_{XY}(x,y)}{P_X(x)P_Y(y)} \tag{10.9}$$

$$= D(P_{XY}(x,y)\|P_X(x)P_Y(y)) \tag{10.10}$$

$$= \mathbb{E}_{P_{XY}}\log\frac{P_{XY}}{P_X P_Y} \tag{10.11}$$

## 10.2 密钥生成

### 10.2.1 密钥生成概述

自通信诞生以来，通信安全就是持续伴随的难题。为确保信息不被窃听，一个简洁高效的方式是对信息进行加密。加密有着悠久的历史，如公元前的凯撒密码就是一种简单的移位密码。然而，直到20世纪50年代，针对加密的信息论研究才开始发展。香农最早用概率统计的观点对信源、密钥、明文和密文进行了数学描述和定量分析，提出通用的理想保密通信系统模型[182]。然而，香农得到了一个相对悲观的结果，即只有密钥长度至少与明文长度一样长，才可能实现完全保密。

在当时主流的对称密码学体系，即加密密钥和解密密钥是相同的情况下，实现完全保密的方式只能是一次一密，然而，一次一密的矛盾在于，如果有一条足够安全的信道能够用来传递密钥，那么它显示可以用来直接传递信息。于是，研究者将目标转向寻求计算安全的保密机制，即理论上可以破译，但是实际要破译所需要的计算资源超出了现实条件的保密方式。几十年来，对称密码取得了举世瞩目的成就，在很大程度上保护了信息安全，但密钥分发（让通信双方拥有相同的初始密钥）依然是难题。1976年，Diffie和Hellman[203]提出公钥加密体制，开创了非对称密码的先河。在非对称密码中，接收方产生一对公私钥，并将公钥广而告之，发送方通过接收方的公钥加密信息，接收方用自己的私钥来解密。但非对称密码的加解密速度慢，不适合传递大量信息，因此目前主流的方法是通过公私钥加密对称密钥，再用对称密钥加密信息。这样的方式成了密码学应用的主流，取得了巨大成功。然而，无论是对称密码还是非对称密码，其本质思想都是通过增加算法复杂度来防止恶意第三方破译。随着计算资源和计算能力的提升，恶意第三方破解原有方案所需的时间越来越短，算法难度增加的速度无法赶上计算能力增加的速度。量子计算的出现使计算能力指数式增长成为可能，寻求完全保密的方式至关重要。Maurer[177]从信息论的角度出发，提出一种基于公共讨论的密钥

生成方法，从理论上证明了完全保密的可能性。Ahlswede 和 Csiszár[180]等人针对通信双方利用共享随机源生成密钥的方法展开了研究，提出了信源型密钥生成模型。此外，由于无线信道具有随机性、唯一性和互易性，可作为天然的随机源，合法通信双方共享相同的信道信息为物理层密钥生成技术提供了天然的优势。基于上述思想，Ahlswede 和 Csiszár[180]提出了另一种密钥生成模型——信道型密钥生成模型。这两种模型为后续的密钥生成研究奠定了基础。

为更好地介绍密钥生成模型，我们首先回顾香农的经典论文 *Communication theory of secrecy systems*。在这篇文章中，香农提出窃听方可完全访问不安全信道以获得和合法接收者相同的密文信息。如图10.1所示，Alice 和 Bob 共享密钥 $K$，发送者 Alice 将明文 $M$ 加密成密文 $C$ 后，传递给接收者 Bob，与此同时，窃听者 Eve 获得密文 $C$。通过量化窃听者 Eve 的平均不确定性，香农对保密的概念进行了形式化。在香农的定义里，保密性根据明文 $M$ 和密文 $C$ 的条件熵来衡量，表示为 $H(M|C)$。如果明文与密文完全独立，即

$$I(M;C) = 0 \tag{10.12}$$

完全保密通信系统形成。此时，窃听者 Eve 获得密文 $C$，也并不能猜测出明文 $M$。

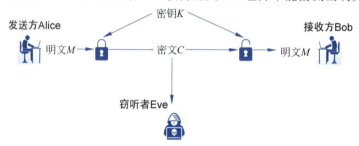

图 10.1 香农保密模型

几乎所有目前使用的密码系统，包括 AES 加密系统[207]、公钥加密系统都是基于香农模型的假设，即窃听者 Eve 可以接收到与合法接收者 Bob 完全相同的信息。这些系统的密钥生成依赖数学难题，利用扩散和混淆的思想来生成密钥，例如，AES[207]算法便通过轮密钥加、字节代换、行位移、列混淆四种操作来生成密钥；而 RSA[208]算法则依赖大整数分解难题。理论上而言，只要窃听者 Eve 的计算资源远高于合法通信双方 Alice 和 Bob，这些密码系统便可通过穷举法破译，并不能实现无条件安全。不同于传统密码系统通信信道均无错误的情况，物理层密钥生成让有噪声的信道参与加密的过程，利用信道本身的特性来强化加密。即使窃听者 Eve 的计算资源无穷大，也能有效保证 Alice 和 Bob 的通信安全。

## 10.2.2 密钥生成模型

如10.2.1节所述，密钥生成有两种基本模型——信源型模型（图10.2）和信道型模型（图10.3）。

在信源型模型中，合法用户 Alice、Bob 和非法用户 Eve 分别观测离散无记忆信源（Discrete Memoryless Source, DMS）$(\mathcal{XYZ}, P_{X^nY^nZ^n})$，其中，$\mathcal{XYZ}$代表源的取值域，$P_{XYZ}$代表取值域$\mathcal{XYZ}$的分布，$P_{X^nY^nZ^n}$通过$P_{XYZ}$的独立同分布产生。这个 DMS 不受任何一方控制，但是它的统计数据是已知的。Alice 和 Bob 需要沟通自己的观测结果生成公共密钥 $K$，且 Eve 不能从自己获得的信息中生成密钥 $K$。为了简化研究过程，对合法用户 Alice 和 Bob 之间的通信几乎不做限制：他们在一个公共、无噪声、经过身份认证的信道交换信息，Eve 可从该信道中获得 Alice 和 Bob 之间交互的所有信息，但不能拦截和篡改信息。

图 10.2　第 $i$ 轮信源型密钥生成协议模型

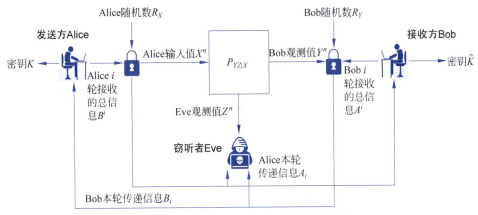

图 10.3　第 $i$ 轮信道型密钥生成协议模型

**定义10.5**　给定密钥速率 $R$，密钥长度 $n$，沟通轮数 $r$ 的信源型密钥提取协议 $S_S(2^{nR}, n, r)$ 包含[175]：

（1）密钥码本 $\mathcal{K} = [1, 2^{nR}]$；

（2）Alice 的本地随机源 $(R_X, P_{R_X})$，其中 $R_X$ 代表随机源的取值域，$P_{R_X}$ 代表该取值域 $R_X$ 的分布；

（3）Bob 的本地随机源 $(R_Y, P_{R_Y})$，其中 $R_Y$ 代表随机源的取值域，$P_{R_Y}$ 代表该取值域 $R_Y$ 的分布；

（4）Alice 的 $r$ 轮编码函数 $f_i : \mathcal{X}^n \times \mathcal{B}^{i-1} \times R_X \to \mathcal{A}$ 对于 $i \in [1, r]$，$\mathcal{A}$ 代表 Alice 在公共信道上传输的码本；

（5）Bob 的 $r$ 轮编码函数 $g_i : \mathcal{Y}^n \times \mathcal{A}^{i-1} \times R_Y \to \mathcal{B}$ 对于 $i \in [1, r]$，$\mathcal{B}$ 代表 Bob 在公共信道上传输的码本；

（6）Alice 的密钥生成函数 $\kappa_{A,S} : \mathcal{X}^n \times \mathcal{B}^r \times R_X \to \mathcal{K}$；

（7）Bob 的密钥生成函数 $\kappa_{B,S} : \mathcal{Y}^n \times \mathcal{A}^r \times R_Y \to \mathcal{K}$。

其协议具体流程如下：

（1）Alice 和 Bob 观察 $n$ 次离散无记忆信源得到 $x^n$ 和 $y^n$；

（2）Alice 从本地随机源生成 $r_x$，Bob 生成 $r_y$；

（3）在 $i \in [1, r]$ 的通信轮数时，Alice 传递 $a_i = f_i(x^n, b^{i-1}, r_x)$，Bob 传递 $b_i = g_i(y^n, a^{i-1}, r_y)$；

（4）$r$ 轮后，Alice 生成密钥 $k = \kappa_{A,S}(x^n, b^r, r_x)$，Bob 生成密钥 $\hat{k} = \kappa_{B,S}(y^n, a^r, r_y)$。

信道型密钥生成模型与信源型模型大致相同。在信道型模型中，随机源将由 Alice 控制，Bob 和 Eve 观察离散无记忆信道（Discrete Memoryless Channel，DMC）$(\mathcal{X}, P_{YZ|X}, \mathcal{Y}, \mathcal{Z})$ 的输出，而输入由 Alice 控制，其中 $\mathcal{X}$ 代表输入域，$\mathcal{Y}$ 和 $\mathcal{Z}$ 代表输出域，$P_{YZ|X}$ 代表输出 $Y$ 和 $Z$ 相对于输入 $X$ 的条件分布函数。信道型模型比信源型模型复杂，因为 Alice 可根据 Bob 从公共信道提供的反馈消息来调整他在 DMC 中输入的符号。

**定义 10.6** 给定密钥速率 $R$，密钥长度 $n$，沟通轮数 $r$ 的信道型密钥生成协议 $S_{\mathrm{C}}(2^{nR}, n, r)$ 包含[175]：

（1）密钥码本 $\mathcal{K} = [1, 2^{nR}]$；
（2）Alice 的本地随机源 $(R_X, P_{R_X})$，其中 $R_X$ 代表随机源的取值域，$P_{R_X}$ 代表 $R_X$ 的分布；
（3）Bob 的本地随机源 $(R_Y, P_{R_Y})$，其中 $R_Y$ 代表随机源的取值域，$P_{R_Y}$ 代表 $R_Y$ 的分布；
（4）Alice 的 $r$ 轮编码函数 $f_i : \mathcal{X}^i \times \mathcal{B}^{i-1} \times R_X \to \mathcal{A}$ 对于 $i \in [1, r]$，$\mathcal{A}$ 代表 Alice 在公共信道上传输的码本；
（5）Bob 的 $r$ 轮编码函数 $g_i : \mathcal{Y}^i \times \mathcal{A}^{i-1} \times R_Y \to \mathcal{B}$ 对于 $i \in [1, r]$，$\mathcal{B}$ 代表 Bob 在公共信道上传输的码本；
（6）Alice 的 $r$ 轮输入变量生成函数 $h_i : \mathcal{B}^{i-1} \times R_x \to \mathcal{X}$ for $i \in [1, r]$；
（7）Alice 的密钥生成函数 $\kappa_{\mathrm{A,C}} : \mathcal{X}^n \times \mathcal{B}^r \times R_X \to \mathcal{K}$；
（8）Bob 的密钥生成函数 $\kappa_{\mathrm{B,C}} : \mathcal{Y}^n \times \mathcal{A}^r \times R_Y \to \mathcal{K}$。

其协议具体流程如下：

（1）Alice 从本地随机源生成 $r_x$，Bob 生成 $r_y$；
（2）在 $i \in [1, r]$ 的通信轮数时，Alice 发送 $x_i = h_i(b^{i-1}, r_x)$ 和 $a_i = f_i(x^i, b^{i-1}, r_x)$，Bob 发送 $b_i = g_i(y^i, a^{i-1}, r_y)$；
（3）在 $r$ 轮后，Alice 生成密钥 $k = \kappa_{\mathrm{A,C}}(x^n, b^r, r_x)$，Bob 生成密钥 $\hat{k} = \kappa_{\mathrm{B,C}}(y^n, a^r, r_y)$。

相比于信源型模型，信道型模型的协议更加复杂，因为发送方 Alice 可根据接收方 Bob 传递的信息来调整输入的随机变量 $X$，从而改变对应的 Bob 的观察变量 $Y$ 与 Eve 的观察变量 $Z$。

### 10.2.3 密钥容量

无论是信源型模型还是信道型模型，给定密钥速率 $R$，密钥长度 $n$，沟通轮数 $r$ 密钥提取策略 $S_{\mathrm{S}}(2^{nR}, n, r)$ 或者 $S_{\mathrm{C}}(2^{nR}, n, r)$ 的分析指标是一致的——可靠性、保密性和均匀性。可靠性指的是合法通信方生成一致密钥的能力，为便于说明，采用 $S_n$ 代指协议，采用错误概率表征可靠性：

$$P_e(S_n) \triangleq P_r[K \neq \hat{K}|S_n] \tag{10.13}$$

保密性指窃听方 Eve 从公共信息和自己的观测值中生成密钥的能力，即密钥和公共信息、窃听方观测值之间的相关性。保密性采用条件互信息表征：

$$L(S_n) \triangleq I(K; Z^n A^r B^r | S_n) \tag{10.14}$$

其中，$K$ 是 Alice 和 Bob 生成的密钥，$Z^n$、$A^r$、$B^r$ 是 Eve 能获得的所有信息，$Z^n$ 是 Eve 自己观察的 $n$ 次生成随机变量，$A^r$、$B^r$ 是 $r$ 轮中 Alice 和 Bob 交互的所有信息。当 $L(S_n)$ 足够小，即 $K$ 和 $Z^n A^r B^r$ 之间几乎没有相关性时，Eve 很难从自己获得的信息中推出密钥 $K$，保证了密钥 $K$ 的安全。

均匀性指密钥分布应接近均匀以保证密钥生成长度最大且安全性高。密钥的均匀性采用

$U(S_n)$ 表征：

$$U(S_n) \triangleq \log\lceil 2^{nR}\rceil - H(K|S_n) \tag{10.15}$$

这里用 $H(K|S_n)$ 衡量策略 $S_n$ 下生成密钥 $K$ 的不确定性，而 $\log\lceil 2^{nR}\rceil$ 表示密钥 $K$ 均匀分布时的信息熵，若生成的密钥 $K$ 越接近均匀分布，那么 $U(S_n)$ 就越小。

对于信源型密钥生成策略 $S_S(2^{nR}, n, r)$ 或信道型密钥生成策略 $S_C(2^{nR}, n, r)$，密钥速率的考量也是一样的，为便于描述，仍用 $S_n$ 代指密钥生成协议

$$\lim_{n\to\infty} P_e(S_n) = 0 \tag{10.16}$$

$$\lim_{n\to\infty} \frac{1}{n} L(S_n) = 0 \tag{10.17}$$

$$\lim_{n\to\infty} \frac{1}{n} U(S_n) = 0 \tag{10.18}$$

称密钥速率 $R$ 是弱安全可达的。相对地，若

$$\lim_{n\to\infty} P_e(S_n) = 0 \tag{10.19}$$

$$\lim_{n\to\infty} L(S_n) = 0 \tag{10.20}$$

$$\lim_{n\to\infty} U(S_n) = 0 \tag{10.21}$$

则称密钥速率 $R$ 为强安全可达的。不同于弱安全可达的密钥速率，强安全可达的密钥速率的保密性和均匀性不涉及归一化。因此，能实现强安全可达的密钥速率的策略 $S_n$ 也一定能实现弱安全可达的密钥速率。密钥容量为可实现的密钥速率的最大值，定义如下。

**定义 10.7** 信源型模型 $\mathrm{DMS}(\mathcal{XYZ}, P_{XYZ})$ 的弱密钥容量为

$$C_W^{\mathrm{SM}} := \sup\{R\colon R \text{ 是弱安全可达的密钥速率}\} \tag{10.22}$$

对应地，信源型模型 $\mathrm{DMS}(\mathcal{XYZ}, P_{XYZ})$ 的强密钥容量定义为

$$C_S^{\mathrm{SM}} := \sup\{R\colon R \text{ 是强安全可达的密钥速率}\} \tag{10.23}$$

根据弱安全可达密钥速率和强安全可达密钥速率的定义，可得 $C_S^{\mathrm{SM}} \leqslant C_W^{\mathrm{SM}}$，即 $C_W^{\mathrm{SM}}$ 的上界一定是 $C_S^{\mathrm{SM}}$ 的上界。

信源型模型的密钥容量的通用封闭形式的表达式难以给出，但可得到有用的上下界。Maurer[177]、Ahlswede 和 Csiszár[180] 证明了如下定理。

**定理 10.1** 弱密钥容量 $C_W^{\mathrm{SM}}$ 的上下界满足：

$$I(X;Y) - \min(I(X;Z), I(Y;Z)) \leqslant C_W^{\mathrm{SM}} \leqslant \min(I(X;Y), I(X;Y|Z)) \tag{10.24}$$

**推论 10.1** 强密钥容量 $C_S^{\mathrm{SM}}$ 和弱密钥容量 $C_W^{\mathrm{SM}}$ 的上下界一致[175]。

下界可以理解为 Alice 和 Bob 之间的信息速率与泄露给 Eve 的信息速率的差值。由于信道双向通信的可能性，Alice 和 Bob 可选择泄露给 Eve 的信息是来自 Alice（对应 $I(X;Z)$）或者来自 Bob（对应 $I(Y;Z)$）。上界可以理解为 Alice 和 Bob 之间的信息速率，因为 Alice 和 Bob 不能确定 Eve 的窃听状态，所以取 $I(X;Y)$ 和 $I(X;Y|Z)$ 中的最小值，分别对应 Eve 是否能观察到 $Z^n$ 的结果。

**定义 10.8** 信道型模型 $\mathrm{DMC}(\mathcal{X}, P_{YZ|X}, \mathcal{Y}, \mathcal{Z})$ 的弱密钥容量为

$$C_W^{\mathrm{CM}} := \sup\{R\colon R \text{ 是可达的弱密钥速率}\} \tag{10.25}$$

对应地，信道型模型 $\text{DMC}(\mathcal{X}, P_{YZ|X}, \mathcal{Y}, \mathcal{Z})$ 的强密钥容量定义为

$$C_S^{\text{CM}} := \sup\{R: R \text{ 是可达的强密钥速率}\} \tag{10.26}$$

从定义中可以很自然地看出，$C_S^{\text{CM}} \leqslant C_W^{\text{CM}}$。Ahlswede 和 Csiszár[180] 证明了信道型密钥容量的上下界。

**定理 10.2** 信道型模型的弱密钥容量 $C_S^{\text{CM}}$ 满足

$$\max(\max_{P_X}(I(X;Y) - I(X;Z)), \max_{P_X}(I(X;Y) - I(Y;Z))) \tag{10.27}$$

$$\leqslant C_S^{\text{CM}} \leqslant \max_{P_X} \min(I(X;Y), I(X;Y|Z)) \tag{10.28}$$

**推论 10.2** 强密钥容量 $C_S^{\text{CM}}$ 和弱密钥容量 $C_W^{\text{CM}}$ 的上下界一致[175]。

定理 10.2 中的上下界类似定理 10.1，然而，信源型模型中离散随机源不受任何一方控制，而信道型模型中，输入 $X$ 是受 Alice 控制的，因此 Alice 可以通过调整信道输入 $X$ 的分布 $P_X$ 来提升密钥容量。

### 10.2.4 信源型密钥生成模型顺序密钥提取策略

消息或密钥同时受到可靠性和保密性的要求限制，对窃听和密钥提取策略的分析是复杂的。在可实现性分析中，常常使用随机编码和随机分组来规避上述复杂性，从而推导出理论界限。然而，上述方式对实际方案设计缺乏指导。

对于信源型模型，一种有效的密钥提取策略是顺序密钥提取策略。该策略独立地处理可靠性和保密性，包含三个阶段：优势提取、信息调和及隐私增强。图 10.4 展示了各阶段在顺序密钥提取策略中的作用。在优势提取阶段，Alice 和 Bob 通过公共信道交互，提取出比 Eve 更有优势的观察结果。Eve 有优势的观察结果被舍弃了，Alice 的信息也减少了，但 Bob 在这时的信息超过了 Eve；在信息调和阶段，Alice 向 Bob 提供辅助信息，使 Bob 纠正自己的序列和 Alice 之间序列的差异，同时 Eve 也完整地收获了这一部分信息；在隐私增强阶段，Alice 和 Bob 用哈希函数作用于共同序列生成密钥，Eve 因为没有这一部分序列，故无法获取生成的密钥。通过逐步过滤和处理信息，Alice 和 Bob 能够在确保通信可靠性的同时，最大限度地保护密钥的保密性。为便于介绍顺序密钥提取策略，首先介绍一种特殊的信道——二元对称信道。

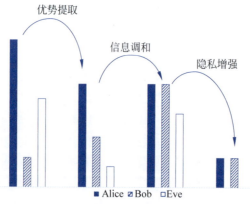

图 10.4 顺序密钥提取策略的信息量演变示意

**定义 10.9** 如果一个离散无记忆信道 $(\mathcal{X}, p_{Y|X}, \mathcal{Y})$ 的输入字母表 $\mathcal{X} = \{0,1\}$，输出字母表 $\mathcal{Y} = \{0,1\}$，并且错误转移概率 $p_{Y|X}(1|0) = p_{Y|X}(0|1) = p$，正确转移概率 $p_{Y|X}(0|0) = p_{Y|X}(1|1) = 1 - p$，则称该信道为二元对称信道（Binary Symmetric Channel，BSC）。当

$p_{Y|X}(1|0) = 0$ 时，称该信道为 Z-信道。

考虑以下卫星模型，如图 10.5 所示：一个分布概率为 0.5 的二元信源 $U$ 通过独立的二元对称信道向 Alice、Bob 和 Eve 发送比特序列，各信道误比特率分别为 $p$、$q$ 和 $r$。假设 $r < p$ 且 $r < q$，Eve 能够获得相对于 Alice 和 Bob 的信息优势，即 $I(X;Y) < I(X;Z)$ 和 $I(X;Y) < I(Y;Z)$。

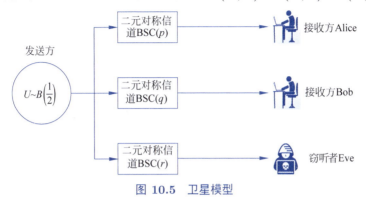

图 10.5　卫星模型

优势提取的基本前提是 Alice 和 Bob 可通过公共信道交换信息来逆转 Eve 的优势，具体定义如下。

**定义 10.10**　给定编码长度 $n$，沟通轮数 $r$ 的优势提取协议 $\mathcal{D}_n$ 包含：

（1）生成的新的信源中 Alice 观测的随机变量 $X'$；
（2）生成的新的信源中 Bob 观测的随机变量 $Y'$；
（3）Alice 的本地随机源 $(R_X, P_{R_X})$；
（4）Bob 的本地随机源 $(R_Y, P_{R_Y})$；
（5）Alice 的 $r$ 轮编码函数 $f_i : X^n \times B^{i-1} \times R_X \to \mathcal{A}$ 对于 $i \in [1, r]$，$\mathcal{A}$ 代表 Alice 在公共信道上传输的码本；
（6）Bob 的 $r$ 轮编码函数 $g_i : Y^n \times A^{i-1} \times R_Y \to \mathcal{B}$ 对于 $i \in [1, r]$，$\mathcal{B}$ 代表 Bob 在公共信道上传输的码本；
（7）Alice 的随机源生成函数 $\theta_a : X^n \times B^r \times R_X \to X'$；
（8）Bob 的随机源生成函数 $\theta_b : Y^n \times A^r \times R_Y \to Y'$。

图 10.6　优势提取模型

其协议流程如下：

（1）Alice 和 Bob 观察 $n$ 次随机源得到 $x^n$ 和 $y^n$；

(2) Alice 从本地随机源生成随机数 $r_x$，Bob 生成随机数 $r_y$；

(3) 在第 $i \in [1, r]$ 轮时，Alice 发送 $a_i = f_i(x^n, b^{i-1}, r_x)$，Bob 发送 $b_i = g_i(y^n, a^{i-1}, r_y)$；

(4) 在 $r$ 轮后，Alice 生成 $\overline{x} = \theta_a(x^n, b^r, r_x)$，Bob 生成 $\overline{y} = \theta_b(y^n, a^r, r_y)$。

通过多次重复上述优势提取协议，Alice、Bob 和 Eve 分别获得 $\overline{x}^n$、$\overline{y}^n$ 和 $\overline{z}^n$。本质来说，即是对新的信源 $\mathrm{DMS}(\mathcal{X}'\mathcal{Y}'\mathcal{Z}')$ 进行 $n$ 次观察，其中 $Z' \triangleq Z^n A^r B^r$。理想情况下，这个新的信源 DMS 应为 Alice 和 Bob 提供相对于 Eve 的信息优势，即 $I(X'; Y') \geqslant I(X'; Z')$ 或者 $I(X'; Y') \geqslant I(Y'; Z')$。通常用如下优势提取速率表征优势提取协议 $\mathcal{D}_n$ 的性能：

$$R(\mathcal{D}_n) := \frac{1}{n} \max(I(X'; Y') - I(X'; Z'), I(X'; Y') - I(Y'; Z')) \tag{10.29}$$

一方面，Alice 和 Bob 想要提取与他们高度相关的信息，以最大化 $I(X'; Y')$；另一方面，他们必须谨慎地选择信息以避免向 Eve 透露他们的观测值，以最小化 $I(X'; Z')$ 或 $I(Y'; Z')$。

**定义 10.11** 优势提取容量 $D^{\mathrm{SM}}$ 定义为

$$D^{\mathrm{SM}} := \sup \{R(\mathcal{D}_n) : R(\mathcal{D}_n) \text{ 是可达优势提取速率}\} \tag{10.30}$$

Muramatsu[209] 将优势提取容量 $D^{\mathrm{SM}}$ 与弱密钥容量 $C_{\mathrm{W}}^{\mathrm{SM}}$ 联系起来。

**定理 10.3** 优势提取容量 $D^{\mathrm{SM}}$ 满足：

$$D^{\mathrm{SM}} = C_{\mathrm{W}}^{\mathrm{SM}} \tag{10.31}$$

即优势提取容量等于同一信源模型的弱密钥容量。

定理 10.3 并未明确给出优势容量的性质和特征，但它将优势提取容量 $D^{\mathrm{SM}}$ 和弱密钥容量 $C_{\mathrm{W}}^{\mathrm{SM}}$ 联系起来。然而，因为提取严重依赖底层信源的特定统计数据，故目前尚无通用程序来设计优势提取协议。

在优势提取阶段后，Alice、Bob 和 Eve 获得了新的信源 $\mathrm{DMS}(\mathcal{X}'\mathcal{Y}'\mathcal{Z}', P_{X'Y'Z'})$。信息调和的目标是让 Alice 和 Bob 就一个公共序列达成一致。为方便表述，用 $\mathrm{DMS}(\mathcal{X}\mathcal{Y}\mathcal{Z}, P_{XYZ})$ 来代替 $\mathrm{DMS}(\mathcal{X}'\mathcal{Y}'\mathcal{Z}', P_{X'Y'Z'})$。

**定义 10.12** 给定编码长度 $n$，沟通轮数 $r$ 的信源型信息调和协议 $\mathcal{R}_n$ 包含：

(1) 一个公共序列的码本 $S$；

(2) Alice 的本地随机源 $(R_X, P_{R_X})$；

(3) Bob 的本地随机源 $(R_Y, P_{R_Y})$；

(4) Alice 的 $r$ 轮编码函数 $f_i : X^n \times B^{i-1} \times R_X \to \mathcal{A}$ 对于 $i \in [1, r]$，$\mathcal{A}$ 代表 Alice 在公共信道上传输的码本；

(5) Bob 的 $r$ 轮编码函数 $g_i : Y^n \times A^{i-1} \times R_Y \to \mathcal{B}$ 对于 $i \in [1, r]$，$\mathcal{B}$ 代表 Bob 在公共信道上传输的码本；

(6) Alice 的公共序列生成函数 $\eta_a : X^n \times B^r \times R_X \to S$；

(7) Bob 的公共序列生成函数 $\eta_b : Y^n \times A^r \times R_Y \to S$。

其协议具体流程如下：

(1) Alice 和 Bob 观察 $n$ 次随机源得到 $x^n$ 和 $y^n$；

(2) Alice 从本地随机源生成随机数 $r_x$，Bob 生成随机数 $r_y$；

(3) 在第 $i \in [1, r]$ 轮时，Alice 发送 $a_i = f_i(x^n, b^{i-1}, r_x)$，Bob 发送 $b_i = g_i(y^n, a^{i-1}, r_y)$；

(4) 在 $r$ 轮后，Alice 生成 $s^n = \eta_a(x^n, b^r, r_x)$，Bob 生成 $\hat{s}^n = \eta_b(y^n, a^r, r_y)$。

信息调和协议和优势提取协议的定义与流程大致相同，但目标不同。优势提取协议的目标仅是生成一个新信源，Alice 和 Bob 的输出可以不一致；而信息调和协议要生成一致的序列。

信息调和生成的公共序列 $S$ 用于生成密钥，因此，在公共信道上泄露的信息越小越好。这个泄露的表征为调和速率 $R(\mathcal{R}_n)$，其定义如下：

$$R(\mathcal{R}_n) := \frac{1}{n}(H(S|\mathcal{R}_n) - H(A^r B^r|\mathcal{R}_n)) \tag{10.32}$$

**定义10.13** 可达调和速率 $R$ 定义如下，存在信息调和协议 $\mathcal{R}_n$ 满足：

$$\lim_{n\to\infty} P_e(\mathcal{R}_n) = \lim_{n\to\infty}(S^n \neq \hat{S}^n|\mathcal{R}_n) = 0 \qquad \lim_{n\to\infty} R(\mathcal{R}_n) \geqslant R \tag{10.33}$$

**定义10.14** 信源调和容量 $R^{\mathrm{SM}}$ 定义为

$$R^{\mathrm{SM}} \triangleq \sup\{R(\mathcal{R}_n):\ R(\mathcal{R}_n) \text{ 是可达调和速率}\} \tag{10.34}$$

**定理10.4** 信源调和容量 $R^{\mathrm{SM}}$ 满足[175]：

$$R^{\mathrm{SM}} = I(X;Y) \tag{10.35}$$

值得注意的是，定理10.4指出的是调和速率的上界 $I(X;Y)$，尽管调和速率可以任意的接近 $I(X;Y)$，但事实上，这个极限不能完全达到。任何实际的有限长度的调和协议都会引入开销，并在公共信道上严格公开超过 $nH(X|Y)$ 位。这种开销可以用调和协议的效率定义。

**定义10.15** 信源型模型的调和协议 $\mathcal{R}_n$ 的效率定义为

$$\beta \triangleq \frac{H(S) - r\log(|A|B|)}{nI(X;Y)} \tag{10.36}$$

式 (10.36) 中的 $r\log(|A|B|)$ 表征为了充分描述信息，而在公共信道上传递的信息量。效率 $\beta \leqslant 1$，因为

$$\frac{1}{n}(H(S) - r\log(|A||B|)) \leqslant \frac{1}{n}(H(S) - H(A^r B^r)) \tag{10.37}$$

$$= R(\mathcal{R}_n) \tag{10.38}$$

$$\leqslant R^{\mathrm{SM}} \tag{10.39}$$

$$= I(X;Y) \tag{10.40}$$

对信息调和协议的实现需根据信源的情况做出调整，这里介绍一种针对二进制无记忆信源的信息调和协议。

定理10.4表明，在不失最优性的前提下，离散随机变量的信息调和可以看作一个带有侧信息的信源编码问题。针对二进制无记忆信源 $X$，设计一个编码器，以便观测相关的二进制无记忆信源 $Y$ 的 Bob 能以任意小的错误概率检索 $X$。可以精心选择线性代码来构建信源编码器，如图10.7所示，给定线性码的奇偶校验矩阵 $H \in GF(2)^{k\times n}$，通过计算 $s = Hx$ 来编码 $n$ 个观测值 $x$ 的向量。在接收到 $s$ 后，接收方可以通过寻找最大后验概率的序列 $x$ 来最小化其错误概率 $P(y|x, s = Hx)$。

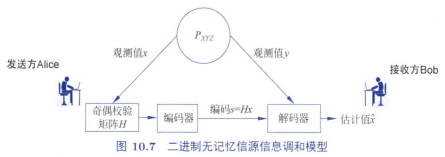

图 10.7　二进制无记忆信源信息调和模型

这个过程等价于在具有 $s$ 的陪集码中对 $x$ 进行最大后验估计（MAP）。可以证明存在线性码，只要开销比特数至少为 $nH(X|Y)$，误差概率就可以尽可能的小。此时用于编码的线性码的码率为 $1-\dfrac{1}{n}$，压缩率为 $\dfrac{1}{n}$。

隐私增强是顺序密钥提取策略的最后一步，通过隐私增强，Alice 和 Bob 对信息调和后的序列 $S^n$ 进行处理，提取出一个更短的 $k$bits 序列，这个序列是 Eve 的信息里没有的。

隐私增强的分析较为复杂，因为其并不依赖香农熵，而依赖碰撞熵和最小熵。碰撞熵和最小熵是 Rényi 熵的特殊形式。

**定义 10.16** 对于离散随机变量 $X$，阶为 $1+s$ 的 Rényi 熵为

$$R_{1+s}(X) \triangleq -\frac{1}{s}\log\left(\sum_{x\in\mathcal{X}} P_X(x)^{1+s}\right) \tag{10.41}$$

其中，$s > -1$ 且 $s \neq 0$。

碰撞熵的定义如下：

$$H_c(X) \triangleq -\log\left(\sum_{x\in\mathcal{X}} P_X(x)^2\right) = R_2(X) \tag{10.42}$$

最小熵的定义如下：

$$H_\infty(X) = -\log\left(\max_{x\in\mathcal{X}} P_X(x)\right) = \lim_{s\to\infty} R_{1+s}(X) \tag{10.43}$$

相比于香农熵，碰撞熵和最小熵对偏离更敏感，而这种敏感能够更好地分析密钥速率。一种通用的隐私增强技术是利用哈希函数生成密钥。哈希函数可以将任意长度的输入值转换为固定长度输出，并且输入极小的不同会导致输出明显的差异，这个性质与我们期望的隐私增强作用非常一致。隐私增强考虑泛哈希函数族。

**定义 10.17** 给定有限集 $\mathcal{A}$ 和 $\mathcal{B}$，函数族 $\mathcal{G}$ 中的函数 $g: \mathcal{A} \to \mathcal{B}$ 满足：

$$\forall (x_1, x_2) \in \mathcal{A}^2 \text{ 且对于任意} x_1 \neq x_2, P_G[G(x_1) = G(x_2)] \leqslant \frac{1}{|\mathcal{B}|} \tag{10.44}$$

则该函数族是 2-universal 的，其中 $G$ 代表从均匀分布函数族 $g \in \mathcal{G}$ 中随机选择的变量，均匀分布函数族即函数族 $\mathcal{G}$ 中的函数 $g$ 被选择的概率相同。

**定理 10.5** 令 $S^n \in \{0,1\}^n$ 为 Alice 和 Bob 共享的公共序列，$E$ 为 Eve 已知的关于 $S^n$ 的全部信息。如果 Alice 和 Bob 知道条件碰撞熵 $H_c(S^n|E=e)$ 至少是某个常数 $c$，且它们从均匀分布的泛哈希函数族 $\mathcal{G}: \{0,1\}^n \to \{0,1\}^k$ 中随机选择一个函数 $G$，使 $K = G(S)$ 作为生成的密钥，则

$$H_c(K \mid G, E = e) \geqslant k - \frac{2^{k-c}}{\ln 2} \tag{10.45}$$

根据定义可知，$H_c(K|G, E=e) \leqslant k$，结合定理 10.5 可得，只要哈希函数的输出足够小（$k \ll c$），即可用哈希函数提取出 $k$ 比特的密钥。定理 10.5 提供了一种显式的隐私增强技术，它表明，在泛哈希函数族中随机选择哈希函数就能够实现隐私增强。

**定理 10.6** 信源型模型的强密钥速率 $R_s$ 满足：

$$R_s < \beta I(X;Y) - \min(I(X;Z), I(Y;Z)) \tag{10.46}$$

其中，$\beta \in [0,1]$。

定理 10.6 表明调和效率事实上降低了密钥速率，因为实际的调和协议的效率 $\beta < 1$，Alice 和 Bob 之间的信息交互降低，但泄露给 Eve 的信息 $I(X;Z)$ 或 $I(Y;Z)$ 不变。定理 10.4 说明调

和效率 $\beta$ 接近1的调和协议存在，但在实际应用中，设计高效的信息调和协议的挑战性较大。

## 10.3 防窃听通信

### 10.3.1 防窃听通信概述

防窃听通信旨在确保通信的隐私和消息保密性，以防止未经授权的窃听或攻击者访问敏感信息。1949年，Shannon[182] 首次提出了在攻击者的计算能力不受限制时实现安全通信的方法，开创了物理层安全（Physical Layer Security，PLS）研究。1975年，Wyner[178] 基于 Shannon 的理论，提出了著名的退化窃听信道（Degraded WireTap Channel，DWTC）模型，并推导了退化窃听信道的保密容量，即最大可实现的保密传输速率。之后，Csiszár 和 Körner[183] 将 Wyner 的工作推广到了更一般的非退化的窃听信道模型，并推导了该信道的保密容量。随后，Leung-Yan-Cheong[184] 等通过研究高斯窃听信道，证明了主信道和窃听信道之间的信道容量差值为系统的保密容量。

在衰落窃听信道的研究中，Barros[185] 等人在准静态衰落信道上根据中断概率定义了保密容量，并证明在衰落情况下即使窃听信道的信噪比优于主信道，也可实现信息论安全。Liang[186] 研究了衰落信道上的各态历经保密容量以及其最优的功率分配。Gopala[187] 分析并提出了各态历经衰落信道上的一种在全信道状态信息情况下的低复杂度功率分配方案。Xing[188] 等人联合优化衰落信道上的发射功率分配和功率分割比，研究了保密中断概率最小化和平均速率最大化问题的非凸性，并分别给出了基于对偶分解的最优解和基于交替优化的次优解。

多天线窃听信道也得到广泛研究。Shaee[189] 针对具有双天线的合法接收方和单天线的窃听者的窃听信道分析了保密容量，并证明该情况下使用波束成形的高斯信号最优。Ekrem[190] 等针对具有公共消息和秘密消息的多输入多输出（Multiple-Input Multiple-Output，MIMO）系统分析了保密容量域。He[191] 等人证明了在不知道窃听信道状态时，当窃听者天线比发射方和合法接收方少时，大于0的保密速率可以实现。Yang[192] 等人分析并优化了多输入单输出（Multiple-Input Single-Output，MISO）系统中人工噪声的保密性能，确定了信号和噪声之间的最优功率分配，提出并确定了两种传输方案及其最优保密率，从而使有效安全吞吐量最大化。通过近年来学术界的不断探索，物理层安全已然成为通信安全和网络安全中的热点问题。

在本节中，我们提出了保密容量的概念，它用来表征最大的、可达的保密传输速率。由于通信不仅受到可靠性约束，而且受到信息论安全要求的约束，因此保密容量在物理层安全的研究中具有核心地位。保密容量是噪声信道上安全通信的基本极限，它与一种被称为窃听信道的信道模型相关联。窃听信道本质上是一种广播信道，但其中一个接收方为敌手，这种敌对性接收者通常称为窃听者。本节中，我们首先简要介绍 Shannon 提出的完美保密性的概念，随后讨论在有噪信道上的通信安全问题，然后详细研究在 Wyner 退化窃听信道上的保密容量，最后讨论信息论角度下对保密能力的度量的选择。

### 10.3.2 完美保密性

与密码学密钥生成中的一贯做法一样，我们经常将发送方称为 Alice，将合法的接收方称为 Bob，将窃听者称为 Eve。通常而言，安全通信的目标是双重的，在消息传输过程中，合法接收方应能无误地恢复消息,同时其他任何人都不应获取任何信息。这一基本原则在 Shannon 1949 年的论文中得以正式提出,使用了图 10.1 所示的保密系统模型。一个发送者试图通过将消息 $M$ 编码为一个码字 $X^n$ 发送给合法的接收方。在该模型的传输过程中,码字 $X^n$ 会被窃听者 Eve 观察到。在真实系统中,几乎总是存在某种形式的噪声,然而强纠错编码可以确保消息以任意小的误差概率进行恢复。

在最坏情况下,合法的接收方必须对窃听者具有某种优势,否则后者也能够恢复消息 $M$。解决上述问题的方法在于使用一个只有发送方和合法接收方知道的密钥 $K$。然后,码字 $X^n$ 通过计算消息 $M$ 和密钥 $K$ 的函数获得。Shannon 通过量化窃听者的平均不确定性来给出保密的概念。在信息论术语中,消息和码字被视为随机变量,并且保密性是以消息在给定码字情况下的条件熵来衡量的,表示为 $H(M|X)$。$H(M|X)$ 这一量也被称为窃听者的不确定性。因此,在窃听者的不确定性等于关于消息的先验不确定性时达到完美的保密性,即

$$H(M|X) = H(M) \tag{10.47}$$

这个等式意味着码字 $X$ 与消息 $M$ 在统计上是相互独立的。相关性的缺失确保了不存在任何算法可以允许窃听者提取关于消息的信息。

接下来给出香农保密模型的完美保密性,在图 10.1 中,消息、码字和密钥分别由随机变量表示,即 $M \in \mathcal{M}$、$X \in \mathcal{X}$ 和 $K \in \mathcal{K}$。假设 $K$ 与 $M$ 独立。编码函数表示为 $e: \mathcal{M} \times \mathcal{K} \to \mathcal{X}$,解码函数表示为 $d: \mathcal{X} \times \mathcal{K} \to \mathcal{M}$,我们将这对函数 $(e,d)$ 称为编码方案。合法的接收方被假定能够无误译码消息,即

$$X = e(M,K), 则 M = d(X,K) \tag{10.48}$$

尽管窃听者 Eve 不了解密钥,但通常假设 Eve 知道编码函数 $e$ 和解码函数 $d$。为了衡量与 Eve 有关的保密性,将窃听者的不确定性量化为条件熵 $H(M|X)$,上述不确定性表现为 Eve 在拦截码字后对消息的不确定性。若一个编码方案实现了完美保密,其等价于

$$H(M|X) = H(M) \text{ 或者 } I(M;X) = 0 \tag{10.49}$$

我们称互信息 $I(M;X)$ 为泄露给窃听者的信息量。换句话说,如果码字 $X$ 与消息 $M$ 在统计上是独立的,那么就实现了完美保密。这种安全定义不同于传统基于计算复杂性的评估,不仅因为它提供了一个量化的度量来衡量保密性,还因为它忽略了窃听者的计算能力。完美保密性保证了窃听者的最佳攻击是随机猜测消息 $M$,并且不存在任何可从 $X$ 中提取有关 $M$ 的信息的算法。

我们在密钥生成章节讨论过只有当 $H(K) \geq H(M)$ 时,才能实现完美的保密性。也就是说,关于密钥的不确定性必须至少与关于消息的不确定性一样大。若消息、密钥和码字的长度相同,则可实现通信的完美保密。从算法角度看,可通过一次性密码本(或 Vernam 密码)的简单过程来实现完美的保密性,示例如表 10.1 所示,用于二进制消息和二进制密钥的情况。码字是通过计算每个消息位与一个独立的密钥位的二进制加法来生成的。如果密钥位是独立且均匀分布的,则可证明码字在统计上与消息相互独立。为了恢复消息,合法的接收方只需要将码字和密钥相加。窃听者 Eve 无法获取密钥,从 Eve 的角度来看,每个消息都是等概率的,不能找到优于随机猜测的方法。尽管一次性密码本可以低复杂性以实现完美的保密性,但其适用性受到以下限制:

- 合法的通信双方必须生成和存储由随机位组成的长密钥;
- 每个密钥只能使用一次;

- 密钥必须通过安全信道共享。

表 10.1 一次性码本实例

| 明文 | $M$ | 0 | 1 | 0 | 1 | 0 | 0 | 0 | 1 | 1 | 0 | 1 |
|---|---|---|---|---|---|---|---|---|---|---|---|---|
| 密钥 | $K$ | 1 | 0 | 0 | 1 | 1 | 0 | 0 | 0 | 1 | 0 | 1 |
| 密文 | $X = M \oplus K$ | 1 | 1 | 0 | 0 | 1 | 0 | 0 | 1 | 0 | 0 | 0 |

这些限制要求合法的通信双方在安全信道上共享长度至少与消息相等的密钥,并且密钥只能使用一次,这使得密钥的生成与分发成为一次一密方案实现中难以解决的问题。为以安全的方式分发长密钥,一种可能方案是使用长度较小的随机数种子生成长的伪随机序列。然而,信息论研究表明,窃听者的不确定性上限被使用的随机密钥位的数量限制。密钥越小,窃听者成功从码字中提取信息的概率就越大。在这种情况下,唯一阻碍窃听者的是计算复杂性,这也就是计算安全的本质。接下来将说明对通信模型物理层安全更深入的探讨实际上会提供更广泛实用的解决方案。

### 10.3.3 有噪信道下的安全通信

如前所述,随机噪声几乎是所有物理通信信道的固有要素。为了在安全通信的背景下理解噪声的作用,Wyner引入了图10.8所示的窃听信道模型。这种方法与Shannon最初的保密系统的主要区别在于:

(1) 合法的发射器将消息 $M$ 编码成由 $n$ 个符号组成的码字 $X^n$,然后通过噪声信道发送给合法接收器;

(2) 窃听者观察到接收器可用信号 $Y^n$ 的一个带噪版本,表示为 $Z^n$。

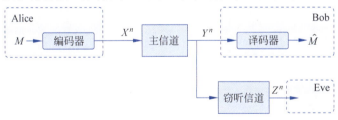

图 10.8 窃听信道模型

Wyner提出了一个新的保密条件定义,并且不再要求窃听者的不确定性与消息的熵完全相等,而是要求对于足够大的码字长度 $n$,均一化的不确定性 $\frac{1}{n}H(M|Z^n)$ 可以无限接近消息的熵率 $\frac{1}{n}H(M)$。在这种松弛的安全约束下,可证明存在信道编码,可同时保证预期接收者的错误概率极小且保密性强,这些编码通常被称为窃听编码。在上述前提下,可实现的最大传输速率被称为保密容量。只要窃听者的观察 $Z^n$ 比 $Y^n$ 更 "嘈杂",保密容量就严格大于零。在20世纪70年代,Wyner的结果的影响受到了几个重要障碍的限制。首先,窃听信道的实际编码构造不可用;其次,窃听信道模型通过假设窃听者受到比合法接收者更多的噪声限制了窃听者。此外,在保密容量的概念出现后不久,信息论安全性被Diffie和Hellman提出的公钥密码学的开创性工作遮盖,后者依赖被认为难以计算的数学函数,并自那时以来主导了通信安全研究。

对于理论分析而言,在图10.9所示的简单模型中噪声的影响是有益的,该模型被称为二进制擦除窃听信道,是更一般的模型的特例。此处发射器通过在无噪声信道上传递长度为 $n$

的二进制码字 $X^n$，向合法接收方传递消息，而窃听者通过一个二进制擦除信道（Binary Erasure Channel，BEC）的输出处观察到这些码字，该信道的擦除概率为 $\epsilon \in (0,1)$。消息从集合 $\{1,2,\cdots,M\}$ 中以均匀随机方式获取，由随机变量 $M$ 表示。码字由随机变量 $X^n \in \{0,1\}^n$ 表示，窃听者的观察由随机变量 $Z^n \in \{0,1,?\}^n$ 表示。假设不同的消息总是被编码成不同的码字，因此可靠传输速率为

$$\frac{1}{n}H(M) = \frac{1}{n}\log M$$

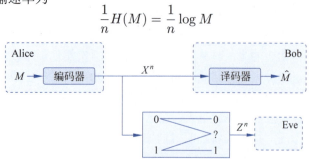

图 10.9　在二进制擦除窃听信道上的窃听信道模型

**例10.1**　假设消息是从集合 $\{1,2\}$ 中均匀随机选择的，且 $n$ 为任意整数。令 $\mathcal{C}_1$ 为具有奇校验的长度为 $n$ 的二进制序列的集合，令 $\mathcal{C}_2$ 为具有偶校验的长度为 $n$ 的二进制序列的集合。为发送消息 $m \in \{1,2\}$，发射器以在 $\mathcal{C}_m$ 中均匀随机选择的方式发送一个序列 $x^n$。编码方案的速率为 $1/n$。假设窃听者观察到一个有 $k$ 个擦除的序列 $Z^n$。如果 $k > 0$，那么擦除位的校验位奇偶性与偶数和奇数一样可能。如果 $k = 0$，窃听者完全知道哪个码字被发送，因此知道其校验位。为分析窃听者的疑惑，引入一个随机变量 $E \in \{0,1\}$，使得：

$$E = \begin{cases} 0, & \text{如果 } Z^n \text{ 不存在擦除} \\ 1, & \text{其他} \end{cases} \tag{10.50}$$

进一步地，我们可将不确定性下界表示为

$$\begin{aligned}
H(M|Z^n) &\geqslant H(M|Z^n, E) \\
&\stackrel{(a)}{=} H(M|Z^n, E=1)(1-(1-\epsilon)^n) \\
&= H(M)(1-(1-\epsilon)^n) \\
&\stackrel{(b)}{=} H(M) - (1-\epsilon)^n
\end{aligned} \tag{10.51}$$

等式（a）是因为在不存在擦除的情况下，$H(M|Z^n, E=0) = 0$，等式（b）是因为 $H(M) = \log 2 = 1$。因此，

$$I(M; Z^n) = H(M) - H(M|Z^n) \leqslant (1-\epsilon)^n \tag{10.52}$$

上述表达式随着 $n$ 的增大以指数方式趋向于零，因此编码方案是渐近安全的。上述编码方案并不实用，因为随着 $n$ 的增加，编码速率也会逐渐减小到0。然而，上述示例表明，为每个消息分配多个码字并随机选择码字对于混淆窃听者并确保保密性是可行的。

### 10.3.4　Wyner窃听信道模型

保密容量最初由Wyner用于描述一种称为降级窃听信道（Degraded Wire-Tap Channel，DWTC）的信道模型。虽然这个模型是带有保密消息的广播信道的特例，但它允许我们引入许多信息论安全的数学工具，而不需要考虑完全一般模型的额外复杂性。如图10.10 所示，

DWTC 模拟了这样一种情况：一个发送方（Alice）试图通过一个嘈杂的信道与合法接收方（Bob）进行通信，而窃听者（Eve）观察到合法接收方接收的信号的降级版本。

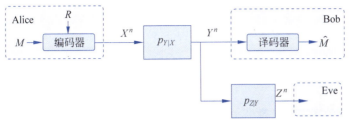

图 10.10　降级窃听信道的通信，$M$ 代表要安全传输的消息，$R$ 代表用于对编码器进行随机化的随机性

形式上，离散无记忆 DWTC$(\mathcal{X}, p_{Z|Y} p_{Y|X}, \mathcal{Y}, \mathcal{Z})$ 由有限输入字母表 $\mathcal{X}$、两个有限输出字母表 $\mathcal{Y}$ 和 $\mathcal{Z}$ 以及转移概率 $p_{Y|X}$ 和 $p_{Z|Y}$ 组成，使得

$$\forall\, n \geqslant 1,\ \forall\, (x^n, y^n, z^n) \in \mathcal{X}^n \times \mathcal{Y}^n \times \mathcal{Z}^n$$

$$p_{Y^n Z^n | X^n}(y^n, z^n | x^n) = \prod_{i=1}^{n} p_{Y|X}(y_i, | x_i) p_{Z|Y}(z_i, | y_i) \tag{10.53}$$

由边缘转移概率矩阵 $p_{Y|X}$ 表征的离散无记忆信道 $(\mathcal{X}, p_{Y|X}, \mathcal{Y})$ 被称为主信道，由边缘转移概率矩阵 $p_{Z|X}$ 表征的离散无记忆信道 $(\mathcal{X}, p_{Z|X}, \mathcal{Z})$ 被称为窃听信道。在本节中，我们假设发送者、接收者与窃听者提前知道信道统计信息，如转移概率矩阵。

如 10.3.3 节中所示，编码过程中的随机性是实现安全通信的关键。通常将这种随机性表示为一个离散随机变量（DMS）$(R, p_R)$，其与信道传输的消息是独立的。由于这个源是只对 Alice 可见而对 Bob 和 Eve 不可见的，因此通常称其为本地随机性源。

**定义 10.18**　一个退化窃听信道的 $(2^{nR}, n)$ 保密码 $\mathcal{C}_n$ 包括：

(1) 一个消息集 $\mathcal{M} = [1 : 2^{nR}]$；

(2) 一个在编码器具有局部随机性的信源 $(\mathcal{R}, p_{\mathcal{R}})$；

(3) 编码函数 $f : \mathcal{M} \times \mathcal{R} \to \mathcal{X}^n$ 将消息 $m$ 和局部随机值 $r$ 映射为码字 $x^n$；

(4) 解码函数 $g : \mathcal{Y}^n \to \mathcal{M} \cup \{e\}$ 将每个接收序列 $y^n$ 映射为估计值 $\hat{m} \in \mathcal{M}$ 或错误消息 $e$。

假设消息 $M$ 均匀地分布在消息集上。$(2^{nR}, n)$ 保密码的可靠性可以通过平均错误概率衡量：

$$P_e^{(n)} = P[M \neq \hat{M} | \mathcal{C}_n]$$

同时，它的安全表现可以通过不确定性衡量：

$$E^{(n)} = H(M | Z^n \mathcal{C}_n)$$

不确定性是以保密码 $\mathcal{C}_n$ 为条件的，因为我们假设窃听者了解保密码 $\mathcal{C}_n$。等效地，保密码的安全性能可以通过信息泄露量来表现：

$$L^{(n)} = I(M; Z^n | \mathcal{C}_n)$$

其表征泄露给窃听者的信息量而不是窃听者的不确定性。

**定义 10.19**　如果存在一系列 $(2^{nR}, n)$ 保密性编码满足：

$$\lim_{n \to \infty} P_e^{(n)} = 0 \tag{10.54}$$

$$\lim_{n \to \infty} \frac{1}{n} E^{(n)} \geqslant R_e \tag{10.55}$$

则称弱速率—疑义对 $(R, R_e)$ 是可达的。其中式(10.54)称为可靠性条件，式(10.55)称为弱安全条件。

窃听信道的弱速率—疑义域 $\mathcal{R}$ 是可达弱速率—疑义对 $(R, R_e)$ 的闭包，即

$$\mathcal{R}^{\mathrm{WTC}} \triangleq \mathrm{cl}(\{(R, R_e) : (R, R_e) \text{可达}\}) \tag{10.56}$$

窃听信道的弱保密容量定义为

$$C_{\mathrm{w}} \triangleq \sup_{R} \{R : (R, R) \in \mathcal{R}^{\mathrm{WTC}}\} \tag{10.57}$$

其表征了窃听者疑义度与传输速率相等时的最大传输速率。

根据定义，若一个速率—疑义对 $(R, R_e)$ 是可达的，那么任何满足 $R_e' \leqslant R_e$ 的速率—疑义对 $(R, R_e')$ 也是可达的。特别要注意的是，$(R, 0)$ 总是可达的。

速率—疑义域 $\mathcal{R}$ 包含 $R_e$ 不等于 $R$ 的速率—疑义对，它表现了对于任意速率 $R$ 可以保证的疑义率。如果 $R_e = R$ 的对 $(R, R_e)$ 是可达的，就可以说 $R$ 是完全保密速率。在这种情况下，达到完全保密速率的 $(2^{nR}, n)$ 码序列应满足：

$$\lim_{n \to \infty} \frac{1}{n} L^{(n)} = 0$$

完全保密是非常重要的，因为传输的信息会被完全隐藏起来，不让窃听者知道。

**定义10.20** 如果存在一系列 $(2^{nR}, n)$ 保密性编码满足：

$$\lim_{n \to \infty} P_e^{(n)} = 0 \tag{10.58}$$

$$\lim_{n \to \infty} (E^{(n)} - nR_e) \geqslant 0 \tag{10.59}$$

则称强速率—疑义对 $(R, R_e)$ 是可达的。其中式(10.58)称为可靠性条件，式(10.59)称为强安全条件。

窃听信道的强速率—疑义域 $\overline{\mathcal{R}}$ 是可达的强速率—疑义对 $(R, R_e)$ 的闭包，即

$$\overline{\mathcal{R}} \triangleq \mathrm{cl}(\{(R, R_e) : (R, R_e) \text{可达}\}) \tag{10.60}$$

强保密容量定义为

$$C_{\mathrm{s}} \triangleq \sup_{R} \{R : (R, R) \in \overline{\mathcal{R}}\} \tag{10.61}$$

其表征了窃听者疑义度与传输速率相等时的最大传输速率。

但在实际计算中，处理强安全条件比弱安全更困难，因此在分析中常使用弱安全条件。

可靠性和保密条件是否可以同时满足，在先验情况上并不明显。一方面，可靠性要求引入冗余以减轻信道噪声的影响；另一方面，制造过多的冗余可能会影响保密性。通过适当的编码方案可控制可靠性和保密性之间的均衡，并精确地表征速率—疑义域。

**定理10.7(Wyner)** 考虑一个退化窃听信道 $(\mathcal{X}, p_{Z|Y} p_{Y|X}, \mathcal{Y}, \mathcal{Z})$。对于任意 $\mathcal{X}$ 上的分布 $p_X$，定义集合 $\mathcal{R}(p_X)$ 为

$$\mathcal{R}(p_X) \triangleq \left\{(R, R_e) : \begin{array}{l} 0 \leqslant R_e \leqslant R \leqslant I(X;Y) \\ 0 \leqslant R_e \leqslant I(X;Y|Z) \end{array}\right\} \tag{10.62}$$

其中，$X, Y, Z$ 的联合分布可以分解为 $p_X p_{Y|X} p_{Z|Y}$，并且退化窃听信道的速率—疑义域为凸区域

$$\mathcal{R} = \bigcup_{p_X} \mathcal{R}(p_X) \tag{10.63}$$

退化窃听信道的速率—疑义域 $\mathcal{R}(p_X)$ 的典型形状如图10.11所示。当传输速率低于 $I(X;Y|Z)$ 时，总能找到达到完全保密速率的编码；当传输速率高于 $I(X;Y|Z)$ 时，疑义率会达到最大值 $R_e = I(X;Y|Z)$。

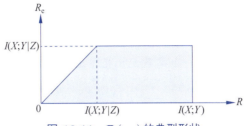

图 10.11 $\mathcal{R}(p_X)$ 的典型形状

在 Wyner 最初的工作中，每个信源符号的疑义率定义为 $\Delta \triangleq \frac{1}{k} H(M|Z^n \mathcal{C}_n)$。其中，$k = \log \lceil 2^{nR} \rceil$，$\Delta = R_e/R$。因此，域 $(R, \Delta)$ 可以从域 $(R, R_e)$ 中得到。然而，域 $(R, \Delta)$ 通常并不是凸的。

考虑定理10.63中的一个特例，当满足完全保密率即 $R = R_e$ 时，可以得到退化窃听信道的保密容量。

**推论 10.3** 退化窃听信道 $(\mathcal{X}, p_{Z|Y} p_{Y|X}, \mathcal{Y}, \mathcal{Z})$ 的保密容量为

$$C_{\mathrm{w}}^{\mathrm{DWTC}} = \max_{p_X} I(X;Y|Z) = \max_{p_X} (I(X;Y) - I(X;Z)) \tag{10.64}$$

如果 $Y = Z$，即窃听者能够得到与合法接收方相同的观测，那么 $I(X;Y|Z) = 0$，因此 $C_{\mathrm{w}}^{\mathrm{DWTC}} = 0$。这一结果与 Shannon 密码系统的分析一致，表明在无密钥的无噪声信道上无法实现信息安全传输。

推论10.3将保密容量表示为传达给合法接收者的信息率和泄露给窃听者的信息率之间的差。为了获得更简单、更直观的特性，将保密容量与主信道容量 $C_m \triangleq \max_{p_X} I(X;Y)$ 和窃听信道容量 $C_e \triangleq \max_{p_X} I(X;Z)$ 联系起来也是有用的。对于通用的退化窃听信道 $(\mathcal{X}, p_{Z|Y} p_{Y|X}, \mathcal{Y}, \mathcal{Z})$，满足：

$$\begin{aligned} C_S &= \max_{p_X} (I(X;Y) - I(X;Z)) \\ &\geqslant \max_{p_X} I(X;Y) - \max_{p_X} I(X;Z) \\ &= C_m - C_e \end{aligned} \tag{10.65}$$

也就是说，保密容量至少与主信道容量和窃听者的信道容量之间的差一样大。

**例 10.2** 考虑图10.12所示的DWTC，其中主信道为参数为 $p$ 的"Z-信道"，而窃听信道为交叉概率为 $p$ 的二元对称信道，主信道容量和窃听信道容量为

$$C_m = \max_{q \in [0,1]} (H(q(1-p)) - qH(p)) \tag{10.66}$$

$$C_e = 1 - H(p) \tag{10.67}$$

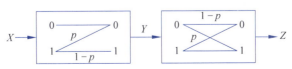

图 10.12 非对称信道的 DWTC 示例

退化窃听信道的保密容量可以表示为

$$C_S = \max_{q \in [0,1]} \left( H(q(1-p)) + (1-q)H(p) - H(p+q-2pq) \right)$$

当 $p = 0.1$ 时，可以得到 $C_m - C_e \approx 0.232$ 而 $C_S \approx 0.246$，即保密容量略大于主信道容量和窃听信道容量之差。

然而对于某些 DWTC 来说，下限值 $C_m - C_e$ 恰好就是准确的保密容量。

**定义 10.21 (弱对称信道)** 当一个离散无记忆信道 $\left(\mathcal{X}, p_{Y|X}, \mathcal{Y}\right)$ 的信道转移概率矩阵的每一行为各自的置换，并且每一列的和 $\sum_{x \in \mathcal{X}} p_{Y|X}(y|x)$ 与 $y$ 无关，则称该信道为弱对称矩阵。

弱对称矩阵的一个重要的特性可以由下面的引理体现。

**引理 10.1** 当弱对称信道 $\left(\mathcal{X}, p_{Y|X}, \mathcal{Y}\right)$ 达到它的信道容量时，输入分布应为在 $\mathcal{X}$ 上的均匀分布。

**证明**：对于输入分布 $p_X$，互信息 $I(X;Y)$ 为

$$I(X;Y) = H(Y) - H(Y|X) = H(Y) - \sum_{x \in \mathcal{X}} H(Y|X=x) p_X(x)$$

注意到 $H(Y|X=x)$ 是一个常数，假设为 $H_0$，由于信道转移概率矩阵的每一行为各自的置换，因此这个常数与 $x$ 无关，所以

$$I(X;Y) = H(Y) - H_0 \leqslant \log|\mathcal{Y}| - H_0$$

当 $Y$ 为均匀分布时等号成立。

当对于所有 $x \in \mathcal{X}$，选择 $p_X(x) = 1/|\mathcal{X}|$ 时，$Y$ 为均匀分布。事实上，

$$p_Y(y) = \sum_{x \in \mathcal{X}} p_{Y|X}(y|x) p_X(x) = \frac{1}{|\mathcal{X}|} \sum_{x \in \mathcal{X}} p_{Y|X}(y|x)$$

由于根据假设 $\sum_{x \in \mathcal{X}} p_{Y|X}(y|x)$ 是与 $y$ 无关的值，因此 $p_Y y$ 为一个常数。根据上述推导，可以得到对于所有 $y \in \mathcal{Y}$，$p_Y(y) = 1/|\mathcal{Y}|$。

**性质 10.1** 如果一个退化窃听信道 $\left(\mathcal{X}, p_{Y|X}, \mathcal{Y}\right)$ 的主信道和窃听信道均为弱对称信道，则

$$C_S = C_m - C_e \tag{10.68}$$

其中，$C_m$ 为主信道容量，$C_e$ 为窃听信道容量。

**证明**：离散无记忆信道 $\left(\mathcal{X}, p_{Y|X}, \mathcal{Y}\right)$ 和 $\left(\mathcal{X}, p_{Z|X}, \mathcal{Z}\right)$ 均为弱对称信道，因此根据引理10.1可以得到当 $X$ 在 $\mathcal{X}$ 上为均匀分布时，$I(X;Y)$ 和 $I(X;Z)$ 均取到最大值。对于退化信道，由于 $I(X;Y) - I(X;Z) = I(X;Y|Z)$ 是关于 $p_X$ 的凸函数。因此，$I(X;Y|Z)$ 也在 $X$ 为均匀分布时取到最大值，那么

$$C_S = \max_{p_X} I(X;Y|Z) = \max_{p_X} \left( I(X;Y) - I(X;Z) \right) = C_m - C_e \tag{10.69}$$

上述结果证明，使 $C_S = C_m - C_e$ 的充分条件为 $I(X;Y)$ 和 $I(X;Z)$ 在相同的输入分布 $p_X$ 下取得最大值。检查信道 $\left(\mathcal{X}, p_{Y|X}, \mathcal{Y}\right)$ 和 $\left(\mathcal{X}, p_{Z|X}, \mathcal{Z}\right)$ 是否为弱对称的通常是一项简单得多的任务。

性质10.1很多时候都很实用，这是由于许多研究的信道事实上是弱对称信道，它们的保密容量能够遵循该性质。

**例 10.3** 考虑图10.13所示的 DWTC，它由两个级联的二元对称信道 $\mathrm{BSC}(p)$ 和 $\mathrm{BSC}(q)$ 组成。主信道是结构上对称的，窃听信道是 $\mathrm{BSC}(p+q-2pq)$，也是对称的。根据性质10.1，

保密容量可以表示为

$$C_S = C_m - C_e \tag{10.70}$$
$$= 1 - H(p) - (1 - H(p+q-2pq)) \tag{10.71}$$
$$= H(p+q-2pq) - H(p) \tag{10.72}$$

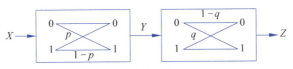

图 10.13 弱对称信道的 DWTC 示例

### 10.3.5 完美、弱、强保密通信

由于完美保密的概念过于严格，因此不易进一步分析。将消息 $M$ 和窃听者的观察 $Z^n$ 之间的精确统计独立性替换为当码字长度 $n$ 趋向无穷大时的渐近统计独立性更为方便。原则上，这种渐近独立性可以通过任何定义在 $\mathcal{M} \times \mathcal{Z}^n$ 的联合概率分布集合上的距离函数 $d$ 来衡量，即

$$\lim_{n \to \infty} d(\mathrm{P}_{MZ^n}, \mathrm{P}_M \mathrm{P}_{Z^n}) = 0 \tag{10.73}$$

通常使用 Kullback-Leibler（KL）散度，对应如下表达式：

$$\lim_{n \to \infty} D(p_{MZ^n} \| p_M p_{Z^n}) = \lim_{n \to \infty} I(M; Z^n) \tag{10.74}$$

上述条件称为强保密条件，要求泄露给窃听者的信息量趋于零。在窃听信道中，为便于计算与证明，通常考虑以下松弛的安全约束：

$$\frac{1}{n} \lim_{n \to \infty} I(M; Z^n) = 0 \tag{10.75}$$

约束式(10.75)要求泄露给窃听者的信息速率趋于零。该条件比强保密约束式(10.74)要弱，因为只要求 $I(M; Z^n)$ 随着 $n$ 的增长最多是次线性的，通常将其称为弱保密条件。

不幸的是，弱保密条件和强保密条件并不等价，更重要的是，我们可以构建出明显存在安全漏洞的编码方案但仍能满足弱保密条件。

**例 10.4(弱保密通信)** 假设 $n \geqslant 1$ 且 $t = \lfloor \sqrt{n} \rfloor$，假设 Alice 将消息比特信息 $M^n \in \{0, 1\}^n$ 编码为码字 $X^n \in \{0, 1\}^n$ 和 $n-1$ 个密钥比特 $K^{n-t} \in \{0, 1\}^{n-t}$，其编码后的码字可以表述为

$$X_i = \begin{cases} M_i \oplus K_i, & \text{对于} i \in [1, n-t] \\ M_i, & \text{对于} i \in [n-t+1, n] \end{cases} \tag{10.76}$$

Alice 和 Bob 之间的通信中，密钥比特为 $K_i$，其中 $i \in [1, n-t]$ 被假设是独立同分布的，且按照 $\mathcal{B}\left(\frac{1}{2}\right)$ 分布。密钥 $K^{n-t}$ 对 Bob 已知。

利用 Forney 的加密引理，$X^n$ 均匀分布，可得

$$\forall n \geqslant 1, \ H(M|X^n) = n - t = H(M) - t \tag{10.77}$$

因此，$I(M; X^n) = t = \lfloor \sqrt{n} \rfloor$，满足式(10.75)的弱保密条件；然而，泄露给窃听者的信息随着 $n$ 的增加而无限增长，因此不满足强保密条件。

**例 10.5(强保密通信)** 假设将均匀分布在 $\{0, 1\}^n$ 上的消息 $M = (M_0, M_1, \cdots, M_n)$ 编码为码字 $X^n \in \{0, 1\}^n$ 和密钥 $K^n \in \{0, 1\}^n$，其编码后的码字可以表述为

$$X_i = M_i \oplus K_i, \text{对于} i \in [1, n] \tag{10.78}$$

假设已知给 Bob 的密钥 $K^n$,其特点是全零比特序列 $\bar{0}^n$ 的概率为 $1/n$,而所有非零序列是等概率的。形式上,密钥的概率分布如下:

$$p_{K^n}(k^n) = \begin{cases} \dfrac{1}{n}, & \text{如果 } k^n = \bar{0}^n \\ \dfrac{1-1/n}{2^n-1}, & \text{如果 } k^n \neq \bar{0}^n \end{cases} \tag{10.79}$$

由于 $K^n$ 不是均匀分布的,这个加密方案不再能够保证完美保密性。与先前的示例一样,假设 Eve 直接拦截了 $X^n$。引入一个随机变量 $J$,使

$$J \triangleq \begin{cases} 0, & \text{如果 } k^n = \bar{0}^n \\ 1, & \text{如果 } k^n \neq \bar{0}^n \end{cases} \tag{10.80}$$

由于条件并不增加信息熵,可得

$$H(M|X^n) \geqslant H(M|X^n J) \tag{10.81}$$

$$= H(M|X^n, J=0)p_J(0) + H(M|X^n, J=1)p_J(1) \tag{10.82}$$

定义当 $J=0$ 时 $K^n = \bar{0}^n$,因此,$H(M|X^n, J=0) = 0$。进一步有

$$H(M|X^n, J=1) = -\sum_{m,x^n} p(m, x^n, j=1) \log p(m|x^n, j=1) \tag{10.83}$$

对于任意的 $m \in \{0,1\}^n$ 和 $x^n \in \{0,1\}^n$,其联合概率 $p(m, x^n, j=1)$ 满足:

$$p(m, x^n, j=1) = p(m|x^n, j=1)p(x^n|j=1)p(j=1) \tag{10.84}$$

其中

$$p(m|x^n, j=1) = \begin{cases} 0, & \text{如果 } m = x^n \\ \dfrac{1}{2^n-1}, & \text{其他} \end{cases} \tag{10.85}$$

$$p(x^n|j=1) = \dfrac{1}{2^n} \tag{10.86}$$

$$p(j=1) = 1 - \dfrac{1}{n} \tag{10.87}$$

代入式 (10.87) 后可得

$$H(M|X^n) \geqslant -\sum_{x^n}\sum_{m \neq x^n} \dfrac{1}{2^n-1}\dfrac{1}{2^n}\left(1-\dfrac{1}{n}\right)\log\left(1-\dfrac{1}{2^n-1}\right)$$

$$= -\left(1-\dfrac{1}{n}\right)\log\left(1-\dfrac{1}{2^n-1}\right)$$

$$= \log(2^n-1) - \dfrac{\log(2^n-1)}{n}$$

$$\geqslant \log(2^n-1) - 1 \tag{10.88}$$

由于 $H(M) = n$,则有

$$\lim_{n\to\infty} \dfrac{1}{n} I(M;Z^n) = \lim_{n\to\infty} 1 - H(M|Z^n)$$

$$\leqslant 1 - \lim_{n\to\infty} \dfrac{\log(2^n-1)-1}{n}$$

$$= 0 \tag{10.89}$$

因此，上述方案满足弱保密条件。然而，

$$\begin{aligned}
H(M|X^n) &= H(X^n \oplus K|X^n) \\
&= H(K|X^n) \\
&\leqslant H(K) \\
&= -\frac{1}{n}\log\left(\frac{1}{n}\right) - (2^n-1) \cdot \frac{1-1/n}{2^n-1}\log\left(\frac{1-1/n}{2^n-1}\right) \\
&= H_b\left(\frac{1}{n}\right) + (1-1/n)\log(2^n-1) \\
&< H_b\left(\frac{1}{n}\right) + n - 1 \\
&< n - 0.5 (\text{对于足够大的 } n)
\end{aligned} \tag{10.90}$$

因此，$\lim_{n\to\infty} I(M;X^n) > 0.5$，即上述方案不满足强保密条件。

## 10.4 隐蔽通信

### 10.4.1 隐蔽通信概述

在构建安全通信链路方面，已有大量的研究利用香农信息论从物理层安全角度出发，研究窃听信道下的安全传输问题，即设计编码方式在窃听者存在的情况下实现信息的可靠传输且避免所传输信息被非法第三方破解。对于窃听信道的研究，Wyner[178]证明了在合法接收者信道优于窃听者的情况下，可靠安全通信可以实现。然而，窃听信道的安全通信方式只保护通信内容安全，却无法保证通信行为的安全性，这在诸如军事作战场景下是非常不可取的。

作为物理层安全重要分支的隐蔽通信不但关注通信内容的安全性，更关心通信行为本身的安全性，近年来已经成为安全通信领域的研究热点。相对于信息隐匿和信号参数隐藏，隐蔽通信着眼于通过保障信号不被敌方检测到来实现安全传输。因此，研究隐蔽通信技术有望从根本上解决无线信息传输的安全问题。具体而言，若能确保通信信号的隐蔽性，使得侦察方无法探测到通信信号的存在，便能有效防止后续的通信信号参数分析识别和通信信息破译，这将有助于保障通信信号特征和通信内容的安全性。隐蔽通信研究为构建窃听者几乎无法发现通信是否正在进行的安全链路提供了更强的安全保证。

隐蔽通信中通常通过以下指标来进行性能评价。

（1）隐蔽性，是衡量合法通信双方信号是否容易被检测的关键指标，即窃听者在进行信号检测时所面临的难度。这一指标在隐蔽通信中占据着至关重要的地位，直接反映了隐蔽通信是否能够有效地进行潜在的隐蔽信息传输。

（2）隐蔽容量，是指在每次信道使用下，信息在经过信道传输后被最终接收者成功接收并有效恢复的比特数。这一指标被视为隐蔽通信有效性的评价标准。

### 10.4.2 隐蔽通信系统模型

1983年，Simmons首次提出的"囚徒模型"被认为是隐蔽通信领域早期研究的模型[176]。这个模型与现代隐蔽通信的通信模型相似，假设在监狱中存在两个囚犯Alice和Bob需要通信。由于监督者Willie的存在，他们不能直接进行通信，必须通过某种手段隐藏信息，涉及被动监听和主动监听。因此，经典的三节点隐蔽通信场景如图10.14所示，模型包括三个基本节点：合法发送者 Alice，合法接收者 Bob，恶意窃听者 Willie，他侦查（检测）Alice 和 Bob 是否进行通信并进行窃听。隐蔽通信侧重于处理信号的可检测性，利用无线通信信道的随机性和噪声的不确定性，以及通过其他手段引入更多的随机性和不确定性，以提高隐蔽通信性能。在上述隐蔽通信中，Alice 的目标是与 Bob 进行安全、可靠且不被觉察的通信。然而，由于通信场景中可能存在潜在的非法参与者 Willie，一旦 Willie 成功侦测到这些通信活动，他可能会采取一系列惩罚性措施，以干扰 Alice 和 Bob 的通信过程。为了确保通信的保密性和稳定性，Alice 和 Bob 需要采取一系列预防措施，以阻止 Willie 的检测和干扰。

图 10.14 经典三节点隐蔽通信场景示意图

当合法用户正在通信时，窃听者通过对接收信号做假设检验来判断合法用户间是否存在通信行为。因此，窃听者在检测时会犯两种错误，当合法用户保持静默而窃听者错误地判断发送方正在传输时，就会发生虚警，在假设检验中称为第一类错误。反之，当合法用户间存在通信行为时，窃听者错误地判断为合法用户保持静默，则发生遗漏检测，在假设检验中称为第二类错误。这两个错误事件的概率可分别由 $\alpha$ 和 $\beta$ 表示。因此，窃听者做假设检验的错误概率可以用于隐蔽通信的衡量指标。此外，全变分（Total Variance，TV）距离与假设检验的贝叶斯错误概率密切相关，而 KL 散度则表征了 Neyman-Pearson 设置中虚警（或漏检）概率的指数衰减率。因此，在隐蔽通信研究中，除了检测错误概率 $\alpha$ 和 $\beta$ 之外，TV 和 KL 经常作为隐蔽度量的标准。

当前的隐蔽通信理论研究几乎都以这三个隐蔽约束条件为基础。具体而言，以 KL 散度作为隐蔽性度量，Bash、Goeckel 和 Towsley[193] 研究了加性高斯白噪声信道场景下的隐蔽通信问题，得出隐蔽通信中的平方根定律，即 $n$ 次信道使用可以任意小的被窃听者发现概率 $\delta$ 实现 $O(\sqrt{n})$ 比特的可靠传输，其中 $\alpha + \beta \geqslant 1 - \delta$。此外，通过使用 KL 散度作为隐蔽性度量，Wang、Wornell 和 Zheng[194] 推导出了 DMC 和 AWGN 信道的隐蔽通信准则 $O(\sqrt{n})$。后来，Bloch[195] 研究发现，如果发射方和接收方共享长度为 $n$ 比特的密钥，则无论信道的质量如何，都可以通过 $n$ 次信道可靠地传输信息。此外，对于三个隐蔽性度量，即 KL 散度、全变分（total variance，TV）距离和错误检测概率，Tahmasbi 和 Bloch[196] 推导出了二进制输入 DMC 下隐蔽通信速率的一阶和二阶渐近。Tan V. Y. F.、Lee S[197] 发现在非平凡广播信道下，简单的时分策略可以获得最佳的隐蔽吞吐量。在 KL 散度隐蔽性度量下，Lee、Wang 和 Khisti emph[198] 研究了已知信道状态信息（CSI）场景下的隐蔽通信，并表明当密钥有足够长时，比特信息能够可靠且隐蔽地传输。后来，ZivariFard、Bloch 和 Nosratinia[199] 证明，当没有密钥可用时，已知信道状态信息也可以实现隐蔽通信。上述隐蔽通信相关研究均聚焦于单天线通信系统。此外，多天线系统的隐蔽通信问题已开始被研究，但是现有文献研究相对较少。具体而言，Bendary、Abdelaziz 和 Koksalcite[200] 推导了 KL 发散隐蔽性度量下 MIMO AWGN 信道的隐蔽容量，并研究了发射天线数对隐蔽容量的影响。此外，Wang 和 Bloch[201]

研究了TV距离测量下MIMO AWGN信道的隐蔽容量，得到了隐蔽传输率的显式公式。随着隐蔽通信的研究不断深入，目前在多天线场景下采用波束成形技术实现隐蔽性通信也被更多的研究者关注。

### 10.4.3 平方根定律

平方根法则最初在隐写术（steganography）的理论分析中被提出。隐写术是指通过微调文本或图像的极少二进制表示位来传递秘密信息，同时采用不易引起敌方察觉的技术手段。这里的"不易察觉"与隐蔽通信中的概念相同，即在敌方检测下，被发现的概率很低。隐写术的平方根法则表明，在包含 $n$ 个符号的固定长度文本中，只需修改 $O(\sqrt{n})$ 个符号，就能传递 $O(\sqrt{n}\log n)$ 比特的信息，而无须担心被敌方察觉。这里的 $\log n$ 项来自一般文本或图像文件传输过程中的非噪声干扰传输。

1) AWGN信道下隐蔽通信的平方根律

在图10.14所示的隐蔽通信模型中，其具体模型可进一步建模为图10.16所示的结构。Alice和Bob通过AWGN信道传输信息，同时受到监视者Willie的监测。Alice传输 $n$ 个实数符号 $s^n$，而Bob接收到 $y^n$，其中 $y^n = s^n + n_{\mathrm{b}}$，且 $n_{\mathrm{b}} \sim \mathcal{CN}\left(0, \sigma_{\mathrm{b}}^2\right)$，表示独立同分布的噪声随机变量。Willie观测到的向量为 $z^n$，其中 $z^n = s^n + n_{\mathrm{w}}$，且 $n_{\mathrm{w}} \sim \mathcal{CN}\left(0, \sigma_{\mathrm{w}}^2\right)$。Willie采用假设检验来判断Alice是否正在发送消息或没有发送。假设 $H_0$ 表示Alice没有发送消息，在这种情况下，每个样本都是独立同分布的，即 $z^n \sim \mathcal{CN}\left(0, \sigma_{\mathrm{w}}^2\right)$。假设 $H_1$ 是Alice正在传输，对应样本 $z^n$ 来自不同的分布。当 $H_0$ 为真时，拒绝 $H_0$ 称为虚警错误（False Alarm, FA）；当 $H_0$ 为假时，接受 $H_0$ 称为漏检错误（Mission Detection, MD），分别用 $\alpha$ 和 $\beta$ 对应表示其概率。

关于Alice传输极限可达性的定理如下。

**定理10.8** 假设Alice和Bob的通信中可以使用充分长的密钥，则当Alice不知道 $\sigma_{\mathrm{w}}^2$ 时，可以在 $n$ 次使用信道中可靠地传输 $O(\sqrt{n})$ 比特的信息，同时使得对任意的 $\epsilon > 0$，Willie的最优假设检验的两类错误概率之和为 $\alpha + \beta \geqslant 1 - \epsilon$。当Alice知道存在 $\hat{\sigma}_{\mathrm{b}}^2 \geqslant \sigma_{\mathrm{b}}^2$ 时，在可靠地传输 $O(\sqrt{n})$ 比特信息的同时可对任意的 $\epsilon > 0$，Willie的最优假设检验的两类错误概率之和为 $\alpha + \beta \geqslant 1 - \epsilon$。

关于Alice的传输极限的逆定理如下。

**定理10.9** Alice和Bob通过 $n$ 次使用信道，如果传输大于 $O(\sqrt{n})$ 比特的信息，则要么存在一个检测器，使得Willie能够达到任意小的两类错误概率之和为 $\alpha + \beta$，要么Bob译码时的译码错误概率不能接近0。

上述定理表明，若要确保Willie使用任何检测器时的两类错误概率接近1，那么在进行 $n$ 次信道传输的情况下，最多只能可靠地传输 $O(\sqrt{n})$ 比特的信息。

2) 离散无记忆信道下隐蔽通信的平方根律

首先介绍信道模型。合法的发送方Alice通过一个 $\mathrm{DMC}(\mathcal{X}, W_{Y|X}, \mathcal{Y})$ 与合法的接收方Bob进行通信，与此同时，对手Willie通过另一个 $\mathrm{DMC}(\mathcal{X}, W_{Z|X}, \mathcal{Z})$ 对合法用户之间的保密信息进行窃听。定义符号 $x_0$ 在合法接收者Bob处的接收信号分布为

$$P_0 = W_{Y|X=x_0} \tag{10.91}$$

在窃听者Willie处的接收信号分布为

$$Q_0 = W_{Z|X=x_0} \tag{10.92}$$

而符号 $x_1$ 在两个信道的分布分别为

$$P_1 = W_{Y|X=x_1} \tag{10.93}$$

$$Q_1 = W_{Z|X=x_1} \tag{10.94}$$

它们关系为 $Q_1 \ll Q_0$、$P_1 \ll P_0$ 和 $Q_1 \neq Q_0$。因此,有如下两个定理[204]。

**定理10.10** 在离散无记忆信道的隐蔽通信中,若有 $P_1 \ll P_0$、$Q_1 \ll Q_0$,且 $Q_1 \neq Q_0$,则对任意 $\xi > 0$,存在图10.15所示的编码方案,其码字个数为 $M$,密钥长度为 $K$,平均译码错误概率为 $P_e$,使得

$$\lim_{n \to \infty} D(\hat{Q}^n || Q_0^{\otimes n}) = 0 \tag{10.95}$$

$$\lim_{n \to \infty} P_e = 0 \tag{10.96}$$

而且

$$\lim_{n \to \infty} \frac{\log M}{nD(\hat{Q}^n || Q_0^{\otimes n})} = (1-\xi) \sqrt{\frac{2}{\chi_2(\hat{Q}^n || Q_0^{\otimes n})}} D(P_1 || P_0) \tag{10.97}$$

$$\lim_{n \to \infty} \frac{\log K}{nD(\hat{Q}^n || Q_0^{\otimes n})} = \sqrt{\frac{2}{\chi_2(\hat{Q}^n || Q_0^{\otimes n})}} [(1+\xi)D(Q_1||Q_0) - (1-\xi)D(P_1||P_0)]^+ \tag{10.98}$$

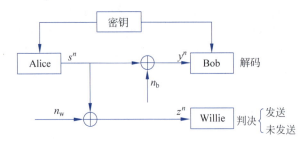

图 10.15 三节点接收信号示意图 (1)

**定理10.11** 在离散无记忆信道的隐蔽通信信道中,若有 $P_1 \ll P_0$、$Q_1 \ll Q_0$,且 $Q_1 \neq Q_0$,对一序列 $n$ 变化的编码机制,其平均译码错误概率为 $\epsilon_n = P_e$,在Willie处发送和不发送时的KL散度为 $\delta_n = D(\hat{Q}^n || Q_0^{\otimes n})$,若 $\lim_{n \to \infty} \epsilon_n = \lim_{n \to \infty} \delta_n = 0$,则有

$$\lim_{n \to \infty} \frac{\log M}{nD(\hat{Q}^n || Q_0^{\otimes n})} \leqslant \sqrt{\frac{2}{\chi_2(\hat{Q}^n || Q_0^{\otimes n})}} D(P_1||P_0) \tag{10.99}$$

对使式(10.99)成立的编码方案,有

$$\lim_{n \to \infty} \frac{\log M + \log K}{nD(\hat{Q}^n || Q_0^{\otimes n})} \geqslant \sqrt{\frac{2}{\chi_2(\hat{Q}^n || Q_0^{\otimes n})}} D(P_1||P_0) \tag{10.100}$$

### 10.4.4 隐蔽性分析

AWGN 信道是一种常被用于通信分析的模型,下面我们基于现有文献[205]对图10.15所示模型进行隐蔽通信的简单分析。在许多研究中,通常假设Willie具有一些先验信息,例如,Willie准确了解符号时隙的开始时刻。同时,Alice和Bob之间存在一个共享的码本,这个码本对于Willie是未知的。Alice和Bob通过AWGN信道传输符号序列 $s^n = [s(1), s(2), \cdots, s(n)]$。对于Bob而言,他的接收信号序列为

$$y(i) = \sqrt{P_a} d_{ab}^{-k/2} s(i) + n_b(i) \tag{10.101}$$

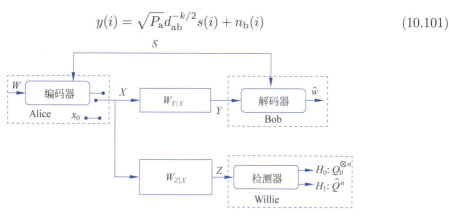

图 10.16　三节点接收信号示意图 (2)

对于接收到的符号序列，通过码本进行解码得到列 $\hat{s} = [\hat{s}(1), \hat{s}(2), \cdots, \hat{s}(n)]$。其中，$n_b(i)$ 是独立同分布的高斯噪声，且 $n_b(i) \sim \mathcal{CN}(0, \sigma_b^2)$。此外，$d_{ab}$ 表示 Alice 到 Bob 的距离，$k$ 为距离衰减参数，$P_a$ 是 Alice 的发射功率。与 Bob 不同，Willie 的目标是通过检测手段判断 Alice 和 Bob 之间是否存在通信行为。在窃听信道上，Willie 接收的信号为

$$z(i) = \sqrt{P_a} d_{aw}^{-k/2} s(i) + n_w(i) \tag{10.102}$$

其中，$n_w(i)$ 是独立同分布的高斯噪声，且 $n_w(i) \sim \mathcal{CN}(0, \sigma_w^2)$，$d_{aw}$ 表示 Alice 到 Willie 的距离。为了判断 Alice 和 Bob 是否存在通信行为，Willie 根据信号检测的基本理论，选择能量检测器作为最优检测器。检测的方法可以抽象成一个二元的假设检验，即

$$\mathcal{H}_0 : \text{Alice 未发射信号} \tag{10.103}$$

$$\mathcal{H}_1 : \text{Alice 发射信号} \tag{10.104}$$

针对上述假设检验，能量检测器作为最佳检测器，其对应的统计量为

$$T_n = \frac{1}{n} \sum_{i=1}^{n} |z(i)|_2^2 \tag{10.105}$$

即通过接收信号的功率进行二元假设检验的判断。在 Willie 观察的时隙足够长的情况下，即 $n \to \infty$，统计量在两个不同条件下具有如下不同的极限值：

$$\mathcal{H}_0 : T_n \to \sigma_w^2 \tag{10.106}$$

$$\mathcal{H}_1 : T_n \to P_a d_{aw}^{-k} + \sigma_w^2 \tag{10.107}$$

假设 Alice 和 Bob 进行通信的概率与不通信的概率相等。Willie 通过接收信号，利用平均功率的估计量 $T_n$ 与门限 $\tau$ 进行比较，以进行二元假设检验。我们定义 Willie 在进行假设检验过程中的检测错误概率为 $P_e$，即 $P_e = (P_{FA} + P_{MD})/2$。这里，关于式 (10.107) 的定义为

$$P_{FA} = \Pr\{T_n > \tau | \mathcal{H}_0\} \tag{10.108}$$

$$P_{MD} = \Pr\{T_n < \tau | \mathcal{H}_1\} \tag{10.109}$$

$P_{FA}$ 和 $P_{MD}$ 分别代表虚警概率（False Alarm，FA）和漏检概率（Missed Detection，MD）。我们假设 $P_0$ 是在 $\mathcal{H}_0$ 条件下的联合概率分布，相应地，$P_1$ 是在 $\mathcal{H}_0$ 条件下的联合概率分布。Willie 对这两个联合分布都是已知的，因此 Willie 能够根据这一条件构建最优的统计假设检验，以

最小化检测序列的错误概率 $P_e$。基于最优信号检测的原理有如下表达式：

$$\alpha + \beta = 1 - \mathrm{TV}(P_0, P_1) \tag{10.110}$$

其中，$\mathrm{TV}(P_0, P_1)$ 是 $P_0$、$P_1$ 之间的全变分距离，$p_0(x)$、$p_1(x)$ 是对应 $P_0$、$P_1$ 对应的概率密度函数，具体的定义如下：

$$\mathrm{TV}(P_0, P_1) = \frac{1}{2} \int_{-\infty}^{+\infty} |p_0(x) - p_1(x)| \mathrm{d}x \tag{10.111}$$

由于全变分距离并不好计算，所以利用 Pinsker 不等式进行缩放，其结果如下：

$$\mathrm{TV}(P_0, P_1) \leqslant \sqrt{\frac{1}{2} D(P_0 \| P_1)} \tag{10.112}$$

其中，$D(P_0 \| P_1)$ 是 $P_0$、$P_1$ 之间的 KL 散度，也称为相对熵（Relative Entropy, RE），具体的定义如下：

$$D(P_0 \| P_1) = \int_{\mathcal{X}_1} p_0(x) \ln \frac{p_0(x)}{p_1(x)} \mathrm{d}x \tag{10.113}$$

其中，$\mathcal{X}_1$ 表示 $p_1(x)$ 的支撑集。考虑 $P^n$ 是接收序列 $\{z(i)\}_{i=1}^n$ 的联合分布，$P$ 是 $\{z(i)\}$ 的分布，且 $\{z(i)\}$ 为独立同分布序列，根据链式法则可得

$$D(P_0^n \| P_1^n) = n D(P_0 \| P_1) \tag{10.114}$$

其中，$P_0$ 和 $P_1$ 分别表示在 $\mathcal{H}_0$ 和 $\mathcal{H}_1$ 状态下 $\{z(i)\}$ 的分布，这与 Willie 检测 Alice 和 Bob 是否存在通信行为相对应。Alice 的隐蔽通信目标是通过某种策略（如限制发射功率等）使 Willie 的总检测错误概率 $P_e$ 尽量大。如果总检测错误概率满足条件 $P_e \geqslant 1 - \epsilon$，且 $\epsilon$ 足够小，那么我们可以认为 Willie 不能通过二元假设检验来判断 Alice 是否与 Bob 进行通信，即 Alice 的隐蔽通信目标得以实现。对于总检测错误概率的条件，将式 (10.112) 代入上述结果，得到有关全变分距离的约束条件如下：

$$P_e = \alpha + \beta \geqslant 1 - \epsilon \Rightarrow \mathrm{TV}(P_0^n, P_1^n) \leqslant \epsilon \tag{10.115}$$

而通过式 (10.112) 进行缩放，我们可以给出上述公式满足的充分条件为

$$D(P_0^n \| P_1^n) \leqslant 2\epsilon^2 \tag{10.116}$$

进一步可以得到 $D(P_0 \| P_1) \leqslant 2\epsilon^2/n$。

基于前文提到的平方根定律，即在没有其他条件的情况下，Alice 和 Bob 能够实现隐蔽通信并保证数据的可靠传输。在 $n$ 次信道使用中，能够传输的比特数为 $O(\sqrt{n})$，因此隐蔽通信速率为 $O(\sqrt{n})/n$（bits/channel uses），然而该速率趋近于零。在基础模型下，我们通过计算相对熵来给出隐蔽性或检测性的约束条件：

$$D(P_0^n \| P_1^n) = \frac{n}{2} \left[ \ln \left( 1 + \frac{P_a d_{\mathrm{aw}}^{-k}}{\sigma_{\mathrm{aw}}^2} \right) - \frac{P_a d_{\mathrm{aw}}^{-k}}{P_a d_{\mathrm{aw}}^{-k} + \sigma_{\mathrm{aw}}^2} \right] \tag{10.117}$$

$$\leqslant 2\epsilon^2 \tag{10.118}$$

令 $\xi = \dfrac{P_a d_{\mathrm{aw}}^{-k}}{\sigma_{\mathrm{w}}^2}$，将上述公式进行变量代换可得

$$D(P_0^n \| P_1^n) = \frac{n}{2} \left( \ln(1+\xi) - \frac{\xi}{\xi + 1} \right) \tag{10.119}$$

在对上述公式的在 $\xi_0$ 处进行泰勒展开可得

$$f(\xi) = \frac{n}{2}\left(\ln(1+\xi) + \frac{1}{\xi+1} - 1\right) \tag{10.120}$$

$$= \frac{n}{2}\left(f(\xi_0) + f'(\xi_0)(\xi-\xi_0) + \frac{1}{2}f''(\xi_0)(\xi-\xi_0)^2 + o(\xi)\right) \tag{10.121}$$

$$\approx \frac{n}{2}\left(\frac{1}{2}\xi^2\right) \tag{10.122}$$

若取 $\xi = 0$，则相对熵作为约束的近似结果为

$$D(P_0^n \| P_1^n) \approx \frac{n}{4}\left(\frac{P_a d_{\mathrm{aw}}^{-k}}{\sigma_{\mathrm{w}}^2}\right) \tag{10.123}$$

在满足隐蔽性约束的条件下，我们可以给出约束对于 Alice 发射功率的约束，结果为

$$\frac{1}{4}\left(\frac{P_a d_{\mathrm{aw}}^{-k}}{\sigma_{\mathrm{w}}^2}\right) \leqslant 2\epsilon^2/n \tag{10.124}$$

进一步可得

$$P_a d_{\mathrm{aw}}^{-k} \leqslant \min\left\{\sigma_{\mathrm{w}}^2, \frac{2\sqrt{2}\epsilon\sigma_{\mathrm{w}}^2}{\sqrt{n}}\right\} \tag{10.125}$$

通过上述推导和分析可得知，为了确保通信的隐蔽性，通常需要选择较小的 $\epsilon$ 值。对于给定的检测概率 $\epsilon$，随着观测符号数量 $n$ 的增加，接收符号功率 $P_a d_{\mathrm{aw}}^{-k}$ 将减小。增加 $n$ 会使窃听者获得更多观测符号，因此 Alice 为了保持相同的检测概率，需要降低平均符号功率。因此，Alice 需要调整发送策略以满足隐蔽性要求，例如调整发射功率 $P_a$。同时，如果允许的检测概率 $\epsilon \to 0$，则 $P_a d_{\mathrm{aw}}^{-k} \to 0$，这表明为了实现理论上的完全隐蔽通信，Alice 的信号功率必须趋近于零，甚至无限趋近于零。至于 Bob 接收到的信号，在确保通信的隐蔽性和可靠性方面，前述讨论已经考虑了 Alice 发射功率的隐蔽性。为了保证可靠性，Bob 需要尽可能准确地接收信号并进行准确解码，即此时误码率必须尽可能小。

针对上述隐蔽性分析，为更直观地说明 AWGN 信道下隐蔽通信的平方根法则效应，本节通过数值仿真的方式对隐蔽传输性能进行分析。

**例10.6** 考虑有限码字长度下的通信速率，信道编码速率的近似公式为

$$R = \frac{1}{2}\log_2(1+\gamma_b) - \sqrt{\frac{\gamma_b(2+\gamma_b)}{2n(1+\gamma_b)^2}}\frac{Q^{-1}(\varepsilon)}{\ln 2} + O\left(\frac{\log_2 n}{n}\right) \tag{10.126}$$

其中，$\gamma_b = \frac{P_a d_{\mathrm{aw}}^{-k}}{\sigma_{\mathrm{w}}^2}$ 表示合法接收方 Bob 处的接收信号信噪比，而 $Q(x) = \frac{1}{2}\mathrm{erfc}\left(\frac{1}{\sqrt{2}}x\right)$ 则代表 $Q$ 函数。此处的 $\varepsilon$ 表示接收方的平均译码错误概率。通过这些参数，我们可以得到隐蔽传输速率 $R = f(n,\epsilon,\varepsilon)$，即通信速率与码字长度 $n$、允许的最大检测概率 $\epsilon$，以及允许的最大平均译码错误概率 $\varepsilon$ 之间的关系。我们在 AWGN 信道下考察了不同码字长度 $n$ 和不同最大允许检测概率 $\epsilon$ 对隐蔽通信速率的影响。对应的数值仿真结果如图10.17[206]所示。

据图10.17可知，当最大译码错误概率 $\varepsilon$ 保持固定时，隐蔽通信速率随着码字长度 $n$ 的增加，经历了初期急剧增长，随后逐渐减小，并最终趋于渐进的香农容量界。值得注意的是，不同的检测概率 $\epsilon$ 将会对渐进的香农容量界产生影响。在相同的码字长度下，较小的检测概率 $\epsilon$ 对应的隐蔽通信速率较小，这是因为检测概率 $\epsilon$ 会影响发射功率，进而影响接收信号的信噪比。此外，随着检测概率 $\epsilon$ 的减小，香农容量界也会相应减小。

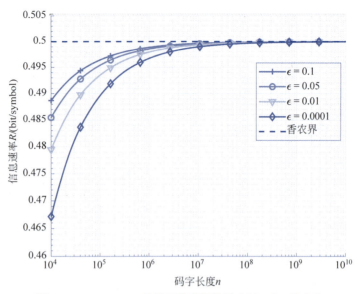

图 10.17　AWGN 信道下隐蔽通信速率随 $n$ 和 $\epsilon$ 的变化

## 10.5　安全通信编码实现

在本章中，我们将讨论关于密钥生成、保密通信和隐蔽通信的实用编码构建。设计用于安全通信的编码实际上是相当困难的，而这一信息论安全领域仍然在初级阶段。在某种程度上，通往保密容量的道路上的主要障碍与通往信道容量的道路上的障碍相似：用于确定保密容量的随机编码论证未提供明确的编码构建方法。本章将从密钥生成、窃听信道编码、隐蔽编码实现三方面简单给出一些可能的安全通信编码实现。

### 10.5.1　密钥生成编码实现

为构建密钥生成编码，Maurer[177] 提出了一种密钥生成协议，考虑对称分布的二进制随机变量，即按照 $P_R(0) = P_R(1) = \frac{1}{2}$ 的概率生成随机比特 $R$，并通过独立的二进制对称信道将 $R$ 传递给合法发送者 Alice、合法接收者 Bob 和窃听者 Eve，翻转概率分别为 $\epsilon_A$、$\epsilon_B$ 和 $\epsilon_E$，即

$$对于\ x = r,\ P_{X|R}(x, r) = 1 - \epsilon_A \tag{10.127}$$

$$对于\ y = r,\ P_{Y|R}(y, r) = 1 - \epsilon_B \tag{10.128}$$

$$对于\ z = r,\ P_{Z|R}(z, r) = 1 - \epsilon_E \tag{10.129}$$

如图 10.18 所示，Alice 从适当纠错码 $C$ 的码字集合中随机选择一个码字 $V^N$，码字长度为 $N$，通过公共信道发送 $V^N + X^N$，Bob 计算 $Y^N + X^N + V^N$，Eve 计算 $Z^N + X^N + V^N$，即分别以错误概率 $\epsilon_A + \epsilon_B - 2\epsilon_A\epsilon_B$ 和 $\epsilon_A + \epsilon_E - 2\epsilon_A\epsilon_E$ 接收 $V^N$，对于每个 $V^N$，Bob 通过公共信道声明接收还是拒绝。

考虑长度为 $N$、只有 $[0, 0, 0, \cdots, 0]$ 和 $[1, 1, 1, \cdots, 1]$ 两种码字的特殊情况。对于 $j = 1, 2, \cdots, n$，合法发送方 Alice 随机生成比特 $R_j$ 并以上述方式通过公共信道发送 $V_j^N = [R_j, R_j, R_j, \cdots, R_j]$ 给合法接收者 Bob。当且仅当 $V_j^N$ 与其中一个码字完全相等，即当且仅当 $V_j^N$ 等于 $[0, 0, 0, \cdots, 0]$ 或 $[1, 1, 1, \cdots, 1]$ 时，Bob 接收它。令 $\delta_A = 1 - \epsilon_A$、$\delta_B = 1 - \epsilon_B$ 和 $\delta_E = 1 - \epsilon_E$，

Bob 无错误地接收该码字的概率为

$$p_{\text{correct}} = (\delta_A \delta_B + \epsilon_A \epsilon_B)^N \tag{10.130}$$

该码字的补码被接收的概率为

$$p_{\text{error}} = (1 - \delta_A \delta_B - \epsilon_A \epsilon_B)^N \tag{10.131}$$

Bob 接收该码字的概率为

$$p_{\text{accept}} = p_{\text{error}} + p_{\text{correct}} \tag{10.132}$$

此时，从 Alice 到 Bob 的信道可抽象为翻转概率为 $\beta = \dfrac{p_{\text{error}}}{p_{\text{accept}}}$ 的二元对称信道。

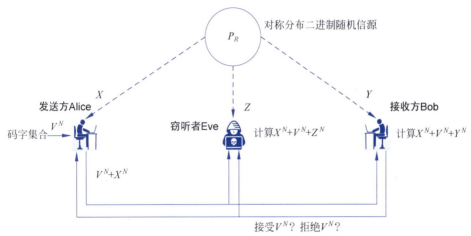

图 10.18  Maurer 提出的协议概念图

进一步令 $\alpha_{rs}$ 表征 Alice 发送单个比特 0 时，Bob 接收为 $r$，Eve 接收为 $s$ 的概率，其中 $r, s \in \{0,1\}^2$。例如，$\alpha_{00} = \delta_A \delta_B \delta_E + \epsilon_A \epsilon_B \epsilon_E$，$\alpha_{01} = \delta_A \delta_B \epsilon_E + \epsilon_A \epsilon_B \delta_E$。进一步，令 $p_\omega$ 表示 Alice 传输码字 $[0,0,\cdots,0]$ 且 Bob 接收时，Eve 接收的汉明权重为 $\omega$ 的码字的概率，即

$$p_\omega = \alpha_{00}^{N-\omega} \alpha_{01}^{\omega} + \alpha_{10}^{N-\omega} \alpha_{11}^{\omega} \tag{10.133}$$

其中，$0 \leqslant \omega \leqslant N$。

那么，当 Eve 猜测 Alice 发送的比特时，其平均错误概率可以表示为

$$\gamma = \frac{1}{p_{\text{accept}}} \sum_{\omega = \lceil N/2 \rceil}^{N} \binom{N}{\omega} p_\omega \tag{10.134}$$

码字的长度 $N$ 可以任意选择，以便令 $\gamma > \beta$。更相关的度量是 Bob 和 Eve 分别获得的关于 Alice 发送的比特的互信息 $I_B$ 和 $I_E$，其中

$$I_B = 1 - h(\beta) \tag{10.135}$$

其中，$h(p) = -p \log p - (1-p) \log(1-p)$ 表示 $p$ 的熵。$I_E$ 可以计算为，当 Alice 发送比特 $R_j$ 时，Eve 获得的权重 $\omega$ 的码字的平均值。对于所有收到的权重为 $\omega$ 的码字 $z^N$，有

$$P_{R_j | Z^N}(0 | z^N) = \frac{p_\omega}{p_\omega + p_{N-\omega}} \tag{10.136}$$

$$P_{R_j | Z^N}(1 | z^N) = \frac{p_{N-\omega}}{p_\omega + p_{N-\omega}} \tag{10.137}$$

因此有

$$I_{\mathrm{E}} = \sum_{\omega=0}^{N} \binom{N}{\omega} \frac{p_\omega}{p_{\text{accept}}} \left(1 - h\left(\frac{p_\omega}{p_\omega + p_{N-\omega}}\right)\right) \tag{10.138}$$

下面通过具体例子进行讨论。

**例 10.7** 基于上述的分析和证明，取 $\epsilon_{\mathrm{A}} = \epsilon_{\mathrm{B}} = 0.2$、$\epsilon_{\mathrm{E}} = 0.15$ 和 $N = 5$ 可得 $\beta = 2.25\%$，$\gamma = 6.15\%$。此时 Bob 比 Eve 更可靠地接收选定的比特。进一步可以得到 $I_{\mathrm{B}} = 0.845$ 和 $I_{\mathrm{E}} = 0.745$，则 Eve 关于 Alice 发送且 Bob 接收的比特的相关性比 Bob 关于 Alice 发送且自己接收的比特的相关性低。

### 10.5.2 窃听信道安全编码

窃听信道场景下，安全通信的目标是确保信息在传输过程中即使被窃听者截获通信信号，也无法理解或破译通信内容，通过特定的编码方式来保证数据的安全性。然而，目前尚无针对一般信道可实现的窃听信道安全编码方案。因此，本节主要对窃听信道场景下的安全通信编码进行简要分析和介绍。

如图 10.19 所示，离散无记忆窃听信道的特征由有限输入字母表 $\mathcal{X}$、两个有限输出字母表 $\mathcal{Y}$ 和 $\mathcal{Z}$ 以及从 $\mathcal{X}$ 到 $\mathcal{Y} \times \mathcal{Z}$ 的转移概率矩阵 $W(y,z|x)$ 进行刻画。此外，对于输入 $x = (x_1, x_2, \cdots, x_n) \in \mathcal{X}^n$ 和输出 $y = (y_1, y_2, \cdots, y_n) \in \mathcal{Y}^n$，以及 $z = (z_1, z_2, \cdots, z_n) \in \mathcal{Z}^n$ 的第 $n$ 次扩展描述为

$$W^n(\boldsymbol{y},\boldsymbol{z}|\boldsymbol{x}) \triangleq \prod_{i=1}^{n} W(y_i, z_i | x_i) \tag{10.139}$$

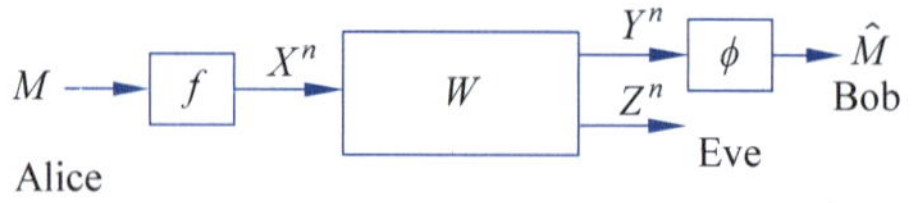

**图 10.19** 窃听信道安全编码示意图

通常，合法接收方 Bob 观察输出 $y \in Y_n$，其边际信道 $W(y|x) = \sum_{z \in \mathcal{Z}} W(y,z|x)$ 称为主信道。恶意窃听者 Eve 观察输出 $z \in Z_n$，其对应的边际信道 $W(z|x) = \sum_{y \in \mathcal{Y}} W(y,z|x)$ 为窃听者信道。通过使用窃听信道编码方案实现对窃听信道的安全通信。一个 $(n, M)$ 窃听编码包括一个消息集合 $\mathcal{M} = \{1, 2, \cdots, M\}$、一个随机编码器 $f: M \to X^n$ 和一个确定性解码器 $\phi: Y^n \to M$。此处，随机编码器指的是与消息 $m$ 相关联的码字 $x$ 是根据某种条件概率 $p(x|m)$ 随机选择的，并且在传递给定消息的不同实例中可能会发生变化。进一步地，我们可以评估窃听信道编码 $(f, \phi)$ 在窃听信道 $W(y,z|x)$ 上的性能。假设消息 $M$ 是从消息集 $\mathcal{M}$ 均匀随机选择的，编码后作为 $X_n$ 进行传输，并分别在合法接收器和窃听器处接收为 $Y_n$ 和 $Z_n$，那么，窃听信道编码的可靠性性能由错误概率描述为

$$e(W^n, f, \phi) \triangleq \frac{1}{M} \sum_{m \in \mathcal{M}} \sum_{z \in \mathcal{Z}^n} W^n\left(\left(\phi^{-1}(m)\right)^c, z | f(m)\right) \tag{10.140}$$

此外，窃听码的保密性能可通过如下泄露速率来衡量：

$$L(W^n, f, \phi) \triangleq \frac{1}{n} I(M, Z^n) \tag{10.141}$$

对于信息 $M$ 的保密性，可通过窃听者观察 $Z_n$ 泄露的信息量来衡量，或者由于 $H(M)$ 是固定的，通过观察 $Z_n$ 后窃听者关于消息 $M$ 的不确定性 $H(M|Z_n)$ 来衡量。理想情况下，我们希望

窃听码传递一定的信息速率，同时具有极小的错误概率和泄露速率。这些条件意味着合法接收方将恢复一个几乎无误的消息版本，而窃听者将观察到一个几乎独立于消息的信道输出。对于窃听信道 $W(y,z|x)$，如果对于每个 $\epsilon > 0$ 存在一个 $(n, 2^{nR_s})$ 的窃听编码，使得以下不等式成立，则保密速率 $R_s$ 被称为窃听信道 $W$ 的可实现速率：

$$e(W^n, f, \phi) \leqslant \epsilon \tag{10.142}$$

$$L(W^n, f, \phi) \leqslant \epsilon \tag{10.143}$$

其中，$\epsilon$ 是任意小的正数。窃听信道 $W(y,z|x)$ 的保密容量 $C_s$ 则被定义为所有可实现的保密速率的最大值。保密容量与常规点对点信道容量相比较而言，点对点容量更关注通信的可靠性，而窃听信道更关注通信的安全性。此外，人们注意到保密容量仅取决于联合转移概率 $W(y,z|x)$，因为可靠性约束式 (10.142) 仅涉及主信道，而保密约束式 (10.143) 仅涉及窃听者的信道。

尽管窃听编码实现对于一般信道而言暂时还不明朗，但仍然可以构建基于具有单向协调的顺序密钥蒸馏策略的实用编码。事实上，对于一个窃听信道编码 $\mathrm{WTC}(\mathcal{X}, p_{Z|Y}p_{Y|X}, \mathcal{Y}, \mathcal{Z})$，可以通过以下四阶段的协议实现。

（1）随机分享，即 Alice 生成具有分布 $p_X$ 的随机变量 $X$ 的 $n$ 个实现，并通过 WTC 传输。Bob 和 Eve 分别观察相关随机变量 $Y$ 和 $Z$ 的 $n$ 个实现。由此产生的联合分布因式分解为 $p_{XYZ} = p_{YZ|X}p_X$。

（2）信息协调，即 Alice 使用多级协调协议进行计算，并使用信道纠错码通过主信道 $(\mathcal{X}, p_{Y|X}, \mathcal{Y})$ 传输。原则上，信道编码的码率可以任意选择以接近容量 $C_m$。

（3）隐私放大，即 Alice 在通用族中随机选择一个哈希函数，并使用信道纠错码通过主信道进行传输，然后 Alice 和 Bob 提取出密钥 $K$。

（4）安全通信，即 Alice 使用密钥 $K$ 通过一次性密码本加密消息 $M$，并使用信道纠错码在主信道上传输加密的消息。

一般而言，这个协议过程效率相当低，因为许多信道的使用被浪费在生成源和提取密钥上，而不是用于传送安全消息。对于给定的输入分布 $p_X$，大约需要 $nH(X|Y)$ 比特进行信息协调，这可以通过 $nH(X|Y)/C_m$ 附加信道进行传输，则哈希函数的选择需要大约 $nH(X)$ 比特用于隐私放大，这可以与 $nH(X)/C_m$ 一起传输。最后，Alice 和 Bob 提取的密钥 $K$ 包含大约 $n(I(X;Y)-I(X;Z))$ 比特，允许安全传输相同数量的消息位且需要使用 $n(I(X;Y)-I(X;Z))/C_m$ 次信道。因此，安全通信速率约为

$$R_s \approx \frac{C_m(I(X;Y) - I(X;Z))}{C_m + H(X|Y) + H(X) + I(X;Y) - I(X;Z)} \tag{10.144}$$

**例 10.8** 考虑一个二元 WTC，其中主信道和窃听信道都是二元对称信道，交叉概率分别为 $p_m$ 和 $p_e(p_e > p_m)$。假设 $X \sim \mathcal{B}\left(\frac{1}{2}\right)$，那么安全通信速率最多为

$$R_s \approx \frac{1 - H_b(p_m)}{2 + H_b(p_e) - H_b(p_m)} C_s \tag{10.145}$$

在极端情况下，$p_m = 1$ 且 $p_e = 0.5 + \epsilon$（对于某些较小的 $\epsilon > 0$）。注意，每次信道使用的 $C_s$ 约为 1 比特，但每次信道使仅能实现的速率 $R_s$ 约为 $\frac{1}{3}$ 比特。

**例 10.9** 考虑具有完整信道状态信息的准静态衰落 WTC。如图 10.20[175] 所示，上述四阶段协议可以某种方式实现，即仅在安全时隙内执行随机性共享，因为在该安全时隙内，合法

接收者 Bob 具有比窃听者更好的瞬时 SNR。在剩余时隙期间执行协调、隐私放大和安全通信并不会影响安全率，因为在协议期间提取的密钥对于完美获取协调和隐私放大消息的窃听者 Eve 来说是安全的。为了避免以比处理速度更快的速度共享随机性，合法用户 Alice 和 Bob 可能有必要使用一小部分安全时隙来进行协调、隐私放大或安全通信；然而，如果窃听者 Eve 的平均信噪比要高得多，则密钥蒸馏所需的所有信息传输都会在非安全的时隙内执行。在这种情况下，协议实现的安全速率接近信道的保密容量。尽管我们假设隐私放大是使用杂凑函数来执行的，但选择其他通用杂凑函数族并没有多大好处。因此，通过使用提取器执行隐私放大将会有更好的性能。

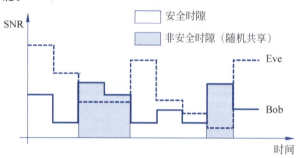

图 10.20　利用衰落实现安全通信示例

构建实际窃听编码的方法是模仿窃听信道的可实现性证明中所使用的编码结构。具体而言，可以通过将一个包含 $\lceil 2^{nR} \rceil \times \lceil 2^{nR_d} \rceil$ 个码字的码本划分为 $\lceil 2^{nR} \rceil$ 个每个包含 $\lceil 2^{nR_d} \rceil$ 个码字的箱子来建立窃听信道 $\text{WTC}(\mathcal{X}, p_{Z|Y}p_{Y|X}, \mathcal{Y}, \mathcal{Z})$ 的编码存在性。这 $\lceil 2^{nR} \rceil \times \lceil 2^{nR_d} \rceil$ 个码字的选择是为了使合法接收方能够可靠地解码。此外，即使窃听者知道知道通信时使用哪个箱子，也能可靠地解码。每个码字组中的码字可以被视为"母码"的子码，这在编码理论中被称为嵌套码结构。对于很小的 $\epsilon$ 而言，有如下结论成立：

$$R_d = I(X;Z) - \delta(\epsilon) \tag{10.146}$$

上述结果并不直观，下面将进一步说明保密性和容量实现编码之间的联系。

考虑一个窃听信道编码 $\text{WTC}(\mathcal{X}, p_{Z|Y}p_{Y|X}, \mathcal{Y}, \mathcal{Z})$，令 $\mathcal{C}$ 为长度为 $n$ 的编码，具有 $\lceil 2^{nR} \rceil$ 不相交子码 $\{\mathcal{C}_i\}_{\lceil 2^{nR} \rceil}$ 使得式 (10.147) 成立：

$$\mathcal{C} = \bigcup_{i=1}^{\lceil 2^{nR} \rceil} \mathcal{C}_i \tag{10.147}$$

为简单起见，我们假设 $\mathcal{C}$ 保证主信道上的可靠通信，并仅分析其保密能力。遵循前文所采用的随机编码，通过在子码 $\mathcal{C}_m$ 中均匀选择的码字来传输消息 $m \in [1, 2^{nR}]$。以下定理为该编码方案提供了充分条件，以保证对窃听者的保密性。

**定理 10.12**　如果集合 $\mathcal{C}_i$ 中的每个子码都源自在窃听者信道实现容量的编码序列，当 $n$ 趋于无穷时，则有

$$\lim_{n \to \infty} \frac{1}{n} I(M; Z^n) = 0 \tag{10.148}$$

上述定理提出了一种基于嵌套码和对窃听者信道的容量实现码的编码的设计方法。然而，实际上只有少数信道已知存在容量实现码的实际实现方式。我们再次讨论图 10.9 所示的二元擦除窃听信道上，其中主信道是无噪声的，而窃听者的信道是具有擦除概率 $\epsilon$ 的二元擦除信道，该信道的保密容量为 $C_s = 1 - (1 - \epsilon) = \epsilon$。由 10.5.1 节的内容所述，我们给出了基于嵌套

码的编码构造。然而，由于发送方发送的任何码字都可以由合法接收者无误码接收，所以这种构造在一般情况下要简单得多：对于任何一组不相交的子码 $\{\mathcal{C}_i\}$，母码 $\mathcal{C} = \bigcup_i \mathcal{C}_i$ 对于（无噪声的）主信道始终是一个可靠的编码。一组子码的选择可以得到一个特别简单的随机编码器，包括一个 $(n, n-k)$ 的二进制线性码 $\mathcal{C}_0$ 及其陪集。对于这种子码的选择，母码 $\mathcal{C}$ 为

$$\mathcal{C} = \bigcup_{s \in \mathrm{GF}(2)^k} \mathcal{C}_0(s) = \mathrm{GF}(2)^n \tag{10.149}$$

相应的随机编码过程称为余类编码，它通过在余类编码 $\mathcal{C}_0$ 中选择一个符合编码特征为 $m$ 的码字，从而对信息 $m \in \mathrm{GF}(2)^k$ 进行编码。根据如下性质，余类编码中的编码和解码操作可以通过矩阵乘法高效实现。

**性质 10.2** 假设 $\mathcal{C}_0$ 是一个 $(n, n-k)$ 的二进制线性码。那么存在一个生成矩阵 $\boldsymbol{G} \in \mathrm{GF}(2)^{n-k \times n}$ 和一个奇偶校验矩阵 $\boldsymbol{H} \in \mathrm{GF}(2)^{k \times n}$。对 $\mathcal{C}_0$ 和矩阵 $\boldsymbol{G}' \in \mathrm{GF}(2)^{k \times n}$，满足如下条件：

（1）编码器将消息 $\boldsymbol{m}$ 映射为一个码字，如式 (10.150) 所示：

$$\boldsymbol{m} \mapsto (\boldsymbol{G}'^T \boldsymbol{G}^T) \begin{pmatrix} \boldsymbol{m} \\ \boldsymbol{v} \end{pmatrix} \tag{10.150}$$

其中，向量 $\boldsymbol{v} \in \mathrm{GF}(2)^{n-k}$ 以均匀随机方式选择产生；

（2）解码器将一个编码词 $\boldsymbol{x}$ 映射为一条消息：

$$\boldsymbol{x} \mapsto \boldsymbol{H}\boldsymbol{x} \tag{10.151}$$

**例 10.10** 考虑一个二元对称窃听信道，其中主信道是无噪声的，窃听者的信道是二元对称的，交叉概率为 $p < 0.5$。为擦除窃听信道设计编码，擦除概率 $\epsilon^* = 2p$ 可以实现安全速率 $\epsilon^*$。图 10.21[175] 展示了保密容量 $C_s = H_b(p)$ 和可达速率作为交叉概率 $p$ 的函数。对于 $p = 0.29$，$\epsilon^* = 0.58$，可以使用 LDPC 的不规则编码及其陪集进行安全通信。注意到安全通信中信道每次使用 0.5 比特，而保密容量在信道每次使用 $C_s \approx 0.86$ 比特。

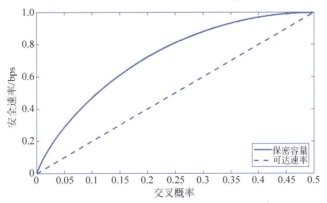

图 10.21 二进制擦除窃听信道模型的性能 (1)

**例 10.11** 考虑一个高斯窃听信道，其中主信道是无噪声的，窃听者的信道是噪声方差为 $\sigma^2$ 的 AWGN 信道，并考虑二元输入 $x \in \{-1; +1\}$ 为具有擦除概率的擦除窃听信道设计的编码将达到安全速率 $\epsilon^*$ 满足

$$\epsilon^* = \mathrm{erfc}\left(\frac{1}{\sqrt{2\sigma^2}}\right) \tag{10.152}$$

图 10.22[175] 为二元高斯窃听信道的保密容量和可达速率与窃听者噪声功率 $\sigma^2$ 的关系。对于

$\sigma^2 = 3.28$，$\epsilon^* = 0.58$，再次使用安全通信的不规则编码，每信道使用其通信速率为 0.5 比特，而保密容量在每次信道使用 $C_s \approx 0.81$ 比特。

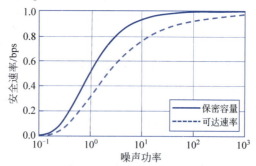

图 10.22　二进制擦除窃听信道模型的性能 (2)

### 10.5.3　隐蔽通信编码实现

本节主要介绍基于极化码（Polar Code）的隐蔽通信编码实现，极化码[202]是由 Erdal Arikan 于 2009 年提出的一种编码方案，引起了广泛关注于通信和信息理论领域。该编码方案的最显著特性在于通过逐步对信道进行编码，将原始信道分为强信道和弱信道。在强信道上传输的比特更容易正确传输，而在弱信道上传输的比特则更难传输，形成了独特的极化效应。这种特性使得极化码在充分利用信道特性方面表现出色。极化码的设计目标是逼近信道的容量极限，即使在高信噪比下也能够接近理论上的最大传输速率，这使得极化码在高效利用信道资源的同时，能够保持相对较低的误码率。作为一种高效的信道编码方案，极化码在短码长通信中表现出色，非常适合物联网和低延迟通信等应用场景。因此，极化码在 5G 通信标准中被用于控制信道的编码方案。

针对安全通信需求，极化码的编码方式和思路在隐蔽通信场景也有一定的潜在应用，以实现在确保合法用户之间可靠通信的前提下，同时保证窃听者以较低的概率发现合法用户之间的通信行为。在基于极化码的隐蔽通信系统中，合法发送方有两层目标，一是与合法用户保持可靠通信，以平均错误概率作为衡量；二是避免被恶意用户 Willie 检测，以合法用户之间发生通信和未发生通信时的概率分布对应的全变分作为隐蔽衡量指标。因此，发送方的编码既需要同时控制平均错误率以保证可靠性，又要控制窃听者端对合法用户通信行为的可分辨率，以满足隐蔽约束。

借鉴极化码的编码思路，本章仅介绍基于多电平编码（Multilevel Coded，MLC）和脉冲位置调制（Pulse-Position Modulation，PPM）的隐蔽通信编码方案，其对应的示意图如图 10.23 [210] 所示。在上述编码方案中，假设每个 MLC-PPM 传输块 $\ell$ 个 PPM 符号组成，且每个 PPM 符号的编码阶数为 $m = 2^q$，$q \in \mathbb{N}^*$，MLC 可以使 PPM 的信道分解为 $q$ 个二元信道，其编码方案的具体顺序总结如下：

（1）发送方首先将其要发送的信息 $\widetilde{W} \in [1, M]$ 对于每级输出分解为 $(W)_{i=1}^q$。

（2）极化码编码器将每级输出的 $\boldsymbol{W}_i$ 编码为 $\boldsymbol{X}_i \in \mathbb{F}_2^\ell$。

（3）MLC-PPM 编码器生成 PPM 符号 $\widetilde{\boldsymbol{X}} \in \widetilde{\mathcal{X}}_q^\ell$，最后在每阶输出经过平行的 PPM 映射器得到 $\widetilde{x}: x_{1:q} \to \widetilde{x}_{d(1:q)+1}$。

上述编码方案中，每级分组码的块长度为 $\ell$，也称为编码块长度。因此，信道使用次数为 $n = m\ell$，也称为总块长度。在实际中，并非所有阶信道都用于可靠的通信。较低阶信道使用具有循环冗余校验（Cyclic Redundancy Check，CRC）的极化码共同编码以确保可靠性和可分辨性，而较高阶信道仅使用可逆提取器进行编码以实现可分辨性，$n$ 和 $\ell$ 的选择并不是独立的。具体来说，PPM 的阶数 $m$ 必须根据编码块长度 $\ell$ 的阶数来选择，以满足平方根定律并确保隐蔽性。只有较低阶信道才具有显著的容量，因此在较低级别上进行编码以实现可靠性和可分辨性。对于更高阶信道，其信道容量可忽略不计，因此可以牺牲密钥位，仅设计通道可分辨性编码，因此不用考虑其可靠性。基于上述编码和传输方案，结合信道参数，便可计算窃听者接收信道的参数分布，以推导对应的隐蔽约束，从而分析对应场景的隐蔽速率。

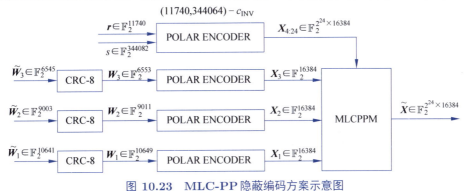

图 10.23　MLC-PP 隐蔽编码方案示意图

## 10.6　练习题

**练习 10.1**　密钥容量的分析指标有哪些？如何理解这些指标？

**练习 10.2**　在信源型密钥生成模型顺序密钥提取策略中，优势提取和信息调和是重要的两个步骤，这两个步骤的作用分别是什么以及各自的协议有什么异同？

**练习 10.3**　与信源型模型的密钥容量相比，信道型模型的密钥容量的复杂体现在何处？

**练习 10.4**　如何理解窃听信道的保密容量？

**练习 10.5**　如何理解隐蔽传输速率和平方根定律？防窃听通信和隐蔽通信的异同点是什么？

**练习 10.6**　隐蔽通信的衡量指标有哪几种以及它们之间的关系是什么？

**练习 10.7**　仿照例 10.5.1，设 $\epsilon_A = \epsilon_B = 0.3$、$\epsilon_E = 0.2$ 和 $N = 5$，计算 Bob 的错误概率 $\beta$、互信息 $I_B$ 和 Eve 的错误概率 $\gamma$、互信息 $I_E$。

**练习 10.8**　在定理 10.1 中，若随机变量 $Z$ 独立于随机变量 $X$、$Y$，则弱密钥容量 $C_W^{SM}$ 的上下界变为多少？若 $X \to Y \to Z$ 构成马尔可夫链，则弱密钥容量 $C_W^{SM}$ 的上下界又变为多少？

**练习 10.9**　若当主信道和窃听信道均为高斯信道，即输出 $Y = X + Z_1$，$Z = X + Z_1 + Z_2$，其中 $Z_1 \sim N(0, N_1)$，$Z_2 \sim N(0, N_2)$，并且假设信源平均功率受限，即

$$P\left\{\sum_{i=1}^{n} X_i^2(m) \leqslant nP\right\} = 1$$

试计算该情况下的保密容量。

**练习 10.10**　在隐蔽通信场景下，所有节点间的距离均为 100m，环境中背景噪声功率均设置为 $-90$dBm，路径衰落系数 $k = 2$，Alice 的发送信号功率为 0.1W，试计算三种隐蔽性衡量指标。

**练习 10.11**　请给出定理 10.5.2 的具体证明过程。

# 第11章

# 未来通信网络安全的发展

## 11.1 未来通信网络的发展趋势

随着人们对于网络需求的不断提高,未来通信网络将由连接亿万人发展到联接千亿物,这不仅意味着网络的规模和能力需求的急剧增长,更意味着网络技术和基础设施的全面革新。在这个发展过程中,我们目睹着一个智能、全面、可持续的网络生态系统的兴起。这样的网络不仅要能够承载海量的数据传输,更要具备对连接的各种物体进行智能管理和控制的能力。随着"万物互联"向"万物智联"的演进,网络需求将无休止地增长。预计全球连接数将达到2000亿,IPv6地址渗透率将超过90%。人均月无线蜂窝网络流量预计将增长40倍,这意味着网络基础设施需要更高的带宽和更快的传输速度以支持这种巨大的数据需求。同时,千兆及以上家庭宽带用户渗透率也预计将增长50倍,家庭月均网络流量预计将增长8倍[211]。这些数据显示了人们对于高速、稳定、可靠的网络连接的不断渴望,这将推动网络技术和基础设施向更高水平迈进,为未来的科技发展和生活方式带来革命性改变。本章将对通信网络的几个重点发展方向展开详细叙述。

### 11.1.1 6G移动通信网络

在5G大范围商用的同时,相关领域的研究者也开始了下一代无线移动网络的研发。第六代移动通信网络(The sixth-generation,6G)有望将5G的功能推向更高水平,为数百万连接的设备和应用提供安全可靠、低延迟和高带宽的环境。基于5G的基础,6G将持续推动人与物的智能互联,引领创新发展的新领域,它将赋予每个人、每个家庭和每个企业智能能力,开启新的创新纪元。

总体而言,6G移动网络有望提供超快速度、更大容量和超低时延,为精细医疗、智能灾难预测、超现实虚拟现实等新应用带来新的可能性。初期的6G网络将基于现有的5G架构,继承5G的优势(如授权频段增加、去中心化网络架构优化等),并将显著改变人们的工作和娱乐方式。预计到2030年,社会可能进入数据驱动时代,享有几乎即时、无限的无线连接。6G可能在速度方面采用比前几代更高的频谱,预计比5G快100~1000倍。6G网络将充分利用多频段高扩频技术,实现每秒百兆太比特的链路。例如,利用1~3GHz频段、毫米波频段和太赫兹频段的组合等[212]。

在容量方面,相比于5G,6G将灵活高效地连接上万亿级的物体,不再局限于目前的亿级移动设备。因此,6G网络将变得极其密集,其容量可能比5G系统和网络高出10~1000倍。此外,在延迟方面,6G旨在实现不可检测(小于1ms)甚至不存在延迟,以增强自动驾驶汽车、增强现实和医学成像等应用。随着更多新的无人驾驶和自主应用的出现，延迟时间已不再仅仅取决于人类的反应时间。

空天地一体化网络（Space-airground Integrated Network，SAGIN）是一种新兴的网络架构，它将卫星、机载平台（各类飞行器）和地面网络综合为一个移动通信网络，能够满足多样化的服务和应用需求，已经成为未来6G移动通信网络的核心架构之一[213]。SAGIN不仅实现了不同通信网络之间的互联，还实现了系统、技术和应用的深度融合。SAGIN采用统一的终端和空口协议，通过无线接入网和CN的融合，构建了统一的控制平面和数据平面。SAGIN还采用了控制网元智能部署技术、智能移动管理技术、服务质量（Quality of Service，QoS）提供技术、策略路由技术和资源分配技术等来保证网络的健壮性、连续性和高效性。

### 11.1.2 卫星互联网

卫星互联网是建立在卫星通信基础上的网络，通过发射多颗卫星构建规模化网络，覆盖全球，提供实时信息处理和宽带互联网接入等通信服务。这种新型网络具备广覆盖、低延迟、高带宽和成本低等特点。目前，低轨道卫星轨位和频谱资源日益紧张。各国纷纷部署星座计划，太空资源争夺战已经成为焦点。在全球对卫星互联网布局高度关注的同时，该行业正明显向高频段、网络安全和新型应用落地方向迈进[214]。

受限于频谱资源和干扰因素，单颗低轨卫星的实际峰值容量为10~20Gbps。假设由1万颗卫星组成的全球覆盖卫星网络分布在超低轨道到低轨道的多个轨道平面上，每颗卫星通过100Gbps以上的激光通信与多个方向的卫星构建星际传输链路。考虑到卫星实际覆盖的区域中至少有一半是宽带需求极低的海洋和沙漠等地区，全球宽带卫星网络的实际有效容量将在100Tbps左右。在蜂窝网络覆盖范围之外的地区，卫星宽带将提供给使用多通道相位阵列天线的消费者百兆宽带的能力，同时向使用双抛物面天线的企业客户提供千兆宽带的能力。通过星际传输链路，数据传送至全球数百个关口站并与互联网相连，形成了一张全球立体覆盖的网络，实现时延在100ms以内的近乎4G水平的网络连接。

目前，低轨卫星通信的终端天线尺寸仍然较大，尚无法完全满足个人移动性的需求，它主要应用于偏远地区的家庭、企业以及船舶等场景。不过，业界已经开始将卫星链路作为回传链路，与地面蜂窝网和WLAN网络结合，提供宽带和窄带覆盖，服务于偏远乡村和企业。未来，随着卫星网络的普及，可能会出现支持高度移动性的卫星宽带终端，例如适用于网联汽车、小型个人终端等场景，这将满足从家庭Wi-Fi到城市蜂窝网，再到无缝覆盖的卫星网的连续宽带体验需求，这种趋势将为人和物提供更加广泛和连贯的通信体验。

### 11.1.3 AI赋能

人工智能（Artificial Intelligence，AI）被视为无线通信领域迎接各种技术挑战的最具前景的推动力之一。机器学习（Machine Learning，ML）技术作为人工智能与计算机科学中广为人知的重要组成部分，已经开始在无线通信领域崭露头角。近年来，ML在处理复杂的无线网络环境下的决策、网络管理、资源优化以及深度知识探索等方面取得了令人瞩目的成就，这表明在各种复杂、动态网络环境中，利用人工智能进行在线学习和优化能够为无线通信应用带来卓越的性能表现。与传统技术相比，人工智能不仅降低了算法计算的复杂性，而且通过数据学习和与环境互动的方式加速了寻找最佳解决方案的收敛速度。通过引入海量数据，人工智能为无线网络生态系统带来了独特的机遇，推动了各类新应用场景的诞生，同时也反向助推了人工智能技术的不断繁荣发展。目前,将人工智能技术融入智能网络架构的设计已成为解决无线通信系统技术挑战的重大趋势,这种融合为未来通信网络的构建提供了一种全新范式,使网络能够更智能地适应不断变化的需求和环境。在这个新兴的生态系统中,AI不仅是一个工具,更是推动创新和提升通信效率的重要引擎,它的应用不仅在提高网络性能方面有所突破,还为未来的通信网络带来了更多的可能性与机遇。

与依赖数据中心(云服务器)运行人工智能应用不同,AI赋能的移动通信网络充分利用了网络边缘的资源。具体而言,人工智能功能可以部署在无线物联网网络的各个角落,涵盖数据生成器(如物联网设备)、数据接收器(如移动用户、边缘设备)以及无线数据传输过程中的各个环节(无线连接)。这一趋势使得无线网络能够完全自动化所有操作、控制和维护功能,减少了人为参与。AI在无线通信网络中的作用和应用领域包含许多关键方面。

(1)资源优化和分配:AI算法在动态资源分配方面具有显著的优点。它们能够实时监测网络负载和需求,根据实际情况灵活地分配带宽、功率、频谱等资源,以最大化网络效率并满足不断变化的需求。这种灵活性和自适应性使得网络能够更有效地利用有限的资源。

(2)网络性能优化:AI技术通过分析大量数据流量模式和网络拓扑结构,能够预测和识别网络拥塞或性能瓶颈。基于这些信息,AI可以优化路由选择和网络配置,提升整体网络性能和吞吐量,从而改善用户体验。

(3)预测性维护与故障预防:AI可以在无线通信网络中实现预测性维护,通过分析历史数据和设备运行状况,预测网络设备可能出现的故障。这使得网络运营商能够采取预防性措施,减少突发故障和停机时间,提高网络稳定性和可靠性。

(4)波束成形和MIMO技术优化:AI驱动的算法优化可以提升波束成形技术和MIMO系统的性能。利用AI算法优化MIMO系统的波束成形有助于增强有效信号强度、改善传输质量,并扩大覆盖范围。同时,AI还能优化MIMO系统的资源配置和用户调度,提高数据传输的效率和速度。

(5)安全增强和网络防御:AI在通信网络安全方面能够发挥关键作用,可以有效识别异常行为模式和潜在的网络威胁。通过实时监测和分析,AI能够快速检测并应对各种安全威胁,加强网络防御措施,保护通信数据的安全。

综上所述,AI在无线通信网络中的应用不仅在资源管理和网络性能优化方面发挥了关键作用,还在预测性维护、安全增强和自主运营等领域展现了巨大潜力。随着技术的不断发展,AI增强的无线通信网络将继续为未来的通信技术和服务带来更多的创新和提升。

### 11.1.4 绿色通信

当前,电信和信息领域正面临两大重大挑战。一方面,多媒体数据的传输量呈现惊人的增长趋势;另一方面,通信和网络设备的整体能源消耗以及全球二氧化碳排放量也在迅速增加。这些挑战不仅对环境造成了压力,也对资源产生了巨大影响。

值得注意的是,信息和通信技术基础设施目前已经消耗了全球4%的能源,并且导致了大约3%的全球二氧化碳排放量。这一比例相当于飞机或全球其他车辆产生的二氧化碳排放量的四分之一。而且,这个百分比正以极快的速度不断攀升。最近的研究表明,未来移动网络用户的数据速率将会进一步增加,网络供应商也将会部署更多的基站以满足这一需求。

这种数据需求的迅速增长和基站部署也带来了一些问题。在追求更高速率和更广覆盖的同时,电信业界也面临着如何在保障服务质量的前提下降低能源消耗和二氧化碳排放量的挑战。创新的节能通信技术和智能化网络管理将是解决这些挑战的关键。例如，AI驱动的智能网络管理、更高效的能源利用，以及基于用户需求的数据传输管理等方法，有望在未来推动通信领域朝着更为可持续的方向发展。

绿色通信的另一个重要方面是能量收集，这项技术支持用户终端的无线供电。能量收集技术利用太阳能、风能等可再生能源为设备充电，实现了清洁的绿色通信，这种方法在减少二氧化碳排放量方面有着显著的潜力。

## 11.2 未来通信网络安全技术的发展

未来通信网络安全技术的发展将主要集中在提高安全性、隐私保护和应对新型威胁上。随着技术的不断发展，人工智能、量子技术和区块链等领域将在网络安全中扮演重要角色。人工智能可以用于检测异常行为和网络攻击，而量子技术可以提供更安全的加密方式，区块链技术也有望改善数据传输和身份验证的安全性。同时，对于卫星互联网和6G等新兴技术的普及，网络安全也需要适应这些发展并解决相应的挑战。

### 11.2.1 6G移动通信网络安全

6G系统在部分网络技术及结构上延续了5G时代的特点，例如软件定义网络（Software-defined Network，SDN）、网络功能虚拟化（Network Functions Virtualization，NFV）、多接入边缘计算和网络切片等。然而，这些技术依然面临一系列安全挑战，这些问题也将持续存在于6G中。针对SDN，关键的安全问题包括对SDN控制器的攻击、针对接口的攻击以及部署SDN控制器/应用程序平台固有的漏洞。对于NFV，安全问题主要集中在对虚拟机、虚拟网络功能、管理程序的攻击。6G中的多接入边缘计算面临物理安全威胁、分布式拒绝服务和中间人攻击等威胁。网络切片的潜在攻击则包括DoS攻击和通过受损切片窃取信息。这些安全威胁可能导致6G网络无法实现承诺的动态性和完全自动化[215]。

此外，6G构想实现万物互联（Internet of Everything，IoE），但依赖SIM卡的基本设备安全模型不足以满足IoE的实际部署需求，尤其是对于小型设备，如体内传感器。在如此大规模的网络中，密钥分发和管理功能效率低下，资源有限的物联网设备无法使用复杂的加密技术来维护强大的安全性，这使得它们成为攻击者的主要目标。IoE的超链接也会引发数据隐私问题，利用资源有限的物联网设备窃取数据可能威胁数据隐私、位置隐私和身份隐私。

同时，6G基站将由小型基站缩减为"微型基站"，基站的部署将更加密集，网状网络、多连接性和端对端通信将成为主流。这种变化使得恶意方在攻击分布式网络方面具有更大的威胁，因为网络中的设备更易受攻击且每个设备都具有网状连接，增加了威胁面。因此，在6G网络中，需要重新定义子网络的安全策略。由于通过广域网为每个子网络内的大量设备提供安全保障是不切实际的，所以可能需要一种分层安全机制来区分子网络级别的通信安全和子网络到广域网的通信安全。

如前文所述，6G依赖人工智能实现完全自主的网络，那么对人工智能系统的攻击也将会影响6G系统，尤其是针对机器学习系统的攻击。例如，收集更多特征可以让人工智能系统表现得更好，但对收集数据的攻击以及对私人数据的意外使用可能导致隐私问题。

最后，区块链作为关键技术将在6G系统中发挥作用，但要考虑量子计算机进行攻击的可能性，以及区块链公开存储数据对隐私保护造成的挑战。当前的5G标准依赖传统密码学，但在量子计算机出现后可能不再有效，因此需要设计量子安全的密码算法。

### 11.2.2 卫星互联网安全

卫星通信技术在诸如数据传输、GPS、天气监测和国防等领域扮演着关键角色[216]。然而，正是这种关键性使得卫星成为攻击的热门目标之一。大型空间研究组织，如NASA和ISRO拥有广泛的卫星网络，但也多次遇到严重的安全问题。在2010—2011年，NASA遭受了5408次网络攻击。2007年，黑客获取了对名为LANDSAT-7的卫星的访问权限；同样地，2008年，TERRA EOS在6月和10月分别遭受了2分钟和9分钟的黑客攻击。卫星的黑客入侵可能导致整个国家或地区的通信系统瘫痪，而攻击国防卫星可能构成对国家安全的威胁。因此，卫星互联网的安全技术发展至关重要。

卫星互联网的安全问题主要包括卫星网络安全、地面网络安全和卫星与地面通信设备之间的通信链路安全[217]。尽管地面异构网络，如互联网骨干网络和移动通信网络的安全研究已较为成熟，但对卫星网络安全建模的关注依然不足。现有的研究中，卫星间的通信依赖地面基站，因此，对通信链路安全的研究主要集中在卫星与地面基站之间的数据链路的安全性上，即上行链路/下行链路。然而，随着卫星网络的发展，卫星间甚至卫星内部结构的数据通信也存在着巨大的安全风险。

在卫星通信网络中，设备间的信息交互容易受到窃听、拒绝服务攻击和数据伪造攻击等威胁。为避免这些安全威胁，网络需要满足基本的安全和效率要求，包括数据完整性、机密性、不可否认性、可用性、数据新鲜度、真实性、快速响应和适应性。

（1）数据完整性：旨在防止未经授权篡改和伪造系统中传输的数据，确保数据在传输过程中不受损害。例如，中间人攻击可能会破坏数据的完整性。

（2）数据机密性：防止未经授权访问私人数据和秘密信息，保护隐私数据不被窃取或滥用。

（3）不可否认性：确保节点不否认自己的行为或消息发送的真实性。

（4）可用性：确保授权用户能够按需访问资源，防止拒绝服务攻击。

（5）数据新鲜度：确保接收的数据是最新的，而不是被篡改或重播的旧数据。

（6）真实性：识别参与者的真实身份，避免身份伪装和欺骗。

（7）快速响应：要求实体快速响应请求，防止攻击插入字或虚假响应。

（8）适应性：保证网络安全机制适应多样化的网络环境，同时保持高效率和高度适应性。

### 11.2.3 量子安全通信

当前的加密技术面临着量子计算机的威胁，尽管强大的量子计算机尚未出现，但过去的加密信息依然面临着被解密的风险。现有的加密信息可能被截获并在未来量子计算机出现后被解密。因此，网络安全迫切需要转变为"量子安全"，以确保在未来涌现各种形式的量子技术（包括大型量子计算机）时仍能保持安全。

量子安全通信是网络安全的前沿领域，它采用了量子力学原理，如量子密钥分发（Quantum Key Distribution，QKD），为通信提供了无法破解的安全手段。这种技术确保了通信的绝对安全性，即使在量子计算机的影响下，通信的机密性依然得以保持。

量子安全通信是通过利用量子力学原理，如量子纠缠和量子密钥分发等来确保通信安全的技术。其中，QKD是其核心应用之一，它允许通信双方安全地共享密钥，从而保护通信内容免受窃听和破解。

当前，量子安全通信主要包含如下两个研究方向。

（1）量子密钥分发：通信双方能够生成共享的对称密钥，其安全性基于物理原理，通过量子光信号建立。

（2）量子抗性加密（Post-quantum Cryptography，PQC）：包括新的数学加密技术，对Shor算法攻击具有免疫力，并且被认为对未来可能开发的其他量子算法也具有抗性。

### 11.2.4　AI强化的网络安全

人工智能在未来通信网络安全中将继续扮演着关键角色，它的应用不仅在于检测和预防网络攻击，还能自动化安全响应、识别异常行为并快速做出反应。未来，AI有望通过自我学习和自适应性来对抗不断进化的网络威胁。

AI在通信网络安全方面的运用为网络安全提供了强有力的支持，这种技术让通信网络可以更快速地识别和应对潜在威胁，这主要得益于AI能够分析大量数据，捕捉异常模式，并能及时发出警报或采取防御措施，提高了网络安全的预警和响应速度。更为重要的是，人工智能赋予了网络系统自我学习和优化的能力，不断提升网络的自适应性和抗攻击能力，这种自我增强的特性使得网络安全防御更有针对性。

同时，AI技术能够实时监测网络流量，迅速识别异常流量或潜在的攻击行为，有效保障网络安全。例如，在入侵检测方面，AI通过深度分析网络行为模式，能够识别并预测潜在的入侵行为，为防范威胁提供了关键支持。机器学习算法的灵活性和持续优化提升了网络安全团队应对新型攻击手段的能力，提高了网络安全的应变能力和实效性。

然而，AI赋能的通信网络安全也面临着多方面挑战，尤其是对抗性攻击可能误导AI系统，导致对网络状态做出错误判断。为确保通信网络的安全性，需要不断改进和完善AI算法，并结合其他安全措施来建立全面的网络安全防御体系，这可能涉及多层次的安全策略，包括持续学习和升级AI算法，并与传统网络安全措施相结合，构建更健壮和更智能的网络安全防护体系。

### 11.2.5　区块链技术

区块链技术作为一种去中心化、不可篡改的数据存储方式，有望显著提升通信网络的安全性和可信度，它的出现为通信记录的安全性和完整性带来了新的保障，有效减少了数据泄露和篡改的风险，这项技术在通信网络安全方面具备巨大的潜力。作为去中心化的分布式账本技术，区块链能提供高度安全的数据存储和传输方式，为通信网络安全带来了全新的解决方案。

区块链的去中心化特性意味着数据存储在网络的每个节点上，而不是集中存储在单一服务器或中心化的数据中心。这种分布式存储使得数据更加安全，因为要破坏或篡改数据就需要同时攻击网络中的多个节点，攻击难度大大提高。

同时，区块链的不可篡改性和透明性也是其优势之一。每个数据块都包含前一个数据块的信息，形成了一个不可篡改的链条。一旦数据被存储和确认，就不可更改，确保了数据的安全性和完整性。透明性意味着网络上的所有参与者都可以查看数据，任何不当行为都会被快速发现和记录。

区块链还能实现智能合约，这是一种自动执行的合约机制，会在特定条件下自动触发操作。智能合约可用于确保网络中的安全措施得到执行，如自动化的安全审计、访问控制和身份验证。这些合约在网络中自动执行，提供了更高效的安全保障。

# 参 考 文 献

[1] D. Forsberg, G. Horn, W.-D. Moeller, and V. Niemi, LTE Security: Horn/LTE Security. Chichester, UK: John Wiley & Sons, Ltd, 2010. doi: 10.1002/9780470973271.

[2] Chandra P, Thornton F, Lanthem C, et al. Wireless security: Know it all. Newnes, 2011.

[3] Sabyasachi, Pramanik, Debabrata, Samanta, M. Vinay, and Abhijit, Guha, Cyber security and network security. in Advances in cyber security. Hoboken Beverly: Wiley Scrivener publishing, 2022.

[4] Ford, Warwick . Computer Communications Security:Principles, Standard Protocols and Techniques. Prentice-Hall, Inc. 1993.

[5] S. Pramanik, M. M. Ghonge, R. Mangrulkar, and D.-N. Le, Cyber security and digital forensics: Challenges and future trends. John Wiley & Sons, 2022.

[6] 刘建伟, 王育民. 网络安全：技术与实践. 网络安全：技术与实践，2005.

[7] 姜滨, 于湛. 通信网络安全与防护[J]. 甘肃科技，2006(12)：84-85+121.

[8] Zimmermann H. OSI reference model-the ISO model of architecture for open systems interconnection[J]. IEEE Transactions on communications, 1980, 28(4): 425-432.

[9] Letsoalo E, Ojo S. Survey of Media Access Control address spoofing attacks detection and prevention techniques in wireless networks[C]//2016 IST-Africa Week Conference. IEEE, 2016: 1-10.

[10] Hijazi S, Obaidat M S. Address resolution protocol spoofing attacks and security approaches: A survey[J]. Security and Privacy, 2019, 2(1): e49.

[11] 杨小凡. TCP/IP 相关协议及其应用[J]. 通讯世界，2019，26(01)：27-28.

[12] Barrett D J, Silverman R E. SSH, the Secure Shell: the definitive guide[M]. "O'Reilly Media, Inc.", 2001.

[13] Mockapetris P, Dunlap K J. Development of the domain name system[C]//Symposium proceedings on Communications architectures and protocols. 1988: 123-133.

[14] Zalenski R. Firewall technologies[J]. IEEE potentials, 2002, 21(1): 24-29.

[15] Ramanujan R, Kudige S, Takkella S, et al. Intrusion-resistant ad hoc wireless networks[C]//MILCOM 2002. Proceedings. IEEE, 2002, 2: 890-894.

[16] Khanvilkar S, Khokhar A. Virtual private networks: an overview with performance evaluation[J]. IEEE Communications Magazine, 2004, 42(10): 146-154.

[17] Hamzeh K, Pall G, Verthein W, et al. Point-to-point tunneling protocol (PPTP)[R]. 1999.

[18] Townsley W, Valencia A, Rubens A, et al. Layer two tunneling protocol "L2TP"[R]. 1999.

[19] Alshamrani H. Internet Protocol Security (IPSec) Mechanisms[J]. International Journal of Scientific & Engineering Research, 2014, 5(5): 2229-5518.

[20] Leech M. Username/password authentication for SOCKS V5[R]. 1996.

[21] Upadhyay D, Sharma P, Valiveti S. Randomness analysis of A5/1 Stream Cipher for secure mobile communication[J]. International Journal of Computer Science & Communication, 2014, 3: 95-100.

[22] 冯秀涛. 3GPP LTE 国际加密标准 ZUC 算法[J]. 信息安全与通信保密，2011, 9(12)：45-46.

[23] Jindal P, Singh B. RC4 encryption-A literature survey[J]. Procedia Computer Science, 2015, 46: 697-705.

[24] Smid M E, Branstad D K. Data encryption standard: past and future[J]. Proceedings of the IEEE, 1988, 76(5): 550-559.

[25] Rijmen V, Daemen J. Advanced encryption standard[J]. Proceedings of federal information processing standards publications, national institute of standards and technology, 2001, 19: 22.

[26] 吕述望，苏波展，王鹏，等. SM4 分组密码算法综述 [J]. 信息安全研究，2016，2(11)：995-1007.

[27] 中央网信办印发《国家网络安全事件应急预案》[J]. 中国应急管理，2017(6)：27-30.

[28] I. Kumar, *Cryptology*. laguna hills (1997).

[29] M. J. Robshaw, *Stream ciphers*, RSA Labratories 25 (1995).

[30] H. Feistel, W. A. Notz, J. L. Smith, *Some cryptographic techniques for machine-to-machine data communications*, Proceedings of the IEEE 63 (11) (1975): 1545-1554.

[31] W. Diffie, *The first ten years of public-key cryptography*, Proceedings of the IEEE 76 (5) (1988): 560-577.

[32] R. M. Needham, M. D. Schroeder, *Using encryption for authentication in large networks of computers*, Communications of the ACM 21 (12) (1978): 993-999.

[33] W. Diffie, M. E. Hellman, *Multiuser cryptographic techniques*, in: Proceedings of the June 7-10, 1976, national computer conference and exposition, 1976, pp. 109-112.

[34] R. L. Rivest, A. Shamir, L. Adleman, *A method for obtaining digital signatures and public-key cryptosystems*, Communications of the ACM 21 (2) (1978): 120-126.

[35] R. L. Rivest, *Rfc1186: Md4 message digest algorithm* (1990).

[36] R. Rivest, *Rfc1321: The md5 message-digest algorithm* (1992).

[37] Y. Zheng, J. Pieprzyk, J. Seberry, *Haval—a one-way hashing algorithm with variable length of output*, in: Advances in Cryptology—AUSCRYPT'92: Workshop on the Theory and Application of Cryptographic Techniques Gold Coast, Queensland, Australia, December 13-16, 1992 Proceedings 3, Springer, 1993, pp. 81-104.

[38] A. Bosselaers, B. Preneel, *Integrity Primitives for Secure Information Systems: Final Ripe Report of Race Integrity Primitives Evaluation*, no. 1007, Springer Science & Business Media, 1995.

[39] H. Dobbertin, A. Bosselaers, B. Preneel, *Ripemd-160: A strengthened version of ripemd*, in: International Workshop on Fast Software Encryption, Springer, 1996, pp. 71-82.

[40] N. FIPS, *180-2, secure hash standard, federal information processing standard (fips)*, Tech. rep., publication 180-2. Technical report, Departement of Commerce (2002).

[41] 黎琳, *Hash* 函数 *ripemd-128* 和 *hmac-md4* 的安全性分析, Ph.D. thesis, 山东大学 (2007).

[42] H. Dobbertin, *The first two rounds of md4 are not one-way*, in: International Workshop on Fast Software Encryption, Springer, 1998, pp. 284-292.

[43] B. Den Boer, A. Bosselaers, *Collisions for the compression function of md5*, in: Workshop on the Theory and Application of Cryptographic Techniques, Springer, 1993, pp. 293-304.

[44] X. Wang, H. Yu, Y. L. Yin, *Efficient collision search attacks on sha-0*, in: Advances in Cryptology-CRYPTO 2005: 25th Annual International Cryptology Conference, Santa Barbara, California, USA, August 14-18, 2005. Proceedings 25, Springer, 2005, pp. 1-16.

[45] H. Yu, G. Wang, G. Zhang, X. Wang, *The second-preimage attack on md4*, in: Cryptology and Network Security: 4th International Conference, CANS 2005, Xiamen, China, December 14-16, 2005. Proceedings 4, Springer, 2005, pp. 1-12.

[46] 3GPP, B. Security architecture and procedures for 5G system. Technical Specification (TS) 3GPP TS 33.501 V17. 0.0 (2020-2012) (2020).

[47] 胡鑫鑫，刘彩霞，刘树新，等. 移动通信网鉴权认证综述 [J]. 网络与信息安全学报，2018，4 (12)：1-15.

[48] 贾铁军. 网络安全管理及实用技术. 机械工业出版社，2010.

[49] 贾铁军. 网络安全技术及应用. 机械工业出版社，2009.

[50] 赵睿，康哲，张伟龙. 计算机网络管理与安全技术研究. 长春：吉林大学出版社，2018.

[51] 陈家迁. 信息安全技术项目教程. 北京理工大学出版社，2016.

[52] 刘思聪. 无线通信与安全. 清华大学出版社，2021.

[53] 李晓航，王宏霞，张文芳. 认证理论及应用. 清华大学出版社，2009.

[54] 贾铁军. 网络安全实用技术. 清华大学出版社，2011.

[55] J. Svoboda, I. Ghafir, and V. Prenosil, "Network monitoring approaches: An overview," International Journal of Advances in Computer Networks and Its Security-IJCNS, vol. 5, pp. 88-93, 10 2015.

[56] I. Ghafir, V. Přenosil, J. Svoboda, and M. Hammoudeh, "A survey on network security monitoring systems," 2016 IEEE 4th International Conference on Future Internet of Things and Cloud Workshops (FiCloudW), pp. 77-82, 2016.

[57] V. Moreno, J. Ramos, P. M. Santiago del Río, J. L. García-Dorado, F. J. Gomez-Arribas, and J. Aracil, "Commodity packet capture engines: Tutorial, cookbook and applicability," IEEE Communications Surveys Tutorials, vol. 17, no. 3, pp. 1364-1390, 2015.

[58] A. Bremler-Barr, Y. Harchol, D. Hay, and Y. Koral, "Deep packet inspection as a service," in Proceedings of the 10th ACM International on Conference on Emerging Networking Experiments and Technologies, CoNEXT'14, (New York, NY, USA), p. 271–282, Association for Computing Machinery, 2014.

[59] R. Hofstede, P. Čeleda, B. Trammell, I. Drago, R. Sadre, A. Sperotto, and A. Pras, "Flow monitoring explained: From packet capture to data analysis with netflow and ipfix," IEEE Communications Surveys Tutorials, vol. 16, no. 4, pp. 2037-2064, 2014.

[60] F. Fuentes and D. Kar, "Ethereal vs. tcpdump: A comparative study on packet sniffing tools for educational purpose," Journal of Computing Sciences in Colleges, vol. 20, pp. 169-176, 01 2005.

[61] V. Ndatinya, Z. Xiao, V. Manepalli, K. Meng, and Y. Xiao, "Network forensics analysis using wireshark," International Journal of Security and Networks, vol. 10, p. 91, 01 2015.

[62] H. Li, G. Liu, W. Jiang, and Y. Dai, "Designing snort rules to detect abnormal dnp3 network data," in 2015 International Conference on Control, Automation and Information Sciences (ICCAIS), pp. 343-348, 2015.

[63] Snort, "Snort syntax and simple rulewriting." http://www.anotherchancecomputers.com/uncategorized/snort-syntax-and-simple-rule-writing/.

[64] J. White, T. Fitsimmons, and J. Matthews, "Quantitative analysis of intrusion detection systems: Snort and suricata," vol. 8757, 04 2013.

[65] V. Paxson, "Bro: A system for detecting network intruders in real-time," in Proceedings of the 7th Conference on USENIX Security Symposium - Volume 7, SSYM'98, p. 3, USENIX Association, 1998.

[66] Bro, "The bro network security monitor." http://www.bro.org/documentation/overview.html.

[67] L. Deri, "nprobe: an open source netflow probe for gigabit networks," 01 2003.

[68] B. T. C. Inacio, "Yaf: Yet another flowmeter." http://citeseerx.ist.psu.edu/viewdoc/download?doi=10.1.1.368.3172&rep=rep1&type=pdf.

[69] B. Trammell, "Yaf-derived flow meter for passive performance measurement." https://github.com/britram/qof.

[70] Netflow, "Netflow iptables module." http://sourceforge.net/projects/iptnetflow/.

[71] P. Lucente, "pmacct: steps forward interface counters." http://www.pmacct.net/pmacct-stepsforward.pdf.

[72] softflow, "softflowd - a software netflow probe." https://code.google.com/p/softflowd/.

[73] Giacomello G, *Security in Cyberspace*, Bloomsbury Publishing, 2014.

[74] 徐恪，李琦，沈蒙，朱敏. 网络空间安全原理与实践, 清华大学出版社，2018.

[75] 陈波，于泠. 防火墙技术与应用, 清华大学出版社，2021.

[76] 吴礼发，洪征，李华波. 网络攻防原理与技术, 机械工业出版社，2021.

[77] 杨东晓，陈蛟，王树茂. VPN 技术与应用, 清华大学出版社，2021.

[78] （美）弗拉海. SSL 与远程接入 VPN, 人民邮电出版社，2009.

[79] Robert B.Mann, *Black Holes: Thermodynamics, Information, and Firewalls*, Springer International Publishing, 2015.

[80] Ehab Al-Shaer, *Automated Firewall Analytics*, Springer International Publishing, 2014.

[81] Dafydd Stuttard, Marcus Pinto, et al. *Attack and Defend Computer Security Set*, Wiley, 2014.

[82] Brij B.Gupta, Gregorio Martinez Perez, Dharma P.Agrawal, Deepak Gupta. *Handbook of Computer Networks and Cyber Security*, Springer, 2020.

[83] Gregorio Martínez Pérez, Sabu M. Thampi, Ryan Ko, Lei Shu. *Recent Trends in Computer Networks and Distributed Systems Security*, Springer Berlin Heidelberg, 2014.

[84] Richard R.Brooks. *Introduction to computer and network security*, CRC Press, 2020.

[85] Clémentine Maurice, Leyla Bilge; Gianluca Stringhini, Nuno Neves. *Detection of Intrusions and Malware, and Vulnerability Assessment*, Springer, 2020.

[86] Kim. *Network Intrusion Detection using Deep Learning*, Springer Singapore, 2018.

[87] Carl Endorf, Eugene Schultz and Jim Mellander. *Intrusion Detection & Prevention*, Flying Electronic, 2012.

[88] Ronald D. Hopkins, Wesley P. Tokere. *Computer security intrusion, detection and preventiong*, Nova Science Publishers, 2009.

[89] 肖军模，周海刚，刘军. 网络信息对抗, 机械工业出版社，2011.

[90] 顾健，沈亮，宋好好，王志佳. 高性能入侵检测系统产品原理与应用, 电子工业出版社，2017.

[91] National Institute of Standards and Technology (2023), *Mobile Threat Catalogue*, Available at https://pages.nist.gov/mobile-threat-catalogue/.

[92] GB/T 39720—2020, 信息安全技术移动智能终端安全技术要求及测试评价方法, https://openstd.samr.gov.cn/bzgk/gb/newGbInfo?hcno=17F20359A CEE14EE9C60B014C13F7BD7.

[93] YD/T 3663—2020, 移动通信智能终端安全风险评估要求, https://std.samr.gov.cn/hb/search/stdHBDetailed?id=A75176EB3813B 551E05397BE0A0A545D.

[94] YD/T 3664—2020, 移动通信智能终端卡接口安全技术要求, https://std.samr.gov.cn/hb/search/stdHBDetailed?id=A75176EB3814B 551E05397BE0A0A545D.

[95] YD/T 3665—2020, 移动通信智能终端卡接口安全测试方法, https://std.samr.gov.cn/hb/search/stdHBDetailed?id=A75176EB3815B 551E05397BE0A0A545D.

[96] YD/T 3666—2020, 移动通信智能终端漏洞修复技术要求, https://std.samr.gov.cn/hb/search/stdHBDetailed?id=A75176EB3816B 551E05397BE0A0A545D.

[97] YD/T 3667—2020, 移动通信智能终端漏洞标识格式要求, https://std.samr.gov.cn/hb/search/stdHBDetailed?id=A75176EB3817B 551E05397BE0A0A545D.

[98] YD/T 3668—2020, 移动终端应用开发安全能力技术要求, https://hbba.sacinfo.org.cn/stdDetail/fe10f606c09cb4aec5ab58f8da0eff bfbdf6f9ab3b051d35c90c707453dd4a96.

[99] YD/T 3669—2020, 移动通信终端支付软件安全技术要求, https://hbba.sacinfo.org.cn/stdDetail/fe10f606c09cb4aec5ab58f8da0eff bfa56c05e4fd130842a983cd557d0e8cdd.

[100] YD/T 3670—2020, 移动通信终端支付软件安全测试方法, https://hbba.sacinfo.org.cn/stdDetail/fe10f606c09cb4aec5ab58f8da0eff bfbc701927e3edf9a536922f1747d0cc57.

[101] M. La Polla, F. Martinelli and D. Sgandurra, *A Survey on Security for Mobile Devices*, in IEEE Communications Surveys & Tutorials, vol. 15, no. 1, pp. 446-471, First Quarter 2013, doi: 10.1109/SURV.2012.013012.00028.

[102] T. Zhao, G. Zhang and L. Zhang, *An Overview of Mobile Devices Security Issues and Countermeasures*, 2014 International Conference on Wireless Communication and Sensor Network, Wuhan, China, 2014, pp. 439-443, doi: 10.1109/WCSN.2014.95.

[103] P. D. Meshram and R. C. Thool, *A survey paper on vulnerabilities in android OS and security of android devices*, 2014 IEEE Global Conference on Wireless Computing & Networking (GCWCN), Lonavala, India, 2014, pp. 174-178, doi: 10.1109/GCWCN.2014.7030873.

[104] J. Joshi and C. Parekh, *Android smartphone vulnerabilities: A survey*, 2016 International Conference on Advances in Computing, Communication, & Automation (ICACCA) (Spring), Dehradun, India, 2016, pp. 1-5, doi: 10.1109/ICACCA.2016.7578857.

[105] Umasankar, *Analysis of latest vulnerabilities in android*, 2017 International Conference on Advances in Computing, Communications and Informatics (ICACCI), Udupi, India, 2017, pp. 1236-1241, doi: 10.1109/ICACCI.2017.8126011.

[106] L. García and R. J. Rodríguez, *A Peek under the Hood of iOS Malware*, 2016 11th International Conference on Availability, Reliability and Security (ARES), Salzburg, Austria, 2016, pp. 590-598, doi: 10.1109/ARES.2016.15.

[107] A. Makhlouf and N. Boudriga, *Intrusion and anomaly detection in wireless networks*, in Handbook of Research on Wireless Security, Y. Zhan, J. Zheng, and M. Ma, Eds. Information Science Publishing, 2008.

[108] K. Haataja, *Security threats and countermeasures in Bluetoothenabled systems*, Ph.D. dissertation, Department of Computer Science, University of Kuopio, 2009.

[109] Coursen S, *The future of mobile malware*, NetwSecur, 2007(8):7-11.

[110] Aviv AJ, Gibson KL, Mossop E, Blaze M, Smith JM, *Smudge attacks on smartphone touch screens*, Woot 10:1-7.

[111] CCC, *Fingerprint biometrics hacked again*, http://www.ccc.de/en/updates/2014/ursel. Accessed by 13May 2017.

[112] Trend Micro, *The Future of Threats and Threat Technologies. How the Landscape Is Changing*, 2011. [Online]. Available: http://us.trendmicro.com/imperia/md/content/us/trendwatch/researchandanalysis/trendmicro2010futurethreatreportfinal.pdf.

[113] B. Sun, Y. Xiao, and K. Wu, *Intrusion Detection in Cellular Mobile Networks*, in Wireless Network Security, ser. Signals and Communication Technology, Y. Xiao, X. S. Shen, and D.-Z. Du, Eds. Springer US, 2007, pp. 183-210.

[114] G. W. Chow and A. Jones, *A Framework for Anomaly Detection in OKL4-Linux Based Smartphones*, in Australian Information Security Management Conference, 2008.

[115] *TCG Mobile Reference Architecture Specification Version 1.0, Revision 1*, Jun 2007.

[116] X. Zhang, O. Acii cmez, and J.-P. Seifert, *A trusted mobile phone reference architecture via secure kernel*, in STC'07: Proceedings of the 2007 ACM workshop on Scalable trusted computing.NewYork, NY, USA: ACM, 2007, pp. 7-14.

[117] D. Muthukumaran, A. Sawani, J. Schiffman, B. M. Jung, and T. Jaeger, *Measuring integrity on mobile phone systems*, in SACMAT'08: Proceedings of the 13th ACM symposium on Access control models and technologies. New York, NY, USA: ACM, 2008, pp. 155-164.

[118] X. Zhang, O. Acii cmez, and J.-P. Seifert, *Building Efficient Integrity Measurement and Attestation for Mobile Phone Platforms*, in Security and Privacy in Mobile Information and Communication Systems, First International ICST Conference, MobiSec 2009, Turin, Italy, June 3-5, 2009, Revised Selected Papers, ser. Lecture Notes of the Institute for Computer Sciences, Social Informatics and

Telecommunications Engineering, vol. 17. Springer, 2009, pp. 71-82.

[119] Trusted Computing Group, *TCG TPM Main Part 1 Design Principles Specification Version 1.2, revision 62*, Oct 2003.

[120] R. Sailer, X. Zhang, T. Jaeger, and L. van Doorn, *Design and implementation of a TCG-based integrity measurement architecture*, in Proceedings of the 13th conference on USENIX Security Symposium - Volume 13, ser. SSYM'04. Berkeley, CA, USA: USENIX Association, 2004, pp. 16.

[121] 中国互联网络信息中心. 第52次中国互联网络发展状况统计报告 (2023).

[122] 美比尔德 Beard, Cory, 美斯托林斯 Stallings, William. 无线通信网络与系统 [M]. 机械工业出版社, 2017.

[123] 肖杨, 4G5G 移动通信技术 [M]. 西安电子科技大学出版社, 2021.

[124] G. Gu and G. Peng, "The survey of GSM wireless communication system," 2010 International Conference on Computer and Information Application, Tianjin, China, 2010, pp. 121-124, doi: 10.1109/ICCIA.2010.6141552.

[125] N. Saxena and N. S. Chaudhari, "Secure algorithms for SAKA protocol in the GSM network," 2017 10th IFIP Wireless and Mobile Networking Conference (WMNC), Valencia, Spain, 2017, pp. 1-8, doi: 10.1109/WMNC.2017.8248853.

[126] R. P. Prajapat, R. Bhadada and G. Sharma, "Security Enhancement of A5/1 Stream Cipher in GSM Communication & its Randomness Analysis," 2021 IEEE 6th International Forum on Research and Technology for Society and Industry (RTSI), Naples, Italy, 2021, pp. 406-411, doi: 10.1109/RTSI50628.2021.9597348.

[127] S. Goel, P. Mekala and S. A. Sutar, "Proposed Techniques for Detection of Time and Frequency Synchronization in GSM Systems," 2019 5th International Conference on Signal Processing, Computing and Control (ISPCC), Solan, India, 2019, pp. 64-68, doi: 10.1109/ISPCC48220.2019.8988318.

[128] R. Prasad and T. Ojanpera, "An overview of CDMA evolution toward wideband CDMA," in IEEE Communications Surveys, vol. 1, no. 1, pp. 2-29, First Quarter 1998, doi: 10.1109/COMST.1998.5340404.

[129] K. Choi and H. Liu, "Quasi-Synchronous CDMA Using Properly Scrambled Walsh Codes as User-Spreading Sequences," in IEEE Transactions on Vehicular Technology, vol. 59, no. 7, pp. 3609-3617, Sept. 2010, doi: 10.1109/TVT.2010.2050916.

[130] Sankaliya A R, Mishra V, Mandloi A. Retracted: Secure Conversation Using Cryptographic Algorithms in 3G Mobile Communication[C]//International Conference on Web and Semantic Technology. Berlin, Heidelberg: Springer Berlin Heidelberg, 2011: 396-406.

[131] Yu W. The network security issue of 3g mobile communication system research[C]//2010 International Conference on Machine Vision and Humanmachine Interface. IEEE, 2010: 373-376.

[132] Schaich F, Wild T. Waveform contenders for 5G—OFDM vs. FBMC vs. UFMC[C]//2014 6th international symposium on communications, control and signal processing (ISCCSP). IEEE, 2014: 457-460.

[133] Kircanski A, Youssef A M. On the sliding property of SNOW 3G and SNOW 2.0[J]. IET Information Security, 2011, 5(4): 199-206.

[134] Koutsos A. The 5G-AKA authentication protocol privacy[C]//2019 IEEE European symposium on security and privacy (EuroS&P). IEEE, 2019: 464-479.

[135] Nguyen V L, Lin P C, Cheng B C, et al. Security and privacy for 6G: A survey on prospective technologies and challenges[J]. IEEE Communications Surveys & Tutorials, 2021, 23(4): 2384-2428.

[136] Khan A H, Hassan N U L, Yuen C, et al. Blockchain and 6G: The future of secure and ubiquitous communication[J]. IEEE Wireless Communications, 2021, 29(1): 194-201.

[137] Stergiou C L, Psannis K E, Gupta B B. IoT-based big data secure management in the fog over a

6G wireless network[J]. IEEE Internet of Things Journal, 2020, 8(7): 5164-5171.

[138] Wang C, Rahman A. Quantum-enabled 6G wireless networks: Opportunities and challenges[J]. IEEE Wireless Communications, 2022, 29(1): 58-69.

[139] Vanhoef M. Key Reinstallation Attacks: Breaking the WPA2 Protocol[C]//Black Hat Europe Briefings, Location: London, UK. 2017.

[140] Jensen S, Thomsen J. Cryptography project The rise and fall of WEP[J]. 2007.

[141] Tews E. Attacks on the WEP protocol[J]. Cryptology ePrint Archive, 2007.

[142] Kore K. chopchop (experimental WEP attacks)[J]. http://www.netstumbler.org/showthread.php?t=12489, 2004.

[143] Fluhrer S, Mantin I, Shamir A. Weaknesses in the key scheduling algorithm of RC4[C]//Selected Areas in Cryptography: 8th Annual International Workshop, SAC 2001 Toronto, Ontario, Canada, August 16-17, 2001 Revised Papers 8. Springer Berlin Heidelberg, 2001: 1-24.

[144] Tews E, Weinmann R P, Pyshkin A. Breaking 104 bit WEP in less than 60 seconds[C]//International Workshop on Information Security Applications. Berlin, Heidelberg: Springer Berlin Heidelberg, 2007: 188-202.

[145] Cam-Winget N, Housley R, Wagner D, et al. Security flaws in 802.11 data link protocols[J]. Communications of the ACM, 2003, 46(5): 35-63.

[146] Mitchell C, He C. Security Analysis and Improvements for IEEE 802.11 i[C]//The 12th Annual Network and Distributed System Security Symposium (NDSS'05) Stanford University, Stanford. 2005: 90-110.

[147] WiMAX: Standards and security[M]. CRC press, 2018.

[148] Alzaabi M, Ranjeeth K D, Alukaidey T, et al. Security algorithms for WIMAX[J]. International Journal of Network Security $ Its Applications, 2013, 5(3): 31.

[149] Vanhoef M, Ronen E. Dragonblood: Analyzing the Dragonfly Handshake of WPA3 and EAP-pwd[C]//2020 IEEE Symposium on Security and Privacy (SP). IEEE, 2020: 517-533.

[150] Sagers G. WPA3: The Greatest Security Protocol That May Never Be[C]//2021 International Conference on Computational Science and Computational Intelligence (CSCI). IEEE, 2021: 1360-1364.

[151] P. Yi et al., "A New Routing Attack in Mobile Ad Hoc Networks," Int'l. J. Info. Tech., vol. 11, no. 2, 2005.

[152] C. Adjih, D. Raffo, and P. Muhlethaler, "Attacks Against OLSR: Distributed Key Management for Security," 2nd OLSR Interop/Wksp., Palaiseau, France, July 28-29, 2005.

[153] W. Lou, W. Liu, and Y. Fang, "SPREAD: Enhancing data confidentiality in mobile ad hoc networks," Proc. - IEEE INFOCOM, vol. 4, no. C, pp. 2404–2413, 2004, doi: 10.1109/INFCOM.2004.1354662.

[154] M. Wazid, A. K. Das, S. Kumari, and M. K. Khan, "Design of sinkhole node detection mechanism for," Secur. Comm. Networks, vol. 9, no. October, pp. 4596-4614, 2016, doi: 10.1002/sec.

[155] H. Yang, J. Shu, X. Meng, and S. Lu, "SCAN: Self-Organized Network-Layer Security in Mobile Ad Hoc Networks," IEEE J. Sel. Areas Commmunication, vol. 24, no. 2, pp. 261-273, 2006.

[156] K. C. Chelvan, T. Sangeetha, V. Prabakaran, and D. Saravanan, "EAACK-A Secure Intrusion Detection System for," Int. J. Innov. Res. Comput. Commun. Eng., vol. 1, no. 4, pp. 3860-3866, 2014.

[157] S. Tan, "Using Cryptographic Technique for Securing Route Discovery and Data Transmission from BlackHole Attack on AODV-based MANET," in International Journal of Networked and Distributed Computing, 2014, vol. 2, no. 2, pp. 100-107, doi: 10.2991/ijndc.2014.2.2.4.

[158] M. Hashem Eiza, T. Owens and Q. Ni, "Secure and Robust Multi-Constrained QoS Aware Routing

Algorithm for VANETs," in IEEE Transactions on Dependable and Secure Computing, vol. 13, no. 1, pp. 32-45, 1 Jan.-Feb. 2016, doi: 10.1109/TDSC.2014.2382602.

[159] Zemin Sun, Yanheng Liu, Jian Wang, Rundong Yu, Dongpu Cao,Crosslayer tradeoff of QoS and security in Vehicular ad hoc Networks: A game theoretical approach,Computer Networks,Volume 192,2021.

[160] 刘畅，彭木根. 物联网安全，北京邮电大学出版社，2022.

[161] 武传坤. 物联网安全架构初探，中国科学院院刊，25(4)：411-419，2010.

[162] 朱建明，马建峰. 无线局域网安全：方法与技术，机械工业出版社，2009.

[163] 肖建荣. 工业控制系统信息安全，电子工业出版社，2019.

[164] Fei Hu. *Security and Privacy in Internet of Things (IoTs)*, CRC Press, 2016.

[165] Yasser M. Alginahi, Muhammad Nomani Kabir. *Authentication Technologies for Cloud Computing, IoT and Big Data*, IET Digital Library, 2019.

[166] Wolfgang Osterhage. *Wireless Network Security:Second Edition*, CRC Press, 2018.

[167] Ali Dehghantanha, Kim Kwang Raymond Choo. *Handbook of Big Data and IoT Security*, Springer, 2019.

[168] Chunhua Su, Hiroaki Kikuchi. *Information Security Practice and Experience*, Springer, 2018.

[169] 刘建伟，王育民. 网络安全：技术与实践，清华大学出版社，2011.

[170] 苗刚中. 网络安全攻防技术，科学出版社，2018.

[171] 仇保利. 物联网安全保障技术实现与应用，清华大学出版社，2017.

[172] 魏强，王文海，程鹏. 工业互联网安全：架构与防御，机械工业出版社，2021.

[173] Rohit Sharma; Rajendra Prasad Mahapatra; Korhan Cengiz. *Data Security in Internet of Things Based RFID and WSN Systems Applications*, CRC Press, 2020.

[174] Ari Juels; Christof Paar. *RFID. Security and Privacy*, Springer, 2011.

[175] Bloch, M., Barros, J. Physical-layer security: from information theory to security engineering, 1st ed., Cambridge University Press: USA, 2011.

[176] Simmons G J. The prisoners' problem and the subliminal channel[C]//Advances in Cryptology. Springer, Boston, MA, 1984: 51-67.

[177] Maurer U.M, Secret key agreement by public discussion from common information, IEEE Transactions on Information Theory, 1993, 39(3): 733-742.

[178] A. D. Wyner, The wire-tap channel, Bell Syst. Tech. J., 1975, 54 (8): 1355-1387.

[179] Cover, T. M., Thomas, J. A. Eelments of information theory, A John Wiley & Sons, Inc., Publication, 2006.

[180] Ahlswede R, Csiszar I. Common randomness in information theory and cryptography. I. Secret sharing, IEEE Transactions on Information Theory. 1993, 39(4):1121-1132.

[181] Ahlswede R, Csiszar I. Common randomness in information theory and cryptography. II. CR Capacity, IEEE Transactions on Information Theory, 1998, 44 (1): 225-240.

[182] C. E. Shannon. Communication theory of secrecy systems .Bell Systems Technical Journal, 1949, 28: 656-715.

[183] I. Csiszár, J. Körner. Broadcast channels with confidential messages. IEEE Transactions on Information Theory, 1978, 24(3): 339-348.

[184] S. K. Leung-Yan-Cheong, M. E. Hellman. The Gaussian wiretap channel. IEEE Transactions on Information Theory, 1978, 24(4): 451-452.

[185] J. Barros, M. R. D. Rodrigues. Secrecy capacity of wireless channels, in Proc. of ISIT 2006: 356-360.

[186] Y. Liang, H.V. Poor, S. Shamai. Secure communication over fading channels. IEEE Transactions on Information Theory, 2008, 54(6): 2470 - 2492.

[187] P. K. Gopala, L. Lai, H. El-Gamal. On the secrecy capacity of fading channels, IEEE Transactions on Information Theory, 2008, 54(10): 4687-4698.

[188] H. Xing, L. Liu and R. Zhang. Secrecy wireless information and power transfer in fading wiretap channel, IEEE Transactions on Vehicular Technology, 2016, 65(1): 180-190.

[189] S. bnam Shaee, N. Liu, S. Ulukus. Towards the secrecy capacity of the Gaussian MIMO wire-tap channel: The 2-2-1 Channel, IEEE Transaction on information theory, 2009, 55(9).

[190] Ekrem, Ersen, Ulukus. Capacity region of Gaussian MIMO broadcast channels with common and confidential messages, IEEE Transactions on Information Theory, 2012, 58(9): 5669-5680.

[191] X. He and A. Yener. MIMO wiretap channels with unknown and varying eavesdropper channel states, IEEE Transactions on Information Theory, 2014, 60(11): 6844-6869.

[192] N. Yang, S. Yan, J. Yuan, R. Malaney, R. Subramanian and I. Land. Artificial Noise: Transmission optimization in multi-input single-output wiretap channels. IEEE Transactions on Communications, 2015, 63(5): 1771-1783.

[193] Bash B A, Goeckel D, Towsley D. Limits of reliable communication with low probability of detection on AWGN channels[J]. IEEE journal on selected areas in communications, 2013, 31(9): 1921-1930.

[194] Wang L., Wornell G. W., Zheng L. Fundamental limits of communication with low probability of detection[J]. IEEE Transactions on Information Theory, 2016, 62(6): 3493-3503.

[195] Bloch M. R. Covert communication over noisy channels: a resolvability perspective[J]. IEEE Transactions on Information Theory, 2016, 62(5): 2334-2354.

[196] Tahmasbi M, Bloch M R. First-and second-order asymptotics in covert communication[J]. IEEE Transactions on Information Theory, 2018, 65(4): 2190-2212.

[197] Tan V. Y. F., Lee S. Time-division is optimal for covert communication over some broadcast channels[J]. IEEE Transactions on Information Forensics and Security, 2019, 14(5): 1377-1389.

[198] Lee S., Wang L., Khisti A., et al. Covert communication with channel-state information at the transmitter[J]. IEEE Transactions on Information Forensics and Security, 2018, 13(9): 2310-2319.

[199] ZivariFard H, Bloch M R, Nosratinia A. Keyless covert communication via channel state information[J]. IEEE Transactions on Information Theory, 2021.

[200] Bendary A, Abdelaziz A, Koksal C E. Achieving positive covert capacity over MIMO AWGN channels[J]. IEEE Journal on Selected Areas in Information Theory, 2021, 2(1): 149-162.

[201] Wang S., Bloch M. R. Covert MIMO communications under variational distance constraint[J]. IEEE Transactions on Information Forensics and Security, 2021, 16: 4605-4620.

[202] Arikan, E. Channel polarization: A method for constructing capacity-achieving codes for symmetric binary-input memoryless channels. IEEE Transactions on Information Theory, 2009, 55(7): 3051-3073.

[203] W. Diffie and M. Hellman, New directions in cryptography, IEEE Transactions on Information Theory, 1976, 22(6): 644-654, November.

[204] 余新春. 高斯白噪声信道中隐蔽通信的有限码长码率分析 [D]. 上海交通大学，2020.

[205] 姚应锋. 隐蔽通信关键技术研究 [D]. 电子科技大学，2020.

[206] 朱强强. 隐蔽无线通信技术研究——节点协助下的隐蔽通信性能分析 [D]. 电子科技大学，2019.

[207] Daemen, Joan, V. Rijmen, and K. U. Leuven. AES Proposal: Rijndael, 1998.

[208] Rivest R L , Shamir A , Adleman L. A method for obtaining digital signatures and public-key cryptosystems. Communications of the Acm, 1978.

[209] J. Muramatsu, K. Yoshimura, and P. Davis. Secret key capacity and advantage distillation capacity. IEEE International Symposium on Information Theory, July 2006.

[210] S. -Y. Wang and M. R. Bloch, Explicit design of provably covert channel codes, 2021 IEEE International Symposium on Information Theory (ISIT), Melbourne, Australia, 2021, pp. 190-195.

[211] 华为技术有限公司，通信网络2030.

[212] 赵亚军,郁光辉,徐汉青. 6G移动通信网络:愿景,挑战与关键技术 [J]. 中国科学: 信息科学, 2019(8):25.

[213] Dang S., Amin O., Shihada B., et al. What should 6G be?[J]. Nat. Electron., 2020, 3(1): 20-29.

[214] 王琦. 卫星互联网和5G通信融合关键技术研究 [J]. 电子通信与计算机科学，2023，5(7)：159-161.

[215] Siriwardhana Y, Porambage P, Liyanage M, et al. AI and 6G security: Opportunities and challenges[C]//2021 Joint European Conference on Networks and Communications & 6G Summit (EuCNC/6G Summit). IEEE, 2021: 616-621.

[216] Lohani S, Joshi R. Satellite network security[C]//2020 International Conference on Emerging Trends in Communication, Control and Computing (ICONC3). IEEE, 2020: 1-5.

[217] He D, Li X, Chan S, et al. Security analysis of a space-based wireless network[J]. IEEE Network, 2019, 33(1): 36-43.

[218] A. Shamir, "Identity-Based Cryptosystems and Signature Schemes," CRYPTO' 84, LNCS, 1985, pp. 53-57.

[219] S. Basagni, K. Herrin, D. Bruschi, and E. Rosti, "Secure pebblenets," in The Proceedings of 2001 ACM International Symposium on Mobile Ad Hoc Networking and computing, pp. 156-163, Long Beach, CA, USA, Oct. 2001. ACM Press.

[220] M. Puzar, J. Andersson, T. Plagemann, Y. Roudier, "SKiMPy: A Simple Key Management Protocol for MANETs in Emergency and Rescue Operations", Proceedings of ESAS' 05, 2005.